林分空间结构优化与模拟技术

李际平　曹小玉　著

科学出版社

北　京

内 容 简 介

本书是国家自然科学基金面上项目（39870610）和“十二五”国家科技支撑计划专题（2012BAD22B0505）共同资助的研究成果，主要研究了林分空间结构优化技术和林分经营专家模拟系统，涉及林分多功能与结构优化的研究现状及进展、全林生物量模型和林分多功能评价指标体系、林分空间结构优化技术和残次林改造技术、林分经营管理技术的机理与方法等内容。

本书可供从事森林资源经营管理和林业信息系统建模与仿真研究的科研人员，生态公益林的管理人员及生态学、林学领域的工作者参考。

图书在版编目（CIP）数据

林分空间结构优化与模拟技术／李际平，曹小玉著. —北京：科学出版社，2019.11

ISBN 978-7-03-061654-8

Ⅰ. ①林… Ⅱ. ①李… ②曹… Ⅲ. ①公益林-空间结构-研究 Ⅳ. ①S727.9

中国版本图书馆 CIP 数据核字（2019）第 116807 号

责任编辑：丛 楠 韩书云／责任校对：严 娜
责任印制：徐晓晨／封面设计：迷底书装

科学出版社 出版
北京东黄城根北街 16 号
邮政编码：100717
http://www.sciencep.com
北京凌奇印刷有限责任公司印刷
科学出版社发行 各地新华书店经销
*
2019 年 11 月第 一 版 开本：787×1092 1/16
2025 年 3 月第二次印刷 印张：21
字数：551 000

定价：128.00 元

（如有印装质量问题，我社负责调换）

前　　言

林分是指内部结构特征大体相同而又与四周相邻的区域有明显区别的森林地段。在林业生产中，通常把以林分作为经营单位，对林木进行抚育间伐、改造和主伐更新等生产活动称为林分经营。随着森林可持续经营对精确信息需求的增加，创建或维持最佳的森林空间结构是森林可持续经营的关键。它要求在分析森林空间结构与功能的基础上，通过空间优化经营寻求合理的空间结构，但林分空间结构优化后的效果要数年或数十年后才能体现，并且经营措施一旦实施，林分生长会发生相应变化，具有不可逆转性。因此，只有根据林木个体潜在生长发育规律、林木间的相互作用关系，以及林分在不同的立地条件、不同的密度情况下的生长过程，模拟空间结构优化措施的效果，才能确立最优的林分空间结构模式，从而实现森林的可持续经营。

本书以南方杉木、马尾松人工林为研究对象，对林分空间结构优化技术和林分经营专家模拟系统进行了深入研究，并用实例说明了其具体的应用。全书共分两部分，第一部分为林分空间结构优化技术，共 7 章，主要阐述了林分多功能与结构优化的研究现状及进展，分析了研究区林分空间结构特征，构建了全林生物量模型和林分多功能评价指标体系，提出了林分空间结构优化技术和残次林改造技术。第二部分为林分经营专家模拟系统，共 8 章，主要阐述了有效集成人工神经网络、专家系统、模拟技术、优化技术和现代林分经营管理技术的机理与方法，并基于人工神经网络的单木潜在生长模型、林分竞争生长模型和全林整体生长模型，构建了林分经营专家模拟系统。

本书是国家自然科学基金面上项目“森林经营决策智能化专家模拟系统研究”(39870610)和“十二五”国家科技支撑计划专题“生态公益林人工纯林多功能结构优化技术研究与示范”(2012BAD22B0505)共同资助的成果。

本书是全体课题参加人员的共同结晶，第一部分的主要著者为曹小玉、李际平等，第二部分的主要著者为李际平等，全书由李际平审改统编。

由于著者水平有限，书中疏漏之处在所难免，敬请同行专家和读者指正。

著　者

2019 年 4 月于长沙

目　　录

第二部分　林分经营专家模拟系统

第一部分　林分空间结构优化技术

第1章　概　　论

1.1　研究的目的和意义

根据第八次全国森林资源清查结果，我国人工林保存面积达 6933 万 hm^2，占全国有林地面积的 36%；人工林蓄积量为 24.83 亿 m^3，占全国森林蓄积量的 17%，人工林规模居世界首位。经营好人工林，不仅是维护国家生态安全的需要，也是提高林区林农生活水平和有效利用大量林地资源的需要。目前我国人工林多为纯林，林分树种结构单一，生物多样性低，森林健康状况较差，森林病虫害和森林火灾时有发生，土壤退化，生产力降低。如何将这类生态功能低下的人工林经营成发挥多种生态功能的健康林分，是摆在林业科学工作者和经营工作者面前的一项迫切的任务。大量的研究表明，科学的森林经营应当在结构与功能关系基础上，通过林分空间结构优化与调控达到多种生态功能的实现。

1.2　森林多功能与结构优化国内外研究现状

1.2.1　森林多功能研究进展

1. *多功能森林经营的提出*　　森林作为陆地生态系统的主体，具有生态、经济、社会、文化等多种功能，对于推动科学发展、建设生态文明、应对气候变化、保障林产品供给、扩大社会就业、增加农民收入、提高生活品质有着特殊的作用。发展多功能林业，充分发挥森林的多种功能，最大限度地满足人们日益增长的物质文化需求，是世界各国林业工作者长期以来努力追求的目标，更是近年来越来越受到广泛关注的热点。

其实，多功能森林经营并不是一个新的话题。早在 19 世纪，德国著名森林经理学家尤代希就把森林纯收获分为狭义和广义两种，狭义是指木材的收获量和经济效益，广义的还包括森林的防护功能、美化效果等社会效益，可见当时就认识到森林的多产品产出。Moller（1922）提出恒续林经营法则，要使森林所有成分（乔木、鸟类、哺乳动物、昆虫、蚯蚓、微生物等）均处于均衡状态，营造复层混交林，以低强度择伐取代皆伐，在针叶纯林中引种阔叶树等。这一时期，多功能林业的理论框架已经形成。

19 世纪末，德国采用高强度的平分采伐法经营森林，使得一些国有林场难以为继，出现了如树种单调、大面积同龄状态、过分依赖人工更新、森林对各种危害的抵抗力降低、土地退化、林分生长量减退等问题，研究人员在私有林中发现了一些貌似天然林的复层异龄混交人工林分，其树木生长旺盛，生态效益较好，经调查才知，这些是私有林主采取选树择伐的方式经营的结果，这引起了林业管理部门的关注，他们因此总结出近自然森林经营方法，并且在国有林中推广，发展为近自然林业。

但时至今日，多功能森林经营的一些理论问题仍是学术界讨论的焦点。在2010年召开的国际林业研究组织联盟第二十三届世界林业大会中，国际林业研究中心(CIFOR)主办了主题为热带商品林的多功能森林经营分会，各国专家根据巴西、加纳等热带人工林经营研究进展，讨论了多功能经营方式，经营潜力评估，碳、木材、生物多样性等之间的关系，多功能森林监测体系，多功能森林经营面临的问题等议题。与此同时，一些国家和国际组织也在积极推行多功能森林经营。例如，联合国粮食及农业组织(FAO)在热带森林行动计划框架下促成了喀麦隆林业部门的彻底改革，开展多功能森林的各种试点。

根据FAO最近的统计，全球多用途林面积已达到森林总面积的34.6%。除了德国的近自然森林，全世界有106个国家对森林进行多功能经营。多功能森林经营面积占各国森林面积的比例不同，其中日本为100%，加拿大为86.7%，澳大利亚为77.6%，美国为68.1%，巴西为44.8%，瑞典为14.5%。

中国实行的是二元分类森林经营制度，即公益林和商品林，没设立多功能林，通过近些年的发展，出现了生态公益林。但是由于缺乏经营措施，森林存在着林下可燃物堆积量大、林地生产力下降等问题。随着中国经济的发展和林业地位的提升，对林业多种功能提出了新的需求；同时，中国尚有大片可以进行多功能经营的林地，这意味着在未来一个阶段，多功能森林经营将成为林业管理者、森林经营者、研究人员共同面临的热点问题。根据国际形势和经验，我国开展多功能森林经营，需要根据我国的社会、经济、生态、文化、技术特点，走一条具有特色的多功能森林之路。

2. 多功能森林经营概念

(1)多功能林业　多功能林业是现代林业的核心和精髓，是林业发展理念的又一次升华。所谓多功能林业，就是指在林业发展规划、森林培育与恢复、森林经营与利用等过程中，从局地、区域、国家到全球的高度，在允许依据社会经济和自然条件正确选择一个或多个主导功能利用并且不危及其他生态系统的条件下，合理保护、不断提升和持续利用客观存在的林木及林地的生态、经济、社会与文化等所有功能，以最大限度地持久发挥林业对整个社会经济发展的支持作用。

这里的多功能林业，与随着林业发展而先后出现的传统林业、生态林业(分类经营)、可持续林业有联系也有区别。第一，多功能林业与以生产木材为主的传统林业不同，其不是只突出木材生产这一个主导功能并忽视其他功能。第二，多功能林业与我国提的生态林业(分类经营)有明显区别，后者是在我国长期忽视林业生态效益的背景下提出的阶段性发展理念，目的是通过严格区分出“商品林”和“公益林”的分类经营来扭转传统林业的发展方向，属于“矫枉过正”的做法。多功能林业虽然涵盖这两个极端状况及其变化多样的中间状态，但强调多功能利用和追求整体效益优化，不是某个或某类利益最大。第三，可持续林业是森林可持续经营的同义语，综合来说，多功能林业是当代林业发展概念的核心和焦点，是林业发展理念的又一次升华，代表着未来的发展方向(Schmithüsen，2007；王彦辉等，2001)。近年来，林业发达的国家非常重视多功能林业。例如，欧盟和日本等已通过林业立法倡导多功能林业，并取得了不少实质性的林业进展，对我国具有重要的借鉴意义；欧盟在1998年制订了“欧盟林业战略”，强调森林多种功能和可持续经营，然后制订了以森林可持续经营和多功能利用为核心内容的“欧盟森林行动计划(2007—2011年)”。

此外，多功能林业强调以地块为基础，考虑地域差别，依据立地承载力和功能需求来建立良好的森林植被(多功能森林、多功能植被)，除此之外还要强调从地块、林场、区域到全国的多层次化。

(2)多功能森林　关于多功能森林，目前还没有统一的概念。FAO积极倡导发展多用途林，并将多用途林定义为：用于木材产品的生产、水土保持、生物多样性保存和提供社会文化服务的任何一种组合的森林，在那里任何单独的一项用途都不能被视为明显地比其他用途更重要。我国学者侯元兆和曾祥谓(2010)认为多功能森林是这样一种森林，在这里，人们以林地为基础，经营森林生态系统，生产一系列的产品。这种生产关注的是对林地及其生态系统的经营管理。多功能森林的本质特点就是追求近自然化的、又非纯自然形成的森林生态系统，因此，“模仿自然法则，加速发育进程”是其管理秘诀，即按照自然规律人工促进森林生态系统的发育，生产出人们需要的木材及其他多种产品。

(3)多功能森林经营　多功能森林经营是指管理一定面积的森林，使其能够提供野生动物保护、木材及非木材产品生产、休闲、美学、湿地保护、历史或科学价值等中的两种或两种以上的功能。从国外的文献来看，多功能森林经营与多功能、多用途或多目标林业等提法均指以上内容(Moller，1922)。国内将其分为多功能森林与多功能林业，亦即一个是实物，即森林本身；另一个是过程，即对森林总体的管理。国外对多功能森林经营的研究较早，在多功能森林经营研究领域形成了两个理论体系(FAO，2010)，一个是小块林地立木水平的多功能经营理论；另一个是区域水平森林总体的多功能经营理论。实践中也客观存在着两个体系的多功能森林经营。

3. 多功能森林经营研究

(1)国外多功能森林经营研究　多功能森林经营理念由来已久，根植于19世纪的恒续林思想，发展于20世纪60年代西方社会出现的生态觉醒。经过近半个世纪的研究和实践，多功能林业已成为世界林业发展的新方向和各国林业发展的总趋势(侯元兆和曾祥谓，2010)；目前，德国、美国、澳大利亚等林业发达国家已步入多功能林业时代，欧盟和日本还通过立法促进多功能森林经营。

德国是全球公认的现代林业理念和可持续经营体系的发源地，以法正林理论为基础的森林经理学产生于18世纪后半叶的德国，在经历19世纪成功经营人工林的同时，德国森林多功能经营思想也在成长，以20世纪中期第二次世界大战后成立的“近自然林业协会”为标志，大部分森林经营者开始认同以“近自然”理念为特征的多功能林业发展思想(Krutzsch，1950)，并认为近自然经营是发挥森林多功能的一个可行途径，开始大量研究和实践近自然森林经营的理论和技术(Lamprecht，1977)。

根据Duchiron(2000)对欧洲林业发展历史的总结，20世纪70年代是德国甚至整个欧洲实现多功能林业指导思想根本转变的时期，因为1972年的风暴使大面积的人工林受害，随后发生的各类森林火灾使大量人工林受到了严重影响(Fischer et al.，1999)。面对灾难，德国林业界认识到把目标局限于木材生产并以追求纯经济利益为核心的单一目标的林业体系有问题，并开始放弃“法正林学说”和以经济收益为导向的人工林轮伐期作业体系，明确提出了林业多功能目标和基本原则。

德国于1975年5月颁布了修订后的《联邦森林法》，这部森林法是保护森林和促进多功能林业发展的法律，但并没有对如何实现“森林多功能经营利用”做出具体规定。其实德国在很早就出现了多功能林业的思想，Gayer在其所著的《森林培育学》一书中就提出了带有自然主义色彩的恒续林思想，Moller(1922)的著作《恒续林思想：它的内涵和价值》中也有多功能林业的思想，即使在法正林理论和人工林经营占绝对优势的时期，萨克森州的Erdmann林业局也一直保持了以营造混交林为特征的实验。

美国森林面积为3亿hm^2，覆盖率为33%，蓄积量为$136m^3/hm^2$；林业经济发达，承担着重大社会职能；林产业年产值约2500亿美元，提供150万个国内直接就业机会，工薪总额近300亿美元；木材、木制品、纸浆、纸等出口量居世界前列。20世纪后期，美国提出“新林业”理论，即“生态系统经营”思想(张德成等，2011)。新林业思想是由美国著名林学家、华盛顿大学教授Franklin于1985年创立的，它是美国林业界的一种新学说，它主要以森林生态学和景观生态学的原理为基础，吸收传统林业中的合理部分，以实现森林的经济价值、生态价值和社会价值相互统一的经营目标，建成不但能永续生产木材及其他林产品，而且能够持久发挥保护生物多样性及改善生态环境等多种生态效益和社会效益的林业，新林业实践强调林业的多功能发挥及构建合理的森林结构和森林形态，在大范围、大框架、长时期内对林业进行综合规划和多种经营。美国重视开发与保护的平衡，确立的可持续发展观深入人心，成为美国社会的共识和各方的自觉行为。

由于200多年前欧洲殖民大面积毁林，澳大利亚林业也曾经处于资源危困状态。自1788年欧洲人开始大批殖民以来，在过去的200多年里，约有一半的澳大利亚森林被消耗殆尽，桉树占90%以上的天然林可采资源变得十分稀缺，经济利用价值极低。同时，因大面积毁林，生态环境问题也日益显现。在20世纪70年代林业分类经营理论的影响下，为了保护生态、增加木材供给，澳大利亚实行了以保护天然林和发挥生态效益为主，以发展人工林和提供木材为主的林业分类经营制度，根据是否允许生产木材，把森林分为森林保护区、多用途林和用材林。根据此分类，澳大利亚把大部分雨林和部分天然林划到森林保护区及国家森林公园，主要发挥森林生态保护作用；将部分公有天然林作为多用途林，在保护生态的前提下开展林业经营，经营的范围包括木材采伐、矿产开采及其他商业和非商业活动；在降水较丰富的地区(年均降雨量在600mm以上)培植人工林，实行集约经营，形成高投入、高产出的用材林。

在林业分类经营制度下，澳大利亚政府自20世纪70年代后陆续出台了一系列保护森林资源的法律法规，森林资源得到迅速恢复和发展，天然林破坏速度在下降。2000年，人工林面积达到170万hm^2。林业分类经营在短时间内快速地增加了人工林、降低了天然林的破坏速度，对澳大利亚林业发展做出了巨大贡献。但是，经济社会发展对林业提出了更高、更新的要求，使林业又面临新的挑战。1992年联合国环境与发展会议后，可持续经营思想深入人心。澳大利亚于1992年发布的“国家森林政策宣言”就已经明确对澳大利亚的林业发展目标作了重大调整，要求以符合可持续生态经营的原则经营森林。随后，“地区森林协议”(1997年)、“2020年人工林发展战略”(1998年)、“可持续森林战略”(2004年)、“国家土著林业战略”(2005年)等一系列政策，一再强调以生态为基础的林业三大效益一体化经营思想。澳大利亚的多功能林业是一种生态经济发展模式，是以充分利用森林资源和发展林产业来推动林业生态、经济和文化的协调统一发展，而不是着眼于长期依靠政府大量投资来发展，同时以生态系统可持续经营技术管理政策来保证以生态服务为基础的三大效益一体化经营。1998年，澳大利亚从第一产业和工业部划出农业、渔业和林业部，原先由环境、水、自然遗产与艺术部管理的森林职能也转移出来，进一步加快了现代林业发展。特别是1997年联邦政府、州政府和地方政府签订“地区森林协议”后，现代多功能林业经营思想落实到了生产实践中，林业的生态、经济和社会效益显著快速提升。

国际模式林(model forest)试验最早是由加拿大提出的，之后得到了很多国家和国际组织的认同并参与其中。加拿大林学家认为提出模式林经营的缘由是，经营森林在很大程度上不受行政措施和森林经营技术方面的影响，而是会被社会经济因素所左右。针对这一状况，1992年加拿大自然资源部为了加速森林经营科技研究的发展并且将其实际应用于现实的森林经营，提议开展模式林项目。1990年，加拿大在国家各州森林部部长会议上，在建立森林可持续性开发目标方面达成共识，联邦政府制定了“为了加拿大健全环境的绿色计划”。该计划是加拿大政府从全国选择确定11个试验点，从1992年开始，每年向每一个试验点提供数百万美元作为事业费。加拿大建立了面积为42万hm^2的芬迪湾模式林，其中包括30个合营组织。

日本自1996年开始对模式林进行试验，建立了两个国家级试验点，对模式林经营开展调查、观测等活动，从满足人类对社会经济和生态关注的不断变化的需求出发，为共同解决当地的森林可持续经营问题提供了一个示范，特别是将生物多样性保护引入森林经营是模式林经营的主要进步。流域管理系统经营模式是日本创造的一种森林经营模式。1992年4月，日本通过修改《森林法》来确保该项任务的实施。1993年，林业厅出版了《森林流域管理系统》一书作为指导性文献，书中描述了日本林业今后的发展目标。日本的国有多功能兼容林在经营上的成功离不开系统完整的财税和金融政策的支持及保障。

综上所述，世界各国现在对于森林资源的管理并不仅限于发挥它的生态效益或经济效益等单项效益，而是更注重综合效益的发挥，它们认识到森林提供木材与树木生长过程中的生态服务是相互依存关系，而不完全是对立关系，树木在提供木材的同时也可以提供各种生态服务，如涵养水源、减少土壤侵蚀、控制盐渍化、吸收二氧化碳、游憩等。所以各国在制定林业发展政策时都是以兼顾森林三大效益为前提的，使森林的总体效益达到最大化，同时通过颁布一系列政策法规来保证林业的发展，这些给我国林业发展带来了一定的启示和借鉴意义。

(2)国内多功能森林经营研究　现已有多名专家、学者开始研究我国多功能林业发展的问题。例如，王彦辉通过智力引进、国际合作交流等项目与奥地利和德国专家共同探讨如何发展多功能林业，并通过多年的相关研究重点探索了北方干旱区域发展多功能林业的实现途径。近年来，陆元昌在我国多个地区开展了近自然林业研究、试验和示范，对探索多功能林业的具体实现途径进行了可贵的前期探索和科技知识积累。侯元兆、唐守正等也曾以不同形式多次呼吁重视森林多功能利用。陈峻崎等(2011)提出了推进北京市多功能林业建设的战略思考。陈云芳和李智勇(2012)采用协同学原理和方法结合灰色系统关联性分析法，对我国多功能林业生态-经济-社会系统的协同发展进行了定量评价研究。樊宝敏和李智勇(2012)提出了多功能林业发展的3个阶段——准备试点、试点和大范围推行阶段，并对中国多功能林业思想的历史演变进行了研究。周树林等(2012)对多功能林业发展模式进行了探讨。

2010年，中国林业科学研究院“多功能林业”编写组编写了《中国多功能林业发展道路探索》一书，本书分为5个调研专题：多功能林业的概念和理论基础，多功能林业的发展需求，多功能林业的实现途径，我国发展多功能林业的科技基础，中国近期推进多功能林业的主要任务。

与此同时，我国有关多功能森林经营方面的研究也在开展，赵琦(2012)采用相应的密度控制、调整林分结构和功能及引进优良乡土树种等经营管理方式，探索适宜太岳山油松人工公益林多功能经营的技术，并通过对比总结适合当地森林生态系统的多功能经营技术和方法。宋淳(2012)以蜀山森林公园为例，从森林文化产业、森林金融业、森林旅游业及个性服务业等方面，探讨了森林公园将来开展多功能经营的可行方案。殷鸣放等(2012)以大边沟林场为例，采用多学科交叉融合的方法，引入雷达图法，提出了多功能值和多功能指数的概念及其计算公式，用于表达小班整体功能，划分为优势齐备型、稳定平衡型、弱势缺失型等3个多功能类型。陆元昌等(2010)分别从经营单位、区域和国家层面分析总结了德国作为林业发达国家开展多功能森林经营的具体实例和初步结果，提出了各个层面多功能森林经营的工作要点和评价效果的方法、指标和标准等我国可学习借鉴的要点。张德成等(2011)详细分析了小块林地立木水平和区域水平森林总体两个多功能森林经营体系的概念、产生、发展及区别。魏晓慧等(2011)主要基于林分结构与森林功能的关系，探讨了如何实施森林经营技术才能使森林效益最大化。侯元兆和曾祥谓(2010)探讨了我国多功能森林经营中的珍贵树种问题。陆元昌等(2011)基于海南省热带人工林近自然化改造的实例，介绍在森林生态系统多功能可持续经营目标指导下的近自然森林作业法设计的理论基础和实现技术。张展华(2007)根据森林资源的多效益性，详细阐述了多功能林业及其营林理念的产生、发展过程，提出了多功能造林技术的概念，并论述了多功能造林与分类经营、混交造林的关系，以及多功能造林一些实践应用的例子，同时分析了营造多功能林存在的一些问题及解决办法。范志平等(2001)从单条林带和林网两个尺度出发，建立了农田防护林高效多功能经营的指标体系，并通过分析各个指标之间的机理关系，提出了9个主要评价指标。袁位高等(2003)通过滩地多功能用材林的树种选择、配置原则、配置方式、经营模式、采伐更新技术及其他相关经营技术等试验研究，总结出了江河滩地多功能用材林经营技术。

一些学者把国外多功能森林经营先进经验介绍到了中国。黄东等(2010)简要分析了澳大利亚林业发展过程，从毁林到以发展生态经济为核心的多功能林业的转变原因与成就。李剑泉等(2011)总结和分析了美国、德国、澳大利亚的多功能林业发展和阿根廷人工林多功能经营的成功经验。刘道平等(2010)通过实地考察、交流座谈和文献分析等方法，分析了阿根廷人工林多功能经营的理论与实践，总结值得借鉴的经验。

综上所述，在多功能森林经营方面，虽然我们已经进行了好多研究，但多数研究是把结构、功能、经营分开的，缺乏对森林多功能构成机理的深入认识和有效调控技术，还没有形成完整的森林多功能利用的基础理论和技术体系，因此，只有深入理解森林结构与自然环境、功能效益、经营利用之间的相互关系，才能合理地经营森林和获得所期望的多种效益。

4. 森林多功能评价研究

(1) 国外森林多功能评价研究　目前，林业发达国家已经步入多功能林业时代，多功能森林发育最典型的是欧洲森林。欧盟和日本还通过立法来促进多功能林业的发展。Singh 等（2006）利用地理信息系统（GIS）和遥感（RS）的技术对公益林进行了评价。Muhammed 等（2008）定量地评价了孟加拉国的坦盖尔公益林，同时还对伍德洛特区域 11 854hm^2 公益林的生态价值及经济价值进行了定量的评价。Costanza（1997）综合国际上已经出版的用各种不同方法对生态系统服务功能价值进行评估的研究结果，对全球的生态系统服务和自然资本的价值进行了评估。评估结果表明，全球生态系统每年的服务价值为 1.6×10^{13}～5.4×10^{13} 美元，平均每年 3.3×10^{13} 美元，该结果是当时全球生产总值的 1.8 倍。这一项研究成果不仅引起了人们对生态资产和生态系统服务价值的强烈关注，还成为后来无数专家学者进行拓展研究的基础。瑞士科学家艾格拉（Engle）于 1899 年在埃默河选取了森林占 97%的林况好的森林流域，以及森林占 30%、草地占 70%的林况差的牧草流域进行对比试验。通过对两种流域的径流、降雨量进行测定、分析发现，通过树冠截持等作用，林况好的森林流域比林况差的牧草流域可减少 5%的水流出量。Paul 通过使用带有概率性的建模技术实现了对以木材生产为主导功能的森林结构的评价。

(2) 国内森林多功能评价研究　赵学明（2010）以北京山区的森林为研究对象，将其分为三个功能林种，即水源涵养林、水土保持林和观赏游憩林，以 GIS 技术作为辅助手段对森林的结构及功能进行评价，开展对森林在经营单位上的结构与功能关系的研究，并且运用定量的方法对北京山区森林多功能评价指标体系进行构建。基于专家打分法和层次分析法相结合筛选出了影响森林功能发挥的主要因子，实现了对森林主导功能区的区划。区划的结果显示符合林场的经营目标，同时也符合各林种的分布特点，由此说明指导森林多功能经营是可行的。殷鸣放（2011）在对森林多功能进行评价中，以大边沟林场人工林为研究区域，对林场森林的减少温室气体、保护生物多样性、涵养水源、保持水土、木材生产等功能进行分析研究，并获取上述各功能的子功能及其评价指标。以流域、小班等为评价对象对森林的功能进行评价，运用雷达图对所评价的子功能结果进行表述，评价结果对该林场的人工林多功能经营有着指导作用。赵静（2011）根据吉林省汪清县金沟岭林场的实际条件，构建了具有普遍意义的森林多功能评价指标体系，多功能包括珍稀树种保护功能、母树功能、护路功能、保持水土功能、木材供应功能等，并对其进行评价。根据林场条件分析其需求，选取各项功能的评价指标，利用层次分析法和 ArcGIS 叠加分析完成对林场的森林功能区划，并对经营类型进行研究。所得研究结果符合社会实际，为汪清县林业局金沟岭林场森林的多功能经营提供了指导依据。顾丽（2012）同样是以吉林省金沟岭林场为研究区域，定量分析林场的景观结构变化及其空间格局变化，采用物质量与价值量法对金沟岭林场 1997～2007 年森林的五大生态效益及其林木产品价值和时空动态变化的过程进行分析研究，同时对金沟岭林场的多功能效益进行决策性评价。

综上所述，森林作为陆地生态系统的主体，为人类社会贡献了大量的资源及发挥着重要作用。但人类过去对于森林资源过度注重采伐业、轻视造林，在国家投资造林时期又重造轻管，使得当地人民对于森林资源中更为重要的生态效益和社会效益的认识不够，造成经营方式粗放，致使林地利用率比较低。森林资源实际上是森林能够实现多功能经营的基础，没有一定数量及质量保证的森林资源，是较难实现森林多功能经营的，从而可能会影响森林的可持续经营。

1.2.2 林分非空间结构研究进展

林分的非空间结构与林木的具体位置无关，在森林的经营管理中研究非空间结构主要是研究林分的树种组成、年龄组成、直径结构、树高结构等林分的基本结构因子。

1. 树种组成　德国在树种组成方面研究较多，经历了一个漫长的思维转变过程。中世纪以前，德国的原始森林中针叶树仅占 1/3，18 世纪以后片面追求木材产量，大量营造针叶树，形成针叶纯林占绝对优势的局面，针叶树比例超过了 2/3。后来大面积针叶纯林的弊端逐渐显现了出来，如抗风能力差、景观单调、病虫害严重等，于是开始采取近自然林业理论进行树种组成结构调整。经过多年的努力，阔叶树比例有了大幅度上升，部分地区已达到 2/3，接近于原始森林水平。在树种组成结构调整中，遵循树种多样化和乡土树种占优势的原则，即使是主要树种在林分中的比例也不能占绝对优势，如主要针叶树种挪威云杉仅占 33%，并认为基本达到了近自然林业的要求(张志达和李世东，1999)。凡是在红松人工林中存在的病虫害，我国长白山地区的原始红松林内都有分布，但从未泛滥成灾。经过多次调查后发现，无论是在材积，还是在株数上，红松都占 35%左右，即红松与其他树种的比值为 50%左右。国庆喜等(1998)研究发现，红松在枯立木中的株数组成比和断面积比也接近于 3 成。1951～1955 年，我国曾对红松分布区进行了大规模调查，在小兴安岭南坡的树种组成结构中，红松占优势，约 30%，而长白山只占 20%。张广学等(1998)认为许多昆虫对农林作物产生的危害实际上是人类不科学的耕作方式、栽培方法、管理技术不当引起的，利用植物的抗害性自然控制害虫是最根本也是最佳的措施，通过改变植物类型组成，利用害虫天敌自然控制害虫经济、有效且往往有持续效果。宝山和吴彤(1999)通过对果园防护林的抗虫结构研究认为，多树种的混交林是一种较为稳定的、可持续的抗虫结构。国外也有研究证明，欧洲 Alpine 山区水土保持林不稳定的原因是不合理的林分组成、过于简单的垂直结构和植物组成、森林病虫害和高密度的野生有蹄类动物。提高这一地区林分的稳定性，采取的措施是在挪威云杉中增加落叶松比例，逐渐建立多层次林分结构的小块状林分。张本光(2001)认为，纯林工程就是脆弱的生态工程，必须坚持有三个树种以上、混交林比例各占 1/3 的生态林工程建设，才是可靠的生态工程林。而且我国林业专家建议，南方杉木林区杉木发展面积以 30%～40%为宜，60%～70%应发展阔叶树，构成针阔混交的树种组成结构。

由此可见，通过改变林分的树种组成结构来防治病虫害、发展多树种组成的混交林已成为共识，林分病虫害发生状况已经成为检验林分稳定性的重要指标。树种组成对于森林的类型具有重要意义，也直接影响生物多样性，是林分结构的基本因子，它反映了林分的物种种类和林分类型。

不同的森林群落具有不同的树种，树种的差异在很大程度上决定了森林类型的不同，研究树种组成对森林的类型、生物多样性情况有重要意义。近年来，国内外对森林树种组成结构的研究明显增多，对树种组成的研究主要有以下三个方面。

(1) 树种种类的简单描述　不同树种的生物学习性不同，不同地域由于自然环境、地理位置、立地条件不同，各区域的优势树种也会有所不同，排除人为因素对树种的影响，各地区不同树种主要是对环境适应的结果。很多研究只是单纯地描述了研究地的物种组成，阐明主要优势种。例如，陈昌雄和陈平留 (1997) 对闽北异龄林树种组成进行了研究，结果把闽北异龄林划分为三种林分类型：以马尾松为优势种的针阔混交林、以阔叶树为主的针阔混交林和阔叶混交林。

(2) 树种多样性分析　由于对天然林的大量砍伐，森林的物种种类已经越来越少，如果不对物种多样性进行研究，不提高林分的物种多样性，物种的贫乏将是人类面临的又一难题。随着人类生态意识的增强，人们对林分多样性的研究也越来越多，方法也不尽相同，主要是通过多样性指数和丰富度来研究 (Nagaike et al.，2003)。梁娟等 (2007) 对西双版纳地区望天树林乔木层的物种多样性进行了研究，结果显示乔木层植物种类和数量随着演替的变化有较大提高，但多样性指数和均匀度基本不变，这可能与样方中形成的林窗有关。此外，乔木层中物种优势度的变化非常明显，部分优势种衰退，少数优势种变得更加优势。汤景明等 (2007) 研究了常绿落叶阔叶混交林更新方式对物种多样性的影响，结果显示：多样性指数变化不明显的群落是柳杉林，其他群落的多样性指数减少较明显。

(3) 树种的分类方法　用分类方法研究物种的组成，可以判断出该地区的优势树种和地带性植被。应用分类方法可以很好地把复杂的物种组成分成几类，以便于进一步分析 (Pitkanen，1997)。分类方法也很多，最常用的是 TWINSPAN (two-way indicator species analysis) 分类法，还有 DCA (detrended correspondence analysis)、GNMDS (global nonmetric multidimensional scaling) 分类法等。Pitkanen (1997) 研究了芬兰林分结构和地被物的生物多样性之间的关系。基于森林结构、植被丰富度及其不同表达形式，应用 DCA、GNMDS 和 TWINSPAN 分类法对森林进行分类。结果表明，不同的分类和聚类方法在研究植被组成和物种多样性的影响因素方面是有效的方法。在没有经受破坏、物种丰富的林地，其被分成了 21 类。在这些分类中，用最高相关的变量来描述这些类别的林分结构，最高的多样性出现在郁闭度低的幼林中。

2. 年龄组成　年龄分布在生态学中是指年龄结构，即种群内各种年龄个体的数目，或它们在种群中所占的比例。林木的年龄结构是指林木株数按年龄分配的状况，它是林木更新过程长短和更新速度快慢的反映。年龄结构的分析有利于估计斑块入侵的速度、分析不同地理条件对群落发展的影响和帮助理解群落内部的动力学 (Dietz，2002)。年龄结构的研究在种群生态学中占有非常重要的地位。直方图法是研究年龄分布比较常用的方法 (肖扬等，2002；张伟等，2002)，同时也是很直观的方法。直方图的绘制又有好几种方法，如以年龄或年龄级为横坐标，以株数或株数百分比为纵坐标。用数学函数去拟合直径分布，应用的函数主要有 Weibull 分布 (沈国舫，1998) 和 β 分布 (孙冰等，

1994)。近年来，演替模型已成为探讨群落动态特征的有效工具，尤其在森林演替方面已发展了许多模型。例如，Mielke(1978)模拟美国阿肯色州(Arkansas)栎-松混交林33个树种的FORAR模型，还有Shugart和West(1980)模拟新南威尔士—昆士兰亚热带雨林的125个树种动态的KIAMBRAM模型等。高俊峰和郭晋平(2005)以林分类型交错的地带为研究对象，对林木年龄结构进行了研究，结果表明，交错带内不同树种的年龄结构变化趋势不同，表现为不同的同龄和异龄林结构特点，白桦、落叶松和山杨的年龄曲线分别表现为正态分布型、反“J”型和右偏正态分布型，云杉的年龄曲线表现为反“J”型和右偏双峰态分布型。

3. *直径结构*　林分直径分布是指林分内各种直径林木按径阶的分布状态，关于直径分布的研究，大体上可分为两个阶段，即静态拟合阶段和动态预测阶段。在静态拟合阶段，Meyer(1952)开始引用负指数分布描述反“J”型分布，并表达了指数值与q值的关系。随后(20世纪70年代前)的研究大都侧重于相对(累计)频率。例如，Fekete用不同断面积平均直径计算了云杉林的相对累计频率。之后，Schiffel在Fekete方法的基础上，用相对直径反映了云杉林直径分布的一般规律，但这一方法因拟合的精度太低而未得到进一步发展。斯瓦洛夫根据苏联远东地区的松树、云杉及落叶松标准地资料，分析了林分直径结构均为不对称的山状曲线，并且认为，偏度的大小与单位面积上树木株数成正比，而与林分平均直径成反比。高桥延清(1971)对异龄林进行了大量的研究，提出以平均蓄积量300m^3/hm^2、年生长量7～8m^3/hm^2、针阔混交比7∶3作为异龄林的经营目标。Daniels(1979)从森林经营角度对异龄林分直径结构进行了深入研究后认为，保留林(指一定面积上由于人为灾害仅保留了少数林木加上后来更新生长起来的林木所形成的林分)及群状同龄林(指经过三次或者三次以上连续更新高潮所形成的，如同几个同龄林交叠起来的林分)的直径分布呈间断的或波纹状的反“J”型曲线；具有明显层次的复层异龄林分，直径分布呈双峰山状曲线；林冠层次不齐整的异龄林分，则呈不规则的山状曲线。Adams和Ek(1974)发表了被称为异龄林经营决策优化“里程碑”的论文《异龄林最优化经营》，文章主要阐述了两个问题：用径级描述最优的永续直径分布即林分结构，将不规则林分转变成目标结构的最优采伐安排。Haight等(1985)、Bare和Mendoza(1988)分别利用最优控制理论公式和Weibull分布函数重新验证了Adams-Ek模型。Haight等(1985)对异龄林直径分布及收获的优化进行了深入的研究。Daniels对异龄林树种组成结构的优化问题进行了探讨。在此期间，还有许多学者对异龄林经营从不同方面用不同的方法进行了许多探讨，但多数停留于理论阶段，在实际生产中应用还存在不少的问题和困难。

(1)林分直径结构模型研究　林分直径结构模型是直径分布状态的一种数学表达，是林分收获模型的重要组成部分。林分直径结构模型历来是国内外林学家关注和研究的重点。自20世纪90年代以来，随着相关学科日新月异的变化及统计分析科学的发展，林分直径结构模型朝着复杂化、多样化方向发展，从而从整体上提升了林分直径结构模拟与预测系统的性能及准确度，能为科学营林和准确预估材积提供更加翔实的数字依据。从研究的对象来说，现实林分可划分为两大类，即同龄纯林和异龄混交林，两种林分的总体特征明显不同，因此，所适用的林分直径结构模型也存在较大变化。一般来讲，在研究异龄混交林分的直径结构规律时，可将复杂林分划分成若干森林分子进行调查研究

(李凤日，1986)。从所采用的研究方法来看，对于林分直径结构模型的研究，大体上可分为参数法(parametric approach)和非参数法(nonparametric approach)两种，具体而言包括相对直径法、概率密度函数法、理论方程法、联立方程组法(simultaneous equations method)及其他拟合方法等。从目前研究现状看，以参数法为主导。

Ⅰ.相对直径法。相对直径法能使不同平均直径、不同株数的林分在同一尺度上进行比较，并能在一定程度上反映各单株在林分中相对竞争力的大小(李凤日，1986)。根据该法所绘制的曲线，只要已知林分中任一林木的直径，即可求出小于这一直径的林木占林分总株数的百分比。有资料表明，不论树种、年龄、密度和立地条件如何，林分平均直径(D_g)在株数累积分布曲线上的位置为55%～64%，一般在近于60%处(李凤日，1986)。相对直径法对于现实林分直径分布状况能给出合理有效的描述，但对未知林分的直径分布不能给予准确的评估，对林分直径的动态分布也不能给出科学的预测。

Ⅱ.概率密度函数法。从20世纪60年代至今，所采用的概率密度函数主要有正态分布、对数正态分布、β分布、γ分布、Weibull分布、S_B分布及综合γ分布。其中正态分布、β分布及Weibull分布应用较多。

1) 正态分布：Meyer在用正态分布描述同龄林直径分布的研究中指出，正态分布的两个参数，即均值(p)和标准差(SD)，可用林分平均直径进行估计。Bailey(1980)、寇文正(1982)等均用正态分布拟合不同树种的直径分布，效果较好，但正态分布只有两个参数，分布曲线变化小，只能拟合林分发育过程中某一阶段的直径分布，具有一定的局限性。虽然如此，该分布作为经典的、一种理想状态下的林分直径分布，在林分直径结构模型研究领域具有重要的意义，分布函数表达式如下。

$$f(x)=\frac{1}{\sqrt{2\pi}\sigma}e^{-\frac{(x-\mu)^2}{2\sigma^2}} \tag{1.1}$$

式中，x和μ分别为直径实测值和平均值；σ为直径x的标准差。

2) β分布：Clutte和Bennett(1965)用β分布拟合模拟了弃耕地上湿地松人工林的直径分布，并据此编制了可变密度收获表，建立了预估湿地松收获量模型。陈学群(1995)对比不同密度30年生马尾松人工林的林分结构，用β分布模型研究了林分直径分布规律。经χ^2检验($\alpha=0.05$)全部接受，能够获得较满意的效果。β分布具有很大的灵活性，可拟合同龄林和异龄林的直径分布(寇文正，1982)，但β分布存在一个主要的缺点，就是在闭区间内，其累积分布函数不存在，因此，各径阶的株数比例就不得不采用数值积分技术来获得，并且该分布参数的生物学意义不甚明显，这就限制了它的应用。

3) Weibull分布：Bailey和Dell(1973)提出用Weibull函数描述林分直径分布。该分布函数因其具有的足够的灵活性曲线、参数容易求解和预估、参数的生物学意义明显及在闭区间内存在累积分布函数且形式简洁明了等优点，受到了众多研究者的重视并得到了广泛的应用。另外，其变化范围覆盖了从正态分布到反“J”型分布，故可用于描述同龄林及异龄林的直径分布。自20世纪90年代以来，Weibull分布在描述林分直径分布上占据了重要地位，与其他分布函数相比，该函数也表现出较高的精确度和适合度。

我国林分直径分布收获模型的研究起始于20世纪80年代初期，用于描述和模拟林分直径分布的模型也主要是 Weibull 分布模型。寇文正(1982)用 Weibull 分布和其他几种分布一起拟合了浙、皖杉木林分直径分布。孟宪宇(1985，1988)、孟宪宇和邱水文(1991)用 Weibull 分布函数拟合了油松人工林林分直径分布、天然兴安落叶松林林分直径分布与树高分布，对长白落叶松林分地位级建立了以三参数 Weibull 分布为基础的直径分布收获模型，并用林分特征因子的预测值回收 Weibull 分布参数。研究结果显示，Weibull 分布的拟合效果良好，但从参数引入林分特征因子的间接方法的预估效果并不理想。黄家荣(2000)用 Weibull 分布对马尾松人工林直径分布的拟合与预测适用性进行研究的结果也是如此：Weibull 分布对中、弱间伐强度的马尾松人工林直径分布拟合效果较好，但采用以林分平均直径预测值推算 Weibull 分布参数的林分直径分布预测法对平均直径的预测精度要求很高，就所用资料而言，要求最低预测精度为 95%～99%，而且间伐强度越大要求越高。中、强间伐强度的林分要求 98%以上，精度不够的林分直径预测分布使材种出材量的预估精度很低。杨锦昌等(2003)建立的马尾松人工林直径分布收获模型系统，由林分因子模型、Weibull 分布参数回收模型和林分收获模型等三部分构成，用于林分结构和产量的动态预测，可保证林分变量间的一致性。

Weibull 分布有二参数的和三参数的两种，在林业上用得较多的是三参数的 Weibull 分布。关于三参数 Weibull 分布函数中的 a、b、c，求解的方法有多种，采用最大似然估计方法(Bailey and Dell，1973)较为普遍。Issos 和 Bailey(1975)针对 Weibull 直径分布提出了求解 a、b、c 三参数近似值的方法，西泽正久用这种方法求解 Weibull 分布函数中的 b、c 值，得到了令人满意的结果。孟宪宇(1985)以大量的油松林标准地资料为基础，在应用 Issos 方法计算 Weibull 分布参数的同时，根据西泽正久相关表中 120 组 r、CV_x 的数值，研究了 c 与 CV_x 及 r 与 CV_x 之间的关系，选配了适当的数学方程，便于应用计算机计算 Weibull 分布函数的参数估计值，改进了 Issos 方法，并取得了等效的结果。

Ⅲ.理论方程法。在林分生长模型研究领域，理论方程主要用于构建全林分及单木生长模型(Zeide，1989)，直到 20 世纪 90 年代中期以后，其在研建林分径阶分布模型上的优越性才日渐显露，且以国内的应用研究为主。目前应用的理论方程主要包括种群动态模型及一般理论生长方程两种(惠刚盈和盛炜彤，1998；段爱国，2002)。

基于种群动态模型预测林分直径分布的基本思想是：将林分中大小不同的林木分布规律视为生物种群的分布问题，用种群动态模型——Logistic 方程、Gompertz 方程、G-Logistic 方程或 Richards 方程表示林分直径分布，采用两点回收或三点回收、差分还原的途径实现林分直径分布的预测(惠刚盈和盛炜彤，1995；吴承祯和洪伟，1998；吴承祯等，1999)。Gompertz 方程和 Logistic 方程最初均用于描述种群增长及分布问题。Gompertz 方程是由 Benjamin Gompertz 于 1825 年首先提出的，用来描述人口衰亡及年龄分布状况。吴承祯和洪伟(1998)将其应用到杉木人工林直径分布结构的研究上，结果表明适合性良好。Logistic 方程由比利时数学家 Vethulst 首创，用于描述人口的增长规律，惠刚盈和盛炜彤(1995)在国内首次将该方程应用于林分结构的研究，用 Logistic 方程和 Gompertz 方程表示林分直径分布，采用两点回收、差分还原的途径提出林分直径分布预测方法逻辑参数回收模型(L-PRM)和一般参数回收模型(G-PRM)，并对杉木人工林林分直径分布进行预测，其预估合格率达 88%以上。吴承祯和洪伟(1998)、吴承祯等(1999)用 Gompertz 方程表示林分直径分布，采用两点回收、差分还原的途径提出林分直径分布预测方法 G-PRM，并对杉木人工林林分直径分布进行预测；又用 G-Logistic 方程表示林分直径分布，采用三点回收、差分还原的途径提出林分直径分布预测方法 G-L-PRM，并用于预测闽北杉木人工林的林分直径分布，其预估合格率达 91.3%。Ishikawa(1998)鉴于 Richards 方程的灵活性，曾采用该方程来描述林木直径分布，并给出了该方程的概率密度函数形式，但未能提出该方程应用于直径分布领域的理论基础。

Ⅳ.联立方程组法。Borders 等(1987)提出了一种不依赖任何预先确定函数的预测方法(distribution-free method)，该方法假定相邻百分位间的株数分布为均匀分布，采用 12 个不同累积株数百分数处直径的预测方程所组成的方程系统(即联立方程)来描述直径的分布规律。该方法被认为对多相性林分，特别是受自然灾害(如病虫害)、人为干扰(如抚育间伐)及一些表现为双峰的纯林或混交林林分，具有较好的模拟效果(Borders and Patterson，1990)。孟宪宇和岳德鹏(1995)列出了该方法的基本求算过程，并采用相邻百分位处的直径、林分平均直径、立地指数、每公顷林木株数、林分年龄等林分特征因子建立了落叶松人工林林分 13 个不同百分位处直径的预估方程组，进而求算出 87 块林分的直径分布序列，χ^2 检验结果表明：接受率为 76%，略高于三参数 Weibull 分布函数的 72.4%。Maltamo 等(2000)采用一个样条函数(spline function)来描述相邻百分位点间的林木分布状况，林分特征值选用直径中位数、断面积直径中值及一个哑变量，其中哑变量用来描述林分是否疏伐。Kangas 和 Maltamo(2000)曾将一种标准化的方法应用于联立方程组法，并取得了较单独采用联立方程组法更好的效果。该方法可从两个方面加以完善：①选用能精确预估各百分位处直径的模拟方程(如非线性方程)及准确反映林分直径结构的特征因子；②相邻百分位点间选择合适的分布函数。虽然联立方程组法具有许多优点，但其不足之处在于需要较多的林分直径结构特征的信息，以及联立方程求解过程较为烦琐且彼此间的误差项存在累加性。唐守正(1997)提出了一种与直径分布型无关的预测林分直径累积分布的方法，推导出了一组联系林分平均直径生长和直径累积分布生长之间的方程式。根据这些方程建立的林分生长模型和径阶生长模型或与距离无关的单木生长模型之间的关系，可以指导由林分断面积总生长到单木直径生长的分配。并通过加上一个误差函数，提高了直径分布的预测精度。接着从一般的假设出发，导出了一个连续状态空间的树木直径分布生长方程，并对方程解的存在性和方程与 Richards 函数的关系进行了论证(唐守正和李勇，1998)。

Ⅴ.非参数估计法。最相似回归法是一种不依赖于任何分布函数、基于 k 个最相似实测林分分布的权重平均的非参数预估法(孟宪宇和张弘，1996)。利用该方法对未知林分直径分布进行预测主要需要解决 3 个方面的问题：①选用适当距离函数，确定最相邻林分及林分个数；②确定所筛选出最相邻林分的直径分布；③确定权重函数，对各参照(最相邻)林分给出合适的权重值。

从统计学的角度来讲，最相似回归法具有很强的灵活性，对双峰或多峰分布有着更强的适应性，不失为一条解决复杂分布问题的新思路，但该方法需要合适的参照材料，且当研究大范围的林分时，最相邻参照林分的选用过程耗时较多，并且对相关软件的依赖性较大。Haara 等发现，在大多数研究例子中，Weibull 分布的方法较最相似回归法具有更高的精度。鉴于概率分布函数等参数法及非参数法(如最相似回归法)优点或特点的互补性，Maltamo 和 Kangas(1998)将最相似回归法与 Weibull 方程结合起来研究直径分布问题，取得了较单一方法更理想的效果。李荣伟(1994)应用两阶段的广义最小二乘法建立了模拟山桉人工林直径生长的动态马尔可夫随机模型。统计检验表明，应用该模型预测山桉林分直径分布的有效性优于采用 Weibull 分布等传统方法。王树力等(1997)以马尔可夫过程理论为基础对长白落叶松工业人工林进行了模拟和密度控制研究，结果表明:马尔可夫过程理论能正确反映长白落叶松工业人工林的直径转移过程。黄家荣(2001)以经营密度试验样地资料为基础，用转移概率矩阵方法建立了马尾松人工林直径分布动态转移模型。该模型在间伐试验林的高、中、低密度林分中的应用结果表明，林分总断面积的预测精度依次为 97%、98%和 98%。然后，在林分直径分布转移矩阵模型的基础上，用多目标规划建立同龄林直径分布优化调整模型，将林分密度最优控制模型引入保留密度约束，将正态分布的概率密度引入直径分布状态约束，实现以总体密度优化控制径级分布优化。在分布状态约束和疏伐径级约束中引入偏差变量，按目标约束处理，更符合实际，更有利于调整目标。

在应用非参数核密度估计理论和方法对林分结构进行模拟的研究中，一个必须解决的问题就是窗宽的确定，这也是非参数核密度估计在实际应用中的核心问题，它直接影响模拟精度(王雪峰和胥辉，1999)。崔恒建和王雪峰(1996)介绍了非参数核密度估计的构造和主要性质，给出了确定窗宽的数学表达式，然后结合实例，说明了该方法在拟合直径分布中的应用，并指出对于林分直径分布的模拟和预测，非参数核密度估计方法可能成为一种有用的方法。王雪峰和胥辉(1999)给出了 5 种确定窗宽的办法，即最小积分均方误差法、极大似然法、卡方检验法、正态分布法、经验公式法，然后利用卡方检验法对吉林省汪清县林业局的天然林进行最优窗宽的求解。同时，应用非参数核密度估计理论和方法，对从吉林省汪清县林业局抽取的 12 块天然林样地进行直径结构模拟，结果表明：①在 Weibull 及其他分布函数能很好模拟的样地，非参数核密度估计也能对该样地进行模拟，并且要优于分布函数法；②在分布函数不能描述林分时，非参数核密度估计方法仍能描述该林分，并能取得很好的效果；③不论是天然林还是人工林，均可用非参数核密度估计方法对林分直径结构进行模拟，非参数核密度估计方法可能成为一种有用的方法。徐健君(1999)用非参数核密度估计方法对天然岷江冷杉林直径结构进行拟合，结论是非参数核密度估计方法能对天然林直径进行很好的拟合，且方法简单灵活、可靠性强。

Ⅵ.其他拟合方法。随着相关学科的发展及对模型适应性需求的提高，林木直径分布模拟预测模型正呈多样化发展趋势。邓聚龙(1987)提出了灰色系统模型的概念，该系统可分为 GM(1,1)、GM(1,n)和 GM(2,1)等 3 种，其中 GM(1,1)应用最为广泛。马胜利(1999)应用 GM(1,1)模型研究了纯林及天然异龄林的直径分布情况，认为该模型较 p 分布及抛物线分布效果好。对于混交林分，Maltamo(1997)曾利用 Weibull 分布进行过描述，发现 Weibull 函数对林分内单一树种及多树种整体直径分布均具有较好的模拟性能。有研究表明，当混交林分表现为双峰或多峰状态时，无论是 S_B 分布还是 Weibull 分布都不能给予精确的描述(Tham，1988)。Titterington(1997)介绍了一种被称为有限混合分布的研究方法，Liu 等(2002)采用二参数 Weibull 分布建立的有限混合分布模型研究了混合树种组成的林分的直径分布。

(2) 林分直径结构模型参数求解及预测方法　采用参数法对林分直径分布进行模拟与预测时，其内容可以分为对已知林分分布参数的求解和对未知林分分布参数的预估两部分。模型参数的求解及预估方法至关重要，对模拟精度与预测效果有较大的影响。如果分布参数的求解和预估是分步进行的，则参数求解精度的高低将直接影响预估的效果。参数的预估方法包括参数预估模型(PPM)和参数回收模型(PRM)两种方法(Hyink and Moser，1983)。参数的求解方法包括最大似然法、矩法、百分位法、回归法、遗传算法、多层前馈(BP)神经网络模型等，最常用的为前面 4 种，且最大似然法、回归法、遗传算法和多层前馈神经网络模型主要解决已知林分分布参数的求解问题，如要实现预估还需采用 PPM 或 PRM，而矩法和百分位法在求解已知林分分布参数的同时，还可以达到预估的目的。

Bailey 和 Dell(1973)认为最大似然法是一种非常精确的参数求解方法，但需用迭代法进行求算。对于几乎所有的概率密度函数来说，矩阵法不失为一种具普适性的求解方法(李凤日，1986)。百分位法是一种简洁、实用的近似求算方法，该方法正日益受到研究者的重视；而随着数理统计软件的发展，回归法，尤其是非线性回归法正体现出其本身的优越性。

虽然林分直径结构模拟与预测的研究工作已经取得了很大的进展，但还存在许多重要的问题尚未解决，建议今后一个时期的研究工作从以下几个方面展开：①同时开展参数法、非参数法及依赖于分布函数和不依赖于分布函数的模拟预测方法的研究工作，寻求描述林分直径分布的最佳方法；②寻找最能反映直径分布规律的林分特征因子，并建立特征因子与分布参数的最佳函数关系；③解决当前研究中存在的模拟与预测脱节的问题，在对已知林分进行模拟时，要考虑所建立起来的模拟预测体系的适用范畴，因为采用所建立的模型进行预估时，往往对部分未知林分预测效果较好，而对另外一部分未知林分预测精度较低，这样还是未能解决预估的问题，除探讨最相似回归法与分布函数相结合进行预估的方法外，也可考虑对林分进行分段(如不同龄级组合)、分类(如不同密度)建模的思路；④构建直径分布与材积分布、断面积分布间的关系，使直径分布模型满足收获预估的需要；⑤充分重视相关学科的发展及其在本领域的应用，譬如可采用模糊数学的相关理论描述林分直径分布；⑥对于人为干扰后的林分直径分布的模拟与预测有待加强。

纵观林分直径分布收获模型研究的发展与趋势可以看出，林分直径分布的常规模拟技术多是借助于数理统计学中的各种概率密度函数描述和预测林分直径分布。其中，Weibull 分布因拟合林分直径分布时具有更大的灵活性等诸多优点而应用最广泛。与直径分布型无关的预测法和基于马尔可夫过程、非参数核密度估计、种群动态模型、大小比数等理论的新方法，还有本书研究的林分直径分布神经网络模型，肯定比以 Weibull 分布等概率密度函数为基础的传统方法有更多的优越性。但这些新方法、新技术要达到像 Weibull 分布那样的普及程度，还需要一个过程。

4. 树高结构　树高结构也是研究林分结构中常用到的结构因子之一，在林分中，不同树高林木的分布状态，称为林分树高分布。认识、了解林分内树高分布的特点、规律，对评价林分立地质量、绘制树高结构曲线及研究林分密度控制都有实际意义。同直径结构类似，人们常常利用直方图法或者结合树高的高阶分布株数来描述树高结构特征，也可使用常用的分布函数拟合法对树高结构进行拟合分析。实践证明，由于 Weibull 分布函数具有较大的灵活性和适用性，也能较好地拟合树高分布曲线(孟宪宇，1988；郭丽虹和李荷云，2000)。例如，郭丽虹和李荷云(2000)对 8 个年龄段桤木人工林树高分布进行拟合，结果显示，桤木人工林的树高分布符合左偏的 Weibull 分布。另外，树高与直径之间存在着密切的相关关系。所以，林分树高分布与直径分布之间也存在一定的关系，当林分直径分布遵从 Weibull 分布时，树高也遵从 Weibull 分布。还有研究者应用树高与林木株数之间的关系来反映树高分布(邓坤枚等，1999)。

1.2.3　林分空间结构研究进展

随着森林经营的目的由木材生产转向培育健康稳定的森林生态系统，维持森林的生物多样性和培育多功能森林成为当代林业的新目标。然而森林生物多样性的维护和森林多功能的发挥很大程度上依赖森林结构是否合理，森林的空间结构作为森林结构最重要和最直接的表现，是在森林经营过程中最有可能调控的因子，因此通过优化森林空间结构对森林生态系统结构进行调整是培育可持续森林的重要途径。关于什么是林分空间结构，目前还没有统一的定义。惠刚盈和克劳斯·冯佳多(2003)指出林分空间结构反映林分内物种的空间关系，描述林分中与林木位置有关的空间信息特征。Pommerening(2006)指出森林空间结构是森林中树木及其属性在空间的分布。汤孟平(2010)认为林分空间结构体现了树木在林地上的分布格局及其属性在空间上的排列方式，即林木之间树种、大小、分布等空间关系，是与林木空间位置有关的森林结构。这些定义都突出和强调了林木的空间位置决定林分的空间结构，这是其区别于林分非空间结构最主要的特征。目前，林分空间结构单元中邻近木株数的确定方法、林分空间结构参数的定义和计算、林分空间结构的模拟和分析及林分空间结构的优化调控是林分空间结构研究的主要方面。

1. 林分空间结构单元研究　林分空间结构单元是由林分中任意一株中心木与其周围最近邻木组成的基本单位，它是计算空间结构指数和分析林分空间结构特征的基础，最近邻木的株数是确定林分空间结构单元最关键的问题，但对于如何确定邻近木株数还存在争议(汤孟平等，2009)。

Füldner(1995)以混交林为实例研究不同树种间的隔离程度时，提出最近邻木 n 的取值时，至少 $n \geqslant 2$ 的结论，这样的林分空间结构单元在研究由 2 个或 3 个树种组成的混交林时还可以，但对于林分中有 4 个以上的混交树种时，$n \geqslant 2$ 的取值显然小了，惠刚盈和胡艳波(2001)认为 n 的取值既不能太大，也不能太小，恰当的 n 应该具有操作简单、可释性强的特点，$n=4$ 可以满足林分空间结构分析的要求，同时指出在采用林分平均混交度分析林分树种隔离程度时，应该结合树种混交比，这有利于更加准确地分析林木的隔离程度。但是采用固定邻近木确定林分空间结构单元的方法会造成两种不科学的结论：一是有可能将非邻近木算到中心木的邻近木中；二是有可能将中心木的邻近木排斥在外。

为了克服上述缺点，汤孟平等(2009)提出利用 Voronoi 图来确定中心木的最近邻木。

Voronoi 图是一种基本的几何结构，具有一些特殊的数学特性，是有效解决数学、地学及计算机科学等问题的强有力工具。1908 年，俄国数学家 Voronoi 首次提出 Voronoi 图的概念。1911 年，荷兰气象学家 Thiessen 将其应用于气象站降雨量的计算上，因此 Voronoi 图又名泰森多边形。

设平面上的一个控制点集 $p=\{p_1,p_2,\cdots,p_n\}$，$n\geqslant 3$，若其中任意两点不共位，且任意四点不共圆，则将

$$V_n(p_i)=\bigcap_{j\neq i}\{p\,|\,d(p,p_i)<d(p,p_j)\},\quad i=1,2,\cdots,n \tag{1.2}$$

对平面进行的分割称为以 $p_i(i=1,2,\cdots,n)$ 为母点生成的常规 Voronoi 图。其中 $d(p,p_i)$ 为点 p 到点 p_i 的欧氏直线距离。

常规 Voronoi 图如图 1.1A 所示。除最外层的点形成的开放区域外，其余各点均形成一个凸多边形，称为 Voronoi 多边形。Voronoi 多边形中的每个点到该 Voronoi 多边形的生长点的距离都小于到其他 Voronoi 多边形生长点的距离。

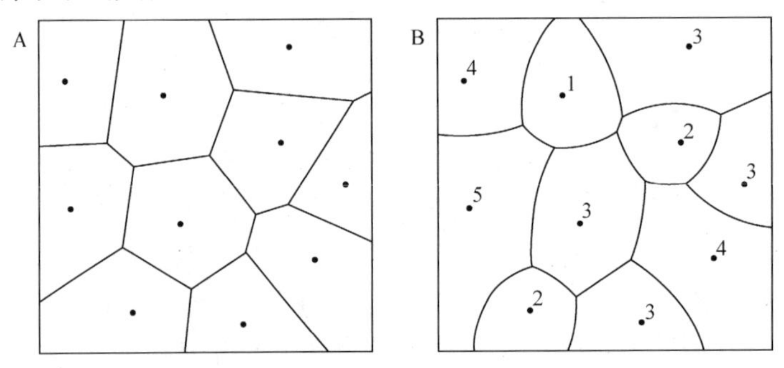

图 1.1　相同离散点生成的常规 Voronoi 图(A)与加权 Voronoi 图(B)

设 $p_i(i=1,2,\cdots,n)$ 为二维欧氏平面上的 n 个点，$\lambda_i(i=1,2,\cdots,n)$ 是给定的 n 个正实数，则将

$$V_n(p_i,\lambda_i)=\bigcap_{j\neq i}\left\{p\,|\,\frac{d(p,p_i)}{\lambda_i}<\frac{d(p,p_j)}{\lambda_j}\right\},\quad i=1,2,\cdots,n \tag{1.3}$$

对平面的分割以 $p_i(i=1,2,\cdots,n)$ 为母点，$\lambda_i(i=1,2,\cdots,n)$ 为权重的点上加权的 Voronoi 图，即加权 Voronoi 图。其中 λ_i 为点 p_i 的权重，$d(p,p_i)$ 为点 p 到点 p_i 的欧氏直线距离。常规 Voronoi 图是点上加权 Voronoi 图在所有权重相等时的一种特例，即 $\lambda_1=\lambda_2=\cdots=\lambda_n$。

加权 Voronoi 图如图 1.1B 所示，图中数字表示与其相近的生长点的权重。加权 Voronoi 图中各 Voronoi 多边形中的每个点到该 Voronoi 多边形的生长点的距离之比小于两生长点的权重之比。

随着 GIS 技术和计算机技术的飞速发展，20 世纪 80 年代以后，Voronoi 图在不同的学科领域得到广泛研究和应用。尤其在图像处理、图像模式识别、计算机图形学、考古学、物理学、分子生物学、城市规划、地质统计学、天体动力学等各个领域都有广泛的应用。

近年来，Voronoi 图的定义也被引入林学用于空间结构的研究。然而利用常规 Voronoi 图确定林木的最近邻木时仅考虑林木的位置关系，而没有考虑林木的自身生长状况对林木影响范围的作用，基于此，有的学者尝试采用加权 Voronoi 图来确定邻近木株数的新方法。2012 年，郝月兰利用冠幅加权 Voronoi 图单元的面积确定林木的营养面积；采用加权 Voronoi 图来确定对象木的邻近木，确定的空间结构单元更合理，计算的空间结构指数更能反映林分的实际空间结构特征，能够有效减小空间结构指数的有偏估计。利用 Voronoi 图确定中心木最近邻木的方法已经被诸多学者认可和应用，目前利用加权 Voronoi 图确定中心木的最近邻木正在成为研究的热点。

2. *林分空间结构分析研究* 空间结构分析是林分空间结构研究的一个热点领域，目前，国内外许多学者主要从林分树种隔离程度、竞争、林木空间分布格局三个方面来分析林分空间结构(汤孟平，2003)，近年来林分的垂直结构分析也被广泛研究(吕勇等，2012a)。

(1)林分树种隔离程度 在森林生态系统中，同一物种之间的竞争几乎永远是最激烈的，而且影响一般是不良的(金明仕，1993)，这就要求树种间有相互隔离的需要，传统上采用混交比来描述林分的混交程度，它是一个非空间结构指标，表示的是某一树种的株数占整个林分中所有树种株数之和的比例，混交比的缺点是不能反映某一树种与周围树种的隔离关系。Fisher 等(1933)提出的多样性指数只能反映物种的丰富程度，却不能反映物种间的空间分布关系；Pielou(1961)提出的分隔指数仅能用来分析随机分布混交林的树种种间隔离关系，不能描述属于均匀与团状分布的林分中树种隔离程度。基于此，von Gadow 和 Fueldner (1992)提出了混交度的概念，即用中心木 i 的 n 株最近邻木中与中心木不属同种的个体所占的比例，也常被称为树种混交度和简单混交度，用公式表示为

$$M_i = \frac{1}{n}\sum_{j=1}^{n} v_{ij} \tag{1.4}$$

式中，M_i 为中心木 i 的简单混交度；n 为中心木 i 的最邻近木株数；v_{ij} 为离散型变量，当中心木 i 的第 j 株邻近木与中心木 i 为不同树种时，$v_{ij} = 1$，否则 $v_{ij} = 0$。

混交度考虑了林木的空间位置，能够描述某株中心木与其周围最近邻木的树种异同情况，但没有考虑周围邻近木相互之间的树种异同情况。这说明简单混交度不能完全反映树种之间的隔离程度，为了解决这个问题，汤孟平(2003)提出树种多样性混交度的概念，它不仅考虑了中心木与邻近木之间的树种异同情况，还考虑了邻近木之间树种的异同情况。具体的计算公式为

$$M_i = \frac{n_i}{n^2}\sum_{j=1}^{n} v_{ij} \tag{1.5}$$

式中，M_i 为中心木 i 的简单混交度；n_i 为中心木 i 的 n 株最近邻木中不同树种的个数；n 为中心木 i 的最近邻木株数；v_{ij} 取值同上。

树种多样性混交度指标相比简单混交度指标更能真实地反映林分中树种间的隔离程度，但却无法区分 4 株邻近木中有 2 株属同种或 3 株属同种的情况。针对这种缺陷，惠刚盈等(2008)提出基于相邻木的树种分隔程度空间测度方法，用公式表示为

$$\mathrm{Ms}_i = \frac{s_i}{5} M_i \tag{1.6}$$

式中，Ms_i 为由中心木 i 及其最近邻木组成的空间结构单元的物种空间状态；s_i 为结构单元中的树种数；M_i 为树种混交度。

基于相邻木的树种分隔程度空间测度方法的优点是既能科学地进行不同林分树种隔离程度相对大小的比较，也能对同一林分树种间隔离程度的大小做出科学合理的判断。汤孟平等(2012)综合分析了简单混交度、物种多样性混交度及物种空间状态各自存在的问题，认为基于相邻木的树种分隔程度空间测度方法在一定程度上提高了描述树种空间隔离程度的灵敏度，但是仍没有解决物种多样性混交度存在的问题，不能准确描述上述两种不同空间结构单元的混交度。因此，汤孟平提出了全混交度指标。该指标不仅考虑了林木空间结构单元中邻近木之间的隔离程度，还考虑了林木空间结构单元的物种多样性 Simpson 指数，用公式表示为

$$\mathrm{Mc}_i = \frac{1}{2}\left(D_i + \frac{c_i}{n_i}\right)\cdot M_i = \frac{M_i}{2}\left(1 - \sum_{j=1}^{s_i} P_j^2 + \frac{c_i}{n_i}\right) \tag{1.7}$$

式中，Mc_i 为中心木 i 的全混交度；D_i 为中心木 i 所在空间结构单元的 Simpson 指数；M_i 为中心木 i 的简单混交度；s_i 为中心木 i 所在空间结构单元内的树种数；n_i 为邻近木中不同树种数；c_i 为邻近木中不同树种数；P_j 为中心木 i 所在空间结构单元内第 j 树种株数。

随着混交度概念的日益成熟和完善，采用混交度进行林分树种隔离程度的研究也广泛开展起来了。惠刚盈和胡艳波(2001)在改进 Gadow 混交度的基础上，分析了海南岛尖峰岭热带林的树种隔离程度，结果发现平均混交度接近 1，说明热带雨林树种结构异常复杂。胡艳波等(2003)利用大小比数、混交度和角尺度 3 种林分空间结构参数分析了红松阔叶天然林的空间结构，发现该林分为中、强度混交，水平分布格局为随机分布；汤孟平等(2009)在以 Voronoi 图确定林分空间结构单元的基础上，采用传统的混交度和基于 Voronoi 图确定的混交度分别分析了天目山常绿阔叶林的混交度，结果发现基于 Voronoi 图确定的混交度更能准确地描述树种的隔离程度，还有很多其他的学者也利用上述混交度指标进行了林分树种隔离程度分析。

(2)竞争　林分生长导致的营养空间和生活空间的不足必然引起林木种内及种间的激烈竞争，导致林窗产生、林木枯死等结果，从而引起林分空间结构的变化。因此，在研究林分空间结构因子时，竞争指数是一个关键因子。林木竞争的概念自产生到现在已有 100 多年的历史，最初采用形态定性描述林木竞争关系，Staebler(1951)首次定量描述了林木竞争指数的定义，假设单个对象木都有一个影响圈，那么对象木的影响圈与邻近木影响圈的重叠程度应是竞争强度的一个指标，他当时把影响圈的半径定义为林木胸径的线性函数，把影响圈面积的重叠定义为线性重叠。此后许多学者从不同的角度提出了林分内林木影响圈的定义和计算方法。Amery 在 1973 年提出的竞争压力指数就是以竞争木和对象木影响圈的重叠面积作为计算林木竞争指数参数的。

$$CSI_i = 100 \times \left(\frac{\sum AO_{ij} + A_i}{A_i} \right) \tag{1.8}$$

式中，CSI_i 为对象木 i 的竞争压力指数；AO_{ij} 为竞争木 j 和对象木 i 影响圈的重叠面积；A_i 为对象木 i 的影响圈。

许多后来发表的该类竞争指数都是在原始概念的基础上，对影响圈的半径和重叠测算方法进行修改(Biging and Dobbertin，1992)。林木竞争指数反映的是林木个体生长对环境资源的需求与现实森林生态系统中林木个体对环境资源占有量之间的关系(马履一和王希群，2006a)，因此林木竞争指数研究的重点和难点是量化林木之间的竞争对林木生长的影响程度，即如何以林木之间的距离、林木的胸径、冠幅等影响林木竞争的因素为自变量，以林木竞争指数为因变量构建林木生长竞争模型(Bailey，1980)。到目前为止，现有的竞争指数按照是否需要单木的位置大致可以分为两类，即与距离有关的林木竞争指数和与距离无关的林木竞争指数。与距离无关的林木竞争指数无须林木的空间信息和坐标(孟宪宇和张弘，1996)，一般都是林分变量函数如与林木相对大小有关的竞争指数——相对胸径、相对树高、相对冠幅、相对断面积、相对直径(林成来，2000)、株数、林分密度指数(Martin and Ek，1983)、树冠伸展度、树冠冠长率、树冠圆满度、树冠投影比、树冠体积(邵国凡等，1996)(表 1.1)。

表 1.1　与距离无关的林木竞争指数

林木竞争指数	表达形式	各字母代表的含义
相对胸径(CI_{i1})	$CI_{i1} = \frac{D_i}{\overline{D}}$	D_i 为第 i 株对象木的胸径；$\overline{D}$ 为林分平均胸径
相对树高(CI_{i2})	$CI_{i2} = \frac{H_i}{\overline{H}}$	H_i 为第 i 株对象木的树高；$\overline{H}$ 为林分平均树高
相对冠幅(CI_{i3})	$CI_{i3} = \frac{CW_i}{\overline{CW}}$	CW_i 为第 i 株对象木的冠幅；$\overline{CW}$ 为林分平均冠幅
相对断面积(CI_{i4})	$CI_{i4} = \frac{BA_i}{\overline{BA}}$	BA_i 为第 i 株对象木的胸高断面积；$\overline{BA}$ 为林分平均胸高断面积
树冠伸展度(CI_{i5})	$CI_{i5} = \frac{CW_i}{H_i}$	CW_i 为第 i 株对象木的冠幅；H_i 为第 i 株对象木的树高
树冠冠长率(CI_{i6})	$CI_{i6} = \frac{CL_i}{H_i}$	CL_i 为第 i 株对象木的冠长；H_i 为第 i 株对象木的树高
树冠圆满度(CI_{i7})	$CI_{i7} = \frac{CW_i}{CL_i}$	CW_i 为第 i 株对象木的冠幅；CL_i 为第 i 株对象木的冠长
树冠投影比(CI_{i8})	$CI_{i8} = \frac{CW_i}{D_i}$	CW_i 为第 i 株对象木的冠幅；D_i 为第 i 株对象木的胸径
生长空间指数(GSI_i)	$GSI_i = \frac{CV_i}{D_i}$	CV_i 为第 i 株对象木的树冠体积；D_i 为第 i 株对象木的胸径
生长空间竞争指数($GSCI_i$)	$GSCI_i = \frac{CSA_i}{BA_i}$	CSA_i 为第 i 株对象木的树冠表面积；BA_i 为第 i 株竞争木的胸高断面积

由于与距离无关的林木竞争指数虽然容易求得，但是没有林木位置等空间信息，应用不是很广泛。李根前等(1993)分析了相对胸径、相对树高、相对冠幅、树冠伸展度、树冠冠长率、树冠圆满度、树冠投影比、树冠体积、生长空间指数、阳冠比率、邻体干扰指数 11 个林木竞争指数与胸径生长的关系，构建了胸径生长与阳冠比率、生长空间指数和邻体干扰指数的数学模型，并探讨了这些数学模型的生态学意义及其在营林中的应用。孟宪宇(1996)以闽北杉木人工林为例，采用相对直径作为林木竞争指数、相对植距作为密度指标，构建了直径生长模型。姚东和和吕勇(2001)采用相对优势度及相对植距作为林木竞争指数构建了杉木人工林竞争生长模型。马友平等(2002)在分析相对直径、相对树高、树冠冠长率、相对冠幅与林木直径生长和树高生长相关性的基础上，选择相关性最显著的相对直径作为林木竞争指数，构建了日本落叶松单木生长模型。马履一和王希群(2006b)在提出生长空间竞争指数(GSCI)的基础上，选择相对直径、简单竞争指数等 13 个林木竞争指数指标分析了油松和侧柏的种内竞争。师静等(2010)采用主成分分析方法，分析了昆明地区针叶混交林的相对直径等 9 个与距离无关的林木竞争指数和林分密度、蓄积量的相关性。

与距离有关的林木竞争指数考虑林木的空间信息，应用较多。Staebler 提出的竞争木距离和竞争木距离倒数是最早的与距离有关的林木竞争指数(江挺和汤孟平，2008)，之后 Lorimer 竞争指数(1983 年)、Daniels 竞争指数(1976 年)、Hegyi 竞争指数(1986 年)、Bella 竞争指数(1973 年)等与距离有关的竞争指数被相继提出。其中，有代表性的指数见表 1.2。我国学者黄新峰等(2012)以吉林省汪清县林业局原始针阔混交林为例，比较了 Hegyi 竞争指数与 4 个 Bella 竞争指数在分析林木竞争关系中的适用性，并在 2014 年提出了与距离有关的新的林木竞争指数——耐阴性竞争指数(GIS)。

表 1.2　与距离有关的林木竞争指数

林木竞争指数	表达形式	各字母代表的含义
Staebler 竞争指数(AO-COD)	$\text{AO-COD}=\sum_{j=1}^{n}D_{ij}$	D_{ij} 为对象木 i 与竞争木 j 重叠的距离
Hegyi 竞争指数(CI_i)	$\text{CI}_i=\sum_{j=1}^{n}\frac{D_j}{D_i}\times\frac{1}{d_{ij}}$	D_i 为对象木 i 的胸径；D_j 为竞争木 j 的胸径；d_{ij} 为对象木 i 与竞争木 j 之间的距离
Lorimer 竞争指数(L)	$L=\sum_{i=1}^{n}\frac{D_j}{D_i}$	D_i 为对象木 i 期初的胸径；D_j 为竞争木 j 期初的胸径
Daniels 竞争指数(D)	$D=\frac{D_i^2}{\sum_{j=1}^{n}D_j^2}$	D_i 为对象木 i 期初的胸径；D_j 为竞争木 j 期初的胸径
Bella 竞争指数(CIO)	$\text{CIO}=\sum_{j=1}^{n}\frac{\text{ZO}_{ij}}{\text{ZA}_i}\left(\frac{D_j}{D_i}\right)$	ZO_{ij} 为对象木 i 与竞争木 j 冠幅重叠的面积；ZA_i 为对象木 i 的冠幅面积；D_i 为对象木 i 期初的胸径；D_j 为竞争木 j 期初的胸径
Martin & Ek 竞争指数(ME)	$\text{ME}=\sum_{j=1}^{n}\frac{D_j}{D_i}\cdot \text{e}^{-\left(\frac{16d_{ij}}{D_i+D_j}\right)}$	D_i 为对象木 i 期初的胸径；D_j 为竞争木 j 期初的胸径；d_{ij} 为对象木 i 与竞争木 j 之间的距离
Gerrard 竞争指数(GC)	$\text{GC}=\sum_{j=1}^{n}\frac{\text{ZO}_{ij}}{\text{ZA}_i}$	ZO_{ij} 为对象木 i 与竞争木 j 冠幅重叠的面积；ZA_i 为对象木 i 的冠幅面积

Hegyi 竞争指数（CI_i）简单易测，不仅包含了反映林木生长的重要因子胸径，并且考虑了林木与竞争木的位置关系，因此该指数在研究林木竞争关系时应用最广（Moravie et al.，1999；侯向阳等，2000）。其公式如下。

$$CI_i = \sum_{j=1}^{n} \frac{D_j}{D_i} \times \frac{1}{d_{ij}} \tag{1.9}$$

式中，d_{ij} 为对象木 i 与竞争木 j 之间的距离。

邵国凡（1985）利用 Hegyi 竞争指数构建了红松人工林单木生长模型，并比较了 Hegyi 竞争指数、竞争压力指数（CSI）、生长空间指数（GSI）和 Bella 竞争指数（CIO）与红松生长的拟合效果，认为 Hegyi 竞争指数拟合效果最好；邱学清等（1992）选用 Hegyi 竞争指数作为竞争指数构建了杉木人工林单木生长模型，同时通过分析 Hegyi 竞争指数的变化规律，构建了径阶平均竞争指数预估模型，为把单木生长模型过渡到全林分生长模型提供了一条途径。此后，江希钿（1995）、陈辉等（1997）分别利用 Hegyi 竞争指数构建了柳杉人工林、厚朴人工纯林、栓皮栎天然林、水曲柳落叶松人工幼龄混交林和杉木人工林的单木生长模型。此外，我国很多学者利用 Hegyi 竞争指数对不同树种种内、种间的竞争关系进行了大量的研究，邹春静和徐文铎（1998）采用 Hegyi 竞争指数分析了沙地云杉种内、种间的竞争关系，陈银萍等（1999）采用 Hegyi 竞争指数初步分析了青海云杉群落种内、种间的竞争关系，柳江等（2001）、江挺和汤孟平（2008）、林晗等（2013）也利用 Hegyi 竞争指数研究了不同树种种内、种间的竞争关系。

也有一些学者在研究 Hegyi 竞争指数的基础上做了改进，张跃西（1993）根据生态学原理及自疏规律提出了改进的单木竞争模型，公式如下。

$$CI = \sum_{j=1}^{N} \frac{D_j^2}{D_i} \times \frac{1}{d_{ij}^2} \tag{1.10}$$

吴承祯等（1997）在研究马尾松中幼林种内竞争时，提出了 6 个 Hegyi 竞争指数的改进模型，并根据对象木的平均竞争指数与平均胸径相关系数的高低确定最优的竞争指数，认为最优的竞争指数应当把胸径和树冠面积结合起来考虑。林勇明等（2008）采用张跃西竞争指数和 Hegyi 竞争指数对比分析了云南泥石流区人工恢复的新银合欢林在竞争内圈和竞争外圈的种内竞争关系，结果表明内圈的竞争强度强于外圈的，两个竞争指数均能较好地反映新银合欢林种内竞争，但 Hegyi 竞争指数更优于张跃西竞争指数。何中声等（2011）采用对象木的树高代替对象木的胸径，来分析格氏栲天然林幼苗竞争强度，公式如下。

$$CI_i = \sum_{j=1}^{n} \frac{h_j}{h_i} \times \frac{1}{d_{ij}} \tag{1.11}$$

式中，h_j 为竞争木的树高；h_i 为对象木的树高。

在采用与距离有关的林木竞争指数计算林木竞争强度时，确定竞争木的影响范围至关重要，传统的是以对象木为中心，在给定半径圆内的所有林木为竞争木，周志强等

(2007)、刘方炎等(2010)分别采用 5m、6m、8m、10m 作为样圆半径。依据前人经验和野外观测采用固定样圆确定样圆半径的方法有待改进。首先，这种固定样圆的办法计算的竞争指数由于尺度不统一，无法进行比较；其次，采用固定样圆有可能把一些竞争木排除在外，而把一些非竞争木计算在内，在确定样圆的半径时应该综合考虑对象木的树高、冠幅能影响的范围，林分中林隙的半径及选取的竞争木所得结果的拟合效果等因素。基于此，一些学者提出通过逐步扩大对象木的影响范围来确定竞争木的个数，当对象木的竞争强度不随着对象木影响范围的逐步扩大而增加时，此时影响范围包括的树木即为竞争木的个数。有的学者依据树冠和光合作用的密切关系，提出以对象木为中心，将在空间上与对象木林冠有重叠的其他树木作为竞争木。但这种方法只考虑了树冠对光照的竞争而没考虑根系对土壤营养物质的竞争，因此确定的竞争木范围被人为缩小，为了克服这种缺陷，林勇明等(2008)吸取固定样圆法的优点，通过内外两圈来界定林木竞争影响范围。内圈是以对象木为中心，距对象木最近的竞争木围成的面积，在这个范围内竞争木和对象木之间的竞争主要是光资源和土壤资源，而外圈是其他竞争木围成的面积，竞争的主要是土壤资源。还有的学者采用常规 Voronoi 图或者加权 Voronoi 图来确定竞争单元，克服了固定样圆错划竞争木的缺点，保证了对象木和竞争木之间的最大相关性，提高了结果的精度(汤孟平，2007)。沈琛琛等(2012)提出对象木与周围邻近木之间的距离小于二者树高之和的一定倍数时，即可确定该邻近木为对象木的竞争木，即以相对动态的固定半径方法确定竞争木的个数。这种方法既考虑了对象木和竞争木自身的生长状况是形成竞争关系的重要因素，又考虑了林木的竞争关系是在一定空间范围内为争夺有限资源才发生的，常用的倍数有 1/4 倍、1/6 倍和 1/8 倍。

另外，和与距离有关的竞争指数思路相近的邻体干扰指数模型在林分种内、种间竞争关系研究方面也得到了广泛应用。植物个体在生长过程中仅与其邻近个体争夺资源，而不是与种群内所有个体发生相互作用(Brand and Magnussen，1988)。自 Harper 在 1961 年首次提出邻体的存在和邻体的表现会对植物的形态及种子产量产生影响以来，许多学者在此基础上展开了进一步的研究。Wiener 于 1982 年提出了邻体干扰指数(I')的度量公式。

$$I' = \sum_{i=1}^{N} d_i^{-2} \tag{1.12}$$

式中，d_i 为第 i 邻体与基株之间的距离；N 为邻体的个数。

由于该模型忽略了竞争木的大小，影响了模型的合理性。后来，Wiener 又在公式中增加了邻体大小作为另一个变量，提出了改进模型，公式为

$$I = \sum_{i=1}^{N} S_i d_i^{-2} \tag{1.13}$$

式中，S_i 为邻体大小。

Wiener 通过研究表明，植物个体的生长速度与邻体干扰指数之间存在负相关的关系，因此，改进模型更加合理。但张大勇等(1989)认为，由于改进模型蕴含着每一邻体对基

株的影响与邻体大小成正比，与邻体到基株的距离的平方成反比的机理，因此当邻体与基株为不同资源利用等级时，会弱化邻体干扰强度，其合理性值得怀疑，基于此，他提出了以下3个改进模型。

$$I'' = \sum_{i=1}^{N} d_i^{-1} \tag{1.14}$$

$$I''' = \sum_{i=1}^{N} S_i d_i^{-1} \tag{1.15}$$

$$I_d = \sum_{i=1}^{N} S_i S^{-1} d_i^{-1} \tag{1.16}$$

式中，S为基株的大小，其他变量同前。

对于I_d模型，张跃西(1993)认为，该模型的优点是考虑了S因素，但当基株与邻体大小相同时，其结果有可能与生态学的基本原理——林木自疏现象相矛盾，基于此，他根据自疏规律提出了新的邻体干扰指数改进模型。

$$I_x = \sum_{i=1}^{N} S_i^2 S^{-1} d_i^{-2} \tag{1.17}$$

此后，蓝斌等(1995a)、洪伟等(1997)、吴承祯等(1999)在前人研究的基础上对邻体干扰指数模型做了进一步的改进。模型在考虑邻体和基株大小、邻体与基株的距离这些既定的参数不变的基础上，还加入了一些待定参数，这些待定参数依研究对象不同而不同，也依立地条件及林木本身生长状况不同而不同。

除上述竞争指数外，1999年，惠刚盈等提出了一个新的描述林木大小分化和反映树种优势的林分空间结构参数——大小比数，大小比数被定义为大于参照木的邻近木数占所考察的全部最邻近木的比例，其值越小，表明比中心木大的邻近木越少。用公式表示为

$$U_i = \frac{1}{n}\sum_{j=1}^{n} k_{ij} \tag{1.18}$$

式中，U_i为中心木i的大小比数；n为中心木i的邻近木株数；k_{ij}为离散型变量，当相邻木j小于中心木i时，$k_{ij}=0$，否则$k_{ij}=1$。

U_i的值越小，表明比中心木大的相邻木越少。大小比数作为一个用于描述树种或单株生长优势状态的单木参数，反映相邻木间在连续尺度上的大小分化，从而描述了林木大小的空间分布。其被我国很多学者成功地用于我国林分空间结构分析中，郝云庆等(2006)分别采用树高、胸径、冠幅和生物量作为大小比数的度量变量，计算出大小比数并应用于柳杉人工林空间结构分析，发现以胸径和生物量作为度量变量的大小比数变化幅度小，而以树高和冠幅为度量变量的大小比数受树种类型影响变化幅度大，且其值大于前者。而郑德祥等(2008)采用胸径、树高、材积和生物量计测大小比数并对木荷人工纯林空间结构分析发现，木荷人工纯林群落胸径、树高及生物量等的分化程度基本一致。高广磊等(2012)用大小比数和开敞度对华北土石山区天然次生林种间竞争程度进行分析发现，大小比数和开敞度存在负相关性，并指出大小比数只考虑了对象木和邻近木的大小差异，但没有考虑其间的距离，而开敞度只考虑了对象木和邻近木的距离，而没考虑

其大小。黄龙生等(2013)以冀北山地白桦林为例，分析了大小比数与直径生长的关系，发现其相关性：优势木>中庸木>劣态木，说明林木的优势度较低时，其影响林木生长的因子更多的是林木自身的因素，除了上述学者，还有很多学者把大小比数、角尺度和混交度结合起来分析林分的空间结构。

惠刚盈等(2013)结合大小比数提出了一个全新的竞争指数——基于交角的林木竞争指数，其公式为

$$\mathrm{UCI}_i = \frac{1}{n}\sum_{j=1}^{n}\frac{(\alpha_1+\alpha_2\cdot c_{ij})_j}{180}\cdot U_i = \frac{U_i}{180\cdot n}\sum_{j=1}^{n}(\alpha_1+\alpha_2)_j \tag{1.19}$$

式中，UCI_i 为第 i 株中心木的基于交角的林木竞争指数；U_i 为第 i 株中心木的大小比数；n 为邻近木株数；c_{ij} 为当相邻木高于对象木时出现的上方遮盖。

$$\alpha_1 = \begin{cases} [\arctan(H_i/d_{ij})]\times\dfrac{180}{\pi}, & \text{当邻近木}\,j\,\text{的树高}H_j > \text{中心木}\,i\,\text{树高}H_i \\ [\arctan(H_j/d_{ij})]\times\dfrac{180}{\pi}, & \text{否则} \end{cases}$$

$$\alpha_2 = \begin{cases} \left[\arctan\left(\dfrac{H_j-H_i}{d_{ij}}\right)\right]\times\dfrac{180}{\pi}, & \text{当邻近木}\,j\,\text{的树高}H_j > \text{中心木}\,i\,\text{树高}H_i \\ 0, & \text{否则} \end{cases}$$

式中，d_{ij} 为中心木 i 与邻近木 j 之间的距离。

基于交角的林木竞争指数无量纲，指数值越大，说明对象木承受的竞争压力就越大。该指数不仅可以直观地表达林木在林分中所处的相对竞争态势，还可以反映出竞争木对中心木的上方遮盖和侧翼挤压情况，从而在理论上说明不同大小的邻近竞争木对对象木的影响是不同的。因此，该指数具有很大的应用前景。

(3) 林木空间分布格局　林木空间分布格局为林木个体在水平空间上的配置状况或分布状态，反映的是某一种群个体在其生存空间内相对静止的散布形式，它是单株林木生长特征、竞争植物及外部环境因素等综合作用的结果(汤孟平，2007)，分为聚集分布、随机分布和均匀分布 3 种。研究和阐明林木空间分布格局信息，在森林经营的理论和实践上均具有重要的意义：一方面，有助于了解林木空间格局分布规律，掌握其演化过程及预测未来变化趋势；另一方面，通过分析林木生长状况和分布格局，可以解决森林经营过程中采伐木的选择及造林树种的造林位置和空间配置问题。如何定义和量化林木空间分布格局一直是林木空间分布研究的重点及热点问题，按照与距离的相关性，林木分布格局指数分为与距离有关的和与距离无关的两种空间分布格局指数。

与距离无关的空间分布格局指数是最初采用一些离散分布的数学模型对样地的实测数据进行理论拟合和分析，将种群个体分布分为随机分布、聚集分布和均匀分布。随机分布的数学模型是泊松分布，均匀分布的数学模型为二项分布，聚集分布的数学模型有负二项分布和奈曼分布。Gleason 最早利用负二项分布对群落中植物种群个体分布的非随机性进行了研究(Wang et al.，2002)。Svedburg 通过比较实测的含有若干个体数的样方出现的频度与泊松分布的理论频度来检验分布的随机性。我国学者李俊清分别利用泊松

分布和负二项分布拟合了东北阔叶红松林中红松幼苗频率及林木频率，并用方差/均值作为随机性的度量，得出红松幼苗聚集分布和林木均匀分布的规律。此后也有很多学者选择负二项分布、泊松分布和奈曼分布3种分布模型进行种群空间分布类型的拟合，利用数学模型对种群分布格局进行拟合的优点是理论基础稳固和数据的代换方法健全。但由于没有固定的标准和途径选择理论分布模型，再加上理论分布模型众多，在对同一样地数据进行拟合时，常常出现样地调查数据满足不止一种分布模型的现象，这一现象在连续空间分布的种群中非常突出。此外，采用分布模型对种群空间分布进行拟合时需要大量的实测数据，而且计算过程也相当复杂。因此，采用该方法分析种群空间分布格局具有成本高、效率低的缺点。同时，种群调查样地面积的大小直接影响着分布模型的适用性和拟合精度，导致调查样地面积大小不同，而出现截然不同的结果，很难得出结论。关玉秀和张守攻(1992)利用9种常用分布模型研究了不同样方面积的大兴安岭落叶松天然林分的空间格局，得出了矛盾的判别结论，显示了该方法的局限性。因此，采用样方法进行种群分布格局判断和拟合时，要结合分布指数来进行科学判断。其优点是计算简单，而且可以说明许多种群的空间结构特征。Fisher 指出，在种群空间分布满足完全随机分布的前提下，可以用样本方差和样本平均数的比值，即方差均值比来反映物种种群的空间格局形式，并提出了扩散系数；David 和 Moore(1953)提出了丛生指数；Waters 根据负二项分布参数 K 值的特性，提出利用 K 值来描述种群的聚集程度；Morisita 提出了 Morisita 指数，即扩散型指数；Taylor 提出利用 K 的倒数可以得到聚块系数；Lloyd 提出平均拥挤度指数(Dale，2000)。孙伟中和赵士洞(1997)以长白山北坡椴树阔叶红松林为例，应用方差均值比检验、泊松分布和负二项分布的χ^2检验 3 种方法对 10m×10m 和 5m×5m 样方的乔木分布格局进行判断。郑元润(1998)采用聚集强度的某些指数和方差均值比研究了大青沟不同发育阶段黄菠萝、水曲柳、大果榆、春榆等主要木本植物种群的空间分布格局和动态。金则新(1999)采用方差均值比检验、负二项参数、Morisita 指数、丛生指标、Cassie 指标、平均拥挤指数和聚块性指数等分析了浙江台山七子花群落的种群分布格局。谢宗强和陈伟烈(1999)研究指出：“在自然种群中，随机分布很少出现，只有生境条件均匀一致时,或者某一主导因子呈随机分布时,种群才可能呈现随机分布。”蔡飞(2000)采用方差均值比等6个与距离无关的指数来研究林分空间分布格局，随后我国众多学者利用这些指标来研究林木种群格局的分布类型。各项聚集强度指数的提出有利于更客观地度量空间格局强度，但取样方法没有被改进。1952年，Greig-Smith 在设计了邻接格子样方的基础上提出了区组分析方法,消除了样方取样法尺度不一带来的影响。谢宗强和陈伟烈(1999)采用邻接格子样方法研究了银杉种群的空间分布格局，并修正了 Greig-Smith 的区组均方分析步骤。还有一些学者也在采用相邻格子样方法进行样地设计的基础上，进行了种群空间格局研究。然而这种方法存在的缺陷是，如果 n 值较大，将导致大的区间距离，那么测定计算的种群分布格局只能适合两个较大区组间的种群分布格局的分析比较。

与距离有关的林木空间分布格局指数包括最近邻体分析、聚块样方方差分析及 Ripley's $K(d)$ 函数分析。1954年，由 Clark 和 Evans 提出的简单最近邻体分析方法，又叫聚集指数 R。聚集指数 R 是相邻最近单株距离的平均值与随机分布下的期望平均距离

之比，用公式表示为

$$R=\frac{\frac{1}{N}\sum_{i=1}^{N}r_i}{\frac{1}{2}\sqrt{\frac{F}{N}}} \tag{1.20}$$

式中，r_i 为第 i 株树木到最近邻木的平均距离；N 为样地林木株数；F 为样地面积。

Pretzsch (1997) 用最近邻体法以混交林为研究对象研究了林分林木的空间格局。我国冯宗炜 (1998) 采用聚集指数 R 研究了豫西山区日本落叶松种群分布格局。然而聚集指数 R 的计算结果受到调查样方面积大小的影响，同一群落取样大小不同会导致分布格局出现明显差异。基于此，Donnelly 提出了 R 值的修正公式，如下。

$$R=\frac{\frac{1}{N}\sum_{i=1}^{N}r_i}{\frac{1}{2}\sqrt{\frac{F}{N}}+\frac{0.0514P}{N}+\frac{0.041P}{N^{\frac{3}{2}}}} \tag{1.21}$$

式中，r_i 为第 i 株树木到最近邻木的平均距离；N 为样地林木株数；F 为样地面积；P 为样地周长。

无论采用上述哪一种方法计算 R 值时，必须进行边缘校正。

聚块样方方差分析法是在不同大小样方上的方差分析法，是一种简单有效的空间格局分析方法。然而聚块样方方差分析与聚集指数 R 的分析结果均与选取的样方大小有关，无论样方大小取值如何都不能完整地反映林分的空间分布格局。

而精确最近邻体分析是聚集指数的拓展，此方法用不同距离尺度下最近邻体点密度分析林木的空间分布格局，用公式表示为

$$\hat{F}(d)=\frac{\sum_{i=1}^{N}\delta_i(d)}{N} \tag{1.22}$$

$$F(d)=1-\mathrm{e}^{\hat{\lambda}\pi d^2} \tag{1.23}$$

式中，$\hat{\lambda}=\frac{N}{A}$；$N$ 为样地内林木株数；d 为距离尺度。若 d_i（第 i 株林木的最近邻体距离）≤ d，则 $\delta_i(d)=1$；若 $d_i>d$，则 $\delta_i(d)=0$。

1977 年，Ripley 提出的 Ripley's $K(d)$ 函数分析以 λ 为单位面积林木株数，$\hat{K}(r)$ 表示从一点出发，距离半径为 r 的范围内期望的林木株数，用公式表示为

$$\hat{K}(d)=A\sum_{i=1}^{N}\sum_{j=1}^{N}\frac{\delta_{ij}(d)}{N^2},\quad i\neq j \tag{1.24}$$

$$\hat{L}(d)=\sqrt{\frac{\hat{K}(d)}{\pi}}-d \tag{1.25}$$

式中，N 为样地内林木株数；A 为样地面积；d_{ij} 为林木 i 与林木 j 间的距离，若 $d_{ij}\leqslant d$，

$\delta_{ij}(d)=1$，若 $d_{ij}>d$，$\delta_{ij}(d)=0$。

当 $\hat{L}(d)=0$ 时，林分呈完全随机分布；$\hat{L}(d)>0$ 时，林分呈聚集分布；$\hat{L}(d)<0$ 时，林分呈均匀分布。

大量的科学研究表明，Ripley's $K(d)$ 函数分析方法是林木空间分析最有效的方法，它较其他分析方法利用了更多的信息，并且其结果显示出多尺度上的格局信息，而且不受种群密度的影响，目前已被广泛应用。

1999 年，惠刚盈提出了一个描述林木个体在水平面上分布格局的结构参数——角尺度，角尺度被定义为 α 角小于标准角 α_0 的个数占所考察的最近邻木的比例，用公式表示为

$$W_i=\frac{1}{n}\sum_{j=1}^{n}Z_{ij} \tag{1.26}$$

角尺度的均值可以用来反映一个林分的整体分布情况，用公式表示为

$$W=\frac{1}{N}\sum_{i=1}^{N}W_i \tag{1.27}$$

式中，W_i 为每株树的角尺度值；$Z_{ij}=\begin{cases}1, & \text{当第 } j \text{ 个}\alpha\text{角小于标准角}\alpha_0 \\ 0, & \text{否则}\end{cases}$。

角尺度的优点在于它不需要测距，而结果既可以用单个 W_i 值的分布，又可以用具有说服力的平均值 W，从而使一个详细的林分结构分析和接近实际的林分重建成为可能，对林分空间结构具有很强的解析能力，因此被广泛用于林分格局分析研究中。惠刚盈(1999)在确定邻近木 n=4 和标准角=72°的基础上，通过分析 2000 个模拟林分角尺度的均值，采用 3 倍标准差原理作为林分角尺度均值评判标准。当角尺度均值 W<0.475 时，林木分布格局为均匀分布；当角尺度均值 W 的取值在[0.475，0.517]时，林木分布格局趋于随机分布；当角尺度均值 W>0.517 时，林木分布格局为团状分布。这一判别标准被很多学者采用并用于林分林木格局分析。

林分的空间结构包括水平空间结构和垂直空间结构，林分的垂直空间结构是指林分在垂直方向上的层次性，是林分中植物个体在垂直空间上的配置方式。林分的垂直空间结构直接影响着林分中林木个体的生长，也直接影响着林下植被的群落结构和物种多样性(曹小玉等，2015)。因此，人们对林分垂直空间结构的定量描述和研究有十分重要的意义。

分层性是植物群落结构的基本特征之一。种群之间相互竞争及种群与环境之间相互选择导致了林分垂直方向的分层现象。研究植物群落垂直结构配置时，究竟分为几个层次比较合理，取决于群落的结构特征及群落内植物个体的形状和大小。方精云等(2003)在研究海南岛尖峰岭山地雨林的群落结构时，按乔木径级(DBH)将乔木层划分为小乔木层(DBH≤20cm)、中乔木层(20cm<DBH≤50cm)、乔木层(50cm<DBH≤80cm)和高大乔木层(DBH>80cm)4 个层次。安慧君(2003)提出了用林层比来描述复层林中林层的结构。但林层比无法反映出结构单元内林层结构的多样性，为此，吕勇等提出了林层指数，解决了林层比无法反映林层结构多样性的问题。

1.2.4　林分生长模型研究进展

国内外学者对林分生长模型的研究始于1933年，起初只是对收获表进行研制，而对于林分生长模型的量化研究始于 Mackinney 和 Schumacher 应用多元回归分析技术建立可变密度收获模型。

1987年，世界林分生长模型和模拟会议上提出的林分生长模型的定义为：林分生长模型是指一个或一组数学函数，它描述林木生长与森林状态和立地条件的关系。唐守正等（1993）指出林分生长模型是揭示各种自然因子内部规律的一系列方程，是建立各种经营模型、预测模型和决策模型的重要依据，也是实现林分数据实时动态更新的理论基础，是林分三维显示的重要环节。Avery 和 Burkhart 把生长模型定义为：依据森林群落在不同立地、不同发育阶段的现实状况，经一定的数学方法处理后，能间接地预估森林生长、死亡及其他内容的图表、公式和计算机程序等（杜纪山和唐守正，1997）。

林分生长模型分为四大类：一是用于描述全林分总量及平均单株木的生长过程的数学模型，即全林分生长与收获模型；二是以林分变量及直径分布作为自变量构建的林分生长和收获模型，即径阶分布模型；三是以个体树木生长信息为基础的林分生长模型，即单木生长模型；四是基于生物量与蓄积量关系构建的林分生物量模型。

目前对于生长模型的研究主要包括以下几个方面。

1）全林分生长与收获模型的研究：主要是以林分年龄、林分密度、立地指数为自变量，以林分蓄积量（包括林分平均胸径、平均树高等）为因变量建立生长方程（付小勇，2006；叶代全，2006）。

2）采用多种建模方法研究单木生长模型（于秀勇，2009）。

3）基于单木生长模型推测林分生长状况，即运用竞争指数建立生长模型的方法：①样地林木年龄、立地条件一致时，构建单木生长模型不考虑年龄和立地条件，需要的因子为每株树木的胸径、树高、胸径生长量、树高生长量、竞争指数，选择回归分析法或潜在生长量修正法构建胸径或树高生长量与竞争指数的模型；但是，只用这样的生长模型来模拟林分生长是不够的，完整的林分生长的数学模型不仅要有其生长的模型，还应包括林分的枯损量计算，构建枯死模型就需拟合林木枯死率与竞争指数的方程（林成来等，2000）。②不同年龄、立地条件一致时，用每块样地对象木各竞争指数与年平均胸径生长量进行相关性分析，选择相关性强的竞争指数，结合林分平均年龄、平均胸径、林分拥挤度等因子来构建林分竞争生长模型。

1. 全林分生长与收获模型研究　全林分生长与收获模型起源于欧洲，19世纪80年代中期，德国的林学家使用图形方法模拟林分的生长量和产量。这种方法被沿用了很长时间，直到林分生长、收获模型与数学、计算机互相结合，从而产生了更有效地编制收获表或材积表的方法。

全林分生长与收获模型应用最广泛，主要是用于单纯同龄林。其特点是以林分总体特征指标为基础，也就是将林分的生长量或收获量作为林分特征因子[年龄（A）、立地指数（SI）、密度（SD）、经营措施等]的函数来预估整个林分的生长与收获量。全林分生长与收获模型根据密度处理方式不同可分为两类：固定密度的模型和可变密度的模型。它们之间的区别为是否将林分密度作为自变量。林分密度常用林分密度指数(SDI)、每公顷株数(N)、林分断面积(G)、树冠竞争因子(CCF)等表示。林分的立地、林分密度、年龄是决定林分生长与收获的三个主要因子。

(1)固定密度的全林分模型(fixed-density whole stand model)　固定密度的全林分模型产生于 19 世纪末期，这类林分生长、收获预估模型已被许多国家建立过。依据模型所描述的林分密度情况——林分具有最大密度或者是平均密度，此类模型又可分为正常收获模型(正常收获表)和经验收获模型(经验收获表)两大类。

正常收获表(normal yield table)是反映正常林分的各主要调查因子生长过程的数表。编表数据来源于同一自然发育体系，并具有法正林分密度的林分。在俄罗斯及我国，正常收获表也称为林分生长过程表。由于它是以充分郁闭状态下的同龄纯林的生长状况为基础编制的，因此在实际工作中，它被用于检查、评价现实林分的经营效果。

经验收获表(empirical yield table)以现实林分为对象，它是以现实林分中的具有平均密度状态的林分为基础所编制的收获表。该表虽然提供了平均状态下的林分生长过程，但是现实林分并没有平均密度状态下的林分,因此它反映的并不是同一林分的生长过程。收获表的编制过程分为三个步骤，即资料收集、资料整理与分析、收获表的编制。

(2)可变密度的全林分模型(variable-density whole stand model)　以前研究的林分生长与收获模型都是在某一特定密度条件下建立的，直到 20 世纪 30 年代后期，随着多元回归技术的发展与应用，将林分密度引入收获预估模型建立了可变密度收获模型。可变密度的全林分模型受到各国林学家的重视，是从 Buckman(1962)首次建立的可变密度的相容性生长与收获模型系统开始的。可变密度的全林分模型从早期的经验回归方程到 80 年代末、90 年代初的基于生物生长机理的林分生长与收获模型，相关研究进展很大。

以林分密度为主要自变量反映平均单株木或林分总体的生长量和收获量动态的模型，称为可变密度的全林分模型。可变密度的林分生长与收获模型可以预估各种密度林分的生长过程，它是可以合理经营林分的有效工具。

该模型以林分整体为研究对象，将收集好的临时标准地的年龄、林分密度、林分地位和林分蓄积量等数据，采用回归拟合法生成统计模型。同龄林常用的函数形式为：生长量=f(树种、年龄、密度、立地质量)。密度指标可用林分密度指标、林分单位面积、单位面积株数和断面积等表示。异龄林的函数形式通常为：生长量=f(密度、树种、立地质量)。

我国学者对全林分生长与收获的研究始于 20 世纪 80 年代初。张少昂(1986)最早运用全林分生长模型对兴安落叶松进行了研究；李希菲等(1988)系统介绍了一种以拓广的 Richards 生长函数为基础的全林分模型编表方法；唐守正等(1993)又提出了运用全林分模型来计算林分纯生长量的方法；惠刚盈和盛炜彤(1995)用种群动态模型——Logistic 方程表示了林分的直径分布，并采用两点回收、差分还原的方法实现了林分结构的预测；翁国庆(1996)对林分动态生长模型进行了研究；杜纪山(1999a)研究了林木生长和收获预估模型的动态，并对我国林木生长模型研究提出了建议。

2. *径阶分布模型研究*　径阶分布模型研究一般以概率论为理论基础，根据林分结构随年龄的变化情况，获得林分总体收获量及其中不同规格材种材积所占的比例，预估林分的动态变化（赵丽丽，2011）。径阶分布模型通常使用胸径作为预测生长量的主要变量，其原因为：①林木胸径与树干材积和价值密切相关，也是经济和经营决策的重要依据；②胸径易于测量，较准确，可从以往森林调查资料中获得。

径阶分布模型根据研究方法不同可分为矩阵分布模型、随机过程模型、直径分布模型等：①矩阵分布模型最早是 Usher（1966）利用矩阵模型来研究林分直径分布的动态。矩阵模型用转移矩阵描述径阶的生长，转移矩阵的元素为 t 年时的径阶转移的概率 a_{ij}，将 a_{ij} 表示成林龄、林分密度和立地条件的函数来预估未来的直径分布。此类模型建模的关键就是寻找出函数转移概率与林分条件（密度、年龄、立地条件）的函数表达式。②随机过程模型基于的思想为林分生长受很多随机因素的影响，因此表现出来的生长过程并不确定。许多日本学者把直径分布看作随机变量的分布，然后利用马尔可夫过程模拟径阶结构随时间的转移过程和伴随此过程直径分布状态发生了什么变化，从而预测林分未来的直径分布和收获量。③直径分布模型是首先利用林分直径分布函数来提供林分相对频数，从而估计林分单位面积内各径阶林木株数；其次基于该林分的年龄、林分密度和立地指数，选用合适的树高-直径曲线来计算林分各径阶林木的平均高；最后利用材积方程、削度方程或材种出材量方程计算径阶单株的平均材积，再乘以径阶林木株数，从而算出各径阶材积，各径阶材积之和即为林分材积收获量。在众多林分直径分布函数中，灵活性与适应性最好的是 Weibull 分布函数和 β 分布函数。

林分生长与收获预测方法可分为现实林分生长与收获预测方法和未来林分生长与收获预测方法。

1）现实林分收获量的间接预测方法是采用径阶分布模型的现实林分生长与收获间接预测方法，已知林分单位面积上林木株数，利用径阶分布模型来预估林分单位面积上各径阶的林木株数，依据已有的树高-胸径（*H-D*）曲线计算得出各径阶林木的平均高。通过使用相应的立木材积表和材种出材率表计算出相应的径阶材积和材种出材量，汇总后求得林分总材积和各材种出材量。在实际工作中，一般要根据立地指数（或地位级指数）不同分别进行上述计算程序。所以首先要以林分调查数据为基础，确定该林分的立地指数（或地位级指数），并以此来选择材积表和出材率表。现实林分生长与收获预测方法的关键是径阶分布模型的选择，本方法首先假设林分的直径分布可用具有 2～4 个参数的某一种分布的概率密度函数来描述，这些概率密度函数包括正态分布、Weibull 分布、β 分布、SB 分布、综合 r 分布等。根据其直径分布模型参数估计方法的不同，又可分为参数预估模型（PPM）和参数回收模型（PRM）。

2）未来林分收获量的间接预测方法是以径阶分布模型为基础的未来林分生长与收获间接预测方法，它要求建立径阶分布模型的参数动态预测模型或方程，以及林分密度模型或方程。这是影响未来林分生长与收获预测方法质量的重要因素，并且未来林分生长与收获预测方法和现实林分生长与收获预测方法的区别就在于此。为了实现未来此预测，林分特征因子（如平均直径、林分年龄、林分密度、地位指数、优势木平均高等）的数值是任何径阶分布模型法用来预测径阶分布模型的参数、未来林分密度、径阶林木平均高的基础。未来林分生长与收获预测方法也可分为参数预估模型和参数回收模型。

现实林分生长与收获预测方法与未来林分生长与收获预测方法相比，前者较简单，后者比较复杂。在未来林分生长与收获预测方法中，多了林分密度的预测，也就是在此预测方法中要有林分密度的预测方程。

3. 单木生长模型研究　单木生长模型是指以单株林木为基本单位，从林木的竞争机制出发，模拟林分中每株树木生长过程的模型。Newham 和 Smith(1964)研究了单木生长模型，并随着计算机技术的快速发展和单木生长模拟系统算法的优化，取得了迅猛发展。

单木生长模型考虑了林木间的竞争，把林木的竞争指标引入模型，这也是单木生长模型与全林分生长模型、径阶生长模型的区别所在。学者根据竞争指标中是否考虑林木间的距离因子，即林木的空间位置信息，将竞争指标分为与距离有关的单木竞争指标和与距离无关的单木竞争指标两类，相应的单木生长模型也被划分为与距离有关的单木生长模型和与距离无关的单木生长模型两类。

(1)与距离无关的单木生长模型　利用与距离无关的竞争指标，不考虑树木的空间位置，基于树高、胸径、林分年龄、立地指数等树木属性信息构建的模拟林分内每株林木生长的模型就是与距离无关的单木生长模型(distance-independent individual tree model, DIITM)。其组成为：①直径生长部分；②树高生长部分；③林木枯损率的预估，枯损率可以随机导出或用枯损概率函数预估。

国外许多学者对此模型进行了研究，Lemmon 和 Schumacher(1962)为松树建立了与距离无关的单木生长模型。Allison 和 Clutter 以新西兰 Monterey 松树为例建立了与距离无关的单木生长模型。Alder 以东非疏伐针叶人工林为例构建了与距离无关的单木生长模型。Stage 以美国落基山北部针叶混交林为例建立了与距离无关的单木生长模型，简称为 Prognosis 系统(Gary，2004)。

国内学者对与距离无关的单木生长模型进行了相关研究，根据不同林分类型分别建立了相应的与距离无关的单木生长模型。例如，孟宪宇和邱水文(1991)以华北落叶松人工林为例，采用潜在生长量修正法建立了与距离无关的单木生长模型。黄家荣(1994)用回归估计法建立了马尾松人工林与距离无关的单木生长模型。

此模型的优点：适于分布比较均匀的林分，由于它不需要林木空间信息，只需常规样地调查和森林资源清查中所取得的数据，因而大大降低了模型开发和运行的时间及成本，简单、易推广。缺点：①此模型认为相同大小的林木具有相同的生长率，即树木的生长是由树木现状和依赖于现状的生长速度所决定的，这就导致相同大小的不同林木，在生长若干年后，这些林木间的大小仍然相同，与实际情况不符；②无法反映采用措施前后林分竞争压力的变化情况。

(2)与距离有关的单木生长模型　利用与距离有关的竞争指标，考虑相邻竞争木的大小和位置信息，基于树木坐标、树高、年龄、树种、冠幅等信息构建的模拟林分内每株林木生长的模型就是与距离有关的单木生长模型(distance-dependent individual tree model，DDITM)。其组成为：①竞争指标的构造和计算；②胸径生长方程的建立；③枯损木的判断；④树高、材积方程及其他一些辅助方程。

国外研究始于 Newham 和 Smith 以花旗松为例，第一次采用潜在生长量修正法构造了与距离有关的单木生长模型。1976 年，Daniels 以美国东南部火炬松人工林为例构建了与距离有关的单木生长模型，简称为 PTAEDA 系统。Bella(1971)、Hegyi(1973)、Arney(1973)等相继构造了不同林分的与距离有关的单木生长模型。

国内学者紧随其后，为生长模型的发展做出了贡献。例如，张守攻(1989)以长白山落叶松人工林为例建立了与距离有关的单木生长模型，简称为 SGSP 系统。该系统可以提供林分各年龄阶段的收获量及各种经营方案可以得到的经济效益。邵国凡(1985)以红松为例，韩兴吉(1986)以油松为例，邱学清等(1992)以杉木为例，蓝斌等(1995b)以福建马尾松为例，黄家荣(2001)以贵州马尾松为例分别建立了与距离有关的单木生长模型。

(3)单木生长模型的方程类型　应用比较广泛的子模型有单木断面积生长模型、单木树高生长模型和单木死亡率模型。

常用的单木断面积生长方程的类型有：①多元线性方程，其方程自变量包括林木大小、林分竞争因子、地形因子、林分因子、气候变化因子和年龄等；②潜在生长量修正方程，将断面积生长分为潜在的直径生长和校正因子部分，但是在多数模型中使用平均胸径生长来代替潜在直径生长(Lessard et al.，2001)；③“S”型理论生长方程，主要是拟合断面积生长与年龄之间的关系，常用方程如 Richards 方程、Bertalanffy 方程和 Weibull 方程等；④非线性幂函数与指数函数的混合方程，采用多个影响断面积生长的竞争因子建立该方程；⑤非参数方程，如 Sironen 等(2003)采用 K 最近邻算法模拟芬兰北部山区树木的单木断面积生长。

常用的单木树高生长方程主要有 Richards 方程、Logistic 方程和 Weibull 方程等，它们都具有生物学意义，这些方程的自变量包括树木年龄和立地指数。另外，还有多元线性回归方程、树高潜在生长量修正方程。

常用的林木死亡率方程为非线性方程，如 Logistic 方程，此方程将林木死亡率描述成一个“U”形的死亡率变化曲线：林木幼龄林阶段死亡率很高，随年龄增长，死亡率迅速下降，到老龄林阶段死亡率又迅速增加。

(4)单木生长模型的建模方法　有两种建模方法：潜在生长量修正法和回归估计法。

Ⅰ.潜在生长量修正法。建模基本思路：建立疏开木的潜在生长函数，以确定林木潜在生长量；计算单木竞争指标，构造修正函数，并对林木的潜在生长量进行调整和修正，得到林木的实际生长量，公式为

$$\frac{\mathrm{d}D_i}{\mathrm{d}t}=f(D_i,\mathrm{SI},t,\mathrm{CI}_i,\cdots),\quad 0\leqslant M(\mathrm{CI}_i)<1 \tag{1.28}$$

式中，D_i 为第 i 株对象木的胸径；SI 为立地指数；t 为林木年龄；$\frac{\mathrm{d}D_i}{\mathrm{d}t}$ 为第 i 株对象木胸径生长量；CI_i 为第 i 株对象木的竞争指数；$M(\mathrm{CI}_i)$ 为以 CI_i 为自变量的修正函数。$\left(\frac{\mathrm{d}D}{\mathrm{d}t}\right)_{\max}$ 为单株木所能达到的胸径潜在生长量，常为相同立地、年龄条件下自由树的胸径生长量。

江希钿和陈学文(1994)以福建马尾松人工林为例，根据 von Bertalanffy 生长理论，用

对象木的胸径与 8 株竞争木的平均胸径比值和 8 株竞争木与对象木的平均距离的乘积作为竞争指标，用树木间胸径相对大小比及平均距离构造竞争指标，建立了单木生长模型。

孟宪宇和岳德鹏(1995)以华北落叶松人工林为研究对象，以林冠重叠度为林分密度指标，以相对直径为林木竞争指标，用潜在生长量修正法建立了与距离无关的单木生长模型。

吕勇和汪新良(1999)以湖南会同杉木人工林为研究对象，基于 von Bertalanffy 生长理论，采用潜在生长量修正法进行研究，并构建了与距离无关的杉木人工林单木生长模型。

Lessard 等(2001)利用美国明尼苏达州的森林调查和分析数据，建立了一个非线性与距离无关的单木年直径生长量模型。

Ⅱ.回归估计法。建模基本思路：利用回归方程建立林木生长量与林木大小、林木竞争状态和所处立地条件等因子之间的回归方程见式(1.28)。

陈辉等(1997)以厚朴人工纯林为例，选用一元方程建立了与距离有关的单木生长模型，根据各个模型拟合结果，筛选出一元四次方程时拟合的效果最佳。杜纪山(1999b)以落叶松为例，利用森林二类调查的复测数据建立了与距离无关的单木平方直径生长量模型，通过逐步回归表明，林木直径值、林分断面积和坡度是落叶松单木平方直径生长量模型需要考虑的主要因子。林成来等(2000)以福建马尾松为例选取了 6 个与其直径生长相关的竞争指标，通过筛选比较选出了与其生长最密切的三个竞争指标，并通过分析它们与马尾松平均胸高断面积生长量之间的回归关系，建立方程来模拟福建马尾松的生长过程。黄烺增和谢世波(2000)以柳杉人工林为例，用回归正交设计法分别建立了单株木的胸径等林木因子的生长量与立地指数、林木年龄、竞争指数的回归方程。黄家荣(2001)以马尾松人工林为研究对象，用回归方法研究竞争指标与林木胸径生长量的相关关系。另外，国外的一些林分生长模拟系统软件均采用回归估计法，如 Belcher 等(1982)的 STEMS、Wykoff(1986)的 PROGNOSIS、Arney(1985)的 SPSS 等。

4. 林分生物量模型研究　　生物量估计是森林生产力和营养物质分布的优先研究领域(Bi et al.，2001)。森林生物量是指各种森林在一定的年龄、一定的面积上所生长的全部干物质的重量，它是森林生态系统在长期生产与代谢过程中积累的结果(刘洪谔，1981)。

国外对森林生物量的研究工作主要开展于 20 世纪 40 年代，其最早的研究可以追溯到 100 多年前(Lieth and Whittaker，1975)。根据森林生物量研究的历史背景、研究内容及研究规模，可将其研究过程大体分为以下三个阶段。

第一阶段(20 世纪 60 年代以前)，从德国 Ebermeyer(1876)研究叶量和枝量与土壤养分的关系，以及其对森林生长的影响开始，再到 Harthy 从事的林木干材生产量与叶量的关系研究等都是在少数树种局部地段进行研究，是针对某项目的独立研究。Walte 说："在那一时期生物学方面仅对局部的生理过程感兴趣，并未着眼于统一过程的物质生产"。因此，当时的一些研究并没有引起人们多大的关注(Alan，1979；Happ and Brister，1982)。

第二阶段(20 世纪 60～70 年代)，世界范围内的研究进入高潮，主要标志是由联合国科学、教育及文化组织的国际生物学计划(IBP)。这一计划以研究生物生产量为中心，实际上是在世界范围内对生物资源进行了一次大普查(薛立和杨鹏，2004)。1972 年后又开展了人与生物圈计划(MAB)，其总目标在于合理利用和保护自然资源并改善人类与环境的关系；预测人类活动对今后全球环境的影响，其中生物生产量的调查和调控研究占有重要地位。在这个时期涌现出了大量的论文和专著，其中有影响的著作有：Newbould的《森林第一性生产量测定方法》(潘维俦和田大伦，1981)；《第一性生产量水平上的陆地生态系统功能》(Lieth and Whittaker，1975)；日本人木村出版的《陆地植物群落的生产量测定方法》和佐腾大七郎等出版的《陆地植物群落的物质生产》《生物圈的第一性生产力》等。这个阶段生物量模型的研究有了很大的发展，提出了许多生物量模型和估计方法。该阶段最突出的特点是调查的树种多、区域广、范围大。

第三阶段(20 世纪 80 年代后)，随着全球环境问题日益突出，国际科学教育协会理事会再次提出了规模空前的全球变化研究，即国际地圈生物圈计划(IGBP)。而生物量模型的研究更偏重于各种模型对不同树种、不同区域的讨论，以及研究生物量模型在不同立地条件下的估计问题。

我国生物量研究工作始于 20 世纪 70 年代后期，起步较晚。最早是潘维俦等(1978)对杉木人工林的研究，其后是冯宗炜等(1982)采用相对生长测定法和样方收获法对马尾松及其他树种进行了生物量的测定。陈灵芝等(1984)、刘世荣等(1990)、党承林和吴兆录(1991)先后建立了主要森林树种生物量测定相对生长方程，估算了其生物量。

在 20 世纪 60 年代初，中国科学院原沈阳林业土壤研究所在湖南会同疏溪口设立森林生态实验站，以对杉木幼林的生物量进行测定和研究；1962～1963 年，林业部原第九森林调查组在湖南会同和朱亭林区共设置 57 个固定标准地，选取了 5 株样木测定了生物量，采用相对生长方程建立了杉木的生物量模型，并在 1978 年提出“杉木人工林生态系统的生物产量及其生产力的研究”报告。

自 20 世纪 70 年代起，很多学者就开始对全球范围内的生物量进行估测。然而早期的研究主要是根据国际生物学计划(IBP)时代在全球各地的实测资料，采用平均生物量的方法估算得到，由于当时各类森林的实测资料较少，而人们在进行生物量的实测时，又往往选择林分生长较为良好的样地，其生物量都较高，从而使得平均生物量偏大，导致全球和区域生物量的估算结果偏高(Fang et al.，2001)。80 年代，随着国际地圈生物圈计划的提出，对于全球变化的研究，已经从利用以往在斑块水平的生态研究系统成果和生物量数据扩展到景观、区域乃至全球的空间尺度上。

基于材积转化的生物量模型：生物量与材积的比值法常被人们作为推算森林生物量的一种简易方法，一些研究往往把这一比值看作一个恒定的常数。但实际情况是，该比值随着材积的变化而变化，只有当材积达到很大的程度时，该值才是常数(Wang，1998)。随着全球各地有关生物量实测资料的大量增加，提高森林生物量估算的精度变得更加容易实现，人们由此提出一系列研究方法，其中主要有生物量转换因子法、生物量转换因子连续函数法。

(1)生物量转换因子法(biomass expansion factor，BEF)　生物量转换因子法是利用林分生物量与木材材积比值的平均值，乘以该森林类型的总蓄积量，得到该类型森林的总生物量的方法(Fang et al.，2001)。在森林生物量的组成当中，树干(材积)只是其中的一部分，并且所占的比率因树种和立地条件不同而有很大的差异(Brown and Lugo，1984)。1984 年，Brown 等基于该方法，采用由联合国粮食及农业组织提供的主要森林类型蓄积量资料，估算了全球森林地上生物量，指出热带郁闭森林和非郁闭森林的平均地上生物量分别为 150t/hm^2、50t/hm^2。与实际资料相比，该估算结果对于非郁闭森林较好，而对于郁闭森林则误差较大。原因在于，未能准确地估算热带郁闭森林的林下部分。生物量转换因子法的不足主要反映在生物量转换因子，如木材密度（WD）和总生物量与地上生物量的转换系数均取作常数。

相关研究表明，生物量转换因子法估算的生物量较皆伐法高出 20%～40%，而基于实测资料建立的生物量回归模型的估计值与皆伐法非常接近，相对误差在 10%以内（赵敏和周广胜，2004）。方精云等（1996）也指出，林分生物量和蓄积量与森林类型、年龄、立地条件和林分密度等诸多因素有关。可见采用常数的生物量转换因子，不能准确地估算森林生物量。

（2）生物量转换因子连续函数法　生物量转换因子连续函数法是为克服生物量转换因子法将生物量与蓄积量比值作为常数的不足而提出的。因此，生物量转换因子连续函数法将单一不变的平均换算因子改为分龄级的换算因子，以更准确地估算国家或地区尺度的森林生物量。

林分材积综合反映了林龄、立地、个体密度和林分状况等因素的变化，因此可以作为换算因子的函数，以表示 BEF 的连续变化。

Brown 和 Lugo（1992）、Schroeder 等（1997）利用幂指数函数来表示 BEF 与林分材积（V）的关系，即

$$\mathrm{BEF} = aV^{-b} \tag{1.29}$$

$$\mathrm{BEF} = aV^{1-b} \tag{1.30}$$

式中，BEF 为生物量；a 和 b 为估计参数。

由实测资料建立的 BEF 值与材积之间的关系推广到处理大尺度的森林资源清查资料时，存在严重的数学推理困难，即难以实现由样地调查到区域推算的尺度转换。换句话说，理论上，不能利用该式估算区域尺度的森林生物量（方精云等，2002）。

方精云等（1996）利用倒数方程来表示 BEF 与林分材积之间的关系，即

$$\mathrm{BEF} = a + \frac{b}{V} \tag{1.31}$$

$$\mathrm{BEF} = aV + b \tag{1.32}$$

由式（1.32）可以看出，当材积很大时（成熟林），BEF 趋向恒定值 a；当材积很小时（幼龄林），BEF 很大。研究表明，这一简单的数学关系符合生物的相关生长理论，适合于几乎所有的森林类型，具有普遍性，并且由式（1.32）可以非常简单地实现由样地调查向区域推算的尺度转换，而为推算区域尺度的森林生物量提供了理论基础和合理的方法，也使得区域森林生物量的计算方程得以简化。基于该模型，估算森林生物量的方法被称为生物量转换因子连续函数法（方精云等，2001）。

但是，对某一森林类型而言，方精云等（Fang et al.，1998）的线性关系存在样本数不足的缺陷。例如，在建立桦木、栎类、桉树等树种的生物量和蓄积量的线性关系时，所用的样本数分别是 4、3 和 4。而对于热带森林所有树种所采用的样本数也仅 8 个。另外，关于生物量和蓄积量的估算是否是一种简单的线性关系还存在着争议（王玉辉等，2001）。

周广胜等(Zhou et al. ，2002)在总结前人对生物量和蓄积量研究的基础之上，利用收集到的全国34组落叶松林实地测量资料，其中包括总生物量和蓄积量，建立了生物量和蓄积量的双曲线关系模型。

$$\mathrm{BEF}=\frac{1}{a+bV} \tag{1.33}$$

$$\mathrm{BEF}=\frac{V}{a+bV} \tag{1.34}$$

周广胜等(Zhou et al.，2002)将估算模型中的系数 a 看成蓄积量的函数，既克服了Brown等将生物量与蓄积量之比作为常数的不足，又避免将林分在任一个生长阶段的生物量随蓄积量的变化简单地处理为线性关系。目前，该模型仅对兴安落叶松进行了研究，是否适用于所有的森林类型，有待于进一步研究。

综上所述，如何将森林资源清查的蓄积量转化为生物量，其模型、方法值得研究。生物量与蓄积量的转换是近年来的研究热点问题，但尚须进一步从地域、树种上进行验证，全面系统地建立 $\mathrm{BEF}=f(V)$ 关系，实现森林蓄积量与材积的转换(冯仲科等，2005)。

1.2.5 林分空间结构优化研究进展

培育健康稳定的森林是森林可持续经营的目标，随着森林可持续经营对精确信息需求的增加，创建或维持最佳的森林空间结构是森林可持续经营的关键(Adams and Ek，1973；Buongiorno and Michie，1980)。它要求在分析森林空间结构与功能的基础上，通过空间优化经营寻求合理的空间结构，从而实现森林的可持续经营。林分空间结构优化的本质就是通过林分空间结构的调控途径实现森林的多功能经营。林分是内部特征相同并与四周邻近部分有显著区别的小块森林，是森林经营理论与实践的基本单位。经营好林分，是经营好森林的基础和关键。

1. 林分空间结构优化目标研究　林分空间结构优化的首要任务是确立经营目标，即培育什么样的森林。德国林学家Gayer于1882年提出恒续林理论，经Moller等加以发展，逐渐成为近自然森林经营的目标(Duchiron，2000)。恒续林是理想的异龄林，恒续林经营主张单株择伐，禁止皆伐，从而使林地被森林连续覆盖；允许通过择伐收获一定的木材，但对森林的干扰应达到最小；强调通过自然力天然更新，但不排除人工更新(陆元昌等，2003；Larsen and Nielsen，2007)。但恒续林重点保护的目标并不十分清楚，这就给林分结构优化带来了困难，Garacia等(1999)认为提高林分结构的复杂性是森林生态系统的经营目标。Haskell等(1992)指出健康的森林生态系统应该是森林经营的目标。Costnaza(1992)进一步提出了诊断系统健康的指数VOR，这些评价近自然经营的变量指数都可以纳入林分结构优化模型中。

最早把恒续林用于经营实践的是法国林学家顾尔诺(Gustafson and Crow，1993)，他提出了适合于异龄林集约经营的检查法。检查法强调通过定期生长量来控制和调节择伐量(于政中，1993)。Biolley(1920)指出，云、冷杉林分中，小、中、大径材的蓄积最优比例为2∶3∶5，能保持林分最高生产力。1899年，莱奥古提出了 q 值法则，即异龄林林分中林木两个相邻径级株数之比是常数 q。1952年，美国学者迈耶提出异龄林各径级林木株数分布为反"J"型曲线。Buongiorno 等(1995)对法国 Jura 地区云、冷杉和山毛榉混交异龄林的生长与经营进行了系统研究，以树种多样性 Shannon 指数和各径级株数分布多样性 Shannon 指数作为规划目标。以林分多样性 Shannon 指数作为规划目标忽略了林分空间结构信息，从而不可能改善林分空间结构。Temple 等则认为，森林垂直结构和水平结构的复杂性在很大程度上是维持森林鸟类物种多样性的必要条件(汤孟平，2003)。

我国学者于政中(1996)首次在汪清县林业局金沟岭林场采用检查法经营研究发现，较优的针阔混交比为 7∶3，择伐强度应控制在不超过 20%，最好在 15%左右。

王铁牛(2005)以长白山云、冷杉针阔混交林为研究对象，研究混交林经营模式时提出了目标树的定义，确定目标树的流程及以目标树控制采伐木的流程，为混交林经营模式的完善提供了理论依据。

王树森(2005)基于森林演替规律，提出了华北土石山区健康森林的调控目标结构，对目标结构总的要求及树种选择、物种多样性、土壤碳汇、层次结构、年龄结构和健康等目标结构都提出了具体的技术指标。

武纪成(2008)提出了落叶松云、冷杉林林分的经营目标、目标林分结构及林分结构调整方案。乌吉斯古楞(2010)根据长白山过伐林区云、冷杉针叶混交林的林分特征，从林分的直径结构、树种组成和空间结构 3 个方面提出了操作性较强的目标结构。

宁杨翠(2011)针对长白山杨桦次生林演替初期、演替中期、演替亚顶级阶段和演替顶级阶段的现实情况，结合经营目标，分别构建了杨桦次生林健康经营的目标结构体系。

蒋桂娟(2012)在研究金沟岭林场不同发育阶段云杉、冷杉林结构特征的基础上，结合不同的经营目的，从树种组成、直径结构、群落层次结构、空间结构、更新结构及平均更新株数方面构建了云杉、冷杉林健康经营的目标结构体系。

李金良等(2012)根据六盘山水源林可持续经营的需要，通过灌木层盖度、草本层盖度及灌草层盖度与林分郁闭度的关系，提出了研究区林分郁闭度的合理范围为 0.5～0.8，灌木层盖度和草本层盖度的合理范围为 35%～46%。这些研究成果为建立林分结构优化模型奠定了理论基础，但没有考虑林分空间结构，优化目标缺乏全面性。因此，结合林分空间结构信息提出林分空间优化经营目标是值得研究的课题。

2. 林分择伐空间结构优化模型研究　Daume 等(1998)提出疏伐模拟专家系统 ThiCon，其经营目标除了考虑林分蓄积量、蓄积生长量、物种多样性及美学价值外，也将反映林分树种隔离程度、水平分布格局及林木大小分化程度的空间结构指标考虑进去，作为评价并优化天然林空间结构的依据。Pretzsch (1999)提出与混交、立地条件和树种隔离程度相结合的空间生长模拟模型 SILVA，其最初用来预测林分生长。Hof 和 Bevers(2000)首次将空间约束纳入林分择伐空间优化模型中。汤孟平(2003)在进行林分空间结构优化模型研究中，将基于林分混交度、竞争指数和聚集指数的空间结构作为优化目标函数。卢军(2008)建立的天然次生林空间结构优化模型中，基于乘除法原理，将林分多样混交度和聚集指数保持最大，竞争指数和树冠叠加指数保持最小作为空间结构优化目标。张成程等(2008)提出了利用 Hegyi 竞争指数、生长空间指数、生长空间竞争指数分析并优化林分空间结构，14%左右的间伐强度能使林分空间结构达到最优。李建军(2010)根据国内外天然林空间结构已有的研究成果，结合景观生态学理论，提出红树

林林分空间结构优化的均质性目标和均质性指数的新概念；对影响林分空间结构均质性目标的各参数进行多目标规划，并给出均质性指数的定义和量化公式。

传统的择伐优化模型是以林分总收入、净收入和净现值等功能最大化为目标的功能优化，择伐是对实施经营林地最重要的干扰。林分择伐空间结构优化是以林分空间结构为目标，以非空间结构为主要约束条件，通过择伐对林分空间结构进行优化，旨在通过空间结构优化，最大限度地保持较优的林分空间结构，以持续发挥林分经济、生态和社会等多项功能。汤孟平(2003)提出了林分择伐空间结构优化模型，模型的公式如下。

$$Q(g)=\left[\frac{M(g)}{\sigma_{\mathrm{M}}}\cdot\frac{R(g)}{\sigma_{\mathrm{R}}}\cdot\frac{\mathrm{Rb}(g)}{\sigma_{\mathrm{Rb}}}\right]/[\mathrm{CI}(g)\cdot\sigma_{\mathrm{CI}}] \tag{1.35}$$

约束条件为：① $d(g)=D_0$；② $q(g)\geqslant q_1$；③ $q(g)\leqslant q_2$；④ $s(g)\leqslant S_0$；⑤ $t(g)=-\sum_{i=1}^{s(g)}p_i\ln p_i\geqslant T_0$；⑥ $f(g)\geqslant F_0$；⑦ $c(g)=v\cdot(l-g)\leqslant Z$；⑧ $M(g)\geqslant M_0$；⑨ $R(g)\geqslant R_0$；⑩ $\mathrm{Rb}(g)\geqslant \mathrm{Rb}_0$；⑪ $\mathrm{CI}(g)\geqslant \mathrm{CI}_0$。

式中，$Q(g)$为空间结构评价指数；$M(g)$为混交度；$\mathrm{CI}(g)$为竞争指数；$R(g)$为林分聚集指数；$\mathrm{Rb}(g)$为大树聚集指数；σ_{M}、σ_{CI}、σ_{R}、σ_{Rb}分别为混交度、竞争指数、林分聚集指数、大树聚集指数的标准差；M_0、CI_0、R_0、Rb_0、D_0、S_0、T_0、F_0分别为伐前的林分混交度、竞争指数、林分聚集指数、大树聚集指数、径级个数、树种个数、树种多样性指数、建群种的伐前优势度；$d(g)$、$q(g)$、$s(g)$分别为伐后保留木径级个数、q值、径级个数；q_1、q_2分别为q值上、下限；$t(g)$为树种多样性指数；p_i为树种i的株数百分比；$f(g)$为建群种的优势度；$c(g)$为采伐量；Z为林分生长量；v为林木单株材积向量，$v=(v_1,v_2,\cdots,v_n)$，$l=(1,1,\cdots,1)$；g为保留木向量，$g=(g_1,g_2,\cdots,g_n)$，$g_i=\begin{cases}1=\text{保留第}i\text{株树}\\0=\text{采伐第}i\text{株树}\end{cases}$，$i=1,2,\cdots\cdots$

显然，本模型是一个非线性多目标整数规划。刘素青以近自然经营理论为基础，在顶级群落思想的指导下，构建了基于单木择伐技术的均匀分布和具有林窗特征的森林生态经营决策模型，在选择采伐木时，决策因子的优先度为健康指数→直径大小→目的性指数→多样性指数→角度尺→最小半径→大小比数。并通过现实林分模拟对决策模型进行了检验，发现通过单木择伐后林分的空间结构向理想的方向转变。刘春起提出了基于林分空间格局的林木采伐方法，初选采伐木的确定依据是首先判断林木的水平分布状态，并优先伐去先锋树种，同时减少林木之间的竞争，最终确定采伐木要综合考虑林分分布和初选木的大小，必要时可结合 Johann 提出的临界距离计算方法进一步确定。闫妍和李凤日(2009)基于乘除法原理提出了次生林空间择伐优化模型，模型的目标函数为

$$V(d)=\frac{\dfrac{M(d)}{\sigma_{\mathrm{M}}}\cdot\dfrac{R(d)}{\sigma_{\mathrm{R}}}}{\mathrm{CI}(d)\cdot\sigma_{\mathrm{CI}}\mathrm{AO}(d)\cdot\sigma_{\mathrm{AO}}} \tag{1.36}$$

式中，$M(d)$、$R(d)$、$\mathrm{CI}(d)$、$\mathrm{AO}(d)$分别为次生林多样混交度、聚集指数、竞争指数、树冠叠加指数；σ_{M}、σ_{R}、σ_{CI}、σ_{AO}分别为混交度、聚集指数、竞争指数、树冠叠加指数

的标准差；d 为决策变量($d_i = d_1, d_2, \cdots, d_n$)，$d_i = \begin{cases} 1 = 采伐第i株林木 \\ 0 = 保留第i株林木 \end{cases}$，$i = 0,1,\cdots,n$。

约束条件为：①$\mathrm{dbh}(d)=D_0$；②$q(d)\geqslant q_1$；③$q(d)\leqslant q_2$；④$s(d)=S_0$；⑤$H'(d)\geqslant H'_0$；⑥$c(d)=v\cdot(1-d)\leqslant Z$；⑦$M(d)\geqslant M_0$；⑧$R(d)\geqslant R_0$；⑨$\mathrm{CI}(d)\leqslant \mathrm{CI}_0$；⑩$\mathrm{AO}(d)\leqslant \mathrm{AO}_0$。
式中，$\mathrm{dbh}(d)$、H'_0、S_0、M_0、R_0、CI_0、AO_0分别为择伐前林分的径级个数、树种多样性指数、树种个数、多样性混交度、聚集指数、竞争指数、树冠叠加指数；D_0为择伐后保留木径级个数；$q(d)$、$s(d)$、$H'(d)$、$M(d)$、$R(d)$、$\mathrm{CI}(d)$、$\mathrm{AO}(d)$分别为择伐后的q值、树种个数、树种多样性指数、多样性混交度、聚集指数、竞争指数、树冠叠加指数；q_1、q_2分别为q值的上、下限；$c(d)$为采伐量；Z为林分总生长量；v为树木单株材积向量，$v=(v_1,v_2,\cdots,v_N)$。

李凤日将此模型应用于帽儿山地区天然次生林，求出了不同林分类型的最优间伐强度。李建军(2010)提出了红树林间伐补植空间结构优化模型，模型的目标函数为

$$L(g) = \frac{[1+M(g)]\cdot[1+A(g)]\cdot[1+H(g)]}{[1+U(g)]\cdot[1+\mathrm{CI}(g)]\cdot[1+D(g)]\cdot[1+W(g)]} \tag{1.37}$$

约束条件为：①$B(g)\geqslant B_0$；②$\mathrm{CI}(g)\leqslant \mathrm{CI}_0$；③$M(g)\geqslant M_0$；④$D(g)\leqslant D_0$；⑤$A(g)\geqslant A_0$；⑥$W(g)\leqslant W_0$；⑦$U(g)\leqslant U_0$；⑧$H(g)\geqslant H_0$。
式中，$B(g)$、$\mathrm{CI}(g)$、$M(g)$、$D(g)$、$A(g)$、$W(g)$、$H(g)$、$U(g)$分别为伐后树种个数、林分竞争指数、林分混交度、空间密度指数、目的树种指数、角尺度、健康指数、大小比数；B_0、CI_0、M_0、D_0、A_0、W_0、U_0、H_0分别为伐前树种个数、林分竞争指数、林分混交度、空间密度指数、目的树种指数、角尺度、大小比数、健康指数。

王剑波(2011)在研究天然次生林主要林分类型的结构特征及优化调整时，提出了采伐林木的确定思路及方式，在林分结构完整性和促进天然更新的原则下，首先考虑林分的树种组成和直径分布，再根据角尺度、大小比数和混交度来最终确定采伐木。郝月兰(2012)在 Voronoi 图确定空间结构单元的基础上，提出了基于空间结构优化的采伐木确定方法，目标是将林分的水平格局调整为随机分布，同时扩大林分和混交度及减小林木之间的竞争，具体做法是首先根据林分中林木角尺度初选、备选采伐木，必要时结合 Johann 提出的临界距离公式进一步确定。在此基础上根据林木的隔离程度、林木分化程度和树种等指标最终确定采伐木。同时也指出为了使采伐木的确定更加科学，在确定采伐木时应该将 Voronoi 图确定的采伐木和传统的 4 株树确定采伐木的方法结合起来分析。吕勇等(2012b)针对传统确定间伐木笼统性的局限，基于空间结构指标提出间伐指数(ICI)的计算公式，公式如下。

$$\mathrm{ICI} = \begin{cases} 0, & 当F_i = 1时 \\ W_\mathrm{F}\times(1-F_i)+W_\mathrm{M}\times(1-M_i)+W_\mathrm{U}\times U_i+W_\mathrm{H}(1-H_i)+W_\mathrm{D}\times D_i+W_\mathrm{A}(1-A_i), & 当F_i \neq 1时 \end{cases}$$

式中，F_i、M_i、U_i、H_i、D_i和A_i分别为自由度、混交度、大小比数、健康指数、空间密度指数和目的树种特性指数；W_F、W_M、W_U、W_H、W_D和W_A分别为自由度、混交度、大小比数、健康指数、空间密度指数和目的树种特性指数等 6 个林分空间结构指标的权重值。将此指数用于混交林间伐实验，结果表明通过间伐指数确定间伐木是一种比较理想

的间伐方案，谭杨新(2013)以天然次生林为研究对象，基于间伐指数提出了确定间伐强度的新方法。邢辉(2013)提出基于空间结构优化的采伐确定步骤依次为优化林分水平分布格局→调整树种组成→调整竞争关系。

3. 林分补植空间结构优化技术研究　　除了采用择伐方式对林分空间结构进行优化外，补植也是优化林分空间结构的主要经营措施。陆元昌等(2009)在研究人工林近自然化改造理论和技术时指出，补植是快速优化树种结构的有效途径，特别是对单一树种的针叶人工纯林，可以通过补植乡土阔叶树种的幼树、幼苗来实现树种结构的合理化。李建军等(2013)以西洞庭湖区水源涵养林为研究对象，依据森林生态系统健康理论和森林结构化经营思想，以与研究区水源涵养林的水源涵养、水土保持等功能密切相关的林分树种隔离程度，水平空间分布格局，种内、种间竞争程度及林分林层结构为优化目标，选择混交度、角尺度、竞争指数、林层指数、开阔比数和空间密度作为林分健康经营的空间结构优化目标函数，建立了研究区水源林林分层次多目标林分空间结构择伐和补植优化模型，并应用改进的智能粒子群算法对模型进行了求解。结果表明，优化模型能准确确定林分空间结构不合理的地方，择伐及补植等经营调控措施能显著改善林分空间结构，有利于研究区水源涵养林多功能的充分发挥。

通过补植经营措施优化林分空间结构时，混交树种的选择是一个关键问题，目前生态公益林改造混交树种的选择主要有 4 种技术路线，分别是自由路线、实验路线、乡土树种路线和天然林模拟路线。4 种技术路线各有优缺点，自由路线设计灵活，但对混交树种间的关系不好把握；实验路线稳妥，但需要很长时间才能得出结论；乡土树种路线较优，但多数情况下未考虑树种的搭配问题；天然林模拟路线最优，既考虑了树种的搭配问题，实施时间也较短。

杉木作为我国南方主要的造林树种，在我国木材生产和生态功能维护方面起着举足轻重的作用，但由于树种单一，再加上多代连载造成地力衰退，生态、经济功能低下，急需引进阔叶乡土树种进行混交，有不少学者在这方面进行了大量研究。苏志才(1990)从混交树种的相反性、非同层性、非有害性和非同一性等方面分析了混交树种的相互关系，并构建了混交树种的选择标准。蒋妙定等(1989)从生长量和成活率两个方面对比分析了杉木(*Cunninghamia lanceolata*)与木荷(*Schima superba*)、檫木(*Sassafras tsumu*)、马尾松(*Pinus massoniana*)、香樟(*Cinnamomum camphora*)、马褂木(*Liriodendron chinense*)、光皮桦(*Betula luminifera*)及拟赤杨(*Alniphyllum fortunei*)的混交效果，并提出了适宜的混交比例为(1∶5)～(1∶6)。张兴正(2001)从混交机理、水源涵养功能及改土效益等方面分析了杉木与福建含笑(*Michelia calcicola*)的混交效益。相比杉木人工林而言，混交林的效益明显提高。曹光球等(2002)依据树种生态学和生物学特性，对杉木及其主要混交树种木荷、深山含笑(*Michelia maudiae*)、马尾松、丝栗栲(*Castanopsis fargesii*)、拟赤杨、南岭栲(*Castanopsis fordii*)、苦槠(*Castanopsis sclerophylla*)、甜槠(*Castanopsis eyrei*)、虎皮楠(*Daphniphyllum oldhami*)、罗浮栲(*Castanopsis faberi*)、黄山松(*Pinus taiwanensis*)、上杭锥(*Castanopsis eyrei*×*Castanopsis lamontii*)的生态学对策进行了定性和定量分析。结果显示不同混交树种的生态学对策存在明显差异，这为杉木混交树种的正确选择提供了理论依据。林思祖等(2003)根据 Lotka-Volterra 种间竞争的原理提出了确定混交树种比例的新方法，并以杉木为例，将此方法确定的混交树种比例与传统方法确定的混交比例进行了比较，结果显示该方法是比较科学可行的方法。

1.2.6　林分生长及空间结构模拟研究

森林生态系统的动态变化具有时间跨度大的特点，对其实施经营措施后的效果要数年或数十年后才能体现，并且经营措施一旦实施，林分生长会发生相应变化，具有不可逆转性。另外，森林空间尺度大，以其为研究对象，需要的数据量大、来源广、难处理。三维模拟手段在林业上的应用很好地解决了上述问题，将三维模拟手段应用到林业上，已是当前林业科学领域的研究热点。三维模拟在林业上的应用主要包括以下几个方面：树木模型、虚拟林相图、生长模型、林火模拟、病虫害监测、森林空间结构等。

国外对林分模拟的研究始于20世纪60年代，90年代进入发展阶段，推出的林分模拟软件系统主要有：美国农业部研发的林分可视化系统SVS 3.31(McGaughey，1997)、法国农业研究发展国际合作中心(CIRAD)推出的AMAP软件系统(Castel et al.，2011)、德国哥廷根大学研发的BwinPro(Albert，2001)、芬兰的MONSV和FORSI(Mamali，2006)、美国Onyx公司开发的Tree Classic和Tree Professional软件等。

SVS系统在国内的应用也越来越广泛。例如，国庆喜等(2005)运用此系统以帽儿山生态站次生林分为例进行了应用研究，并指出了SVS 3.31的弊端：参数较多，数据获取有困难。徐海(2007)利用SVS 3.31实现天然红松阔叶林可视化森林经营。刘利强(2009)基于SVS系统研究了单木模拟和林分模拟。高广磊等(2012)对SVS的原理、发展历史、应用现状等做了详细介绍，并以河北省木兰围场国有林场管理局域内华北落叶松-白桦人工混交林为例做了初步的应用探讨。

1. *林分生长三维模拟研究进展*　林分生长三维模拟就是以单木为基础构建树木三维模型实现对树木的模拟，并结合林分生长模型，研究林分生长规律，模拟树木在自然环境中的生长过程，因此林分生长模拟主要包含树木三维模型和生长模型两个方面的模拟展示。

(1)树木三维模型研究　自20世纪60年代起，树木三维模型的构建基于计算机图形学的研究有了长足发展。早期研究者仅是利用简单的几何体来代表树木，Oppenheimer(1986)利用多棱柱代表树干，线代表树枝；Weber和Penn(1995)用线代表柱状树枝，点代表树叶。分型几何学(fractal geometry)于70年代诞生，它使人们能更生动地描述自然形态的物体。基于分型几何学，研究者相继提出了树木分形图形的方法，主要有Lindenmayer(1968)的L系统分形图形、Hutchinson(1981)的迭代函数系统(IFS)方法、Reeves(1983)的粒子系统方法等。其中L系统经过很多学者的发展完善，形成了一套复杂的算法体系，包括开放式L系统、时变L系统、微分L系统等多种衍生算法。以上都是基于图形的三维树木建模方法，它们构建的是树的矢量几何数据，真实感强，但由于森林空间尺度大，数据量庞大，加上每棵树木自身的复杂性，采用图形建模时渲染效率低，不适合大量树木模型的绘制，很难应用于森林模拟仿真中。为了解决这一问题，Max和Ohsaki(1995)提出了基于图像的建模方法，其是一种在预先计算不同视点的树木之间内插的算法。Meyer等(2001)提出了利用基于图像的渲染技术，采用少量的多边形表示一个复杂的树木。这种方法是将树木的纹理图片贴在与地面垂直的多边形上，此方法的缺点是无论从哪一角度观察树木，其外观都一样，缺乏真实感。另外，基于图像的三维模拟建模方法还有虚拟现实建模语言(VRML)，Lim 和 Honjo(2003)利用 VRML，基于仿真二维图像，实时绘制了 10 万棵树规模的森林场景。

国内最早应用 L 系统来实现树木三维图形的是清华大学的郑卓嘉等(1990)。郝小琴和孟宪宇(1993)基于此算法提出了与林业结合的双向搜索算法(DOL)。袁杰和刘大昕(2002)根据 L 系统理论，用 VB 语言开发了 L 系统演示程序，实现了对自然界中植物树木的模拟。魏琼和蒋湘宁(2003)以 L 系统为基本算法，运用 Microsoft visual C++(VC)和 OpenGL 等技术，创建了形象逼真的立体树木形态模型。IFS 方法是在仿射变换的意义下，具有自相似结构，将总体形状以一定的概率按不同的仿射变换迭代下去，直至得到满意的分形图形。仲兰芬等(2005)给出了三维分形树木生成算法，是一种基于分形的多边形几何面三维树木构造方法，此方法生成的三维分形树木具有高度的真实感。粒子系统是采用形状简单的微小粒子(如点、小立方体、小球等)来表示自然界不规则的模糊景物。王小铭和林拉(2003)以树木的静态造型为前提，提出了基于骨架定制和粒子系统模型的树木模拟方法。雷蕾等(2004)基于粒子系统提出了一种基于能量模型的叶片纹理构造算法。国内基于图像建模方法的发展紧随国外学者脚步，宋铁英(1998)通过结合计算机图形与图像，实现了基于图像的林分三维可视模型，此研究的不足之处是“众树一面”。刘彦宏等(2002)利用基于图像的建模方法，实现了从双视点图像重建树木三维模型的系统。章雪莲等(2008)拍摄了众多树木照片，提取树木纹理，以树木胸径分类的方法在 ArcView 中实现了林分三维模拟，树木成像较为逼真，但仅停留在二维显示上。

(2)生长模型三维模拟研究　生长模型三维模拟主要是以林分生长规律为依据，基于树木的生理特征、数学模型及计算机的模拟技术，研究树木的生长过程。法国农业研究发展国际合作中心(CIRAD)开发了基于 L 系统原理的 AMAP 系列软件，该软件的植物模型可以描述植物的生长、死亡、枝条分布情况，该软件还具有一个功能，即描述三维植物生长(Bouchon et al.，1997)。Yan 等(2004)指出，中法联合实验室的研究人员开发了基于植物结构-功能反馈机制的 Green Lab 虚拟植物模型。德国 Greenworks 公司开发了植物制作插件 Xfrog，其支持 3dMAX、Maya 等建模工具。后来，McGaughey(2004)利用 Vantage Point 软件研究开发了景观管理系统(LMS)，LMS 实现了林分生长模拟、林分可视化模拟和景观可视化的自动化等功能。

国内学者起步较晚，刘彦宏等(2002)提出了一个自动获取树木二维主干框架的方案，实现从双视点图像来重建无叶树木三维模型系统。舒娱琴(2007)基于林分生长规律建立了可以反演过去、再现现状、预测未来的虚拟森林环境。贺姗姗和彭道黎(2009a)针对现有三维建模的技术特点，提出了基于 OBJ 标准模型文件的面向对象的树木三维数据模型，并论证了该模型在林分模拟中应用的正确性和高效性。蒋娴等(2009)设计的林分模拟可视化系统是针对林分分布、生长的专业模拟与可视化系统，在计算机上恢复与重建林分空间结构，动态模拟林分生长过程，预测林分生长情况，并进行二维、三维显示。Zhang 和 Liu(2009)在树木生长模型方法的基础上通过改进的 IFS 算法进行树木生长形态的模拟。吴谦等(2010)从 IFS 方法在树木建模中的应用出发，结合树木构筑学的特点，提出了一套树木形态数据的调查方法，以杉木为例在湖南攸县黄丰桥林场进行调查实验，通过对所采集的杉木数据的分析，获得杉木一级枝和二级枝枝长、枝根直径、仰角、方位角的分布规律，将其作为IFS变换的入口参数，构建杉木三维拓扑结构，并在NET和DIRECTX9.0平台上开发了杉木可视化模拟系统，实现了杉木三维可视化模拟。Liang和Zhang(2010)将过程模型引入林分生长可视化模拟中，针对林分生长环境和竞争效应的影响进行林分生长过程的可视化模拟。

2. *林分空间结构模拟研究进展* 林分空间结构模拟是基于林分空间结构模型，并结合计算机图形图像学技术，对现实林分的空间结构实现三维模拟。有不少学者以杉木、马尾松等人工林为例对其空间结构等进行了相应研究。例如，贺珊珊和彭道黎(2009b)研究了林分空间结构可视化方法，并基于生长模型构建了林分虚拟场景。朱磊(2011)提出了林分结构自适应方法，建立了缺失因子的重建模型。

对于以林分空间分布格局的类型为基础，对林木大小差异程度和树种混交程度模拟方法的研究，还需要进一步的拓展和提高。

第2章　研究区的概况

2.1　自然地理概况

2.1.1　地理位置

福寿国有林场位于平江县南部的福寿山上，地处北纬 28°3′00″～28°32′30″、东经 113°41′15″～113°45′00″。东接献冲森工林场，北连思村乡尚山村，西邻思村乡五等村，南抵浏阳市。其东西长达 13km，形似“展翅蝙蝠”。

2.1.2　地形地貌

福寿国有林场地处罗霄山脉连云山支脉，岩浆岩发达，构造岩浆期属中侏罗世燕山早期第二阶段，岩体属连云山花岗岩岩群。地质构造为隆起与断陷呈东北雁行式岭谷排列。新构造运动属差异性断块中度隆起。主要地貌是：岭谷相间，有冰川足迹。地势南高北低，最高峰为轿顶山，海拔为 1573.2m，最低处为湖口峡底，海拔 835m，林场场部海拔 1078m。山体下部多陡峭，中部较平缓，上部较陡，平均坡度为 22°～27°，形成群山重叠、起伏绵延的中山地貌。

2.1.3　气候

福寿国有林场处于中亚热带向北亚热带过渡的气候带，属湿润的大陆性季风气候。年平均气温 12.1℃，极端最高气温 33.4℃，最低气温−15℃，年日照时数 1500h，无霜期 217d，有效积温 4547℃，年相对湿度 87%。本场虽地处海拔较高的中山区，但因群山起伏，自然形成“小盆地”，故有良好的山区小气候。总的特点是：气候凉冷，夏秋尤为凉爽，降水量多，阴雾多湿，日照较少，适宜多种树木生长。适合建立避暑休闲胜地。

2.1.4　水文

百福溪、白沙湖发源于福寿山。其中百福溪经平江县思村乡、安定镇流入汨罗江，属汨罗江支流，流程 32km；白沙湖经浏阳市云溪镇流入浏阳河。茂密的森林植被构成了一座天然绿色水库，境内潺潺流水长年不断，是汨罗江和浏阳河的重要水源涵养林区。

2.1.5　土壤

本场成土母岩主要是燕山期侵入的二长花岗岩，还有部分是元古界冷家溪的变质岩。土层深厚肥沃，腐殖质较丰富。场内海拔 800m 以下的土壤为山地黄壤；800～1400m 为山地黄棕壤；海拔 1400m 以上的山顶、山脊有小块草甸土。

2.1.6　植被

本场属中亚热带常绿阔叶林植被区，植被繁茂，群落较多。根据调查有木本植物 55 科 275 种。上层乔木树种主要有杉木（*Cunninghamia lanceolata*）、黄山松（*Pinus taiwanensis*）、楠竹（*Phyllostachys heterocycla*）、檫木（*Sassafras tsumu*）、江南桤木（*Alnus trabeculosa*）、山核桃（*Carya cathayensis*）及壳斗科（Fagaceae）植物；林分第二层主要有柃木（*Eurya japonica*）、杜鹃（*Rhododendron simsii*）、乌饭树（*Vaccinium bracteatum*）、越橘（*Vaccinium vitis-idaea*）、盐肤木（*Rhus chinensis*）、胡枝子（*Lespedeza bicolor*）、冬青（*Ilex chinensis*）等；林下植被主要有冬茅（*Deyeuxia langsdorffii*）、蕨类（*Pteridophyta*）、五节芒（*Miscanthus floridulus*）、鱼腥草（*Houttuynia cordata*）、黄精（*Polygonatum sibiricum*）等。在山顶、山脊尚有成片的以黄山松（*Pinus taiwanensis*）为主体的群落，山坡有青冈栎（*Cyclobalanopsis glauca*）、苦槠（*Castanopsis sclerophylla*）、山核桃群落；山谷、山沟边有楠竹群落和少量的江南桤木群落。由于长期人工造林和经营，大部分山地的原始群落已被人工杉木纯林代替。另外，本场木本药材种类较多，且生长良好，有一定的开发潜力，主要有杜仲（*Eucommia ulmoides*）、厚朴（*Magnolia officinalis*）、川黄柏（*Phellodendron chinense*）、鸡爪梨（*Hovenia dulcis*）、刺五加（*Acanthopanax senticosus*）、黄连（*Coptis chinensis*）、十大功劳（*Mahonia fortunei*）、栀子花（*Gardenia jasminoides*）等天然分布，散生于各林分中。

2.1.7　动物

福寿山茂密的森林植被为野生动物提供了良好的生存环境。据调查，福寿山共有野生脊椎动物 22 目 51 科 144 种。其中两栖类有虎纹蛙（*Tiger frog*）等 8 种；爬行类有蝮蛇（*Agkistrodon halys*）、乌梢蛇（*Zaocys dhumnades*）、翠青蛇（*Eurypholis major*）、赤链蛇（*Lycodon rufozonatus*）等 11 种；鸟类有白鹇（*Lophura nythemera*）、黄腹角雉（*Tragopan caboti*）、环颈雉（*Phasianus colchicus*）、金雕（*Aquila chrysaetos*）、雀鹰（*Accipiter nisus*）、竹鸡（*Bambusicola thoracica*）、斑鸠（*Streptopelia*）、画眉（*Garrulax canorus*）、啄木鸟（*Picidae*）等 96 种；兽类有云豹（*Neofelis nebulosa*）、豺（*Cuon alpinus*）、灵猫（*Viverridae*）、水獭（*Lutra lutra*）、豪猪（*Hystricidae*）、花面狸（*Paguma larvata taivana*）、穿山甲（*Manis pentadactyla*）、苏门羚（*Capricornis sumatraensis*）、白狐（*Alopex lagopus*）、野猪（*Sus scrofa*）、黄鼬（*Mustela sibirica*）等 29 种。其中云豹、豺、灵猫、穿山甲、白颈长尾雉（*Syrmaticus ellioti*）、黄腹角雉、红嘴相思（*Leiothrix lutea*）等为国家重点保护野生动物。

2.2　森林资源概况

2.2.1　森林资源现状

1. 林地资源　全场总面积 1274.9hm^2（其中国有 1133.9hm^2，集体 141hm^2）。其中林地面积 1266hm^2，占总面积的 99.3%；其他土地面积 9.16hm^2，占 0.7%；森林覆盖率为 90.5%。

在 1266hm^2 林地中，森林面积为 1154hm^2，占林地面积的 91.2%；灌木林地 35.72hm^2（其中灌木经济林 3.32hm^2），占 2.8%；无立木林地 76.28hm^2，占 6.0%。

在森林中，针叶林 533.58hm^2，占森林面积的 46.2%；阔叶林 111.48hm^2，占 9.7%；针阔混交林 209.72hm^2，占 18.2%；竹林 299.22hm^2，占 25.9%。

2. 立地类型　在进行专业调查的基础上，根据对林木生长发育起主导作用的母岩、地形、土层厚度等因子，将立地类型划分为肥沃Ⅰ、较肥沃Ⅱ、较瘠薄Ⅲ和瘠薄Ⅳ4 个。

在全场 1266hm^2 林地中，Ⅰ类型面积 270.5hm^2，占林地面积的 21.4%；Ⅱ类型面积 541hm^2，占 42.7%；Ⅲ类型面积 208.7hm^2，占 16.5%；Ⅳ类型面积 245.8hm^2，占 19.4%。

3. 林木资源

(1) 立木蓄积量　全场现在活立木蓄积量为 89 018m^3，其中森林蓄积量 86 262m^3 (其中用材林蓄积量 11 541m^3，占 13.4%；生态林 74 721m^3，占 86.6%)，占总蓄积量的 96.9%；散生木蓄积量 2756m^3，占 3.1%。

在森林中按优势树种组分，杉木蓄积量为 61 017m^3，占 68.5%；松树 14 452m^3，占 16.8%；慢阔 9642m^3，占 11.2%；中阔 165m^3，占 0.2%；速阔 967m^3，占 1.1%；其他树种 1960m^2，占 2.2%。

生态林中按龄组统计，幼龄林蓄积量 3643m^3，占 4.9%；中龄林 21 438m^3，占 28.7%；近熟林 4940m^3，占 6.6%；成熟林 37 060m^3，占 49.6%；过熟林 7640m^3，占 10.2%。

用材林中按龄组统计，幼龄林蓄积量 1336m^3，占 11.6%；中龄林 1681m^3，占 14.6%；近熟林 0m^3，占 0%；成熟林 8418m^3，占 72.9%；过熟林 106m^3，占 0.9% (表 2.1)。

全场立竹总株数 789 362 株，其中大径竹 745 841 株，中径竹 43 521 株。

表 2.1　分龄级蓄积量统计表　　(单位：m^3)

福寿国有林场	用材林	生态林	总计
合计	11 541	74 721	86 262
幼龄林	1 336	3 643	4 979
中龄林	1 681	21 438	23 119
近熟林	0	4 940	4 940
成熟林	8 418	37 060	45 478
过熟林	106	7 640	7 746

(2) 森林蓄积量　全场活立木总蓄积量 89 018m^3，其中小湖坪工区 31 272m^3，占活立木总蓄积量的 35.1%；大湖坪工区 47 887m^3，占 53.8%；太阳庙工区 9859m^3，占 11.1%。

全场生态林蓄积量 74 721m^3，其中小湖坪工区 28 243m^3，占生态林蓄积量的 37.8%；大湖坪工区 36 641m^3，占生态林蓄积量的 49.0%；太阳庙工区 9837m^3，占生态林蓄积量的 13.2%。

全场用材林蓄积量 11 541m^3，其中小湖坪工区 783m^3，占用材林蓄积量的 6.8%；大湖坪工区 10 758m^3，占用材林蓄积量的 93.2%。

2.2.2　森林旅游资源

本场山中丛林万顷，竹海浩荡，四季有映山红、杜鹃、玉兰等花木景观争奇斗艳，异彩纷呈；成、过熟的常绿阔叶林，在平江南部竖起一道靓丽的风景线。且有良好的山区小气候，夏秋凉爽，使林场成为理想的避暑胜地。近年来，林场投入大量资金，完善服务设施建设。现有山庄、食堂、KTV、舞厅、会议室、娱乐室、小商店等，为游客提供住宿方便，每日可接待避暑游客 300 人次，并可承办中型会议。

1. *森林景观*　本场森林繁茂，修竹千顷，苍翠欲滴，流泉飞瀑，随处可见。主要景点如下。

1）摇钱树：紫竹观口上有青钱柳 2 株，其胸径分别为 32cm、26cm，树高 18m、17m，树形高大优雅、枝叶繁茂。尤为甚者，其果实形状奇特，果实成串，具有圆形果翅。一到金秋季节，微风徐来，满树果实飒飒坠下，似串串金钱由天而降，其景蔚为壮观，故名“摇钱树”。

2）杉树王：孔家竹山有巨杉 3 株，成“品”字排列。其中最大一株胸径为 82cm，树高达 17m，蓄积量近 $10m^3$，且枝繁叶茂，生长旺盛，似擎天神木耸入云霄，据有关资料记载，该树为岳阳市杉树之最。

3）九股枫杨：寒婆坳有枫杨 1 株，该树古朴苍劲，树龄逾百年。其胸径达 106cm，树高 16m，于主干 1.4～1.5m 处一分为九，树冠重重如车盖，故名“九股枫杨”。其花为柔荑花序，开花时节，清风吹来，满树柔荑随风起舞。四周苍松环抱，林内苍翠欲滴，甚为幽静雅致。其侧有乱石一堆，传说为进香游客所遗。善男信女从家中带一石块到祖师岩烧香，然后将石块丢于此地，可驱邪。

4）黄金嵌碧玉：本场三叉坳有一珍贵竹种，共有 69 株。竹竿具有黄、绿纵相间条纹，通体具透明光泽，煞是美观，故名“黄金嵌碧玉”。

5）绚丽多姿的杜鹃山：本场白沙湖有一山海拔为 1400m，满山分布有红、白、粉红等色彩各异的杜鹃，其花因分布海拔高，故花期晚一个月左右，每到花季，满山杜鹃竞相开放，微风吹来，沁人心脾。

2. *奇峰异石*　场内奇峰挺拔，怪石嶙峋，主要有童子拜观音、福桶山、轿顶山、仙人捱磨、关门石、鹰嘴石、蛤蟆咀、蘑菇石等。

1）流泉飞瀑：场内落差大，水流急，常形成飞流直下、瀑布横空的独特景观，较有名气的有三叠潭、九龙瀑布、一线天等。

2）寺、庙、观：福寿山历史上为道教圣地，现保存下来的有祖师岩真人庙、太阳庙、水口庙、白云寺、安坪古寺、紫竹观等。

第3章　杉木生态公益林林分结构分析

3.1　引　　言

林分结构是森林经营和分析中的一个重要因子，是对林分发展过程如更新方式、竞争、自然稀疏和经历的干扰活动的综合反映。不论是人工林还是天然林，在未遭受到严重干扰(如自然因素的破坏及人工高强度采伐等)的情况下，林分内部许多特征因子，如直径、树高、形数、材积、材种、树冠，以及复层异龄混交林中的林层、年龄和树种组成等，都具有一定的分布状态，而且表现出较为稳定的结构规律性，即林分结构规律。因此，林分结构内含着反映林分特征因子的变化规律，以及这些因子间的相关性，探讨这些规律对森林经营技术、编制经营数表及林分调查都有着重要的意义。研究角度不同，对林分结构划分也有所差异(雷相东和唐守正，2002)。林分结构按是否考虑林分中树木的空间位置，可分为空间结构和非空间结构两类。其中，林分的非空间结构一般情况下主要包括树种结构、直径结构、树高结构、年龄结构、蓄积(生物量)结构、林分密度等。这些结构因子容易测量，能够快速反映林分的部分信息，但作为一种静态描述林分特征的结构指标，对于林分中更多的空间信息贡献不足。因此，大多数研究希望将林分空间结构引入，从而能够较全面地反映出林分的结构。

3.2　数据来源与研究方法

3.2.1　样地设置与数据调查

1. 样地的设置　在对福寿国有林场实验基地内杉木生态公益林全面踏查的基础上，采用罗盘仪闭合导线测量法在立地条件基本一致的杉木幼龄林、中龄林和近熟林中，严格按照实验研究要求，每一个龄组有 3 块经营样地和 3 块对照样地，且经营样地与对照样地的立地条件基本一致，设置了 18 块 20m×30m 的样地(幼龄林、中龄林和近熟林各 6 块)(图 3.1)，依次编号为 1～18，样地位于杉木人工林中，乔木层主要有 13 个树种，分别为杉木、毛竹、黄山松、柳杉(*Cryptomeria fortunei*)、白栎(*Quercus fabri*)、苦楝(*Melia azedarach*)、野山椒(*Capsicum frutescens*)、野山桃(*Prunus davidiana*)、光皮桦

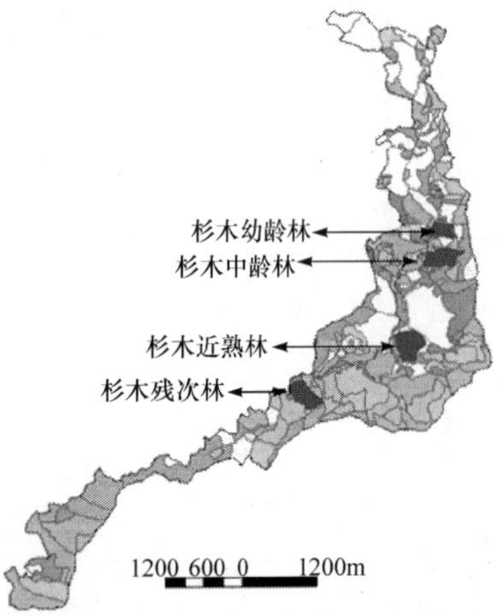

图 3.1　福寿国有林场样地分布图

(*Betula luminifera*)、毛樱桃(*Cerasus tomentosa*)、野漆树(*Toxicodendron succedaneum*)、刺槐(*Robinia pseudoacacia*)、泡桐(*Paulownia fortunei*)。

2. 样地调查单元的划分　　将每块 20m×30m 样地用相邻网格法进一步分割成 6 个 10m×10m 正方形的小样方作为林木因子的调查单元，横坡方向为横坐标 *X*，顺坡方向为纵坐标 *Y*，坐标值用距离(*m*)直接表示，相邻网格与样地设置见图 3.2。并将小样方内的林木逐株进行挂牌编号。

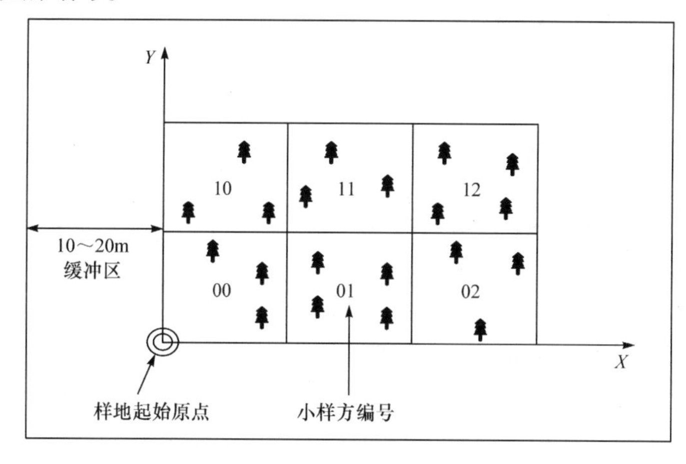

图 3.2　样地设置

3. 样地的调查因子　　首先对 3 个龄组杉木生态公益林的经营历史和经营措施进行了调查，其次对样地位置、经纬度、坡位、坡度、土壤类型、凋落物厚度、腐殖质厚度、立地类型、干扰程度等基本因子进行了调查，然后调查每块样地 6 个 10m×10m 正方形的小样方内每株树木的坐标、胸径、树高、东西冠幅、南北冠幅等基本因子。经调查可知，幼龄林是 2006 年营造的杉木人工纯林，2～4 样地营造前有不少萌生的柳杉(*Cryptomeria fortunei*)被保留下来，导致其树种组成中柳杉占到一定比例，但株数比例均未超过 30%，其他树种泡桐、毛樱桃、马尾松(*Pinus massoniana*)和日本晚樱(*Cerasus serrulata*)只是零星地散布于杉木林分中，所占的株数比例不到 1%，截至 2012 年调查前，从未进行过人工抚育；中龄林是 1999 年营造的杉木人工纯林，在 2007 年进行过一次抚育间伐，各样地杉木占树种组成的株数比例均超过 95%，柳杉、苦楝(*Melia azedarach*)、黄山松(*Pinus taiwanensis*)、毛樱桃、刺槐(*Robinia pseudoacacia*)、楤木(*Aralia chinensis*)、凹叶厚朴(*Magnolia officinalis*)、野山椒(*Capsicum frutescens*)占的株数比例均未超过 5%；近熟林是 1989 年营造的杉木人工纯林，在 1996 年、2007 年进行过两次抚育间伐，各样地杉木占的株数比例均超过 96%，毛竹(*Phyllostachys heterocycla*)、苦楝、毛樱桃、光皮桦、野漆树(*Toxicodendron succedaneum*)、白栎占的株数比例均未超过 4%。最后进行每木检尺，以小样方为调查单元，在样地各小样方内从样地起始原点，按照“S”形路线调查胸径在 2.0cm 以上的林木并逐株进行挂牌编号。以每个小样方的西南角为坐标原点，测量各小样方内每株林木的 *X* 和 *Y* 坐标、胸径、树高、冠幅等测树因子。样地基本情况见表 3.1。

表 3.1 各样地基本情况表

龄组	样地号	林龄/年	树种组成	坡位	株数密度/(株/hm^2)	平均胸径/cm	平均树高/m	平均冠幅/m^2	郁闭度
幼龄林	1	6	9杉木1柳杉	中	1700	4.3	3.3	1.3	0.3
	2	6	7杉木3柳杉	中	2767	4.1	3.4	1.4	0.4
	3	6	7杉木3柳杉	上	3050	3.6	2.8	0.8	0.4
	4	6	7杉木3柳杉	中	3700	3.1	2.5	1.0	0.3
	5	6	9杉木1柳杉	中	3117	2.8	2.5	1.0	0.3
	6	6	8杉木2柳杉	下	1667	3.2	3.0	0.9	0.3
中龄林	7	13	10杉木+柳杉	中	2067	11.5	6.9	4.9	0.7
	8	13	9杉木1柳杉	中	2617	9.6	6.8	3.8	0.7
	9	13	9杉木1柳杉	中	2833	9.3	7.3	4.1	0.8
	10	13	10杉木+柳杉	中	1433	12.3	8.0	5.3	0.6
	11	13	10杉木+苦楝+柳杉	中	2867	10.1	6.2	4.2	0.7
	12	13	9杉木1柳杉	中	2483	10.7	7.1	4.3	0.7
近熟林	13	23	10杉木+毛竹+苦楝	中	2417	11.4	8.0	6.1	0.8
	14	23	10杉木+苦楝	上	2450	13.0	10.1	6.4	0.8
	15	23	9杉木1毛竹	中	3083	12.4	10.0	4.3	0.7
	16	23	9杉木1毛竹	中	1567	16.6	12.8	9.8	0.8
	17	23	10杉木+毛竹	下	2042	15.1	12.2	7.3	0.8
	18	23	9杉木1毛竹	下	1417	16.1	11.7	10.0	0.8

4. 数据处理　将样地基本信息和每木调查数据整理、核对，然后录入 Excel 表中，计算林分蓄积量、平均胸径、平均冠幅、加权平均高等，并采用径阶上限排外法对林木胸径按 2cm 进行径阶整化。将转换后的林木坐标数据导入 ArcGIS 软件中，生成林木空间位置分布图，杉木幼龄林 01 样地见图 3.3。

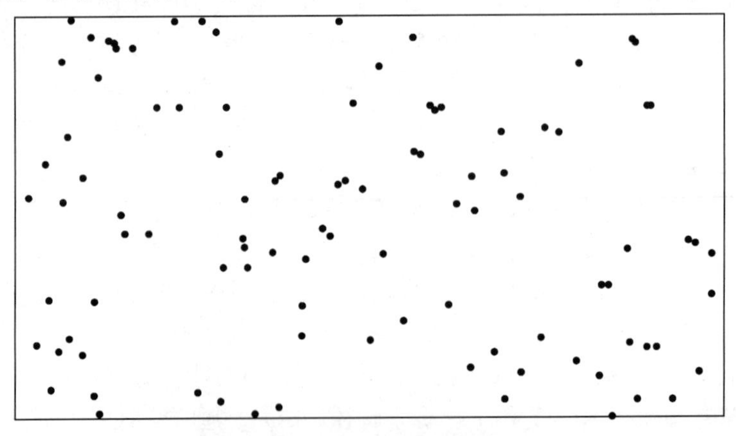

图 3.3 01 样地林木个体位置分布图

3.2.2 非空间结构分析方法

用来拟合林分直径、树高分布的函数较多，参考众多学者的研究结果(周春国等，1998；张文和高天雷，2001)，结合福寿国有林场杉木林分结构特征，本研究选择正态分布、Weibull 分布、对数正态分布 3 种分布函数对直径、树高分布进行拟合；依照国家不同林木径阶、高阶划分标准，幼龄林直径按 1cm 径阶整化，其余按 2cm 径阶整化，树高均按 1m 进行整化，分别统计样地内不同径阶、高阶株数，计算直径、树高标准差、偏度系数和峰度系数，拟合效果用 χ^2 检验法对其进行检验。

(1) 偏度与峰度　偏度是体现分布对称、偏离程度的指标。偏度为正值表示左偏，均值在大于峰值的一边；偏度为负值表示右偏，均值在小于峰值的一边；偏度的绝对值越大，则偏离程度越大。峰度是体现离散程度、曲线陡峭程度的指标。峰度为正值表示分布较集中，为尖峰态；峰度为负值表示分布较分散，为低峰态。偏度系数 a 和峰度系数 b 的计算公式分别为

$$a = \frac{n_3}{s^3} \tag{3.1}$$

$$b = \frac{n_4}{s^4} - 3 \tag{3.2}$$

式中，n_3 为 3 阶的中心距；n_4 为 4 阶的中心距；s 为标准差。

(2) 正态分布　正态分布的概率密度计算公式为

$$f(x) = \frac{1}{\sqrt{2\pi}\sigma} \exp\left[-\frac{(x-\mu)^2}{2\sigma^2}\right] \tag{3.3}$$

式中，μ 为 x 的数学期望；σ 为标准差。

(3) Weibull 分布　Weibull 分布的概率密度计算公式为

$$f(x) = \begin{cases} 0, & x \leqslant a \\ \dfrac{c}{b}\left(\dfrac{x-a}{b}\right)^{c-1} \exp\left[-\left(\dfrac{x-a}{b}\right)^{c}\right], & x > a, b > 0, c > 0 \end{cases} \tag{3.4}$$

式中，a 为位置参数，一般定为林分最小径阶、高阶的下限值；b 为尺度参数；c 为形状参数。

(4) 对数正态分布　对数正态分布的概率密度计算公式为

$$f(x) = \frac{1}{\sqrt{2\pi}\sigma x} \exp\left[-\frac{(\ln x-\mu)^2}{2\sigma^2}\right] \tag{3.5}$$

式中，μ 为变量 $\ln x$ 的数学期望；σ 为随机变量 $\ln x$ 的标准差。

(5) χ^2 分布检验　用 χ^2 检验法在 0.05 显著水平下，对直径、树高分布的拟合结果进行检验，若 $\chi^2 < \chi^2_{0.05}$ 或 $P>0.05$ 则说明在 0.05 水平下拟合效果显著，否则拟合效果不显著，且 P 值越大拟合效果越好，检验公式为

$$\chi^2=\sum_{i=1}^{n}\frac{(N_i-M_i)^2}{N_i} \tag{3.6}$$

式中，N_i 为第 i 径阶、高阶的实际株数；M_i 为第 i 径阶、高阶的理论株数；n 为径阶、高阶数目。

3.2.3　空间结构分析方法

1. 空间结构单元的确定　通常采用 n=4 或采用 Voronoi 图确定邻近木的个数 n，从而确定林分空间结构单元。

加权 Voronoi 图的定义是 $P_i(i=1,2,\cdots,n)$ 为二维欧氏平面上的 n 个点，n 个正实数 $\lambda_i(i=1,2,\cdots,n)$ 为相对应的 P_i 点上的权重。

$$V_n(P_i,\lambda_i)=\bigcap_{j\neq i}\left\{P\,|\,\frac{d(P,P_i)}{\lambda_i}<\frac{d(P,P_j)}{\lambda_j}\right\},\ i=1,2,\cdots,n \tag{3.7}$$

当 $\lambda_1=\lambda_2=\cdots=\lambda_n$ 时，加权 Voronoi 图就成为常规 Voronoi 图。由单株木构建的常规 Voronoi 图见图 3.4。每个 Voronoi 图内只有 1 棵树木，称为中心木，如图 3.4 中的 P1、P2、P3、P4、P5、P6、P7 和 P8，P9 为边缘点，每个 Voronoi 图为一个多边形，多边形的每一条边对应该株林木(中心木)的一个邻近林木，Voronoi 多边形的边数对应中心木的邻近木的数量，如图 3.4 中多边形 P1 为五边形，即中心木 P1 有 5 个邻近木，为 P2、P3、P4、P5、P6。依据场论的概念，图 3.4 空白区域可看作中心木与邻近木相互“竞争”生成的空间，表示中心木潜在竞争范围，如图 3.4 中灰色阴影部分即为中心木 P1 的影响范围。

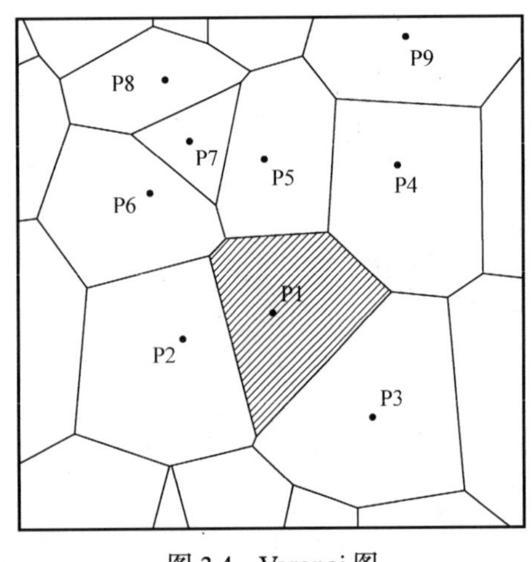

图 3.4　Voronoi 图

本书采用胸径加权 Voronoi 图来确定邻近木的个数 n，图 3.5 为借助 ArcGIS 生成胸径加权 Voronoi 图和普通 Voronoi 图的对比图。

2. 空间结构指数

(1) 树种隔离程度参数的选取　混交度是用来说明树种隔离程度的参数，本书采用汤孟平等(2012)提出的全混交度，描述树种间的相互隔离程度，计算公式为

$$\mathrm{Mc}_i=\frac{1}{2}\left(D_i+\frac{n_i}{n}\right)M_i=\frac{M_i}{2}\left[1-\frac{1}{(n+1)^2}\sum_{j=1}^{s_i}n_j^2+\frac{n_i}{n}\right] \tag{3.8}$$

式中，Mc_i 为中心木 i 的全混交度；D_i 为中心木 i 所在空间结构单元的 Simpson 指数；M_i 为中心木 i 的简单混交度；n 为邻近木株数；s_i 为中心木 i 所在空间结构单元内的树种个数；n_j 为中心木 i 所在空间结构单元内第 j 树种的株数；n_i 为邻近木中不同树种的个数。

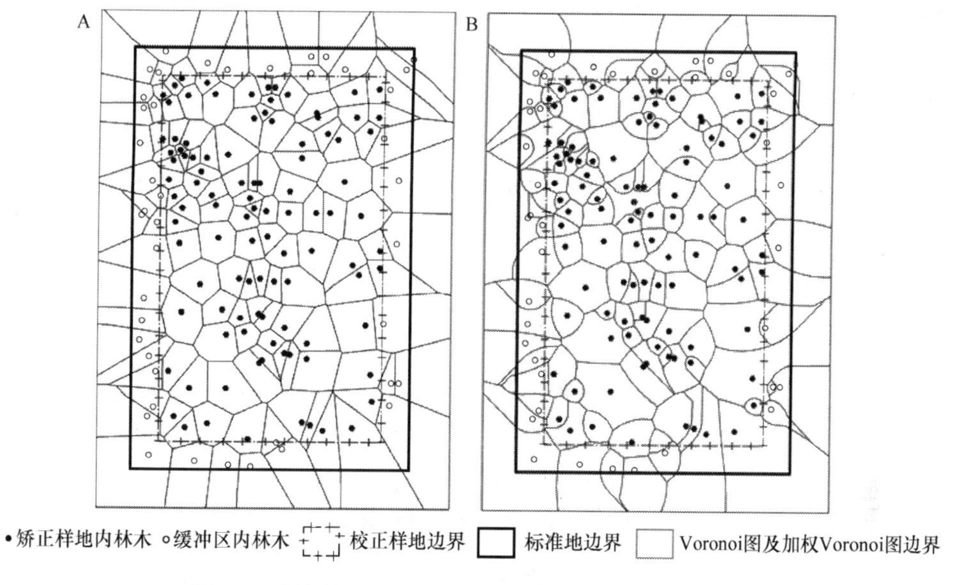

图 3.5　边缘校正后 Voronoi 图(A)和加权 Voronoi 图(B)

显然，$0 \leqslant \mathrm{Mc}_i \leqslant 1$，将 Mc_i 的取值划分为 0、(0,0.25]、(0.25,0.5]、(0.5,0.75]、(0.75,1] 5 个区间，分别对应林木间零度混交、弱度混交、中度混交、强度混交和极强度混交。计算林分或某一树种平均全混交度($\overline{M}$)采用式(3.9)，其中 N 为林分或者某一树种中心木的株数。

$$\overline{M} = \frac{1}{N}\sum_{i=1}^{N}\mathrm{Mc}_i \tag{3.9}$$

(2)林层的多样性参数的选取　林层指数(S_i)是反映林层多样性的指标，是中心木的 n 株邻近木中与中心木不属同层林木所占的比例，与空间结构单元内林层结构多样性的乘积，计算公式为

$$S_i = \frac{z_i}{3} \times \frac{1}{n}\sum_{j=1}^{n} s_{ij} \tag{3.10}$$

式中，z_i 为中心木 i 的空间结构单元内林层的个数；s_{ij} 为离散性变量，其取值为

$$s_{ij} = \begin{cases} 1, & \text{当中心木} i \text{与第} j \text{株邻近木不属同层} \\ 0, & \text{当中心木} i \text{与第} j \text{株邻近木在同一层} \end{cases}$$

很显然 $S_i \in (0,1]$，林层指数越接近 1，表明林分在垂直方向上的成层性越复杂。计算林分或某一树种平均林层指数($\overline{S}$)采用式(3.11)，其中 N 为林分或者某一树种中心木的株数。

$$\overline{S} = \frac{1}{N}\sum_{i=1}^{N} S_i \tag{3.11}$$

(3)透光条件参数的选取　开敞度(K_i)是反映林木透光条件的主要指标，为中心木到其邻近木的水平距离与邻近木树高比值的均值，计算公式为

$$K_i = \frac{1}{n}\sum_{j=1}^{n}\frac{D_{ij}}{H_{ij}} \tag{3.12}$$

式中，D_{ij} 为中心木 i 与第 j 株邻近木的水平距离；H_{ij} 为邻近木 j 的树高。

$K_i \in (0,+\infty]$，将开敞度划分为 5 个状态区间：(0,0.2]、(0.2,0.3]、(0.3,0.4]、(0.4,0.5]、(0.5,+∞)，其分别对应于生长空间的 5 个状态：严重不足、不足、基本充足、充足、很充足。计算林分或某一树种平均开敞度($\overline{K}$)采用式(3.13)，其中 N 为林分或者某一树种中心木的株数。

$$\overline{K} = \frac{1}{N}\sum_{i=1}^{N}K_i \tag{3.13}$$

(4) 林木空间分布格局参数的选取　角尺度(W_i)是反映林木空间分布格局的指标，被定义为 α 角(邻近木的较小夹角)小于标准角 α_0 的个数占所考察的 n 个 α 角的比例。角尺度标准角 α_0 随着邻近木株数 n 的变化而变化，取值为 360°/(n+1)。它是描述空间结构单元内相邻木围绕中心木的水平分布格局，用式(3.14)表示。

$$W_i = \frac{1}{n}\sum_{j=1}^{n}Z_{ij} \tag{3.14}$$

式中，$Z_{ij} = \begin{cases} 1, & \text{当第 } j \text{ 个 } \alpha \text{ 角小于标准角 } \alpha_0 \\ 0, & \text{否则} \end{cases}$。

$W_i \in (0,1]$，当 $n=4$ 时，$W_i = 0$、(0,0.25]、(0.25,0.5]、(0.5,0.75]、(0.75,1]分别表示绝对均匀、均匀、随机、不均匀、绝对不均匀。计算林分或某一树种平均角尺度($\overline{W}$)采用式(3.15)，其中 N 为林分或者某一树种中心木的株数。

$$\overline{W} = \frac{1}{N}\sum_{i=1}^{N}W_i \tag{3.15}$$

当采用加权 Voronoi 图和普通 Voronoi 图确定林分空间结构单元时，中心木的邻近木株数为变化的值，因此采用角尺度进行林木分布格局判断时，判断标准也会发生改变。2015 年，李际平提出利用 Voronoi 图计算角尺度为描述林分空间分布格局的标准，Voronoi 角尺度计算公式为

$$W_i = \frac{1}{n}\sum_{j=1}^{n}Z_{ij} \tag{3.16}$$

式中，n 为第 i 株中心木的邻近木株数，角尺度标准角 α_0 随着邻近木株数 n 的变化而变化，邻近木均匀分布时标准角取值应为 360°/(n+1)(图 3.6)。

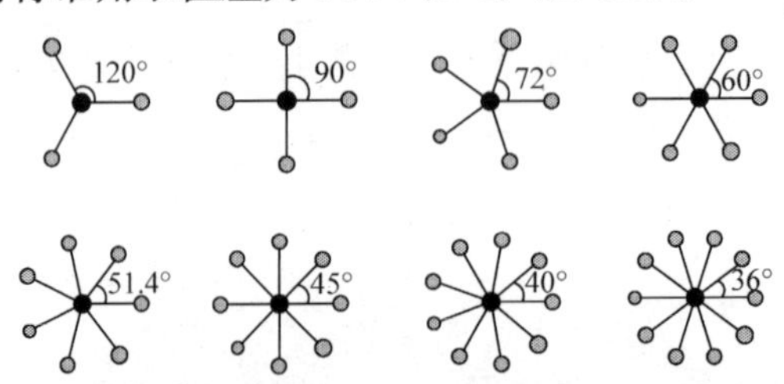

图 3.6　邻近木绝对均匀分布时的标准角

角尺度均值的计算同式(3.16)，通过ArcGIS软件模拟产生了1000个100m×100m、缓冲区为5m的随机分布样地，密度均为1000株/hm^2(图3.7)，并在ArcGIS软件内基于模拟点数据构建Voronoi图，计算各样地的Voronoi角尺度均值。依据拉依达准则去除异常值后，确定了林分角尺度均值的判定标准。

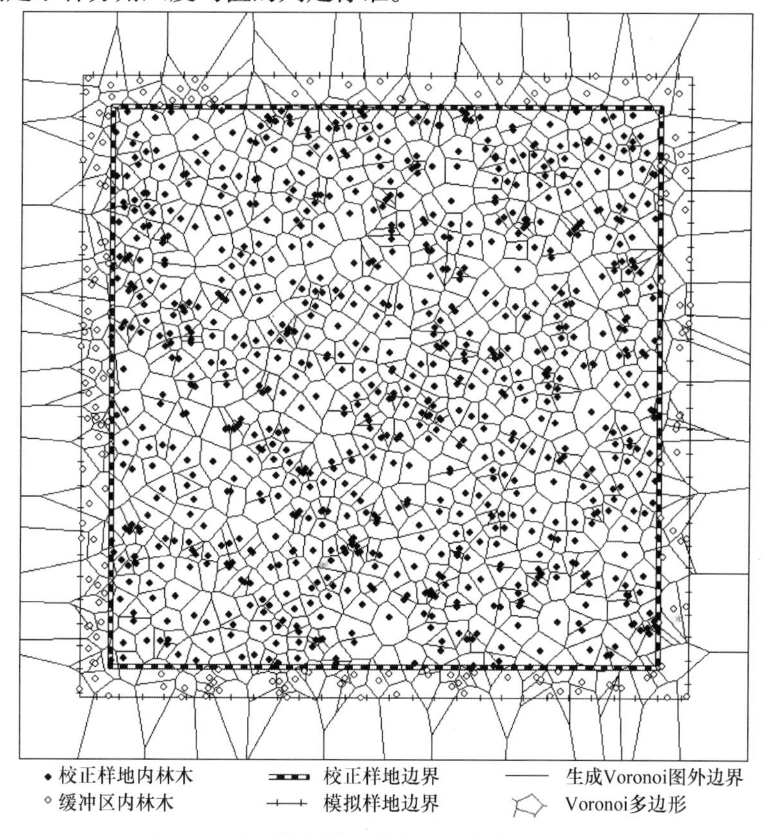

图3.7　基于模拟随机分布点生成的Voronoi图

当角尺度均值为[0,0.327)时，林木分布格局为均匀分布；当角尺度均值$\overline{W}$的取值范围在[0.327,0.357]时，林木分布格局趋于随机分布；当角尺度均值$\overline{W}$取值为(0.357,1]时，林木分布格局为团状分布。

(5)竞争参数的选取　Hegyi竞争指数(CI_i)是采用竞争木与中心木的胸径比值与二者之间距离之比来衡量林木间的竞争关系，用公式表示为

$$\mathrm{CI}_i=\sum_{j=1}^{n_i}\frac{d_j}{d_i\cdot L_{ij}} \tag{3.17}$$

式中，CI_i为中心木i的竞争指数；d_i为中心木i的胸径；d_j为邻近木j的胸径；L_{ij}为中心木i与邻近木j之间的距离，n_i为中心木i所在空间结构单元中邻近木的株数。

样地内所有中心木的竞争指数(CI)用公式表示为

$$\mathrm{CI}=\sum_{i=1}^{N}\mathrm{CI}_i \tag{3.18}$$

式中，N 为样地内所有中心木的株数。

(6)树种大小分化程度参数的选取　大小比数(U_i)是反映树种大小分化程度的指标，是指冠幅、树高或者胸径大于中心木的邻近木数占最近 n 株邻近木的比例(本书采用胸径)，用公式表示为

$$U_i = \frac{1}{n}\sum_{j=1}^{n} K_{ij} \tag{3.19}$$

式中，$K_{ij} = \begin{cases} 0, & \text{当邻近木} j \text{的胸径小于中心木} i \text{的胸径} \\ 1, & \text{否则} \end{cases}$。

显然 $0 \leqslant U_i \leqslant 1$，其值越低，表明比中心木胸径大的相邻木越少。将 U_i 的取值划分为 0、(0,0.25]、(0.25,0.5]、(0.5,0.75]、(0.75,1]5 个区间，分别对应林木在林分中处于优势、亚优势、中庸、劣势和绝对劣势状态。

3. 边缘矫正　基于 Voronoi 图确定林分空间结构单元时，处于样地边缘的边界木会受到边界的影响，且其邻近木可能处于样地外，故以边界木为中心木构建的林分空间结构单元是不完整的，会影响空间结构特征的分析结果。为了避免这种情况，必须对样地进行边缘矫正。本书采用距离缓冲区法，在原样地四周设置 2m 宽的带状缓冲区。此宽度既可消除边界效应，又能充分利用样地内的调查数据。在缓冲区以外的林木为边缘木，只作为中心木的邻近木存在，而位于缓冲区内的林木均作为参照木参与计算。

4. 林分空间结构指数分析方法　采用软件 Excel(2010)和 SPSS(19.0)进行数据分析和图表处理。对杉木生态公益林空间结构指数全混交度、竞争指数、开敞度、林层指数、大小比数和角尺度进行单因素 ANOVA 方差分析，并采用最小显著差数法(LSD)多重比较法对不同龄组杉木生态公益林空间结构指数进行差异显著性分析。通过幂函数拟合竞争指数与胸径的关系。

采用 Spearman 法对基于 Voronoi 图和胸径加权 Voronoi 图计算的空间结构指数进行相关性分析。Spearman 相关系数又称秩相关系数，是利用两变量的秩次大小作线性相关分析，对原始变量的分布不作要求，属于非参数统计方法，适用范围广一些。假设原始数据的分布是非正态分布，应使用 Kendall 和 Spearman 相关分析方法。Spearman 相关系数是根据数据的秩而不是根据实际值计算的。

Spearman 相关系数[$r(i,k)$]又称秩相关系数，表达如下。

$$r(i,k) = 1 - \frac{6\sum_{j=1}^{N} d_j^2}{N^3 - N} \tag{3.20}$$

式中，N 为样方数；$d_j = (X_{ij} - X_{kj})$，X_{ij} 和 X_{kj} 为树种 i 和树种 k 在样方 j 中的秩。

3.2.4　空间结构模拟技术

1)利用 ArcMap 并结合样地属性表信息实现样地二维效果图的展示。

2)利用 ArcMap 自动矢量化工具和 Viewgis 的“中间线矢量化”工具实现地形图由栅格数据向矢量数据的转换，然后在 ArcScene 中导入地形图矢量数据生成 TIN 格式，再

转为 DEM 格式，为后面模拟提供真实地形数据。

3)利用可视化软件将属性数据与空间数据相结合，大小不一的三维树木按其真实空间坐标分布在三维地形上，生成真实的林分效果图。

3.3　杉木生态公益林非空间结构分析

3.3.1　树种组成

树种组成是森林的重要林学特征之一，是影响林分生产力等功能的主要因子之一。从表 3.2 可以看出，3 个龄组的杉木生态公益林的杉木树种无论从株数比例、相对多度、断面积还是相对显著度都占有绝对优势，3 个龄组杉木株数的相对多度均超过 76%，断面积的相对显著度均超过 83%，说明整个林分树种组成单一，导致的结果是抗风力差，林分景观单调，土壤肥力下降，物种多样性低，生态功能低下，急需补植乡土阔叶树种来优化树种组成结构。在树种结构调整中，乡土树种优先是树种结构调整应遵循的原则，同时要遵循树种多样性原则，即使是主要树种，在林分中的比例也不能占绝对优势。

在森林树种结构调整过程中要遵循近自然林业理论，在针叶林分中要增加阔叶树的比例，使其逐步接近于原始森林水平。多树种的混交林是一种较为稳定的、可持续的林分结构。提高人工纯林林分稳定性的措施是在林分中增加阔叶树的比例，人工纯林生态工程是一种脆弱的生态工程，混交林的生态工程才是能充分发挥生态效益的可靠生态工程。

目前，通过改变人工纯林林分的树种结构发展混交林，从而提高生态公益林林分的水土保持功能、水源涵养功能及林分物种多样性，预防火灾发生和防治病虫害，已成为共识。随着人工林多功能经营和近自然经营思想的提出和发展，维持森林结构多样性、功能多样性和森林生态系统稳定性成为森林可持续经营的核心目标，而把纯林改造成异龄林或营造异龄的混交林是实现这一目标的必然选择，最优林分结构必然是一个树种搭配合理的、稳定的结构。

表 3.2　不同龄组杉木生态公益林树种组成的数量特征

龄组	树种	株数密度/(株/hm^2)	相对多度/%	断面积/(m^2/hm^2)	相对显著度/%	平均胸径/cm
幼龄林	杉木	2061	76.81	1.556	83.08	3.1
	柳杉	581	21.64	0.285	15.22	2.5
	马尾松	11	0.41	0.002	0.11	1.7
	黄山松	14	0.52	0.018	0.96	4.0
	泡桐	11	0.42	0.007	0.37	2.8
	毛樱桃	3	0.10	0.004	0.21	3.9
	日本晚樱	3	0.10	0.001	0.05	1.9

续表

龄组	树种	株数密度/(株/hm²)	相对多度/%	断面积/(m²/hm²)	相对显著度/%	平均胸径/cm
中龄林	杉木	2072	87.15	16.601	94.14	10.1
	柳杉	236	9.93	0.759	4.30	6.4
	野山椒	3	0.12	0.005	0.03	4.4
	野山桃	3	0.12	0.031	0.18	11.4
	凹叶厚朴	3	0.12	0.006	0.03	5.1
	刺槐	6	0.23	0.051	0.29	10.4
	黄山松	11	0.46	0.045	0.26	7.2
	毛樱桃	11	0.46	0.101	0.57	10.8
	楤木	3	0.12	0.001	0.00	2.2
	苦楝	31	1.29	0.035	0.20	3.8
近熟林	杉木	1877	84.71	27.669	98.31	13.7
	苦楝	17	0.75	0.269	1.00	14.2
	毛樱桃	3	0.13	0.030	0.11	11.3
	竹子	303	13.66	—	—	7.9
	白栎	3	0.13	0.031	0.11	11.4
	黄山松	6	0.25	0.030	0.11	7.95
	光皮桦	6	0.25	0.086	0.31	13.5
	野漆树	3	0.13	0.029	0.10	11.1

3.3.2 树高结构

1. 林分树高结构特征值　树高结构是认识、了解林分内树高分布的特点、规律的因子，依据树高分布特征值计算公式，通过 ForStat 软件求得各样地高阶分布特征值，结果见表 3.3。

表 3.3　各样地树高分布特征值

林分类型	样地号	特征值		
		树高标准差	偏度系数	峰度系数
幼龄林	1	0.95	0.96	−0.12
	2	0.86	0.44	0.44
	3	0.98	1.58	3.94
	4	0.57	1.52	4.03
	5	0.60	1.04	2.77
	6	0.85	0.77	0.63

续表

林分类型	样地号	特征值		
		树高标准差	偏度系数	峰度系数
中龄林	7	1.32	–0.25	0.23
	8	1.57	–0.24	0.06
	9	2.13	0.42	–0.27
	10	2.10	–0.36	0.16
	11	1.40	0.24	0.04
	12	1.83	–0.39	–0.01
近熟林	13	1.61	–0.31	0.27
	14	2.16	–0.45	0.58
	15	1.64	–0.38	0.09
	16	2.34	–0.35	–0.04
	17	2.62	–0.76	–0.02
	18	1.88	–0.28	0.09

由表 3.3 可知，幼龄林 6 块样地树高标准差为 0.5～1，变动较小。偏度系数均为正值，分布曲线为左偏，树高偏向幼树，偏离程度最大的为样地 3 和 4，最小的为样地 2。峰度系数除样地 1 外均为正值，树高分布大都比较集中，分布曲线比正态分布陡峭，呈尖峰态，林木基本还没有明显分化，样地 3 和 4 峰度系数最大，树高分布最集中。

中龄林 6 块样地树高标准差为 1～2.5，变动有所增大。偏度系数除样地 9、11 外均为负值，分布形状呈右偏山状，树高均值在小于峰值的一边，左边有一条长尾，树高偏向中上层林木，下层林木更新不足。峰度系数除样地 9、12 外均为正值，但数值不大，树高分布相对较集中。

近熟林 6 块样地树高标准差为 1.5～3，变动较大。偏度系数均为负值，分布曲线为右偏，树高偏向中上层林木，且偏离程度比中龄林大，林木更新十分不足。峰度系数除样地 16、17 外均为正值，与中龄林相似，分布相对较集中。

总体来看，随着龄组的变化，树高标准差依次增大。偏度系数，幼龄林为左偏，树高均值在大于峰值的一边，树高偏向幼树，林木分化程度小；中龄林、近熟林大都为右偏，树高偏向中上层林木，下层林木更新不足。各龄组峰度系数大都为正值，分布比较集中，幼龄林的集中程度最大，呈尖峰态。

2. 林分树高分布参数估计　选用正态分布、Weibull 分布、对数正态分布 3 种分布函数对树高分布进行拟合，利用 ForStat 软件求得分布参数的估计值，结果见表 3.4。

表 3.4 各样地树高分布拟合参数估计值

林分类型	样地号	正态分布		Weibull 分布			对数正态分布	
		μ	σ	a	b	c	μ	σ
幼龄林	1	2.65	0.95	0.5	2.42	2.42	0.92	0.33
	2	2.89	0.86	0.5	2.68	3.03	1.02	0.30
	3	2.27	0.98	0.5	2.00	1.88	0.74	0.41
	4	2.28	0.57	0.5	1.98	3.44	0.79	0.23
	5	2.20	0.60	0.5	1.91	3.08	0.75	0.28
	6	2.15	0.85	0.5	1.86	2.02	0.69	0.41
中龄林	7	6.06	1.32	1.5	5.04	3.87	1.77	0.24
	8	6.06	1.57	1.5	5.09	3.18	1.76	0.30
	9	5.72	2.14	1.5	4.76	2.07	1.67	0.40
	10	6.48	2.10	1.5	5.61	2.55	1.80	0.41
	11	5.71	1.40	1.5	4.69	3.31	1.71	0.26
	12	6.36	1.83	1.5	5.45	2.88	1.80	0.35
近熟林	13	7.47	1.61	2.5	5.53	3.42	1.98	0.24
	14	8.59	2.16	1.5	7.86	3.66	2.11	0.31
	15	9.12	1.64	3.5	6.22	3.82	2.19	0.20
	16	12.18	2.34	5.5	7.47	3.13	2.48	0.21
	17	11.21	2.62	3.5	8.60	3.24	2.38	0.28
	18	10.58	1.88	4.5	6.75	3.59	2.34	0.19

由表 3.4 可知，各样地 Weibull 分布函数形状参数 c 估计值除样地 7、14、15 外都为 1～3.6，由尺度参数 b 可知，各样地中对应树高小于 2.4m、2.7m、2.0m、2.0m、1.9m、1.9m、5.0m、5.1m、4.8m、5.6m、4.7m、5.5m、5.5m、7.9m、6.2m、7.5m、8.6m、6.8m 的林木株数占相应总株数的百分数约为 63%。

3. 树高分布拟合结果及检验　运用 χ^2检验法在 0.05 的显著水平下对拟合结果进行检验，具体检验结果见表 3.5。同时，对拟合情况进行作图，具体结果见图 3.8～图 3.10。

表 3.5 树高分布检验结果

林分类型	样地号	正态分布		Weibull 分布		对数正态分布		$\chi^2_{0.05}$
		χ^2	P	χ^2	P	χ^2	P	
幼龄林	1	40.17	0.000	30.14	0.000	17.37	0.000	5.99
	2	10.55	0.005	7.60	0.022	3.21	0.200	5.99
	3	705.62	0.000	40.71	0.000	12.07	0.017	9.49
	4	384.03	0.000	1464.00	0.000	17.10	0.000	5.99
	5	88.53	0.000	115.75	0.000	6.66	0.035	5.99
	6	8.71	0.013	4.97	0.083	3.21	0.201	5.99

续表

林分类型	样地号	正态分布		Weibull 分布		对数正态分布		$\chi^2_{0.05}$
		χ^2	P	χ^2	P	χ^2	P	
中龄林	7	6.31	0.277	8.57	0.127	51.88	0.000	11.07
	8	7.62	0.367	12.62	0.082	43.97	0.000	14.07
	9	7.47	0.381	3.74	0.809	9.27	0.234	14.07
	10	18.18	0.020	41.92	0.000	55.13	0.000	15.51
	11	12.52	0.028	13.56	0.019	15.73	0.008	11.07
	12	11.26	0.127	31.80	0.000	64.59	0.000	14.07
近熟林	13	11.37	0.078	17.74	0.007	44.49	0.000	12.59
	14	16.04	0.066	57.02	0.000	517.71	0.000	16.92
	15	7.16	0.412	9.58	0.213	44.87	0.000	14.07
	16	10.03	0.438	15.47	0.116	25.13	0.005	18.31
	17	34.48	0.000	61.36	0.000	99.92	0.000	18.31
	18	2.74	0.950	10.42	0.237	30.74	0.000	15.51

由表 3.5 可知，幼龄林 6 块样地，正态分布、Weibull 分布、对数正态分布对其拟合效果达到显著水平的样地数分别为 0 块、1 块和 2 块，结合图 3.8，3 种函数的拟合效果不理想。

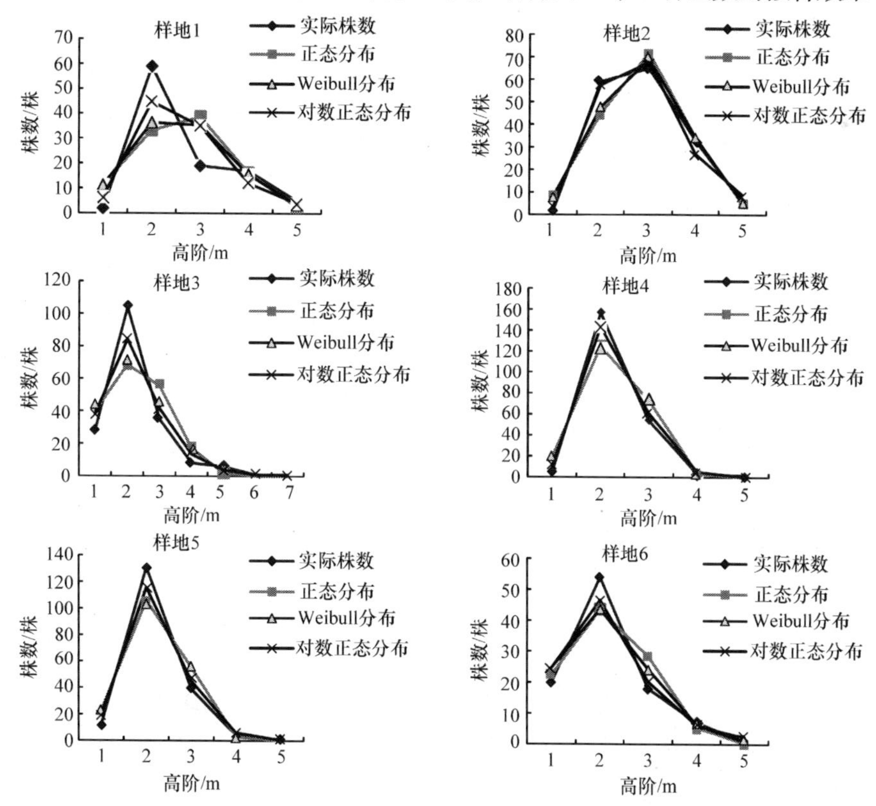

图 3.8　幼龄林样地树高拟合曲线与实际株数曲线对比

中龄林 6 块样地，正态分布、Weibull 分布、对数正态分布对其拟合效果达到显著水平的样地数分别为 4 块、3 块和 1 块，从 P 值的大小进一步分析可知，Weibull 分布对样地 9 的拟合效果最好，结合图 3.9，正态分布和 Weibull 分布的拟合效果较好。

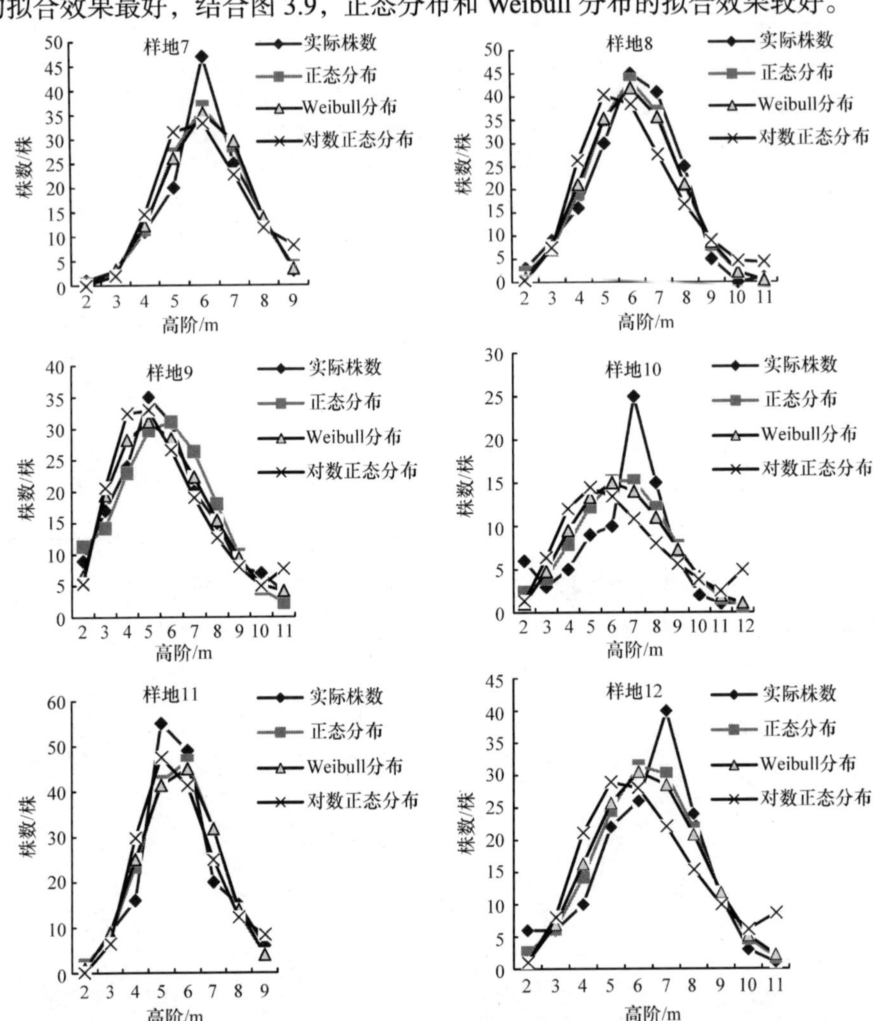

图 3.9　中龄林样地树高拟合曲线与实际株数曲线对比

近熟林 6 块样地，正态分布、Weibull 分布、对数正态分布对其拟合效果达到显著水平的样地数分别为 5 块、3 块和 0 块，其中尤以正态分布对样地 18 的拟合效果最好，结合图 3.10，正态分布和 Weibull 分布的拟合效果较好。

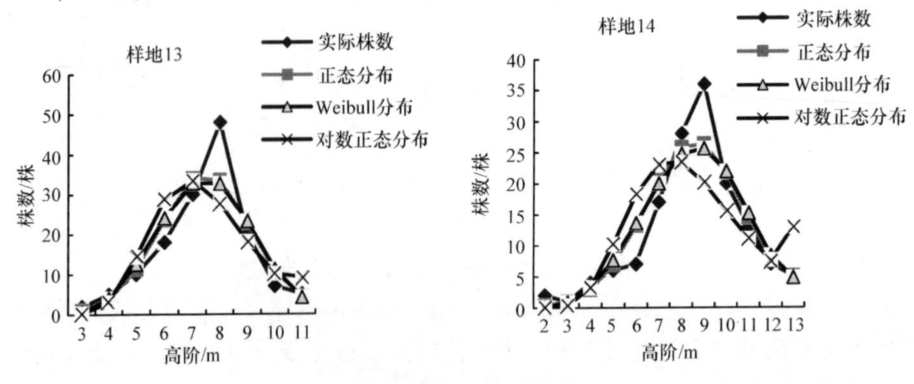

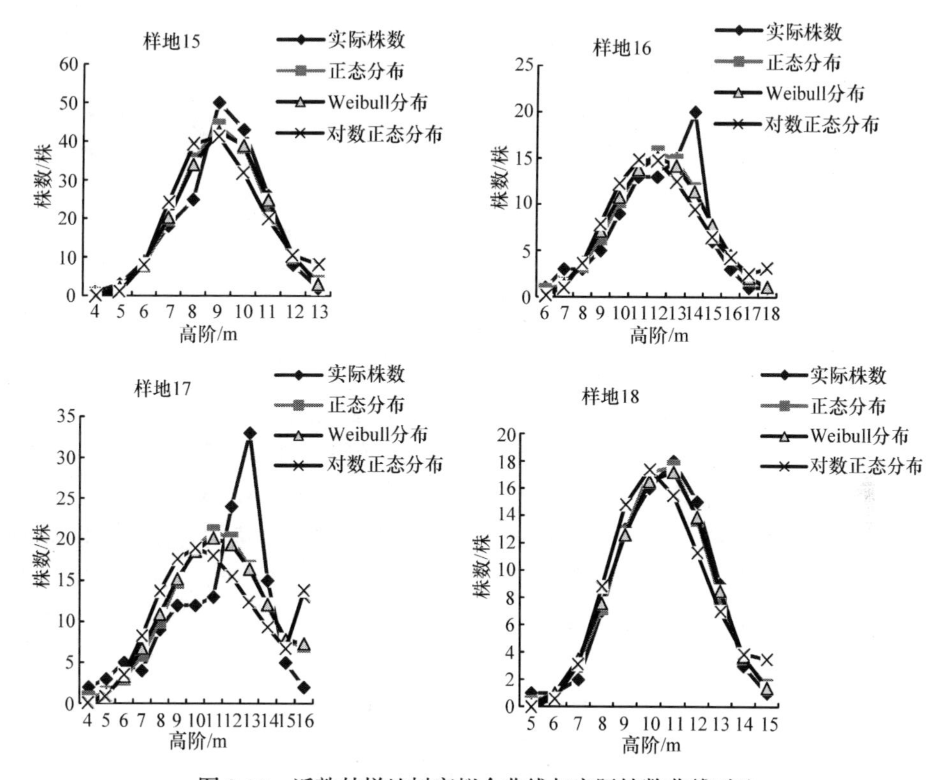

图 3.10 近熟林样地树高拟合曲线与实际株数曲线对比

3.3.3 直径结构

1. 林分直径结构特征值　直径结构是反映林分内各种直径大小的林木按径阶的分配状态的因子，依据直径分布特征值计算公式，通过 ForStat 软件求得各样地直径分布特征值，结果见表 3.6。

表 3.6 各样地直径分布特征值

林分类型	样地号	特征值		
		直径标准差	偏度系数	峰度系数
幼龄林	1	1.93	0.87	0.53
	2	1.46	1.28	4.65
	3	1.04	1.03	1.99
	4	1.40	0.76	0.29
	5	1.24	0.46	−0.57
	6	1.82	0.98	−0.05
中龄林	7	3.58	−0.22	−0.67
	8	3.85	0.47	−0.04
	9	4.00	0.44	−0.60
	10	4.51	−0.42	−0.41
	11	3.97	0.23	−0.71
	12	4.50	0.25	−0.16

续表

林分类型	样地号	特征值		
		直径标准差	偏度系数	峰度系数
近熟林	13	3.67	0.83	0.45
	14	4.14	0.11	–0.41
	15	4.64	0.85	0.16
	16	6.05	–0.30	–1.15
	17	5.43	0.26	–0.26
	18	4.93	–0.51	–0.27

由表 3.6 可知，幼龄林 6 块样地直径标准差为 1～2，直径变动较小。偏度系数均为正值，直径分布曲线均为左偏，偏向小径阶，偏离程度最大的为样地 2，最小的为样地 5。峰度系数除样地 5、6 为负值外，其余样地均为正值，直径分布比较集中，分布曲线比正态分布陡峭，呈尖峰态，样地 2 峰度系数最大，分布曲线最陡峭。

中龄林 6 块样地直径标准差为 3.5～4.51，直径变动有所增大。偏度系数除样地 7、10 外，均为正值，直径分布呈左偏山状，胸径均值在大于峰值的一边，右边有一条长尾，偏向中小径阶，数值与幼龄林相比普遍较小，偏离程度较小。峰度系数均为负值，直径分布与正态分布相比较平坦。

近熟林 6 块样地直径标准差为 3.5～6.05，直径变动较大。偏度系数除样地 16、18 外，均为正值，直径分布为左偏，数值与幼龄林相比也普遍较小。峰度系数除样地 13、15 外，均为负值，分布比较离散，分布曲线呈低峰态。

总体来看，随着龄组的变化，直径标准差依次增大。偏度系数，幼龄林左偏程度最大，胸径均值在大于峰值的一边，偏向小径阶，林木分化程度最小；中龄林和近熟林虽大都也为左偏，但偏离程度普遍较小，个别样地还达到了右偏，林木开始分化。峰度系数，幼龄林大都为正值，分布比较集中，呈尖峰态；中龄林、近熟林大都为负值，分布较离散，比正态分布要平缓，呈低峰态。

2. *林分直径分布参数估计*　选用正态分布、Weibull 分布、对数正态分布 3 种分布函数对直径分布进行拟合，利用 ForStat 软件求得分布参数的估计值，结果见表 3.7。

表 3.7　各样地直径分布拟合参数估计值

林分类型	样地号	正态分布		Weibull 分布			对数正态分布	
		μ	σ	a	b	c	μ	σ
幼龄林	1	3.95	1.93	0.5	3.89	1.85	1.25	0.50
	2	3.91	1.46	0.5	3.84	2.49	1.29	0.38
	3	2.54	1.04	0.5	2.31	2.07	0.85	0.42
	4	2.84	1.40	0.5	2.62	1.72	0.91	0.52
	5	2.57	1.23	0.5	2.32	1.73	0.82	0.53
	6	2.75	1.82	0.5	2.41	1.24	0.80	0.66
中龄林	7	11.00	3.58	3.0	9.03	2.38	2.33	0.38
	8	8.85	3.85	1.0	8.87	2.15	2.07	0.49
	9	8.36	4.00	1.0	8.30	1.92	1.99	0.54
	10	11.56	4.51	1.0	11.90	2.51	2.33	0.56
	11	9.40	3.97	1.0	9.48	2.24	2.14	0.48
	12	10.24	4.50	1.0	10.43	2.17	2.20	0.54

续表

林分类型	样地号	正态分布		Weibull 分布			对数正态分布	
		μ	σ	a	b	c	μ	σ
近熟林	13	10.81	3.67	3.0	8.82	2.26	2.33	0.33
	14	12.50	4.14	3.0	10.71	2.45	2.46	0.37
	15	11.61	4.64	1.0	11.97	2.44	2.37	0.41
	16	15.51	6.05	3.0	14.13	2.18	2.64	0.48
	17	14.21	5.43	3.0	12.66	2.18	2.57	0.43
	18	15.55	4.93	3.0	14.11	2.75	2.68	0.40

由表 3.7 可知，各样地 Weibull 分布函数形状参数 c 估计值都为 1～3.6。由尺度参数 b 可知，各样地中对应直径小于 3.9cm、3.8cm、2.3cm、2.6cm、2.3cm、2.4cm、9.0cm、8.9cm、8.3cm、11.9cm、9.5cm、10.4cm、8.8cm、10.7cm、12.0cm、14.1cm、12.7cm、14.1cm 的林木株数占相应总株数的百分数约为 63%。

3. 直径分布拟合结果及检验　运用 χ^2检验法在 0.05 的显著水平下对拟合结果进行检验，若 $\chi^2 < \chi^2_{0.05}$ 或 $P>0.05$ 则说明在 0.05 水平下拟合效果显著，否则拟合效果不显著，具体检验结果见表 3.8。同时，对拟合情况进行作图，具体结果见图 3.11～图 3.13。

表 3.8　直径分布检验结果

林分类型	样地号	正态分布		Weibull 分布		对数正态分布		$\chi^2_{0.05}$
		χ^2	P	χ^2	P	χ^2	P	
幼龄林	1	51.26	0.000	14.50	0.069	11.20	0.191	15.51
	2	56.55	0.000	55.19	0.000	11.42	0.248	16.92
	3	98.61	0.000	13.39	0.001	3.08	0.545	9.49
	4	24.41	0.000	4.78	0.443	9.86	0.079	11.07
	5	4.97	0.174	5.05	0.169	14.99	0.002	7.82
	6	18.96	0.002	9.09	0.106	13.29	0.021	11.07
中龄林	7	10.58	0.060	17.42	0.004	31.52	0.000	11.07
	8	23.80	0.003	12.13	0.146	23.45	0.003	15.51
	9	20.09	0.003	6.35	0.386	14.79	0.022	12.59
	10	13.65	0.058	30.81	0.000	53.81	0.000	14.07
	11	21.60	0.003	13.53	0.060	29.59	0.000	14.07
	12	13.36	0.100	14.74	0.064	38.25	0.000	15.51
近熟林	13	32.31	0.000	16.23	0.023	10.83	0.146	14.07
	14	15.47	0.051	18.16	0.020	34.17	0.000	15.51
	15	75.87	0.000	55.50	0.000	54.18	0.000	18.31
	16	29.69	0.001	38.04	0.000	56.05	0.000	16.92
	17	26.11	0.010	23.37	0.025	38.80	0.000	21.03
	18	20.48	0.015	29.96	0.001	52.50	0.000	16.92

由表 3.8 可知，幼龄林 6 块样地，正态分布、Weibull 分布、对数正态分布对其拟合效果达到显著水平的样地数分别为 1 块、4 块、4 块。另外，P 越大表明拟合效果越好，所以样地 3 用对数正态分布模拟效果最好，结合图 3.11，Weibull 分布、对数正态分布拟合效果好。

中龄林 6 块样地，正态分布、Weibull 分布、对数正态分布对其拟合效果达到显著水平的样地数分别为 3 块、4 块、0 块，从 P 值的大小进一步分析可知，Weibull 分布对样地 9 的拟合效果最好，结合图 3.12，Weibull 分布的拟合效果最好，其次为正态分布的拟合。

近熟林 6 块样地，正态分布、Weibull 分布、对数正态分布对其拟合效果达到显著水平的样地数分别为 1 块、0 块、1 块，结合图 3.13，3 种函数的拟合效果不理想。

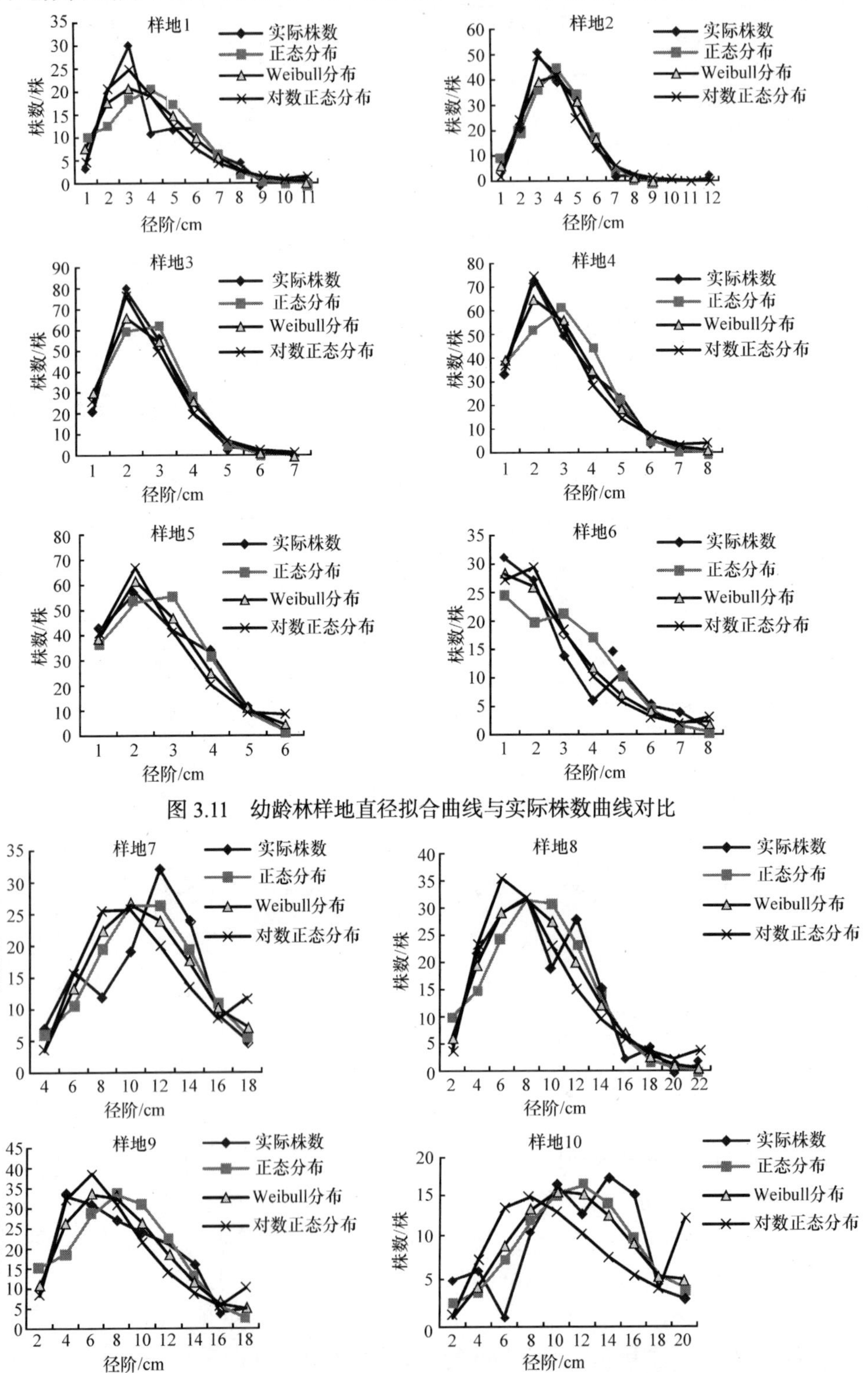

图 3.11　幼龄林样地直径拟合曲线与实际株数曲线对比

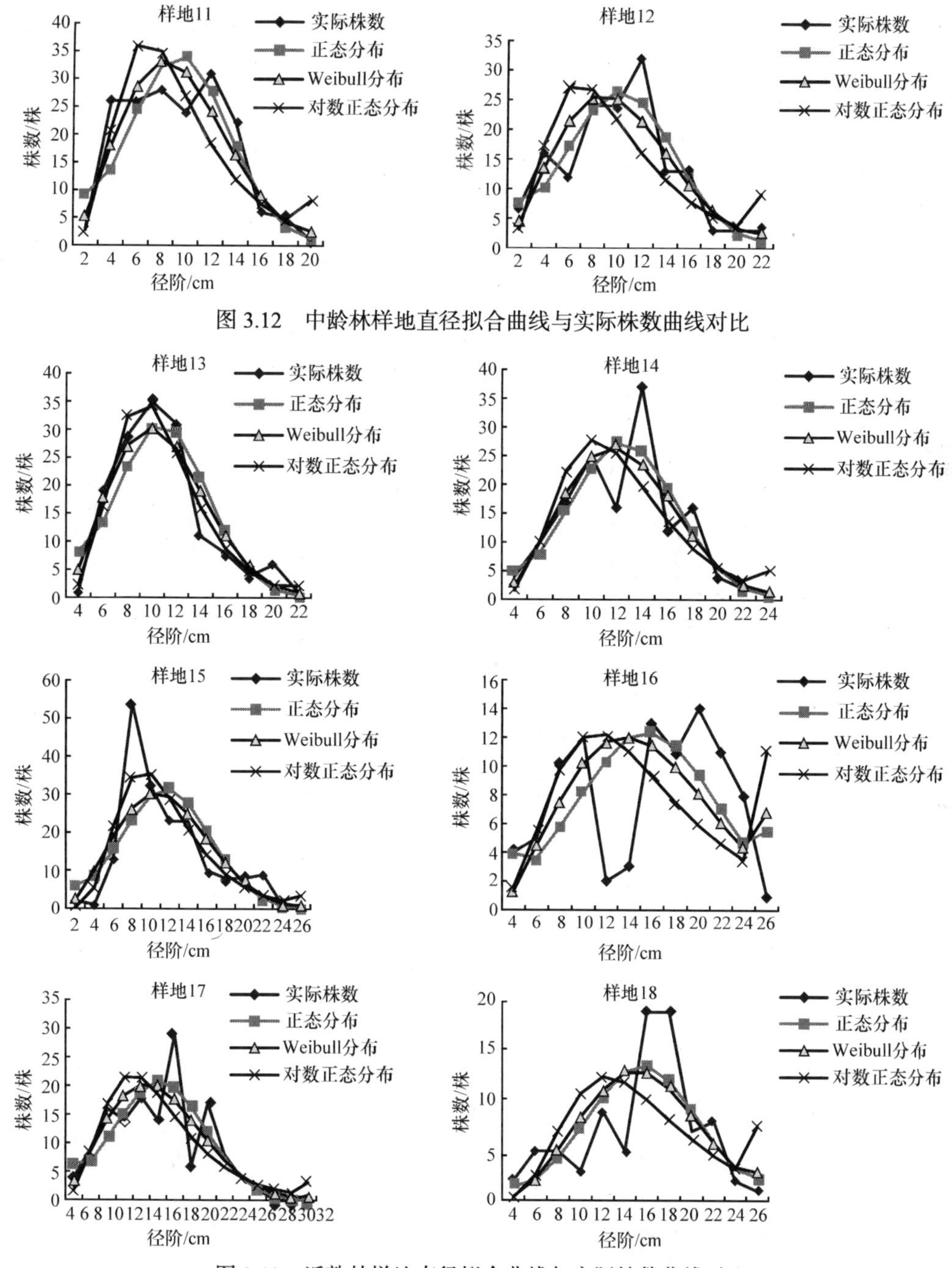

图 3.12　中龄林样地直径拟合曲线与实际株数曲线对比

图 3.13　近熟林样地直径拟合曲线与实际株数曲线对比

3.4　杉木生态公益林空间结构分析

3.4.1　混交度分析

混交度是反映树种隔离程度的指标，本书采用全混交度分析树种的隔离程度。从

图 3.14 可以看出，不同样地杉木生态公益林的全混交度为 0.02～0.21，平均全混交度为 0.10，接近零度混交，这说明 18 块样地的杉木林分混交度都比较低，树种隔离程度差，需要补植一些乡土阔叶树种，以增强林分混交度。杉木幼龄林的全混交度是 0.14，为弱度混交，杉木中龄林和近熟林的全混交度分别是 0.07 和 0.09，接近零度混交，3 个龄组杉木生态公益林的全混交度都很低。方差分析表明 3 个龄组的杉木生态公益林的全混交度无显著性差异(P>0.05)。

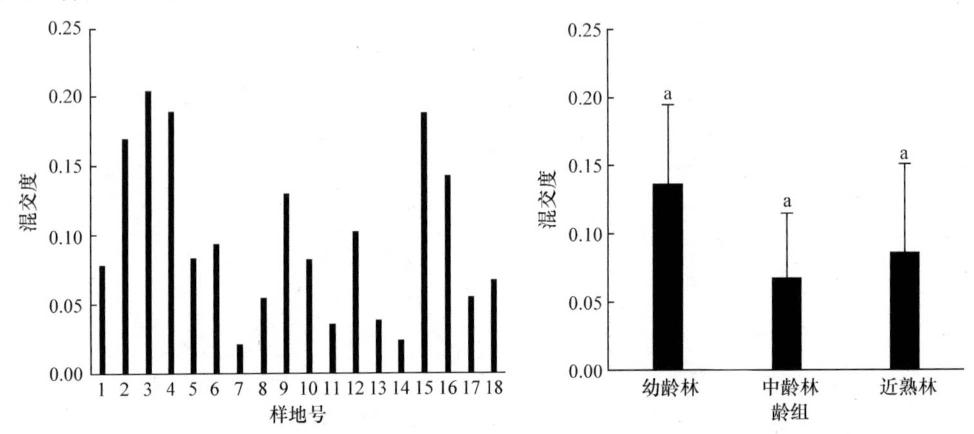

图 3.14　不同样地和不同龄组杉木生态公益林的混交度

图中相同字母表示不同龄组差异不显著

从图 3.15 可以看出，18 块杉木样地中，除少数几块样地外，大多数样地零度混交的分布频率最高，其次是弱度混交所占的频率较高，中度混交所占的比例很低，而强度混交和极强度混交所占的比例都接近 0。杉木幼龄林零度混交和弱度混交的比例之和高达 78%，而中度混交的比例却只有 22%；杉木中龄林零度混交的比例高达 55%，弱度混交的比例为 36%，而中度混交的比例只有 8%；杉木近熟林零度混交和弱度混交的比例高达 86%，中度混交的比例为 13%。

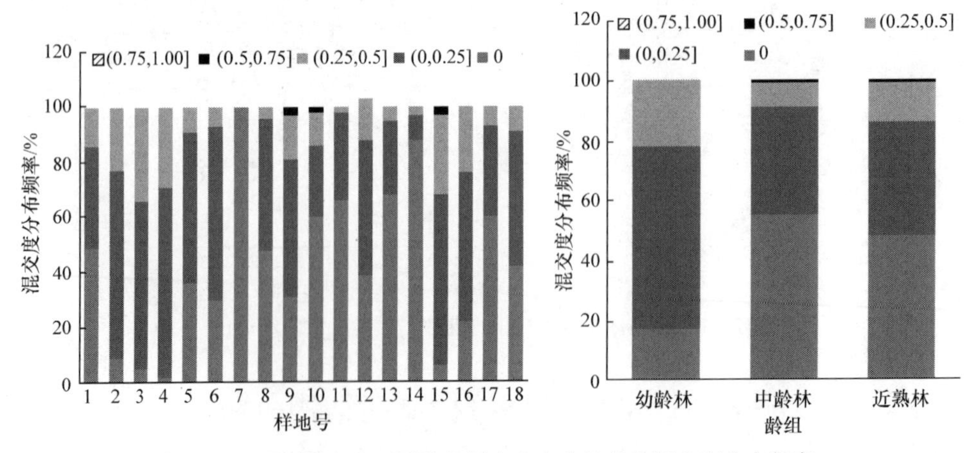

图 3.15　不同样地和不同龄组杉木生态公益林的混交度分布频率

分不同的树种来看，幼龄林中杉木的全混交度为 0.12，为弱度混交，零度混交和弱度混交的比例之和为 89%，而强度混交和极强度混交的比例为零；中龄林和近熟林中杉木的全混交度分别为 0.04 和 0.05，接近零度混交，零度混交和弱度混交的比例高达 97%和 92%。这表明杉木基本上与同树种聚集生长在一起，在整个林分内没有任何 1 株杉木完全被不同树种所包围。幼龄林中柳杉、马尾松和日本晚樱的全混交度分别为 0.23、0.24 和 0.21，为弱度混交；而泡桐和毛樱桃的全混交度分别为 0.39 和 0.45，为中度混交。中龄林中苦楝、刺槐和野山椒的全混交度分别 0.19、0.24 和 0.21，为弱度混交；柳杉、黄山松、毛樱桃的全混交度分别为 0.27、0.46、0.48，为中度混交；檫木和凹叶厚朴的全混交度分别为 0.65 和 0.51，为强度混交。近熟林中毛竹、白栎、苦楝、毛樱桃和野漆树的全混交度分别为 0.29、0.29、0.35、0.44 和 0.41，为中度混交；而光皮桦的全混交度为 0.51，为强度混交。但由于这些混交树种在 3 个龄组的杉木林中所占的比例很少，只是零星地分布于杉木林中，对整个林分的混交度影响不大，具体结果见表 3.9。

表 3.9　不同龄组杉木生态公益林的树种混交度的分布频率及平均值

龄组	树种	混交度分布频率					平均混交度
		0	(0,0.25]	(0.25,0.5]	(0.5,0.75]	(0.75,1]	
幼龄林	杉木	0.24	0.65	0.11	0.00	0.00	0.12
	柳杉	0.01	0.51	0.48	0.00	0.00	0.23
	马尾松	0.00	1.00	0.00	0.00	0.00	0.24
	泡桐	0.00	0.00	1.00	0.00	0.00	0.39
	毛樱桃	0.00	0.00	1.00	0.00	0.00	0.45
	日本晚樱	0.00	1.00	0.00	0.00	0.00	0.21
中龄林	杉木	0.62	0.35	0.03	0.00	0.00	0.04
	柳杉	0.00	0.44	0.54	0.02	0.00	0.27
	苦楝	0.14	0.72	0.14	0.00	0.00	0.19
	黄山松	1.00	1.00	0.67	0.33	0.00	0.46
	毛樱桃	0.00	0.00	0.50	0.50	0.00	0.48
	刺槐	0.00	1.00	0.00	0.00	0.00	0.24
	檫木	0.00	0.00	0.00	1.00	0.00	0.65
	凹叶厚朴	0.00	0.00	0.00	1.00	0.00	0.51
	野山椒	0.00	1.00	0.00	0.00	0.00	0.21
近熟林	杉木	0.57	0.39	0.04	0.00	0.00	0.05
	毛竹	0.00	0.35	0.62	0.03	0.00	0.29
	白栎	0.00	0.00	1.00	0.00	0.00	0.29
	苦楝	0.00	0.33	0.50	0.17	0.00	0.35
	毛樱桃	0.00	0.33	0.33	0.34	0.00	0.44
	光皮桦	0.00	0.00	0.00	1.00	0.00	0.51
	野漆树	0.00	0.00	1.00	0.00	0.00	0.41

3.4.2 大小比数分析

从表 3.10 可以看出，在幼龄林、中龄林和近熟林中杉木的平均大小比数分别为 0.3721、0.3950 和 0.3702，且大小比数为 0、(0,0.25]、(0.25,0.5]、(0.5,0.75]、(0.75,1] 的比例相差不大，即为优势、亚优势、中庸、劣态和绝对劣态的林木个体比例相差不大，说明 3 个龄组中优势树种杉木的大小分化程度都接近中庸状态，杉木个体差异不大，林木分化不严重。在幼龄林中，柳杉的平均大小比数为 0.6037，为劣态，说明柳杉与周围胸径比较大的杉木生长在一起，在林木竞争中处于劣势地位；马尾松和泡桐的平均大小比数分别为 0.2000 和 0.2768，为亚优势状态，其在与周围林木的竞争中处于相对优势地位；毛樱桃的平均大小比数为 0.3333，接近中庸状态；而日本晚樱的平均大小比数为 1.0000，为绝对劣态，在林木竞争中处于绝对劣势地位。在中龄林中，柳杉的平均大小比数为 0.6858，为劣态；而凹叶厚朴、野山椒和苦楝的平均大小比数分别为 0.8000、0.8333 和 0.8558，为绝对劣态；楤木的平均大小比数为 1.0000，也为绝对劣态；黄山松的平均大小比数为 0.3333，接近中庸；刺槐的平均大小比数为 0.2000，为亚优势状态。在近熟林中，毛竹和白栎的平均大小比数分别为 0.8095 和 1.0000，为绝对劣态；苦楝的平均大小比数为 0.2802，为中庸状态；毛樱桃的平均大小比数为 0.6000，为劣态；野漆树的平均大小比数为 0.3286，接近中庸状态；光皮桦的平均大小比数为 0，为优势状态。上述树种除杉木外，其他树种在整个林分中所占的比例很小，因此对整个林分大小比数的影响很小。

表 3.10 不同龄组杉木生态公益林的树种大小比数的分布频率及平均值

龄组	树种	大小比数分布频率					平均大小比数
		0	(0,0.25]	(0.25,0.5]	(0.5,0.75]	(0.75,1]	
幼龄林	杉木	0.19	0.17	0.19	0.19	0.26	0.3721
	柳杉	0.05	0.11	0.26	0.23	0.33	0.6037
	马尾松	0.00	1.00	0.00	0.00	0.00	0.2000
	泡桐	0.00	0.50	0.50	0.00	0.00	0.2768
	毛樱桃	0.00	0.00	1.00	0.00	0.00	0.3333
	日本晚樱	0.00	0.00	0.00	0.00	1.00	1.0000
中龄林	杉木	0.15	0.15	0.23	0.21	0.25	0.3950
	柳杉	0.08	0.03	0.18	0.22	0.38	0.6858
	苦楝	0.00	0.00	0.13	0.00	0.86	0.8558
	黄山松	0.00	0.33	0.67	0.00	0.00	0.3333
	毛樱桃	0.00	0.50	0.00	0.50	0.00	0.3583
	刺槐	0.00	1.00	0.00	0.00	0.00	0.2000
	楤木	0.00	0.00	0.00	0.00	1.00	1.0000
	凹叶厚朴	0.00	0.00	0.00	0.00	1.00	0.8000
	野山椒	0.00	0.00	0.00	0.00	1.00	0.8333
	野山桃	0.00	0.00	0.00	1.00	0.00	0.5713

续表

龄组	树种	大小比数分布频率					平均大小比数
		0	(0,0.25]	(0.25,0.5]	(0.5,0.75]	(0.75,1]	
近熟林	杉木	0.15	0.19	0.23	0.20	0.22	0.3702
	毛竹	0.01	0.01	0.13	0.17	0.68	0.8095
	白栎	0.00	0.00	0.00	0.00	1.00	1.0000
	苦楝	0.17	0.33	0.33	0.17	0.00	0.2802
	毛樱桃	0.00	0.00	0.67	0.00	0.33	0.6000
	光皮桦	1.00	0.00	0.00	0.00	0.00	0.0000
	野漆树	0.00	0.00	1.00	0.00	0.00	0.3286

3.4.3　角尺度分析

从图 3.16 可以看出，不同样地杉木生态公益林的角尺度为 0.3455～0.3958，平均角尺度为 0.3509，为随机分布状态，是比较理想的分布状态。杉木幼龄林的角尺度为 0.3621，为接近随机分布的团状分布，这是因为该杉木生态公益林是在没有完全挖除采伐后树桩的林地上进行人工更新生成的，有一部分林木是由天然萌生形成的，这导致幼龄林林分内出现部分林木聚集生长，使林分空间分布格局呈现团状分布。中龄林和近熟林的角尺度分别为 0.3504 和 0.3402，均为随机分布的过渡状态，这是由于该杉木在幼龄林时已经进行过一次抚育间伐，将林分内因萌生而出现聚集分布的林木保留其中一株，而砍伐掉了其他林木，使林分空间分布格局属于随机分布状态。方差分析表明，杉木幼龄林与中龄林、杉木幼龄林与近熟林的角尺度均存在显著性差异(P<0.05)。

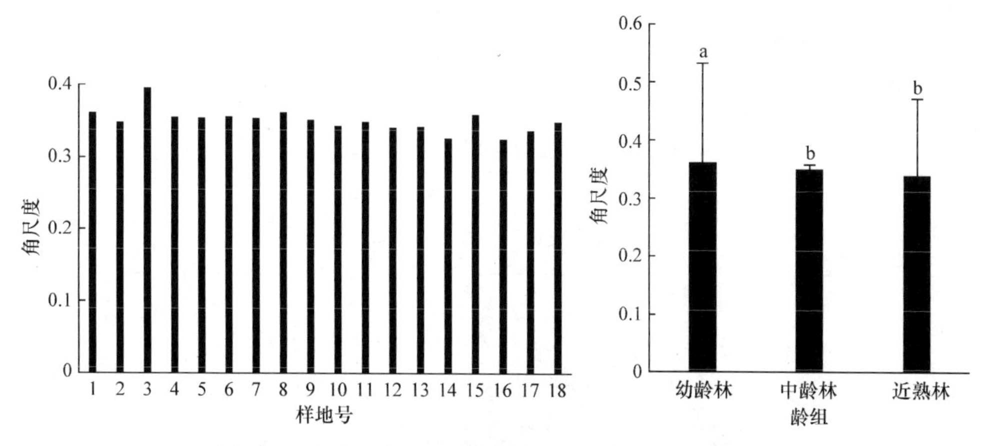

图 3.16　杉木生态公益林不同样地和不同龄组的角尺度
图中相同字母表示不同龄组差异不显著，不同字母表示差异显著

从图 3.17 可以看出，18 块杉木样地中，除个别样地外，所有样地角尺度为(0.357,1]的分布频率最高，即角尺度为团状分布或接近团状的分布频率最高；角尺度为[0,0.327)

所占的频率较高，即角尺度为均匀分布或者绝对均匀分布的频率较高；角尺度为[0.327, 0.357]所占的比例很低，说明林木为随机分布的比例较低。杉木幼龄林、中龄林和近熟林角尺度为(0.357,1]的分布频率最高，其次是角尺度为[0,0.327)的分布频率，而角尺度为[0.327,0.357]的随机分布所占的比例较低。

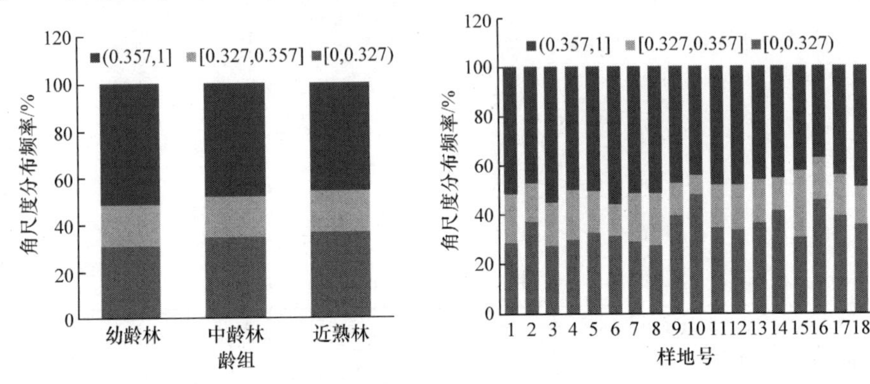

图 3.17　杉木生态公益林不同样地和不同龄组角尺度分布频率

从表3.11可以看出，分不同的树种来看，3个龄组中杉木树种的角尺度分别为0.3625、0.3499和0.3395，幼龄林为接近随机分布的团状分布，而中龄林和近熟林均为随机分布。幼龄林中柳杉、马尾松和泡桐的角尺度分别为0.3647、0.4000和0.4018，均为接近随机分布的团状分布；而毛樱桃和日本晚樱的角尺度分别为0.5000和0.6667，为团状分布。中龄林中柳杉、苦楝和黄山松的角尺度分别为0.3590、0.3541和0.3444，为接近随机分布的团状分布和随机分布；毛樱桃和野山椒的角尺度均为0.5000，为团状分布；刺槐的角尺度为0.2000，为均匀分布；楤木的角尺度为0，为绝对均匀分布；而凹叶厚朴和野山桃的角尺度分别为0.4000和0.4286，接近随机分布的团状分布。近熟林中毛竹、苦楝、毛樱桃的角尺度分别为0.3492、0.3794和0.3333，为接近随机分布的团状分布和随机分布；白栎的角尺度为 0.5000，为团状分布；光皮桦和野漆树的角尺度分别为 0.2000 和0.2857，为均匀分布。

表 3.11　不同龄组杉木生态公益林不同树种角尺度的分布频率及平均值

龄组	树种	角尺度分布频率			平均角尺度
		[0,0.327)	[0.327,0.357]	(0.357,1]	
幼龄林	杉木	0.33	0.16	0.51	0.3625
	柳杉	0.27	0.20	0.53	0.3647
	马尾松	0.00	0.00	1.00	0.4000
	泡桐	0.00	0.00	1.00	0.4018
	毛樱桃	0.00	0.00	1.00	0.5000
	日本晚樱	0.00	0.00	1.00	0.6667

续表

龄组	树种	角尺度分布频率			平均角尺度
		[0,0.327)	[0.327,0.357]	(0.357,1]	
中龄林	杉木	0.35	0.17	0.48	0.3499
	柳杉	0.36	0.14	0.50	0.3590
	苦楝	0.29	0.14	0.57	0.3541
	黄山松	0.00	0.33	0.67	0.3444
	毛樱桃	0.00	0.00	1.00	0.5000
	刺槐	1.00	0.00	0.00	0.2000
	楤木	1.00	0.00	0.00	0.0000
	凹叶厚朴	0.00	0.00	1.00	0.4000
	野山椒	0.00	0.00	1.00	0.5000
	野山桃	0.00	0.00	1.00	0.4286
近熟林	杉木	0.40	0.15	0.45	0.3395
	毛竹	0.33	0.17	0.50	0.3492
	白栎	0.00	0.00	1.00	0.5000
	苦楝	0.33	0.00	0.67	0.3794
	毛樱桃	0.33	0.00	0.67	0.3333
	光皮桦	1.00	0.00	0.00	0.2000
	野漆树	1.00	0.00	0.00	0.2857

3.4.4　林层指数分析

借鉴国际林业研究组织联盟依据林分内的林木优势高把森林的垂直结构划分为 3 或 4 个林层的标准，结合研究区福寿国有林场杉木林的树高分布特征，在每块样地乔木层各选取 10 株最高林木的树高，求其平均值作为林分优势高，依次把生长发育良好、树高≥2/3 的林分优势高的高大林木划分为上层，中层为高度中等、生长发育中等、树高在 1/3～2/3 的林分优势高的林木，树高≤1/3 优势高、比较矮小的林木为下层。

根据图 3.18 可知，18 块杉木林样地中，中层林木和上层林木均占绝对优势，而下层林木所占的比例极少，除 8、9、10、12 和 14 号样地外，其余样地下层林木所占的比例均未超过 5%。从不同龄组看，杉木幼龄林的上层林木占 32.36%，中层林木占 67.33%，下层林木占 0.31%；中龄林上层林木占 53.72%，中层林木占 37.65%，下层林木占 8.63%；近熟林上层林木占 68.39%，中层林木占 29.60%，下层林木占 2.01%。结果也是中上层林木占绝对优势，下层林木占的比例极少。究其原因主要是，研究区的杉木起源于人工林，在相同立地环境下，绝大多数杉木生长发育成整个林分的中上层林木，极少数伴生树种和自然更新的幼树处于下层，在生长竞争过程中不占优势。

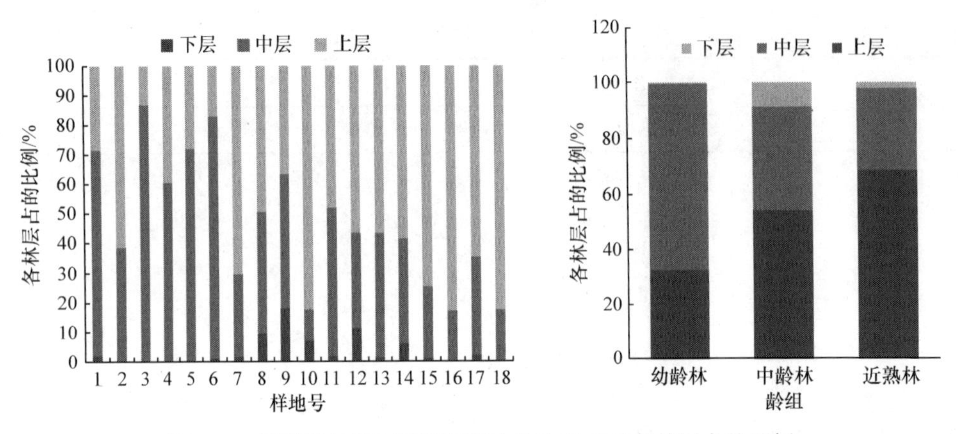

图 3.18 不同样地和不同龄组杉木生态公益林各林层占的比例

从图 3.19 可以看出，杉木林不同样地的林层指数为 0.1344～0.5075，说明杉木林的林层指数普遍较低，林分垂直空间结构较差，林木对林分的垂直方向的空间利用不足，林木分化程度较弱，自然更新不足。杉木幼龄林的林层指数为 0.2477，中龄林的林层指数为 0.3746，近熟林的林层指数为 0.2590，随着杉木林的生长发育，林层指数表现出了先增大后减小的趋势。这主要是因为在中龄林后进行了抚育间伐，林层指数有所降低。方差分析表明，不同龄组杉木生态公益林的林层指数存在显著性差异(P<0.05)。从总体看，不论是不同样地的杉木林分，还是不同龄组的杉木林分，其林层指数普遍较低，究其原因是杉木林各样地结构单元中大都只有 1 或 2 个林层，与参照木不在同一林层的邻近木基本不超过邻近木株数的一半；将近一半邻近木与参照木都在同一林层。

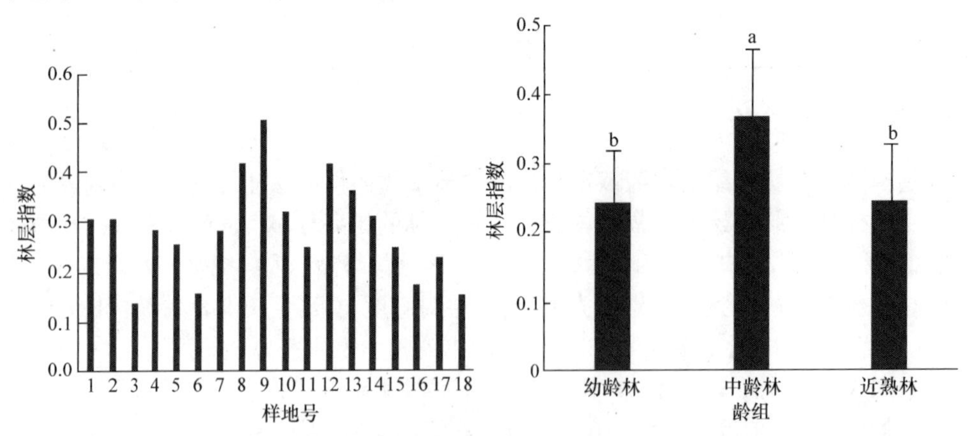

图 3.19 不同样地和不同龄组杉木生态公益林的林层指数

图中相同字母表示不同龄组差异不显著，不同字母表示差异显著

从图 3.20 可以看出，18 块杉木样地中，除个别样地外，所有样地林层指数为 0、(0,0.17]、(0.17,0.33] 和 (0.33,0.50] 的累计分布频率均超过 80%，而林层指数为 (0.50,0.67]、(0.67,0.75]、(0.75,1] 的累计分布频率均不到 20%。3 个龄组林分的林层指数 0、(0,0.17]、(0.17,0.33] 和 (0.33,0.50] 的累计分布频率表现为幼龄林>近熟林>中龄林，这是林层指数中龄林>近熟林>幼龄林的主要原因。

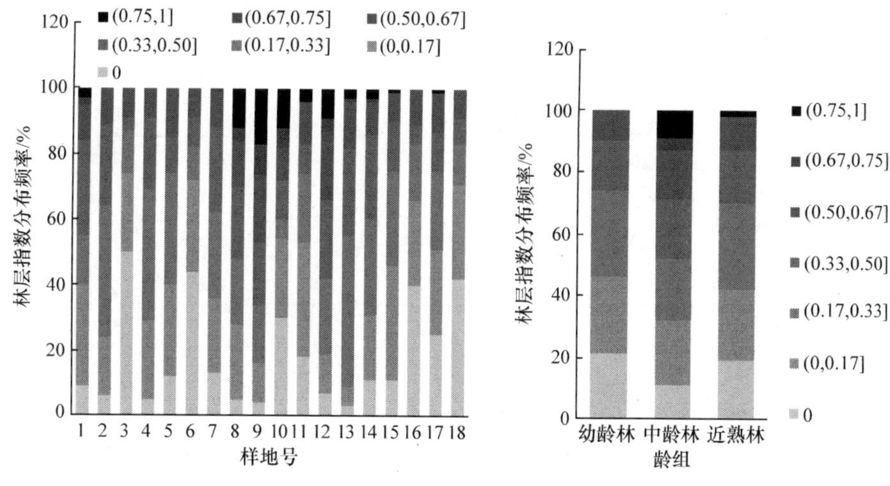

图3.20 不同样地和龄组杉木生态公益林的林层指数分布频率

从表3.12可以看出，在幼龄林、中龄林和近熟林中优势树种杉木的林层指数分别为0.2344、0.3612和0.2542，和全林分的林层指数差异不大，林层指数普遍较低。在幼龄林中，混交树种柳杉、马尾松、泡桐、毛樱桃、日本晚樱的林层指数均≤0.5，说明其与周围超过一半的邻近木在同一林层。在中龄林中，柳杉、苦楝、黄山松、毛樱桃、刺槐的林层指数均＜0.5；而楤木、凹叶厚朴、野山椒、野山桃的林层指数均>0.5，说明其与周围超过一半的邻近木不在同一林层。在近熟林中，毛竹、白栎、毛樱桃、光皮桦和野漆树的林层指数均<0.5，但由于这些混交树种占整个林分的株数比例很小，对整个林分的林层指数影响很小。

表3.12 不同龄组杉木生态公益林不同树种林层指数的分布频率及平均值

龄组	树种	林层指数分布频率							平均林层指数
		0	(0,0.17]	(0.17,0.33]	(0.33,0.50]	(0.50,0.67]	(0.67,0.75]	(0.75,1]	
幼龄林	杉木	0.22	0.27	0.26	0.15	0.10	0.00	0.00	0.2344
	柳杉	0.20	0.20	0.32	0.16	0.12	0.00	0.00	0.2384
	马尾松	1.00	0.00	0.00	0.00	0.00	0.00	0.00	0.0000
	泡桐	0.00	0.50	0.50	0.00	0.00	0.00	0.00	0.1726
	毛樱桃	0.00	0.00	0.00	1.00	0.00	0.00	0.00	0.4444
	日本晚樱	0.00	0.00	0.00	1.00	0.00	0.00	0.00	0.5000
中龄林	杉木	0.12	0.23	0.20	0.19	0.15	0.03	0.08	0.3612
	柳杉	0.06	0.12	0.18	0.22	0.20	0.06	0.16	0.4687
	苦楝	0.14	0.00	0.29	0.14	0.29	0.00	0.14	0.4458
	黄山松	0.00	0.00	0.33	0.33	0.34	0.00	0.00	0.4778
	毛樱桃	0.00	0.50	0.50	0.00	0.00	0.00	0.00	0.2500
	刺槐	0.00	0.00	0.00	1.00	0.00	0.00	0.00	0.4000

续表

龄组	树种	林层指数分布频率							平均林层指数
		0	(0,0.17]	(0.17,0.33]	(0.33,0.50]	(0.50,0.67]	(0.67,0.75]	(0.75,1]	
中龄林	楤木	0.00	0.00	0.00	0.00	0.00	0.00	1.00	1.0000
	凹叶厚朴	0.00	0.00	0.00	0.00	0.00	0.00	1.00	0.8000
	野山椒	0.00	0.00	0.00	0.00	0.00	1.00	0.00	0.6667
	野山桃	0.00	0.00	0.00	0.00	1.00	0.00	0.00	0.5714
近熟林	杉木	0.20	0.24	0.27	0.17	0.10	0.00	0.02	0.2542
	毛竹	0.13	0.28	0.30	0.09	0.20	0.00	0.00	0.2734
	白栎	0.00	0.00	0.00	1.00	0.00	0.00	0.00	0.3333
	苦楝	0.00	0.00	0.33	0.67	0.00	0.00	0.00	0.3661
	毛樱桃	0.00	0.00	0.34	0.67	0.00	0.00	0.00	0.3556
	光皮桦	0.00	0.00	1.00	0.00	0.00	0.00	0.00	0.2667
	野漆树	0.00	0.00	0.00	1.00	0.00	0.00	0.00	0.4762

3.4.5 竞争指数分析

1. 邻近木株数选取对不同对象木承受的竞争指数的影响　林木 CI_i 反映的是林木所承受的竞争压力，竞争指数的计算基于竞争单元的确定，也就是分析对象木的竞争木为哪几株，因此首先要确定各指数的竞争单元。传统的采用 4 株竞争木或 Voronoi 图来确定竞争单元，本书用胸径加权 Voronoi 图确定竞争单元，它既克服了用固定半径圆确定竞争单元的尺度不统一的缺陷，又可进行种内、种间竞争分析，是理想的邻近木株数确定方法。

从表 3.13 可以看出，在杉木生态公益林林分中，无论是幼龄林、中龄林还是近熟林，基于 Voronoi 图和基于胸径加权 Voronoi 图确定的林木竞争指数绝大多数大于基于 4 株竞争木确定的林木竞争指数，这主要是由于基于 Voronoi 图和基于胸径加权 Voronoi 图确定的竞争单元以 1 株对象木与 5 株或 6 株邻近木组成的竞争单元最为常见，导致平均邻近木株数比传统的 4 株邻近木多出 1 株或 2 株，导致竞争指数大一些。但相比传统的 4 株邻近木，5 株或 6 株邻近木更具有灵活性，更能真实地反映杉木生态公益林林木竞争态势。

表 3.13　基于不同竞争单元的杉木生态公益林不同树种竞争指数的比较

龄组	树种	基于 4 株木法的 CI_i			基于 Voronoi 图法的 CI_i			基于胸径加权 Voronoi 图法的 CI_i		
		最大值	最小值	平均值	最大值	最小值	平均值	最大值	最小值	平均值
幼龄林	杉木	39.47	0.49	6.40	36.33	0.85	6.97	35.71	0.86	6.87
	柳杉	23.63	1.23	4.94	23.86	1.40	5.77	22.63	1.47	5.32
	马尾松	3.83	3.83	3.83	4.32	4.32	4.32	5.57	5.57	5.57
	泡桐	3.28	1.65	2.47	3.72	2.49	3.11	4.42	2.92	3.67
	毛樱桃	1.65	1.65	1.65	2.02	2.02	2.02	1.92	1.92	1.92
	日本晚樱	4.50	4.50	4.50	5.42	5.42	5.42	5.01	5.01	5.01

续表

龄组	树种	基于4株木法的 CI_i			基于 Voronoi 图法的 CI_i			基于胸径加权 Voronoi 图法的 CI_i		
		最大值	最小值	平均值	最大值	最小值	平均值	最大值	最小值	平均值
中龄林	杉木	93.65	0.64	5.12	97.89	0.59	5.76	88.39	0.93	5.52
	柳杉	57.57	1.19	8.78	61.25	1.94	10.29	55.13	1.75	10.24
	苦楝	29.43	6.45	15.17	25.81	6.72	16.12	29.29	6.64	15.38
	黄山松	3.46	2.44	2.87	4.11	2.96	3.54	4.34	2.96	3.82
	毛樱桃	5.21	4.31	4.76	6.25	4.59	5.42	5.62	5.04	5.33
	刺槐	3.27	3.27	3.27	2.91	2.91	2.91	3.49	3.49	3.49
	楤木	26.95	26.95	26.95	25.23	25.23	25.23	24.92	24.92	24.92
	凹叶厚朴	4.41	4.41	4.41	5.29	5.29	5.29	5.46	5.46	5.46
	野山椒	5.76	5.76	5.76	7.37	7.37	7.37	5.91	5.91	5.91
近熟林	杉木	24.73	0.64	3.00	23.37	0.74	3.62	18.19	1.15	3.55
	毛竹	29.72	3.70	7.30	31.63	2.34	8.25	20.40	2.40	7.97
	白栎	7.93	7.93	7.93	7.80	7.80	7.80	7.90	7.90	7.90
	苦楝	4.99	2.34	3.50	6.17	3.11	4.42	6.15	2.89	4.45
	毛樱桃	3.07	2.75	2.89	3.40	3.08	3.28	4.68	3.07	3.71
	光皮桦	2.65	2.65	2.65	3.07	3.07	3.07	3.95	3.95	3.95
	野漆树	3.43	3.43	3.43	4.20	4.20	4.20	3.49	3.49	3.49

2. 对象木与竞争木的组成分析　不同龄组杉木生态公益林对象木与竞争木的组成见表3.14，本研究共调查对象木1780株，其中幼龄林667株、中龄林572株、近熟林541株。

表3.14　不同龄组杉木生态公益林对象木与竞争木的组成分析

龄组	树种	对象木			竞争木		
		株数/株	百分率/%	平均胸径/cm	株数/株	百分率/%	平均胸径/cm
幼龄林	杉木	469	70.31	3.10	2684	69.05	3.05
	柳杉	193	28.94	2.48	1171	30.13	2.94
	马尾松	1	0.14	1.80	5	0.13	1.34
	泡桐	2	0.33	4.20	15	0.39	3.52
	毛樱桃	1	0.14	3.90	6	0.15	3.65
	日本晚樱	1	0.14	1.90	6	0.15	4.47
	合计	667	100		3887	100	

续表

龄组	树种	对象木			竞争木		
		株数/株	百分率/%	平均胸径/cm	株数/株	百分率/%	平均胸径/cm
中龄林	杉木	506	88.45	9.95	3005	88.80	9.60
	柳杉	50	8.74	6.36	299	8.84	7.90
	苦楝	7	1.22	3.56	40	1.17	7.81
	黄山松	3	0.52	7.13	11	0.33	7.20
	毛樱桃	2	0.35	9.35	10	0.30	10.10
	刺槐	1	0.18	11.10	5	0.15	7.22
	楤木	1	0.18	2.20	3	0.09	12.60
	凹叶厚朴	1	0.18	5.10	5	0.15	7.38
	野山椒	1	0.18	4.40	6	0.17	9.48
	合计	572	100		3384	100	
近熟林	杉木	460	85.02	13.90	2741	85.90	12.90
	毛竹	69	12.75	7.72	383	12.00	12.04
	白栎	1	0.19	6.10	4	0.12	10.52
	苦楝	6	1.11	13.43	37	1.15	12.60
	毛樱桃	3	0.55	11.33	15	0.46	12.75
	光皮桦	1	0.19	15.10	5	0.16	9.72
	野漆树	1	0.19	11.10	7	0.21	12.96
	合计	541	100		3192	100	

从不同龄组杉木生态公益林对象木的组成看，优势树种杉木处于绝对优势，它占对象木株数的比例均超过了 70%，幼龄林为 70.31%，中龄林最高，为 88.45%，近熟林为 85.02%。在幼龄林中，共有 6 种对象木，即杉木、柳杉、马尾松、泡桐、毛樱桃和日本晚樱，除了毛樱桃和泡桐的胸径大于杉木外，其余树种的平均胸径均小于杉木。中龄林共有 9 种对象木，即杉木、柳杉、苦楝、黄山松、毛樱桃、刺槐、楤木、凹叶厚朴和野山椒，杉木的平均胸径排名靠前。近熟林共有 7 种对象木，即杉木、毛竹、白栎、苦楝、毛樱桃、光皮桦和野漆树，杉木的平均胸径也排名靠前。这说明研究区杉木生态公益林中杉木数量最多且平均胸径相比其他树种一般最大，在整个林分中占有重要地位。其他的对象木树种柳杉和毛竹分别在幼龄林、中龄林和近熟林中占到一定比例，柳杉在幼龄林对象木中的株数比例为 28.94%，在中龄林中的株数比例为 8.74%，毛竹在近熟林中的株数比例为 12.75%。其他树种均为零星分布的伴生树种，除苦楝在中龄林、近熟林所占的株数略比 1%大外，剩下的树种均未超过 1%，不同龄组杉木生态公益林中每株对象木的竞争木株数大多为 2～14 株，平均每株对象木的竞争木株数为 5.7 株，每株对象木的竞争木株数为 5 株或 6 株的最为常见。

3. 种内和种间竞争指数分析　表 3.15 反映了不同龄组杉木生态公益林不同树种的种内和种间竞争强度，3 个龄组杉木生态公益林林分中杉木树种的竞争指数之和均为最大，这是因为杉木在整个林分中数量最大，随着杉木生态公益林的生长发育，竞争木对杉木树种种内和种间的竞争指数和平均竞争指数都呈递减的趋势，幼龄林、中龄林和近熟林中杉木树种的种内平均竞争指数分别为 1.36、0.99 和 0.63，种间平均竞争指数分别为 0.87、0.82 和 0.46，种内平均竞争指数分别是种间平均竞争指数的 1.56 倍、1.21 倍和 1.37 倍。幼龄林、中龄林和近熟林中杉木的种内竞争指数分别为 2605.96、2667.52 和 1495.56，种间竞争指数分别为 663.75、247.35 和 175.46，种内竞争指数分别是种间竞争指数的 3.93 倍、10.78 倍和 8.52 倍，这说明杉木树种的竞争压力主要来自于种内竞争，而其他树种的竞争压力主要来自于种间竞争，种间竞争指数均大于种内竞争指数。按不同树种分析种内平均竞争指数可知，幼龄林中，杉木>柳杉>泡桐；中龄林中，苦楝>柳杉>毛樱桃>黄山松>杉木；近熟林中，苦楝>毛竹>毛樱桃。分析种间平均竞争指数可知，幼龄林中，柳杉>日本晚樱>杉木>马尾松>泡桐>毛樱桃；中龄林中，楤木>苦楝>柳杉>野山椒>毛樱桃>凹叶厚朴>杉木>黄山松>刺槐；近熟林中，白栎>毛竹>苦楝>毛樱桃>光皮桦>野漆树>杉木。但由于这些树种所占的比例很少，对整个杉木生态公益林林分的竞争态势影响不大。

表 3.15　不同龄组杉木生态公益林不同树种的种内和种间竞争强度分析

龄组	树种	种内竞争			种间竞争		
		株数/株	竞争指数	平均竞争指数	株数/株	竞争指数	平均竞争指数
幼龄林	杉木	1917	2605.96	1.36	767	663.75	0.87
	柳杉	435	331.13	0.76	736	783.10	1.06
	马尾松	0	—	—	5	4.32	0.86
	泡桐	2	0.99	0.50	13	5.23	0.40
	毛樱桃	0	—	—	6	2.02	0.34
	日本晚樱	0	—	—	6	5.42	0.90
中龄林	杉木	2705	2667.52	0.99	300	247.35	0.82
	柳杉	68	85.19	1.25	231	429.26	1.86
	苦楝	13	39.49	3.04	27	73.35	2.72
	黄山松	1	1.08	1.08	16	9.54	0.60
	毛樱桃	2	2.27	1.14	8	8.57	1.07
	刺槐	0	—	—	5	2.91	0.58
	楤木	0	—	—	3	25.23	8.41
	凹叶厚朴	0	—	—	5	5.29	1.06
	野山椒	0	—	—	6	7.37	1.23

续表

龄组	树种	种内竞争			种间竞争		
		株数/株	竞争指数	平均竞争指数	株数/株	竞争指数	平均竞争指数
近熟林	杉木	2361	1495.56	0.63	380	175.46	0.46
	毛竹	90	91.64	1.01	293	477.53	1.63
	白栎	0	—	—	4	7.80	1.95
	苦楝	2	2.41	1.21	35	24.13	0.69
	毛樱桃	3	1.86	0.62	12	7.99	0.67
	光皮桦	0	—	—	5	3.07	0.61
	野漆树	0	—	—	7	4.20	0.60

4. 竞争强度与对象木胸径的相关性分析

(1)竞争指数与对象木胸径的相关性分析　由于研究区杉木生态公益林的树种以杉木为主，其余树种占的比例很小，因此在分析对象木的竞争指数与胸径相关性时，不分树种。基于 4 株竞争木法、Voronoi 图和胸径加权 Voronoi 图分别计算不同龄组杉木生态公益林各对象木的 Hegyi、V-Hegyi 和 W-V-Hegyi 竞争指数，并与对象木胸径进行相关性分析(图 3.21)。从不同龄组杉木生态公益林对象木的竞争指数与胸径因子的相关散点图及相关系数可以看出，竞争指数与胸径为负相关，相关形式为曲线相关，胸径越大，竞争指数越小，即树体越大，竞争强度越小，这符合林木生长的规律：林木由小到大，经过林分自稀疏过程，降低竞争强度。而且这两种竞争指数与胸径大小相关性所表达的趋势是一致的。通过比较 Hegyi、V-Hegyi 和 W-V-Hegyi 竞争指数可知，这三个竞争指数与胸径是极显著相关的($P<0.01$)。且不同龄组杉木生态公益林中对象木的 W-V-Hegyi 竞争指数与胸径因子的相关系数均大于 Hegyi、V-Hegyi 竞争指数与胸径的相关系数，说明 W-V-Hegyi 竞争指数与胸径的相关程度普遍比 Hegyi、V-Hegyi 竞争指数与胸径的相关程度高，说明 W-V-Hegyi 是比 Hegyi、V-Hegyi 更适用的竞争指数，而 W-V-Hegyi 与胸径的相关性比前两者都高，更能表达竞争指数与树体大小的关系。

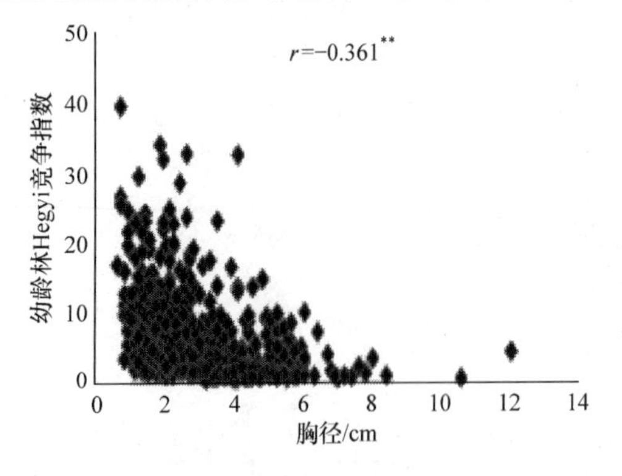

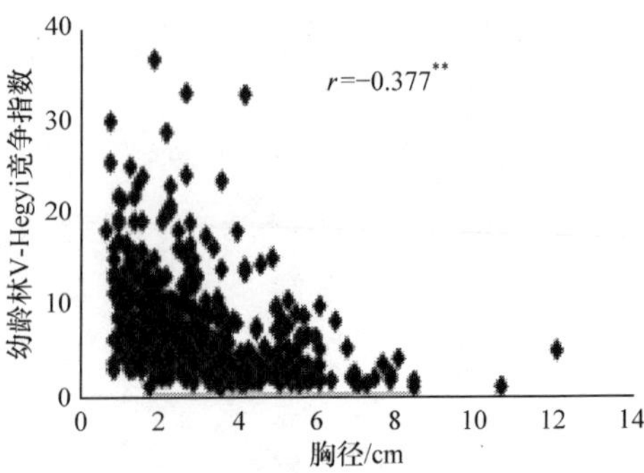

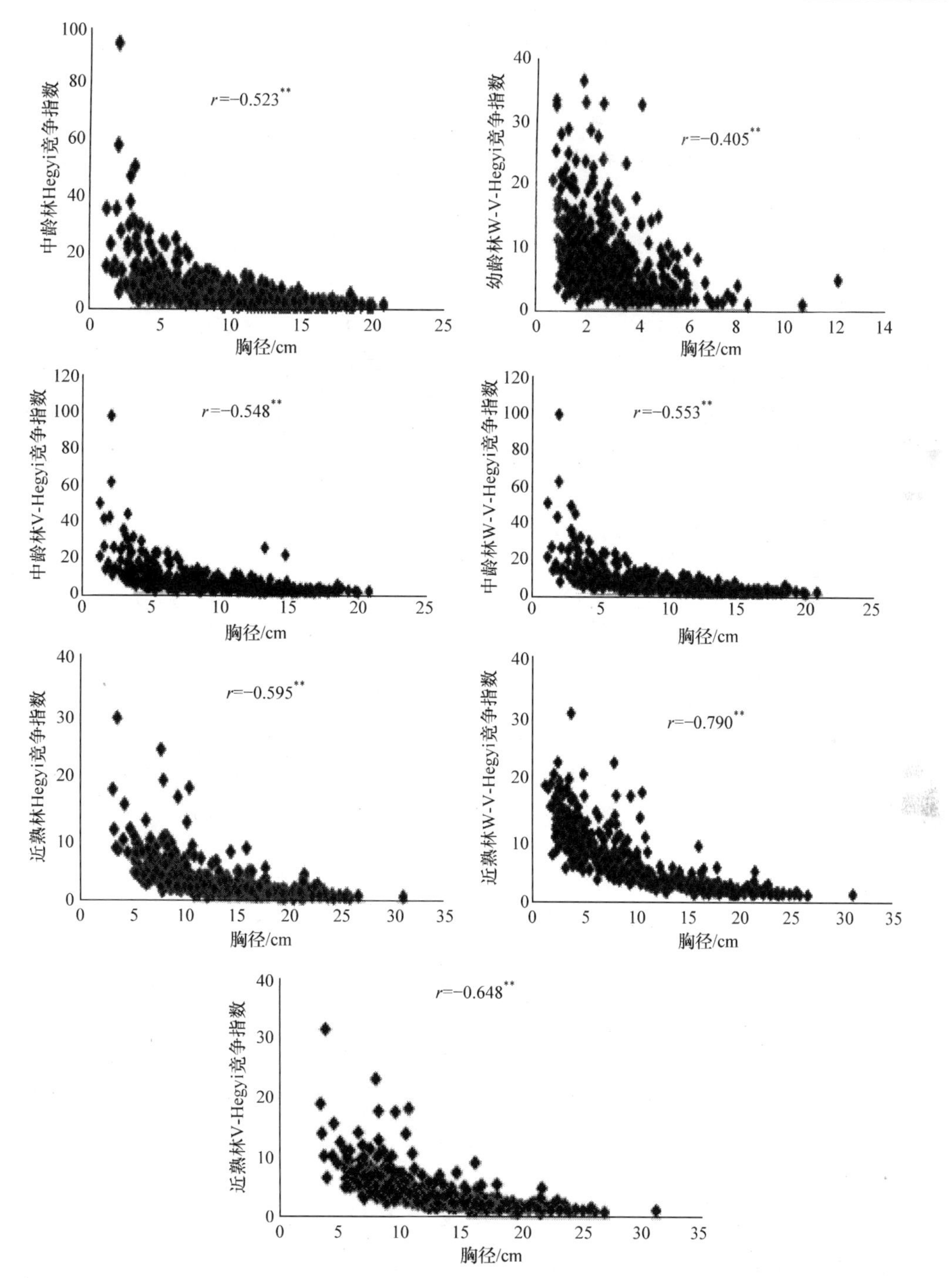

图 3.21　不同龄组杉木生态公益林对象木的竞争指数与胸径关系散点图

(2)竞争指数与对象木胸径的拟合曲线　通过分析竞争指数与胸径的相关关系可知，对象木的竞争指数随着对象木胸径的增大而递减，呈负相关关系，这是因为对象木的胸径越大，其冠幅和根幅也就越大，获取对象木周围资源的能力也就越强，从而导致对象木周围的竞争木数量少且竞争力有限，因此随着对象木胸径的增大，竞争木对其竞争强度呈递减的趋势，通过比较不同回归模型发现，通过幂函数拟合竞争指数与胸径关系的效果挺理想。

图 3.22 反映的是不同龄组杉木生态公益林对象木胸径和竞争指数的拟合曲线和方程，从拟合结果可以看出不同龄组杉木林竞争指数与胸径均具有相同的相关趋势，并且

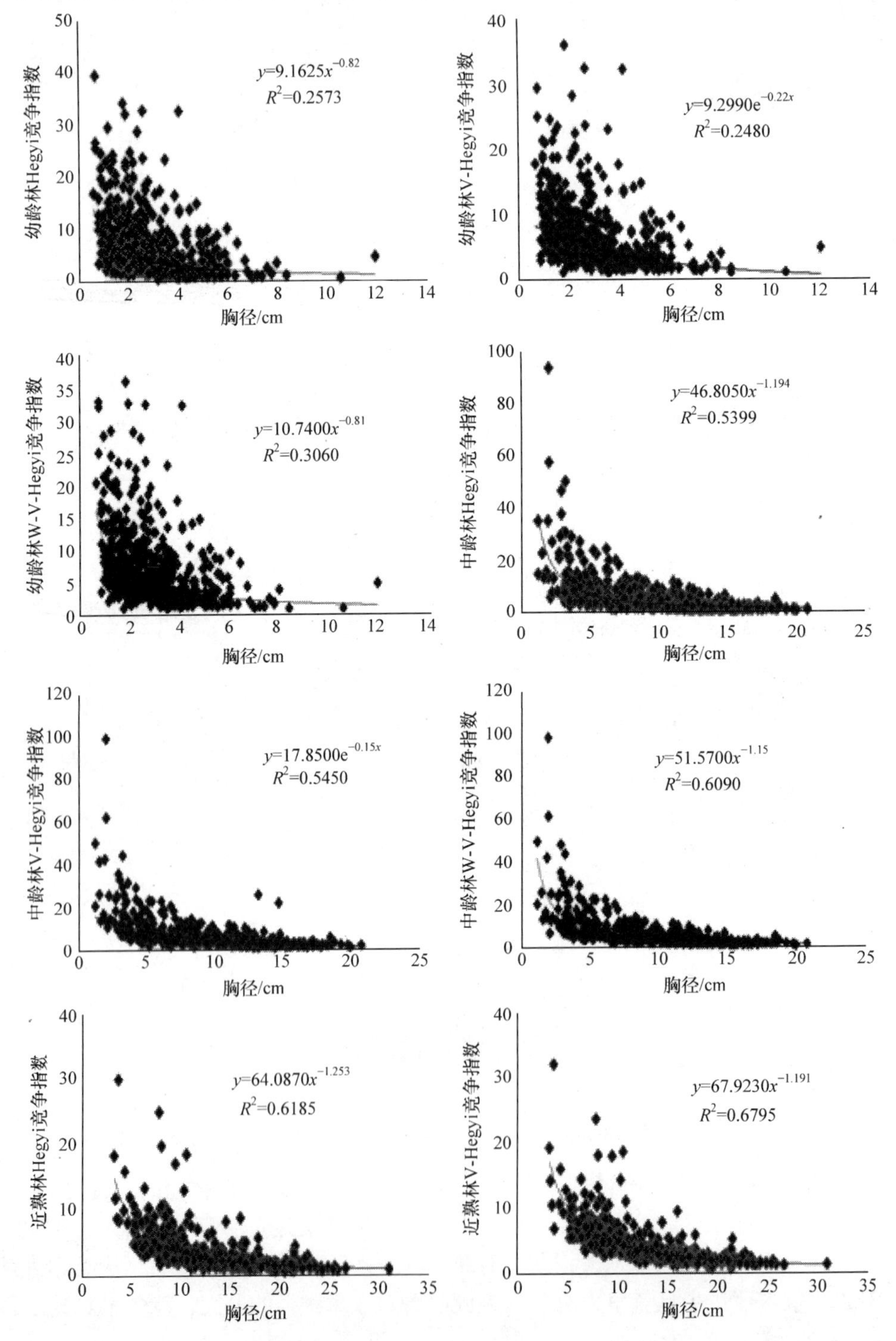

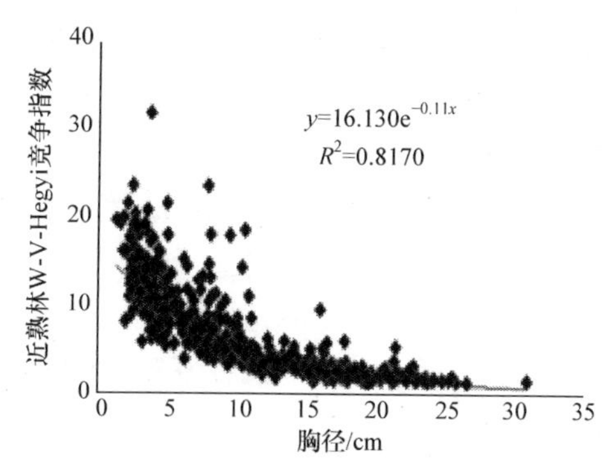

图 3.22　不同龄组杉木生态公益林胸径和竞争指数拟合曲线与方程

V-Hegyi 比 Hegyi 拟合表达式更逼近于离散点，W-V-Hegyi 比 V-Hegyi 拟合表达式更逼近于离散点。这说明 W-V-Hegyi 竞争指数比 Hegyi、V-Hegyi 竞争指数拟合表达式更逼近于离散点，拟合效果更理想，证明了 W 作为权重的必要性。

3.4.6　开敞度分析

从图 3.23 可以看出，杉木林不同样地的开敞度为 0.2131～1.3172。幼龄林的开敞度为 1.01，透光条件和生长空间充足。中龄林的开敞度为 0.4266，生长空间基本充足。近熟林的开敞度为 0.2530，生长空间不足。表现出随着林龄的增大，杉木林分的开敞度减小的趋势，说明林分的透光条件随着林龄的增加越来越差，为了改善林分的透光条件，在中龄林后需要进行抚育间伐。方差分析表明，不同龄组杉木生态公益林的开敞度存在显著性差异(P<0.05)。

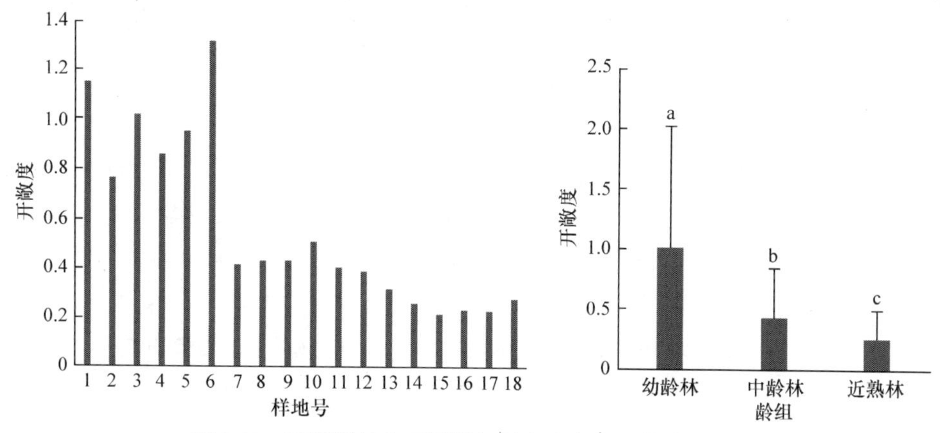

图 3.23　不同样地和不同龄组杉木生态公益林的开敞度

图中不同字母表示差异显著

从图 3.24 可以看出，在幼龄林开敞度为(0.5,+∞)的分布频率为 90%，说明幼龄林林木透光条件非常好，生长空间非常充足，开敞度为(0,0.2]、(0.2,0.3]的分布频率之和接近 0，除个别林木外，所有林木的生长空间都分别为基本充足、充足或者非常充足；1 和 6 号样地开敞度为(0.5,+∞)的分布频率接近 1 和等于 1，2～5 号样地的开敞度为(0.5,+∞)的分布频率也接近或超过 80%。中龄林开敞度为(0.5,+∞)的分布频率只有 29%左右，开敞度为(0,0.2]、(0.2,0.3]的分布频率之和为 21%，说明中龄林中有 29%的林木生长空间非常充足，但有 21%左右的林木生长空间非常不充足或者不充足，剩下 50%的林木生长空间基本充足，6 块样地除 10 号样地开敞度为(0.5,+∞)的分布频率为 56%外，剩下 5 块样地均未超过 35%，相比幼龄林，生长空间非常充足的林木所占的比例大幅度下降。近熟林开敞度为(0.5,+∞)的分布频率仅为 3%，开敞度为(0,0.2]、(0.2,0.3]的分布频率之和高达 76%，说明仅有 3%的林木生长空间非常充足，却有 76%的林木生长空间不足或严重不足，6 块样地中除 13 号样地开敞度为(0.4,0.5]、(0.5,+∞)的分布频率之和为 24%外，剩下的 5 块样地均未超过 10%，而开敞度为(0,0.2]、(0.2,0.3]的分布频率之和为 60%～95%。

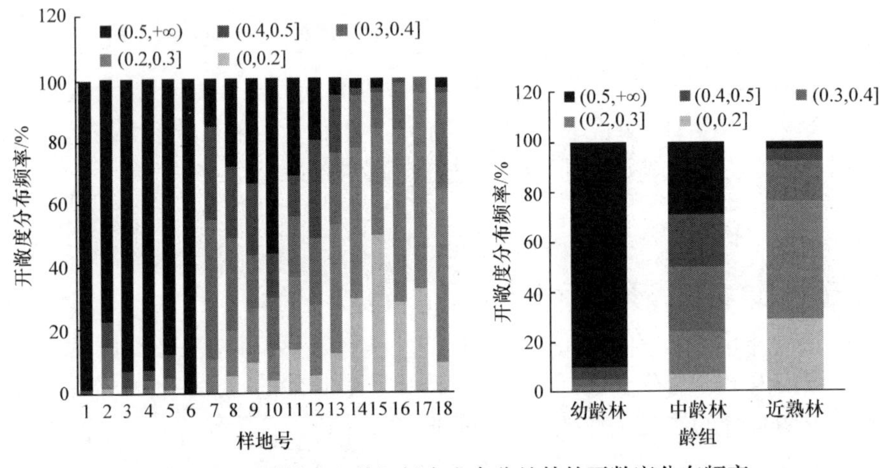

图 3.24　不同样地和龄组杉木生态公益林的开敞度分布频率

从表 3.16 可以看出，在 3 个龄组杉木林中，优势树种杉木的开敞度与全林分开敞度一样，也表现出了随着年龄增加逐渐减小的趋势。在幼龄林中，混交树种柳杉、马尾松、泡桐、毛樱桃和日本晚樱的开敞度均>0.5，说明这些树种的生长空间都非常充足。在中龄林中，柳杉、黄山松、毛樱桃、凹叶厚朴、野山椒的开敞度为(0.3,0.4]，生长空间基本充足。而苦楝、楤木的开敞度为(0.2,0.3]，生长空间不充足。野山桃的开敞度为(0.4,0.5]，生长空间充足。刺槐的开敞度为(0.5,+∞)，生长空间非常充足。在近熟林中，光皮桦的开敞度为(0,0.2]，生长空间严重不足。毛竹、白栎、苦楝、毛樱桃和野漆树的开敞度为(0.2,0.3]，生长空间不充足。

表 3.16　不同龄组杉木生态公益林的树种开敞度的分布频率及平均值

龄组	树种	开敞度分布频率					平均开敞度
		(0,0.2]	(0.2,0.3]	(0.3,0.4]	(0.4,0.5]	(0.5,+∞)	
幼龄林	杉木	0.01	0.02	0.03	0.06	0.88	0.9428
	柳杉	0.00	0.00	0.01	0.05	0.94	0.9672
	马尾松	0.00	0.00	0.00	0.00	1.00	0.6001
	泡桐	0.00	0.00	0.00	0.00	1.00	0.9980
	毛樱桃	0.00	0.00	0.00	0.00	1.00	1.5930
	日本晚樱	0.00	0.00	0.00	0.00	1.00	1.0754

续表

龄组	树种	开敞度分布频率					平均开敞度
		(0,0.2]	(0.2,0.3]	(0.3,0.4]	(0.4,0.5]	(0.5,+∞)	
中龄林	杉木	0.07	0.16	0.26	0.21	0.30	0.4272
	柳杉	0.08	0.24	0.30	0.22	0.16	0.3649
	苦楝	0.43	0.14	0.29	0.00	0.14	0.2670
	黄山松	0.00	0.33	0.33	0.34	0.00	0.3853
	毛樱桃	0.00	0.50	0.50	0.00	0.00	0.3091
	刺槐	0.00	0.00	0.00	0.00	1.00	0.6208
	楤木	0.00	1.00	0.00	0.00	0.00	0.2276
	凹叶厚朴	0.00	0.00	1.00	0.00	0.00	0.3043
	野山椒	0.00	0.00	1.00	0.00	0.00	0.3936
	野山桃	0.00	0.00	0.00	1.00	0.00	0.4864
近熟林	杉木	0.26	0.48	0.18	0.05	0.03	0.2600
	毛竹	0.55	0.32	0.12	0.01	0.00	0.2021
	白栎	0.00	1.00	0.00	0.00	0.00	0.2328
	苦楝	0.17	0.66	0.17	0.00	0.00	0.2574
	毛樱桃	0.00	1.00	0.00	0.00	0.00	0.2571
	光皮桦	1.00	0.00	0.00	0.00	0.00	0.1644
	野漆树	0.00	1.00	0.00	0.00	0.00	0.2346

3.5　杉木生态公益林空间结构评价

3.5.1　林分空间结构评价指数的提出

林分空间结构评价指数定义的关键问题是合理选择反映林分特征的参数和影响因子。林分空间结构包括混交、竞争和林木空间分布格局 3 个方面，根据林分空间结构从单株林木的角度表达林分在某一时刻的空间信息的特点，结合杉木生态公益林的空间结构特点，林分空间结构评价指数从林分内单株林木的树种隔离程度、林层多样性、透光条件、竞争和林木空间分布格局 5 个方面选择参数。但由于林分空间结构的各个参数既相互依赖又可能相互排斥，要求林分空间结构的各个参数同时都达到最优值几乎是不能实现的。最优的林分空间结构往往强调整体目标达到最优。基于此，采用乘除法对各个空间结构参数进行多目标规划。

乘除法的基本思想：x 是决策向量，当在 m 个目标 $f(x_1),\cdots,f(x_m)$ 中，有 k 个 $f(x_1),\cdots,f(x_k)$ 要求实现最大，其余 $f(x_{k+1}),\cdots,f(x_m)$ 要求实现最小，同时有 $f(x_1),\cdots,f(x_m)>0$，采用评价函数 $Q(x)$ 作为目标函数。

$$Q(x)=\frac{f(x_1)f(x_2)\cdots f(x_k)}{f(x_{k+1})f(x_{k+2})\cdots f(x_m)} \tag{3.21}$$

根据乘除法的基本思想，全混交度、开敞度和林层指数以取大为优，林木竞争指数和角尺度以取小为优。需要说明的是，在计算空间结构评价指数时，角尺度的原始数据做了适当的处理，因为角尺度的取值范围$W_i \in (0,1]$，而基于Voronoi图计算的林分角尺度取值为[0.327,0.357]时，为随机分布，因此，基于Voronoi图的角尺度的最优值应该是接近0.342的随机分布，为了使角尺度的最优值是取值范围的极值，将角尺度$W_i \in (0,1]$的所有数据同时减去0.342，这样角尺度的最优值应该是取最小值。按式(3.22)对林分空间结构评价指数的5个子目标进行综合，确定林分空间结构评价指数[$L(g)$]的计算公式如下。

$$L(g)=\frac{\dfrac{1+M(g)}{\sigma_{\rm M}}\cdot\dfrac{1+S(g)}{\sigma_{\rm S}}\cdot\dfrac{1+K(g)}{\sigma_{\rm K}}}{[1+{\rm CI}(g)]\cdot\sigma_{\rm CI}\cdot[1+|W(g)-0.342|]\cdot\sigma_{|W-0.342|}} \tag{3.22}$$

式中，$M(g)$、$S(g)$、$K(g)$、${\rm CI}(g)$、$W(g)$分别为单木全混交度、林层指数、开敞度、竞争指数、角尺度；$\sigma_{\rm M}$、$\sigma_{\rm S}$、$\sigma_{\rm K}$、$\sigma_{\rm CI}$、$\sigma_{\rm W}$分别为全混交度、林层指数、开敞度、竞争指数、角尺度的标准差。

1. 子目标的林学和生态学意义　　在森林生态系统中，同一物种之间的竞争几乎永远是最激烈的，而且影响一般是不良的，这就要求树种间有相互隔离的需要，林分中树种间隔离程度越高，林分稳定性越高。保持较高的混交度为林分空间结构优化的第1个子目标，林分混交度的取值越大越好。

竞争指数在形式上反映的是林木个体生长与生存空间之间的关系，其实质是反映林木对环境资源需求与现实生境中林木对环境资源占有量之间的关系。林分树种间的激烈竞争会导致林窗产生和林木枯死等结果，林分保持较低的竞争强度使得各林木能够满足其生长所需求的资源。因此，保持较低的竞争强度为林分空间结构优化的第2个子目标，要求林分竞争指数取值越小越好。

林木空间分布格局为林木个体在水平空间上的配置状况或分布状态，反映的是某一种群个体在其生存空间内相对静止的散布形式，它是单株林木生长特征、竞争植物及外部环境因素等综合作用的结果，分为聚集分布、随机分布和均匀分布3种。未经受严重干扰的林分，经过漫长的进展演替，顶级群落的水平空间分布格局为随机分布。因此，需要将林分水平空间分布格局向随机分布的方向调整，基于Voronoi图计算的林分角尺度取值为[0.327,0.357]时，林分空间分布格局为随机分布，为使间伐后林分平均角尺度更加接近于随机分布的取值范围，可以简化为林分平均角尺度取值更加接近于0.342。因此，林分水平空间分布格局更接近于随机分布为林分空间结构优化的第3个子目标，要求林分角尺度取值越接近0.342越好。

林分垂直分层结构及不同林层间的关联性直接影响林木的生长、繁殖、死亡及林窗的形成，复杂的林层结构不仅会影响林下温度、湿度、通风变化，也更易形成较多的枯枝落叶，能增加土壤中的有机质，改善土壤微生物，使肥力增加，有利于林下灌草层的生长。

方精云等经过研究海南岛尖峰岭山地雨林的群落结构、物种多样性发现，水热条件好的雨林，其物种多样性丰富、多样性指数高。Lahde 经过研究发现，林层越多，物种数就越丰富。郑景明等以云蒙山典型森林群落为对象在研究云森林垂直结构时也发现，森林的垂直结构与林下灌草物种多样性显著相关，同时复层林更有利于林木的更新，因此，保持较为复杂的垂直分层为空间结构优化的第 4 个子目标，要求林层指数的取值越大越好。

林分中树木对光能的利用、竞争和分配直接影响着林木的生长状态，而且在一定程度上决定着林木与其他林木竞争时的优劣态势，林分开敞度是反映林分对光能利用效率的重要指标，林分开敞度的大小影响着林下幼树、幼苗的生长和林下灌草的生长，保持林分较高的开敞度是保证林下植被生长的必要条件，因此，保持较高的林分开敞度是林分空间结构优化的第 5 个子目标，其值取大为优。

2. 林分空间结构评价标准　为便于对杉木生态公益林空间结构评价指数进行分析比较，采用归一化处理，式(3.23)将其值进行等量变换到[0,1]区域内。

$$x_i'' = \frac{x_i - x_{\min}}{x_{\max} - x_{\min}} \tag{3.23}$$

式中，x_i、x_i'' 分别为林木空间结构评价指数归一前后的值；$x_{\min}$、$x_{\max}$ 分别为样本数据中的最小值和最大值。

根据林分空间结构评价指数的含义，参考人工林近自然化改造的目标和技术指标，采用定性和定量相结合的方法，将林分空间结构评价指数划分为 5 个评价等级(表 3.17)。

表 3.17　林分空间结构评价指数评价等级的划分

林分空间结构评价指数	林分特征描述	评价等级值
≤0.20	几乎所有林分空间结构因子与理想的取值标准差距大，树种的混交程度低，属于弱度混交或者弱度混交向中度混交的过渡状态，林层简单，为单层林，林下植被的覆盖度很低，林木大小分化不明显，林木分布非随机分布	1
0.20～0.40	少部分林分空间结构因子满足或接近其理想的取值标准，树种的混交程度低，属于弱度混交或者弱度混交向中度混交的过渡状态，林层较简单，林下植被覆盖度较低，林木大小差异较明显，林木分布非随机分布	2
0.40～0.60	一般林分空间结构因子满足或接近其理想的取值标准，树种的混交程度中等，属于中度混交或向中度混交的过渡状态，林层较复杂，林下植被覆盖度中等，林木大小差异较明显，林木分布为均匀分布或均匀分布向随机分布转变	3
0.60～0.80	大部分林分空间结构因子满足其理想的取值标准，郁闭度较高，混交树种较多，为中度混交向强度混交的过渡状态或强度混交，林层结构较复杂，多为复层林，林木分布格局接近随机分布，林下植被覆盖度较高	4
>0.80	林分空间结构因子基本满足其取值标准，树种丰富，为强度混交或极强度混交，林分的稳定性好，郁闭度高，林层多为 3 层以上复层结构，林木分布格局整体随机分布，大树均匀，小树聚集分布，树种隔离程度较高，多样性较高，林下自然更新良好，林木间竞争强度较弱，光照环境好	5

3.5.2 杉木生态林人工纯林林分空间结构评价结果

从图 3.25 可以看出，生态公益林不同样地的空间结构评价指数为 0.1879～0.3627，评价等级分属 1、2 级，其中，属于 1 级的样地分别为 3 号和 5 号样地，占样地总数的 11%，这类林分几乎所有的林分空间结构因子与理想的取值标准差距大，树种的混交程度低，属于弱度混交或者弱度混交向中度混交的过渡状态，林层简单，为单层林，林下植被的覆盖度很低，林木大小分化不明显，林木非随机分布。属于 2 级的样地分别为 1、2、4、6～18 号样地，占样地总数的 89%，这类林分少部分林分空间结构因子满足或接近其理想的取值标准，树种的混交程度低，属于弱度混交或者弱度混交向中度混交的过渡状态，林层较简单，林下植被覆盖度较低，林木大小差异较明显，林木非随机分布。分属 3～5 级的样地没有。这说明杉木生态公益林的空间结构与理想状态差距还很大，需要进行空间结构优化。

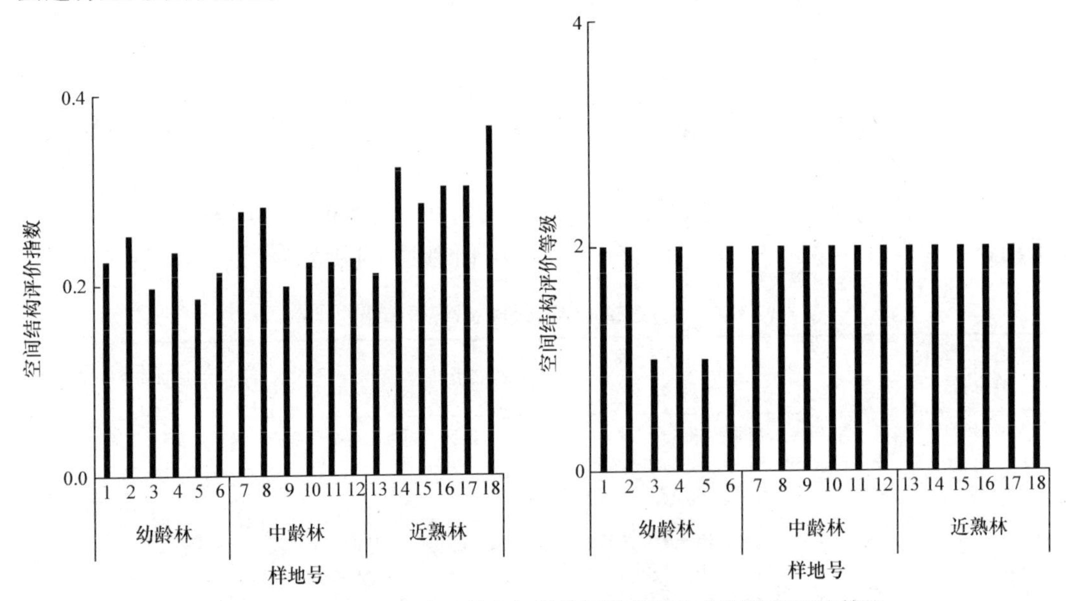

图 3.25 样地杉木生态公益林空间结构评价指数和空间结构评价等级

3.6 杉木生态公益林林分空间结构模拟

3.6.1 数据处理

在 Excel 表中对研究区样地数据进行统一整理，生成属性文件(.dbf)，为后面构建三维树木模型提供方便，结合三维地形实现林分空间结构模拟。

将测得的样地数据录入 Excel 表中，统一制定表格，以中龄林 12 号样地为例（表 3.18），样地大小为 20m×30m，林木株数为 149 株，林木统一编写树木编号（ID）：001～149。将相对坐标转换为 ArcGIS 软件中的西安 80 坐标。

表 3.18　12 号样地实测模拟数据

样格号	树木 ID	*X* 坐标	*Y* 坐标	树种	年龄	胸径/cm	树高/m	东西冠幅/m	南北冠幅/m
1	001	477 825.0	3 151 415.3	杉木	13	11.4	7.3	2.1	2.4
1	002	477 825.3	3 151 413.6	杉木	13	9.1	6.7	1.3	1.5
1	003	477 828.7	3 151 415.1	杉木	13	10.8	6.8	1.5	2.1
1	004	477 828.8	3 151 415.0	杉木	13	8.5	7.1	1.6	1.8
1	005	477 828.8	3 151 415.0	杉木	13	13.5	7.6	2.3	2.8
1	006	477 828.0	3 151 413.5	杉木	13	9.2	7.3	1.1	1.3
1	007	477 827.9	3 151 413.0	杉木	13	3.8	2.1	1.1	1.4
1	008	477 828.5	3 151 413.3	杉木	13	11.6	7.7	2.3	2.5
1	009	477 830.9	3 151 416.2	杉木	13	5.4	3.3	1.8	2.0
1	010	477 832.7	3 151 416.1	柳杉	13	6.8	6.3	2.1	2.2
…	…	…	…	…	…	…	…	…	…
6	140	477 836.2	3 151 414.3	杉木	13	12.4	8.6	1.7	1.6
6	141	477 838.2	3 151 414.3	杉木	13	11.6	9.6	2.0	1.8
6	142	477 838.4	3 151 414.5	杉木	13	12.2	10.1	1.7	1.6
6	143	477 840.7	3 151 414.4	杉木	13	13.3	11.2	3.0	2.5
6	144	477 843.8	3 151 415.6	柳杉	13	12.8	6.5	3.4	3.2
6	145	477 842.5	3 151 415.1	杉木	13	11.8	7.5	2.8	2.6
6	146	477 840.0	3 151 414.4	杉木	13	12.0	7.0	3.0	2.5
6	147	477 837.6	3 151 414.4	柳杉	13	8.6	5.3	1.2	1.1
6	148	477 837.1	3 151 413.7	柳杉	13	7.4	4.8	0.7	0.6
6	149	477 834.3	3 151 415.3	杉木	13	13.1	5.6	2.6	2.3

3.6.2　数字高程模型的生成

数字高程模型(digital elevation model，DEM)是通过有限的地形高程数据实现对地形曲面的数字化模拟，即地形表面形态的数字化表示。

使用 ArcGIS、Viewgis 的自动矢量化工具对福寿山 1：10 000 的 5 幅地形图进行地形图校正(坐标系统选择与样地坐标一致)、二值化、细化、交互式矢量跟踪、线形修改、TIN 生成、DEM 生成等操作，得到了研究区矢量化地形图(图 3.26)和数字高程模型(图 3.27)。

图 3.26　研究区 1：10 000 矢量化地形图

图 3.27　研究区数字高程模型

3.6.3　样地数据空间结构三维模拟

（1）样地数据空间结构水平分布　在 ArcGIS 软件中，根据属性表中的信息可以生成简单的二维模拟效果图，以林木各自位置点为圆心、胸径为半径画圆，得到胸径大小水平分布图（图 3.28）；以林木各自位置点为圆心、平均冠幅为半径画圆，得到冠幅大小水平分布图（图 3.29）。由图 3.28 和图 3.29 这两幅水平分布图可以直观地看出本样地的林分空间分布格局、林分密度、郁闭度等信息。

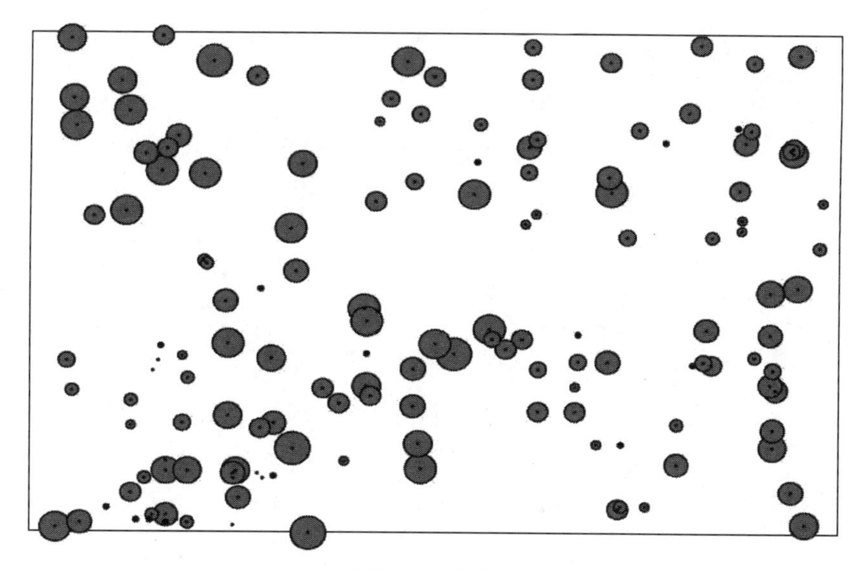

图 3.28　样木胸径大小水平分布图

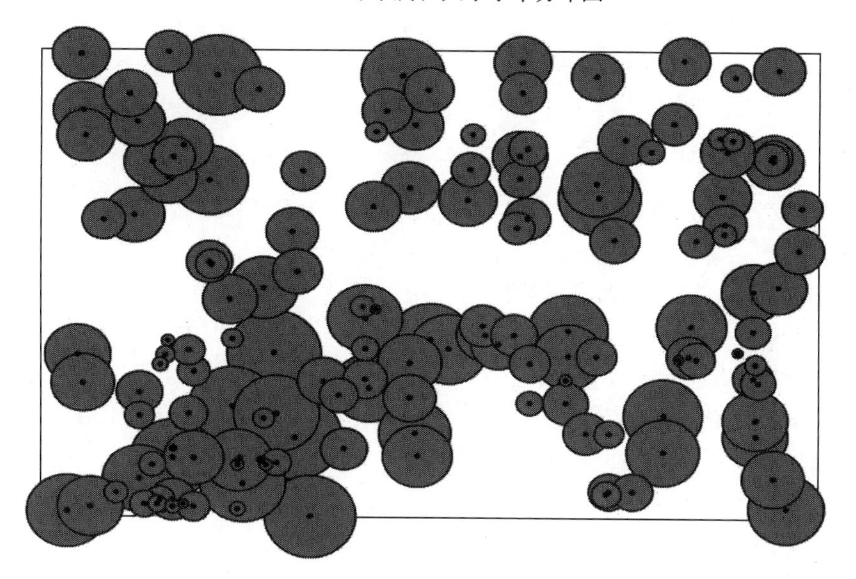

图 3.29　样木冠幅大小水平分布图

(2) 林分空间结构三维模拟　三维模拟能更加真实、直观、形象地表达林分空间结构及调整后的效果，因此本研究在前人研究的基础上，基于二维的林分数据，并结合三维地形，在可视化软件里实现样地数据的林分空间结构三维模拟(图 3.30)。

1) 构建三维树木模型：由于本样地只有杉木和柳杉，因此利用 SketchUp 只构建了杉木和柳杉的三维树木模型。

2) 对三维地形进行纹理贴图等操作，使之更符合真实虚拟环境。

3) 将样地内大小不一的三维树木按其真实空间坐标分布在三维地形上，以实现此样地真实林分空间结构情况的展示。

图 3.30　林分空间结构三维模拟图

3.7　小　　结

3.7.1　林分非空间结构

通过对杉木生态公益林的幼龄林、中龄林和近熟林的林分结构特征进行分析，结果如下。

1) 3 个龄组的杉木树种无论株数比例、相对多度、断面积还是相对显著度都占有绝对优势，3 个龄组杉木株数的相对多度均超过 76%，断面积的相对显著度均超过 83%，说明整个林分树种组成单一，导致的结果是抗风力差，林分景观单调，土壤肥力下降，物种多样性低，生态功能低下，急需补植乡土阔叶树种来优化树种组成结构。

2) 树高标准差随着林龄的增加呈递增趋势，幼龄林树高大小较集中，中龄林与近熟林树高大小较分散。

3) 从树高偏度系数来看，幼龄林均大于 0，说明树高均值在大于峰值的一边；中龄林除 9、11 号样地外均为负值，分布形状呈右偏山状，树高均值在小于峰值的一边，左边有一条长尾，树高偏向中上层林木，下层林木更新不足；近熟林均为负值，分布曲线为右偏，树高偏向中上层林木，且偏离程度比中龄林大，林木更新十分不足。

4) 从树高峰度系数来看，幼龄林除 1 号样地外均为正值，树高分布大都比较集中，分布曲线比正态分布陡峭，呈尖峰态，林木基本还没有明显分化；中龄林除 9、12 号样地外均为正值，但数值不大，树高分布相对较集中；近熟林除 16、17 号样地外均为正值，与中龄林相似，分布相对较集中。

5) 对树高进行正态分布、Weibull 分布、对数正态分布 3 种分布拟合，18 块不同龄组杉木生态公益林树高的 Weibull 分布函数形状参数 c 估计值除样地 7、14、15 外都为 1～3.6，中龄林 4 块和近熟林 5 块符合正态分布函数，幼龄林 1 块、中龄林 3 块和近熟林 3

块符合 Weibull 分布函数，幼龄林 2 块和中龄林 1 块符合对数正态分布函数。

6)直径标准差随着龄组的变化依次增大，幼龄林直径变动较小，中龄林直径变动有所增大，近熟林直径变动较大。

7)从直径偏度系数来看，幼龄林左偏程度最大，胸径均值在大于峰值的一边，偏向小径阶，林木分化程度最小；中龄林和近熟林虽大都也为左偏，但偏离程度普遍较小，个别样地还达到了右偏，林木开始分化。

8)从直径峰度系数来看，幼龄林大都为正值，分布比较集中，呈尖峰态；中龄林、近熟林大都为负值，分布较离散，比正态分布要平缓，呈低峰态。

9)对直径进行正态分布、Weibull 分布、对数正态分布 3 种分布拟合，18 块不同龄组杉木生态公益林直径的 Weibull 分布函数形状参数 c 的估计值均大于 1，在 1～3.6 变动，说明杉木林的直径分布均呈左偏多峰山形，幼龄林 1 块、中龄林 3 块和近熟林 1 块符合正态分布函数，幼龄林 4 块和中龄林 4 块符合 Weibull 分布函数，幼龄林 4 块和近熟林 1 块符合对数正态分布函数。

3.7.2　林分空间结构

林分空间结构分析是进行林分空间结构优化的基础，而林分空间结构单元的确定和林分空间结构参数的选取是林分空间结构分析的前提，采用 n=4 或普通 Voronoi 图构成的空间结构单元来计算林分的空间结构指数，这一标准被很多学者采用，但这两种方法都存在缺陷，采用 n=4 这种固定空间结构单元的传统方法在一定程度上会导致林分空间结构指数的偏估。采用普通 Voronoi 图确定邻近木株数 n 具有一定的灵活性，但普通 Voronoi 图仅考虑距离这一因素，将所有林木同等看待，生成的各 Voronoi 多边形无法准确反映与其对应中心木的实际影响范围。考虑到相邻林木的胸径差异是影响群体内林木间相互作用的关键因素，在对林木进行定位调查的基础上，将林木位置作为平面上的离散点，将林木的胸径作为权重因子，生成胸径加权 Voronoi 图来确定空间结构单元。结果表明，基于胸径加权 Voronoi 图确定的中心木的邻近木株数为 2～14 株，有 13 种可能取值，较常规 Voronoi 图确定的邻近木株数分布更为分散和灵活。

对于林分空间结构，基于胸径加权 Voronoi 图采用全混交度、角尺度、竞争指数、林层指数、开敞度和大小比数 6 个空间结构参数分析了研究区 3 个龄组的杉木生态公益林纯林的林分空间结构，结果如下。

1)杉木幼龄林的全混交度是 0.14，为弱度混交，杉木中龄林和杉木近熟林的全混交度分别是 0.07 和 0.09，接近零度混交，3 个龄组杉木生态公益林的全混交度都很低。杉木幼龄林、中龄林和近熟林零度混交和弱度混交的比例之和分别高达 78%、91%和 86%，而中度混交和强度混交占的比例却很低。幼龄林中杉木的全混交度为 0.12，中龄林和近熟林中杉木的全混交度分别为 0.04 和 0.05，这表明 3 个龄组的林分中杉木基本上与同树种聚集生长在一起。

2)3 个龄组的杉木生态公益林林分中，基于 Voronoi 图和基于胸径加权 Voronoi 图确定的 W-V-Hegyi 和 V-Hegyi 林木竞争指数绝大多数大于基于 4 株竞争木确定的 Hegyi 林木竞争指数，从不同龄组杉木生态公益林对象木的组成看，优势树种杉木处于绝对优势，它占对象木株数的比例均超过 70%，不同龄组杉木生态公益林中每株对象木的竞争木株数为 2～14 株，平均每株对象木的竞争木株数为 5.7 株，每株对象木的竞争木株数为 5 株或 6 株的最为常见。3 个龄组杉木生态公益林林分中杉木树种的竞争指数之和均为最大，杉木树种的竞争压力主要来自于种内竞争，而其他树种的竞争压力主要来自于种间竞争，通过分析 Hegyi、V-Hegyi 和 W-V-Hegyi 竞争指数可知，这 3 个竞争指数与胸径是极显著相关的($P<0.01$)，且相关性表现为 W-V-Hegyi 竞争指数>V-Heygi 竞争指数>Heygi 竞争指数。

3) 从角尺度分析可知，幼龄林的角尺度为 0.3621，林木水平分布格局为接近随机分布的团状分布，中龄林和近熟林的角尺度分别为 0.3504 和 0.3402，林木水平分布格局均为随机分布的过渡状态。3 个龄组杉木林分的角尺度为(0.357,1]的分布频率最高，其次是角尺度为(0,0.327]的分布频率，而角尺度为(0.327,0.357]的随机分布占的比例比较低。3 个龄组杉木生态公益林中杉木树种的角尺度分别为 0.3625、0.3499 和 0.3395，幼龄林杉木树种为接近随机分布的团状分布，而中龄林和近熟林均为随机分布。

4) 借鉴国际林业研究组织联盟把生长发育良好、树高≥2/3 的林分优势高的高大林木划分为上层，中层为高度中等、生长发育中等、树高介于 1/3～2/3 的林分优势高的林木，树高≤1/3 林分优势高、比较矮小的林木为下层。3 个龄组的林分都是中上层林木占绝对优势，下层林木占的比例极少。杉木幼龄林的林层指数为 0.2477，中龄林的林层指数为 0.3746，近熟林的林层指数为 0.2590。从总体看，不同龄组的杉木林分林层指数普遍较低，在幼龄林、中龄林和近熟林中优势树种杉木的林层指数分别为 0.2344、0.3612 和 0.2542，和全林分的林层指数差异不大，林层指数普遍较低。

5) 幼龄林的开敞度为 1.010，透光条件和生长空间充足，中龄林的开敞度为 0.4266，生长空间基本充足，近熟林的开敞度为 0.2530，生长空间不足。幼龄林开敞度为(0.5,+∞)的分布频率为 90%，说明幼龄林林木透光条件非常好，而中龄林开敞度为(0.5,+∞)的分布频率只有 29%左右，近熟林开敞度为(0.5,+∞)的分布频率仅为 3%，说明中龄林有 29%左右的林木生长空间非常充足，而近熟林仅有 3%的林木生长空间非常充足，在 3 个龄组杉木林中，优势树种杉木的开敞度与全林分开敞度一样，也表现出了随着年龄增加逐渐减小的趋势。

6) 3 个龄组杉木生态公益林林分中杉木的大小比数分别为 0.3721、0.3950 和 0.3702，且大小比数为 0、(0,0.25]、(0.25,0.5]、(0.5,0.75]、(0.75,1]的比例相差不大，即为优势、亚优势、中庸、劣态和绝对劣态的林木个体比例相差不大，说明 3 个龄组中优势树种杉木的大小分化程度都接近中庸状态，杉木个体差异不大，林木分化不严重。除杉木外，其他树种在整个林分中所占的比例很小，因此对整个林分大小比数的影响很小。

7) 林分空间结构评价指数的提出为杉木生态公益林的理想空间结构及其表达探索了一条新途径，也为改造以杉木为主的人工生态公益林向理想结构演变提供了理论依据。结果表明，研究区杉木生态公益林不同样地的空间结构评价指数为 0.1879～0.3627，评价等级分属 1、2 级，分属 3～5 级的样地没有。这说明杉木生态公益林的空间结构与理想状态差距还很大，需要进行空间结构优化。

第 4 章　杉木、马尾松人工林生长规律模拟研究

4.1　引　　言

林分的生长与收获模型作为研究森林生长规律和预估林分的生长量及收获量的基础手段，具有多种用途，主要表现在：森林管理决策主要依靠模型的预估结果来为之提供林木资源上的依据；利用生长模型与经营模型可以使资源数据得以更新；对各种育林措施的影响和效应进行评价；为采伐计划提供基础数据。因此，运用合理的建模方法来建立出模型就能精确地预测出林分中各测树因子的动态变化趋势，从而对林分的经营管理起指导作用。近几年，国内外林业工作者已总结出了相当多的生长与收获模型，并且已经有很大一部分成功地应用到了林业生产和实践当中。电子计算功能的日益强大，数学理论取得的进展，系统论、控制论、信息论等信息学科的发展，林木调查技术的变革及森林可持续经营的思想对森林资源信息和利用的要求，都促进了森林生长模型的研究逐渐深入，并呈现出许多新动向。

4.2　数据来源与研究方法

4.2.1　样地设置与数据调查

1. *生长模型数据*　　2012 年、2014 年 7 月在福寿国有林场杉木生态公益林幼龄林、中龄林、近熟林中分别调查了 6 块 20m×30m 样地，对每个样地记录样地号、地形、经纬度、坡向、坡位、坡度、枯枝落叶层厚度、腐殖质厚度、土壤类型、郁闭度、林龄等基本因子，每木检尺测量样地内每株林木的 X 和 Y 坐标、树高、胸径、冠幅、枝下高等主要测树因子。固定样地基本情况见表 4.1。

表 4.1　固定样地基本情况

测树因子	数据	测树因子	数据
年龄/年	6～25	调查株数/株	145～221
株数密度/(株/hm^2)	2417～3700	平均胸径/cm	4.6～13.7
平均高/m	2.9～10.5	胸径生长量/cm	0.7～1.8

2. *生物量模型数据*　　生物量模型的研究区域位于湖南省内马尾松的盛产区南岭北坡地区和雪峰山区，包括会同和怀化两个区域。研究所采用的数据为两区 1999～2009 年马尾松人工林共计 166 块固定样地的复测数据，样地面积为 20m×30m，调查了马尾松人工林

的林分年龄、平均胸径、树高、优势高和林分密度等数据，并对样地内马尾松进行每木检尺。通过固定标准地资料计算出马尾松人工林的林分蓄积量。马尾松人工林样地基本因子统计量见表 4.2。

表 4.2　马尾松人工林样地基本因子统计量

调查时间	株数密度 /(株/hm²)	平均年龄/年	平均直径/cm	平均树高/m	优势高/m	蓄积量 /(m³/hm²)
1999 年	853～4414	9～43	6.2～22.5	4.6～17.4	6.1～22.4	22.64～223.59
2009 年	754～4224	19～53	11.5～39.8	10.0～30.5	11.3～36.8	161.85～995.07

3. *解析木数据*　于 2010～2012 年，在会同县 83 块固定标准地附近选择了 83 株与固定标准地立地条件相近，与林分平均直径(D_g)和平均高(H_D)相接近(一般要求相差在±5%以内)且干形中等的林木作为平均标准木(解析木)。将解析木全部实测胸径和冠幅，采用破坏性抽样方法将样木伐倒后，测量树高和冠干。并根据生物量计算标准来测定解析木各项指标。

4.2.2　径阶单木生长模型研究

1. *竞争指数与竞争单元*　林木 CI_i 反映的是林木所承受的压力，本研究选用 Hegyi、V-Hegyi、加权 V-Hegyi 这三种竞争指数来反映该研究区内林木所承受的竞争压力，竞争指数需要在确定竞争单元的基础上进行计算，也就是先要确定与对象木最近邻的竞争木为哪几株。

(1)竞争单元　Hegyi 竞争指数的竞争单元：本书结合惠刚盈等(2007)提出的最佳空间结构单元，将与对象木相邻最近的 4 株作为竞争木，n 取值为 4。

V-Hegyi 竞争指数的竞争单元：它是基于 Voronoi 图来确定的，在 Voronoi 图中每个多边形包含 1 株树木，即对象木，其相邻多边形里的树木为该对象木邻近的竞争木(图 4.1)。

加权 V-Hegyi 竞争指数的竞争单元：它是基于加权 Voronoi 图来确定的，加权 Voronoi 图是设二维欧氏平面内点的集合为 p，$p=\{p_1,p_2,\cdots,p_i,p_j,\cdots,p_n\},3\leqslant n<+\infty$（$i\neq j$; $i,j\in I_n=\{1,2,\cdots,n\}$）；$p_i$ $(i=1,2,\cdots,n)$ 为平面内的 n 个点，n 个正实数 λ_i 为相对应的 p_i 点上的权重。$V_n(p_i,\lambda_i)$ 即加权 Voronoi 多边形中的所有点到该多边形中心点的距离与该点到相邻多边形中心点的距离之比小于两中心点的权重之比。

$$V_n(p_i,\lambda_i)=\bigcap_{j\neq i}\left\{p\left|\frac{d(p,p_i)}{\lambda_i}<\frac{d(p,p_j)}{\lambda_j}\right.\right\} \tag{4.1}$$

式中，$d(p,p_i)$ 为平面内任意一点 p 到 p_i 的距离；$d(p,p_j)$ 为平面内任意一点 p 到 p_j 的距离。

当 $\lambda_1=\lambda_2=\cdots=\lambda_n$ 时，加权 Voronoi 图就成为常规 Voronoi 图。加权 Voronoi 图(图 4.1)引进了权重，使得 Voronoi 图由多边形变为曲线不规则多边形，每个加权 Voronoi 多边形

包含 1 株树木，对象木为样地内任意一株树木，其相邻的多边形里的树木为此对象木邻近的竞争木。加权 Voronoi 图中对象木的竞争木只有 4 株，与 Voronoi 图中确定的竞争单元相比发生了很大变化。

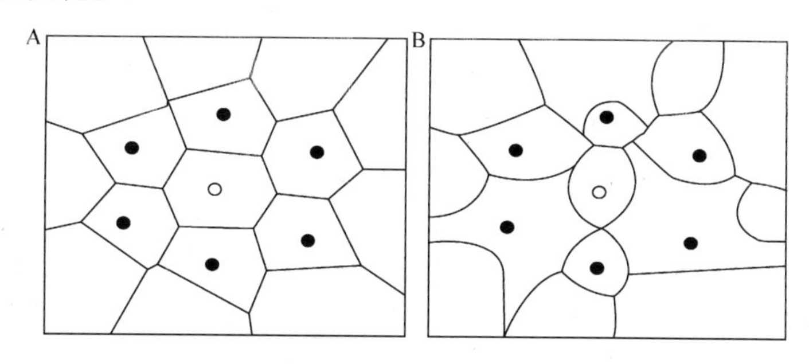

图 4.1　基于 Voronoi 图(A)和加权 Voronoi 图(B)的竞争单元

(2)林木竞争指数　为方便比较，将 Hegyi、V-Hegyi、加权 V-Hegyi 这 3 种竞争指数的表达式统一为

$$\mathrm{CI}_i=\sum_{j=1}^{n_i}\frac{D_j}{D_i}\times\frac{1}{L_{ij}} \tag{4.2}$$

式中，n_i 为对象木 i 所在竞争单元的竞争木的株数(i=1，2，⋯，N；N 为对象木株数)；其余变量同上。

样地内所有对象木竞争指数之和(CI)的公式为

$$\mathrm{CI}=\sum_{i=1}^{N}\mathrm{CI}_i \tag{4.3}$$

2. 角尺度　角尺度是表示林木水平分布格局的一种空间结构指数，对于对象木，与其相邻任意两株林木之间有两个夹角，令小角为 α，大角为 β，$\alpha+\beta=360°$，定义为 α 角小于标准角 α_0 的个数占所考察的最近 n 个 α 角的比例。角尺度(W_i)公式为

$$W_i=\frac{1}{n}\sum_{j=1}^{n}Z_{ij} \tag{4.4}$$

式中，n 为邻近木株数；$Z_{ij}=\begin{cases}1, & \text{当第}j\text{个}\alpha\text{角小于标准角}\alpha_0\\ 0, & \text{否则}\end{cases}$。

林分平均角尺度($\overline{W}$)公式为

$$\overline{W}=\frac{1}{N}\sum_{i=1}^{N}W_i \tag{4.5}$$

式中，N 为对象木总株数，均匀分布取值范围为[0,0.475)，随机分布取值范围为[0.475,0.517]，聚集分布的取值范围为(0.517,1]。

3. 混交度　混交度是表示树中间的相互隔离程度的一种空间结构指数。混交度(M_i)公式为

$$M_i = \frac{1}{n}\sum_{j=1}^{n} v_{ij} \tag{4.6}$$

式中，n 为邻近木株数；$v_{ij} = \begin{cases} 1, & \text{当中心木}i\text{与第}j\text{株邻近木属不同树种} \\ 0, & \text{否则} \end{cases}$。

林分平均混交度（$\overline{M}$）公式为

$$\overline{M} = \frac{1}{N}\sum_{i=1}^{N} M_i \tag{4.7}$$

式中，N 为某一树种的对象木总株数，零度混交取值为 0，弱度混交取值范围为(0,0.25]，中度混交取值范围为(0.25,0.50]，强度混交取值范围为(0.50,0.75]，极强度混交的取值范围为(0.75,1]。

4. 边缘校正　在计算林分空间结构数据时，以位于样地边缘处的对象木为中心木所构建的竞争单元是不完整的，这样计算的结果会有误差，因此对边缘木进行边缘校正处理是必要的。安慧君等(2005)指出边缘林木会受到边界效应的影响，因而准确地选择边缘效应校正方法对于后面的数据分析至关重要。郝月兰(2012)总结了传统的几种边缘校正方法：八邻域平移边缘校正法、八邻域对称校正法、距离缓冲区校正法、最近邻体距离比较判定校正法(近几年出现的)、第 4 邻体距离判定校正法等。

研究者周红敏得出的比较结果为在空间结构分析方面，八邻域平移边缘校正法、距离缓冲区校正法和第 4 邻体距离判定校正法更优于八邻域对称校正法；在样地形状的适用性方面，第 4 邻体距离判定校正法优于八邻域平移边缘校正法；在信息利用程度方面，第 4 邻体距离判定校正法优于距离缓冲区校正法。由于本书引用了一种新方法来确定邻近木，即加权 Voronoi 图法，每个加权 Voronoi 单元的边数即邻近木株数是一个不确定的整数，因此基于 4 株邻近木关系的第 4 邻体距离判定校正法不能用于本研究。八邻域平移边缘校正法只适用于规则样地，而距离缓冲区校正法人为地设定固定边缘缓冲区且计算安全性较好，故本研究采用距离缓冲区校正法，把由样地每条边向内 2m 水平距离的范围作为缓冲区，将样地里缓冲区外的其余部分作为校正样地，其大小为 16m×26m(图 4.2)，然后利用校正样地内的林木作为对象木计算林木竞争指数。

5. 分析方法　本书采用统计分析方法来进行数据分析，统计分析(statistical analysis)是指运用统计方法及与分析对象有关的知识，结合定量与定性进行的研究活动。在获得的基础数据中蕴含着很多有用信息，需要采用各种统计学分析方法来科学、准确地提取出对本身科学研究有用的信息。因此结合本书的研究目的，主要采用以下统计分析方法。

(1) 相关分析　相关分析(correlation analysis)是一种研究变量间是否相关、相关的方向和密切程度常用的统计方法。两个变量间的相关程度用相关系数 r 表示。①正相关($r>0$)：$r>0.95$ 为存在显著性相关；$r\geqslant 0.8$ 为高度相关；$0.5\leqslant r<0.8$ 为中度相关；$0.3\leqslant r<0.5$ 为低度相关；$r<0.3$ 为关系极弱，认为不相关。②负相关($r<0$)：相关程度等级划分同上。

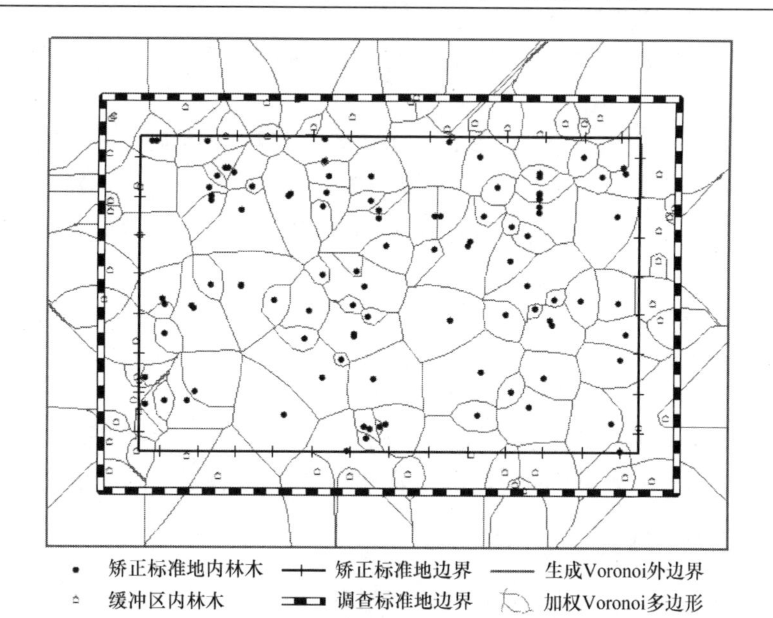

图 4.2　边缘校正后加权 Voronoi 图

相关系数 r 的计算：数据符合正态分布时，采用 Pearson 相关系数。当数据的分布形式不符合正态分布时，采用 Spearman 相关系数或 Kendall 相关系数。Spearman 相关系数是 Pearson 相关系数的一种非参数形式，是根据数据的秩而不是根据实际值计算的。也就是说，计算时先对离散数据进行排序或对定距变量值排秩，根据各秩使用 Spearman 相关系数公式进行计算，它适用于有序数据或不满足正态分布的等间隔数据。

(2) 曲线拟合　曲线拟合(curve fitting)是选择适当的曲线类型来拟合观测的数据，并用拟合的曲线方程分析两变量间的关系，它是一种用解析表达式逼近离散数据的方法。

常用的函数有：指数函数($y=ae^{bx}$)、对数函数($y=a+b\ln x$，$x>0$)、幂函数($y=ax^b$，$a>0$，$x>0$)等。

(3) 线性回归分析　线性回归(linear regression)是利用称为线性回归方程的最小平方函数对一个或多个自变量和因变量之间的关系进行建模的一种回归分析。

在线性回归中，数据使用线性预测函数来建模，并且未知的模型参数也是通过样本数据来估计的。这些模型就是线性模型，其基本思想是：在相关分析的基础上，从一个已知量推断另一个未知量，对具有相关关系的两个或多个变量之间数量变化的一般关系进行测定，确立一个合适的数据模型。

线性回归数学模型如下。

$$Y_i = \beta_0 + \beta_1 x_{i1} + \beta_2 x_{i2} + \cdots + \beta_k x_{ik} + \varepsilon_i, \quad i = 1,2,\cdots,n \tag{4.8}$$

在模型(4.8)中，回归系数是未知的，可以在已有样本的基础上，使用最小二乘法对回归系数进行估计，方程的确定性系数(R^2)表明方程中 x 对 Y 解释能力的强弱。

回归模型中的参数估计出来之后，还必须对其进行检验，在 SPSS 软件中主要分为显著性检验(F 检验)和偏相关系数显著性检验(t 检验)，当 F 检验通过时，意味着方程中至少有一个回归系数是显著的，但是并不一定所有的回归系数都是显著的，这样就需要通过 t 检验来验证回归系数的显著性。

(4) 拉依达准则　拉依达准则(Pauta criterion)，又称 3σ 准则，一般用于剔除实验数据中含有粗大误差的坏值。以 99.7%置信概率为标准，以 3 倍标准偏差为处理原则，凡超过此范围的误差，就认为它不是随机误差，而是粗大误差，应被剔除。

6. 建模方法

(1) 单木生长模型建模方法　收集样地的数据用 SPSS 软件进行统计分析，以胸径生长量为因变量、竞争指数为自变量进行曲线拟合，得到较适宜的拟合方程，尝试加入树高因子对此方程进行改进，以期得到更好的拟合效果。

(2) 径阶生长模型建模方法　将样地数据在 Excel 表中按径阶重新整理，利用 ForStat 2.0 软件实现各样地 Weibull 分布的验证，再利用 SPSS 软件进行线性回归模型的构建。

4.2.3 全林整体生物量模型研究

1. 林分蓄积量计算　森林数量可以通过蓄积量来鉴定。林地生产力的大小及经营措施最终达到的效果主要靠单位面积蓄积量的大小来体现。除此之外，在目前的森林资源中，木材资源仍是经济利用价值最大的资源。对林分蓄积量的测定可以使森林在经营和采伐利用中获得关键的数量依据，所以林分调查的主要目的之一就是对林分蓄积量的测定。

林分的蓄积量有很多测定方法，主要可以分为目测法和实测法两种方法。目测法通常可以通过将测树相关的仪器和测树相关的数表作辅助手段进行估算林分蓄积量或根据经验直接目测。实测法通常又被分为全林范围内实测和局部的实测。在实际生产中，全林实测费时费工，仅在林分面积小的伐区调查和科学实验等特殊的情况下才采用。在营林工作中最常用的是在局部范围内进行实测的方法，主要根据调查的目的进而采用典型选样的标准地方法来进行实测，然后按面积比例扩大推算全林分蓄积量。实测确定林分蓄积量的方法又可分为标准木法、数表法等。

本研究采用标准木法中的平均标准木法测算马尾松人工林的林分蓄积量。平均标准木法又称单级法，是不分级求标准木的方法。其步骤如下。

1) 测设标准地，并进行标准地调查。

2) 根据标准地中每木检尺的结果，求算出林分的平均直径（D_g），然后在树高曲线上查找确定林分平均高（H_D）。

3) 寻找 1～3 株与标准地林分平均直径和平均高相接近(相差一般在 ± 5%以内)并且干形中等大小的林木来当作平均标准木，用区分求积法计算材积。

4) 按照式(4.9)计算标准地(或林分)的蓄积量，然后按照标准地(或林分)的面积将蓄积量转换成单位面积蓄积量（m^3/hm^2）。

$$M=\sum_{i=1}^{n}v_i\frac{G}{\sum_{i=1}^{n}g_i} \tag{4.9}$$

式中，n 为标准木株数；v_i、g_i 为第 i 株标准木的材积及断面积；G、M 分别为标准地或林分的总断面积与蓄积量。

2. 林分生物量的计算　将解析木的胸径和冠幅全部进行实测，通过破坏性抽样的方法将样木伐倒，进而测量树高和冠干长度。分别在树干的 7/10、3.5/10 和 1/10 树高处(分别代表上、中、下三处)区分，对干材和干皮称重然后分别抽取样品；对树枝取样时要分别从上、中、下三层来称重取样，树叶和树枝一样也要分三层取样称重，最后选取混合样品。将所抽取的样品带到实验室里，将样品放在 85℃恒温下烘干直到样品变为恒重，根据各个样品的鲜重和干重来推导计算出样木各器官干重，然后汇总可以得到地上部分干重；在解析木中，约 1/3 的样木(28 株)要用全挖法得到整个根系，然后区分根茎、粗根(≥10mm)、细根(2～10mm，不含 2mm 以下须根)来称量鲜重，同样要分别抽取样品并测量其干重，最后推导计算出树根的干重。

地上部分干重与地下部分干重之和即为解析木全林木生物量，将解析木生物量乘以相应生长级的株数并累加起来作为林分生物量的估算值。

3. 建模方法

(1)回归分析法　本研究选用了以下 5 种回归模型，将马尾松林分生物量分为干、枝、叶、根和全林木做试验，分别与林分蓄积量进行回归拟合，根据拟合结果选出回归效果最优的模型来作为马尾松生物量和蓄积量回归模型。

$$Y = a + bX \tag{4.10}$$

$$Y = a + b\ln X \tag{4.11}$$

$$Y = a + \frac{b}{X} \tag{4.12}$$

$$\ln Y = \ln a + b\ln X \tag{4.13}$$

$$\ln Y = a + bX \tag{4.14}$$

式中，Y 为因变量；X 为自变量；a、b 为模型参数。

其中，在研究回归模型的精度检验时，通过计算样本的相关系数和标准差来验证模型精度和适用性。计算公式如下。

$$\text{相关系数：}r = \frac{\sum_{i=1}^{N}(X_i - \overline{X})(Y_i - \overline{Y})}{\sqrt{\sum_{i=1}^{N}(X_i - \overline{X})^2}\sqrt{\sum_{i=1}^{N}(Y_i - \overline{Y})^2}} \tag{4.15}$$

$$\text{标准差：}\sigma = \sqrt{\frac{1}{N}\sum_{i=1}^{N}(X_i - \mu)^2} \tag{4.16}$$

(2)全林整体生长模型及其参数的估计　全林整体生长模型是唐守正在 1991 年提出，之后渐渐完善补充的一个针对人工林生长和经营的模型系统。该模型包括 8 个非线性模型组成的非线性联立方程组，如下所示。

1)断面积生长模型：$G = b_1 \cdot \mathrm{SI}^{b_2} \cdot \left\{1 - \exp\left[-b_4 \cdot (S/1000)^{b_5}(t - t_0)\right]\right\}^{b_3}$　(4.17)

2)密度指数定义：$S = N \cdot (D/D_0)^{\beta}$　(4.18)

3) 断面积公式：$G = N \cdot D^2 \cdot \pi / 40000$ (4.19)

4) 自稀疏模型：$(\mathrm{sf} / N)^{\gamma} - (D / D_0)^{\beta\gamma} = C$ (4.20)

5) 优势高生长：$\mathrm{UH} = \mathrm{SI} \cdot \exp(-b / \mathrm{age} + b / \mathrm{baseage})$ (舒马克型，SI是立地指数)。或者 $\mathrm{UH} = \mathrm{SI} \cdot \{[1 - \exp(-b \cdot \mathrm{age})] / [1 - \exp(-b \cdot \mathrm{baseage})]\}^{c}$ (理查兹型) (4.21)

6) 平均高模型：$\mathrm{PH} = (\mathrm{UH} - a_1) / a_2$ (4.22)

7) 林分蓄积量公式：$M = \mathrm{fH} \cdot G$ (4.23)

8) 形高模型：$\mathrm{fH} = [c_1 + c_2 / (\mathrm{PH} + 2)] \cdot \mathrm{PH}$ (4.24)

式中，符号 age (年龄)、N (株数)、D (胸径)、PH (平均高)、UH (优势高)、fH (形高)、SI (立地指数)、t_0 (平均高达到胸高的年龄)、baseage (立地的基准年龄) 为变量，其他如 b_1、b_2、b_3、b_4、b_5、sf、β、γ、b、c、a_1、a_2、c_1、c_2 为参数，C 为常数，在同一林分当中，常数是由初始密度来决定的。

式(4.17)～式(4.24)是一个非线性联立方程组系统方程。式(4.17)～式(4.21)采用了对数的形式，这样可以使剩余方差与等方差尽可能接近。最后依照下面的步骤在 ForStat 2.0 软件中对参数进行估计。

其中林分的立地类型、年龄和平均树高，运用了哑变量的方法来估计各类型的地位级指数及优势高的生长模型的参数 b，该生长模型为舒马克型。用一元线性度量误差模型估计平均高模型参数 a_1、a_2。将密度指数定义公式(4.18)及断面积的公式(4.19)代入断面积生长模型(4.17)中，将形高的公式(4.24)代进蓄积量的公式(4.23)中，最后与自稀疏模型(4.20)进行联立，就得出了下面的联立方程组。

$$2y_1 = b_1 + b_2 x_2 + b_3 \log\left[1 - \exp(-b_4 \{\exp[y_2 + \beta(y_2 - g_{20})]\}^{b_5} (x_1 - t_0))\right] - \log(\pi_0) \tag{4.25}$$

$$y_2 = \alpha - 1/\gamma \log\left\{\exp[y_1 - \log(\mathrm{baseage})]^{\beta\gamma} + \exp(\alpha - x_4)^{\gamma} - \exp(x_5)^{\beta\gamma}\right\} \tag{4.26}$$

$$y_3 = \log(x_3) + \log[c_1 + c_2 / (x_3 + 2)] + y_2 + 2y_1 + \log(\pi_0) \tag{4.27}$$

其中，常数 $\pi_0 = \pi / 40000$；$g_{20} = \log(20)$；t_0=林分平均高达 1.3m 的年龄(选项给出)；baseage=立地指数的基准年龄(选项给出)；$\alpha = \log(sf)$。

其中不含误差的变量有：$x_1 = \mathrm{age}$，x_2 = 立地指数[已经在式(4.25)中算出]，x_3 = 平均高，$x_4 = \log$ (每一个样地在第一次观测时的总株数)，$x_5 = \log$ (每一个样地在第一次观测时的直径/20)。

其中含有误差的变量有：$y_1 = \log(D)$，$y_2 = \log(N)$，$y_3 = \log(M)$。

采用 ForStat 2.0 软件平台来计算全林整体模型的参数需要的样地观测数据是由同一个树种在多个时间内复测而来的。其中的样地观测数据主要是由 2 个分类因子及 5 个林分的测树因子组成的。其中样地编号和立地类型编号组成了分类因子。林分年龄、公顷株数、断面积平均直径、平均高和蓄积量共同组成了 5 个林分测树因子。在相同的立地类型的样地里，立地类型的编号是同一的。假如不需要在程序中输入立地类型的编号，软件会默认为每个样地的立地类型均不相同。其中每一个样地内的观测值至少要在两个不同年龄阶段进行测量。

(3)全林整体生长模型检验　因为样本的数量和观测次数的限制,本研究需运用刀切法(jackknife)对模型的精度进行检验。刀切法是一种再抽样分析统计量的工具，它是由Quenouille 提出来的。刀切法的基本原理是：首先取得容易观测的大样本资料作为辅助因子，并将其排序，形成顺序统计量。接着确定二重样本，并对相应主要因子的二重样本单元进行测定，然后对主要因子的数据进行分组，并对每一次去掉一组后产生的数据进行计算，将该方法计算得到的结果与整个样本计算而来的结果之间的加数差称为虚拟值，由于虚拟值的数量与数据进行分组后的组数是相同的，进而可以用这些虚拟值来计算刀切估计量。

模型检验统计量包括：平均偏差(E_{MD})、平均绝对偏差(E_{MAD})、平均相对误差(E_{MRD})、均方误(E_{MSE})、相对均方误(E_{RMSE})和决定系数(R^2)。数学表达式如下。

$$E_{MD}=\frac{\sum_{i=1}^{n}(y_i-\hat{y}_i)}{n} \tag{4.28}$$

$$E_{MAD}=\frac{\sum_{i=1}^{n}\left|y_i-\hat{y}_i\right|}{n} \tag{4.29}$$

$$E_{MRD}=\frac{\sum_{i=1}^{n}(y_i-\hat{y}_i)}{\sum_{i=1}^{n}y_i} \tag{4.30}$$

$$E_{MSE}=\sqrt{\frac{\sum_{i=1}^{n}(y_i-\hat{y}_i)^2}{n-1}} \tag{4.31}$$

$$E_{RMSE}=\frac{\sqrt{\sum_{i=1}^{n}(y_i-\hat{y}_i)^2\Big/n-1}}{\sum_{i=1}^{n}y_i\Big/n} \tag{4.32}$$

$$R^2=1-\frac{\sum_{i=1}^{n}\left|y_i-\hat{y}_i\right|^2}{\sum_{i=1}^{n}\left|y_i-\overline{y}_i\right|^2} \tag{4.33}$$

式中，n为样本数；y_i为观测值；$\hat{y}_i$为预测值；$\overline{y}_i$为观测值的平均值。

(4)两阶段度量误差模型法　两阶段度量误差模型法的原理是采用非线度量误差性联立方程组模型对两个或几个模型进行融合及参数的重新估计，经过两阶段度量误差模型法融合后的模型有效地解决了模型中不相容的问题。

多元非线性度量误差模型，即非线性误差变量联立方程组的向量表达式为

$$\begin{cases} f(y_i, x_i, c) = 0, \\ Y_i = y_i + \mathrm{e}_i, \quad i = 1, \cdots, n \\ E(\mathrm{e}_i) = 0, \mathrm{cov}(\mathrm{e}_i) = \sigma^2 \psi \end{cases} \tag{4.34}$$

式中，c 为常数；q 维无误差变量的观测值和 p 维误差变量的观测值分别为 x_i 和 Y_i；y_i 的未知真实值为 Y_i；m 维向量函数为 f；方程中误差的协方差矩阵可以为 $\Phi = \sigma^2 \Psi$；e_i 的误差结构矩阵为 Ψ；估计误差为 σ^2。由于立木相对生长模型描述生物体各“维量”之间的统计关系相当准确，因此采用下述模型描述变量的关系(即状态方程)。

$$\begin{cases} y_1 = a_1(x) x^{b_1} \\ y_2 = a_2(x) x^{b_2} \\ y_0 = c_0 x^{b_0} \end{cases} \tag{4.35}$$

式中，x 为树木直径；y_1 为树干生物量；y_2 为树冠生物量；y_0 为地上部分生物量，$y_0 = y_1 + y_2$。

由 $y_0 = y_1 + y_2$ 推出 $a_1(x)$ 和 $a_2(x)$ 的形式分别是

$$a_1(x) = c_0 c_1 x^{b_0} / (c_1 x^{b_1} + c_2 x^{b_2}), \quad a_2(x) = c_0 c_2 x^{b_0} / (c_1 x^{b_1} + c_2 x^{b_2}) \tag{4.36}$$

这样，把方程改写为

$$\begin{cases} y_1 = c_1 x^{b_1} y_0 / (c_1 x^{b_1} + c_2 x^{b_2}) \\ y_2 = c_2 x^{b_2} y_0 / (c_1 x^{b_1} + c_2 x^{b_2}) \\ y_0 = c_0 x^{b_0} \end{cases} \tag{4.37}$$

取得 n 组观测值，x_i 和 $Y_i\left[Y_i = (Y_{i1}, Y_{i2}, Y_{i0})\right]$，$i = 1, \cdots, n$。直径是可以选定的精确观测的量，认为它是无误差变量(或者说外生变量)。观测值 Y_i 的误差来自两个方面：观测误差和随机抽样误差，它是状态变量的观测值(内生变量)。因此，可以用非线性度量误差模型来进行参数估计。非线性度量误差模型的参数不能有冗余，式(4.37)中存在多余参数，为此，将式(4.37)改写成

$$\begin{cases} y_1 = y_0 / \left[1 + (c_2 / c_1) x^{b_2 - b_1}\right] \\ y_2 = (c_2 / c_1) x^{b_2 - b_1} y_0 / \left[1 + (c_2 / c_1) x^{b_2 - b_1}\right] \\ y_0 = c_0 x^{b_0} \end{cases} \tag{4.38}$$

令 $r_1 = c_2 / c_1$，$r_2 = b_2 - b_1$，$y_0 = y_1 + y_2$，得到相容性生物量模型的形式如下。

$$\begin{cases} y_1 = c_0 x^{b_0} / (1 + r_1 x^{r_2}) \\ y_2 = c_0 r_1 x^{r_2 + b_0} / (1 + r_1 x^{r_2}) \\ y_0 = c_0 x^{b_0} \end{cases} \tag{4.39}$$

由于 $y_0 = y_1 + y_2$，得到非线性联立方程组模型如下。

$$\begin{cases} y_1 = c_0 x^{b_0} / (1 + r_1 x^{r_2}) \\ y_2 = c_0 r_1 x^{r_2 + b_0} / (1 + r_1 x^{r_2}) \end{cases} \tag{4.40}$$

其中独立参数为 $c = (r_1, r_2, c_0, b_0)$。

4.3 杉木生态公益林人工纯林径阶单木生长模型研究

4.3.1 基于竞争指数单木生长模型的构建

本书采用加权 Voronoi 图的方法来确定竞争单元，在分析胸径与竞争指数关系的基础上确定合理的权重，基于 ArcGIS 软件生成加权 Voronoi 图，提出 W-V-Hegyi 竞争指数，通过对比分析 Hegyi、V-Hegyi、W-V-Hegyi 三种竞争指数，验证 W-V-Hegyi 竞争指数弥补了 Hegyi 和 V-Hegyi 竞争指数的不足，是更适合的竞争指数。因此，基于 W-V-Hegyi 竞争指数来构建单木竞争生长模型。引入地统计学中的数学期望，将各样地概率下的加权平均树高作为数学期望，求得权重系数，从而得到加权平均树高胸径生长量。用加权平均树高胸径生长量与竞争指数构建单木生长模型，提高了模型的拟合效果，更符合林木生长规律，依照此单木生长模型可以直接判定各单株林木的生长状况及生长潜力。为实现林分的更简捷模拟与预估生长，本书还对 W-V-Hegyi 竞争指数按径阶进行了统计分析，得出其变化规律，在此基础上建立了径阶平均竞争指数预估模型，再将其用于径阶生长模型，从而实现从单木到林分的模拟，并为抚育间伐、预估林分生长提供基础。

1. 竞争指数的确定　　竞争指数的确定是构建单木生长模型的基础，这里以近熟林 13～16 号样地为例进行研究。

(1)竞争指数与胸径相关性分析

1)Hegyi 和 V-Hegyi 竞争指数与胸径生长因子相关性分析：本书选用的样地树种以杉木为主，其余树种较少，因此在进行数据分析时不分树种讨论。利用 Hegyi、V-Hegyi 公式分别计算样地内各林木的竞争指数，并与对象木胸径进行相关性分析(图 4.3，图 4.4)。

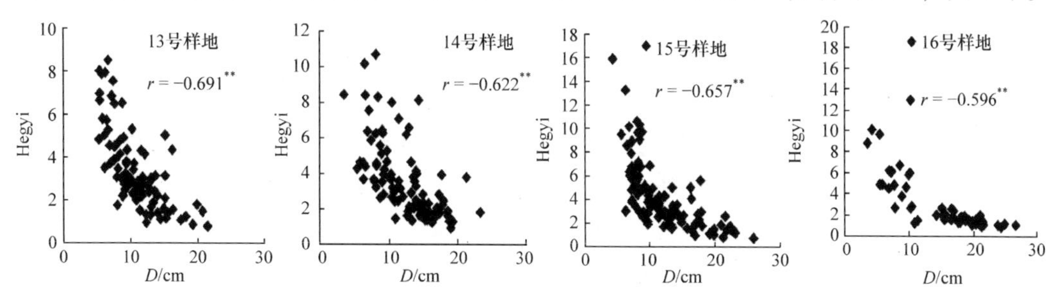

图 4.3　4 块样地胸径与 Hegyi 竞争指数的相关散点图

**表示相关性极显著(*P*<0.01)，下同

由图 4.3 和图 4.4 可以看出，竞争指数与胸径呈负相关，胸径越大，竞争指数越小，即树体越大，竞争强度越小，相关形式为曲线相关，以上规律符合林木生长的一般规律：林木随年龄增加，由于林分的自稀疏，竞争强度降低。而且这两种竞争指数与胸径大小相关性趋势基本一致。

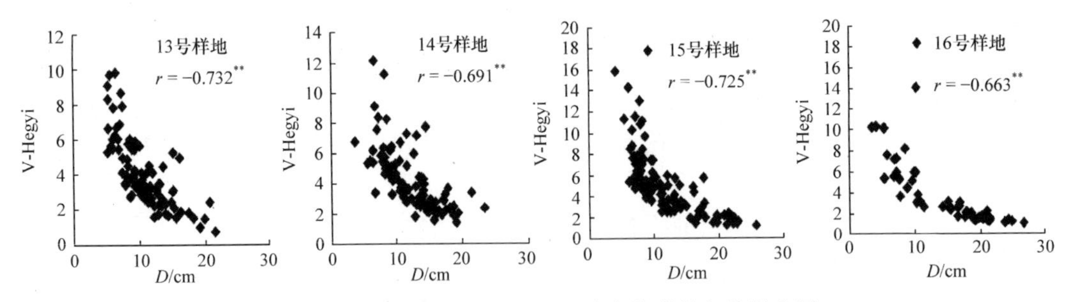

图 4.4　4 块样地胸径与 V-Hegyi 竞争指数的相关散点图

根据上面得出的竞争指数与胸径呈负相关趋势，本研究用胸径倒数(*W*)作为权重对 Voronoi 图进行加权，即 $\lambda_i=W$，利用 ArcGIS 软件里的加权 Voronoi 图工具得到加权后的 Voronoi 图，并利用基于 C#开发的空间结构指数软件计算基于加权 Voronoi 图的竞争指数，记为 W-V-Hegyi 竞争指数。

2) W-V-Hegyi 竞争指数与胸径生长因子相关性分析：为方便同时对 Hegyi、V-Hegyi、W-V-Hegyi 竞争指数进行比较，本研究将计算的 W-V-Hegyi 竞争指数也与对象木胸径进行相关性分析(图 4.5)，通过比较这三者与胸径的相关系数大小来分析它们的适宜性。

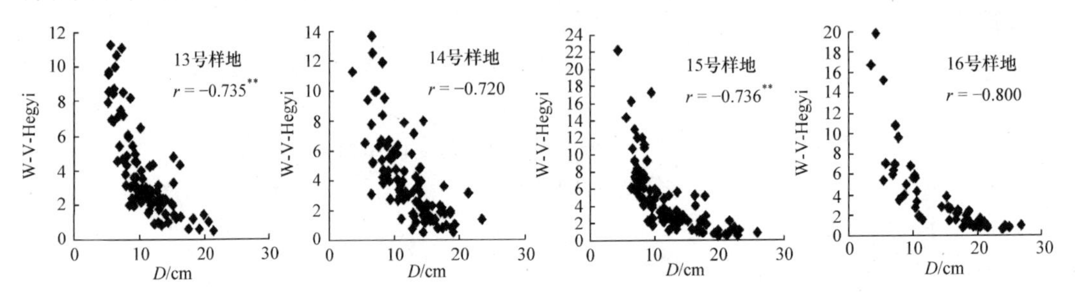

图 4.5　4 块样地胸径与 W-V-Hegyi 的相关散点图

由于胸径与竞争指数的相关系数全为负值，因此比较时须加绝对值。由图 4.3～图 4.5 可以得出，*D* 与 Hegyi 之间 $|r|$ 的平均值为 0.642，*D* 与 V-Hegyi 之间 $|r|$ 的平均值为 0.703，*D* 与 W-V-Hegyi 之间 $|r|$ 的平均值为 0.756，排序依次为：W-V-Hegyi>V-Hegyi>Hegyi，说明 V-Hegyi 与胸径的相关程度普遍比 Hegyi 与胸径的相关程度高，这与前人研究结果一致，V-Hegyi 是比 Hegyi 更适用的竞争指数；W-V-Hegyi 与胸径的相关性比前两者都高，说明 W-V-Hegyi 更能表达竞争指数与树体大小的关系。

(2) 竞争指数与胸径曲线拟合　由图 4.3～图 4.5 可以看出，三种竞争指数与胸径的关系均服从幂函数，因此下面以竞争指数为因变量、以胸径(*D*)为自变量进行曲线拟合(图 4.6～图 4.9)。

从图 4.6～图 4.9 可以看出：

1) 各样地竞争指数均随胸径增大而减小，由于实验区为近熟林样地，只有少数胸径小于 5cm 的林木。胸径为 5～10cm 时，竞争指数随胸径的增大急剧减小；胸径大于 10cm 后，竞争指数随胸径增大而减小的速度逐渐减慢，最后趋于稳定。

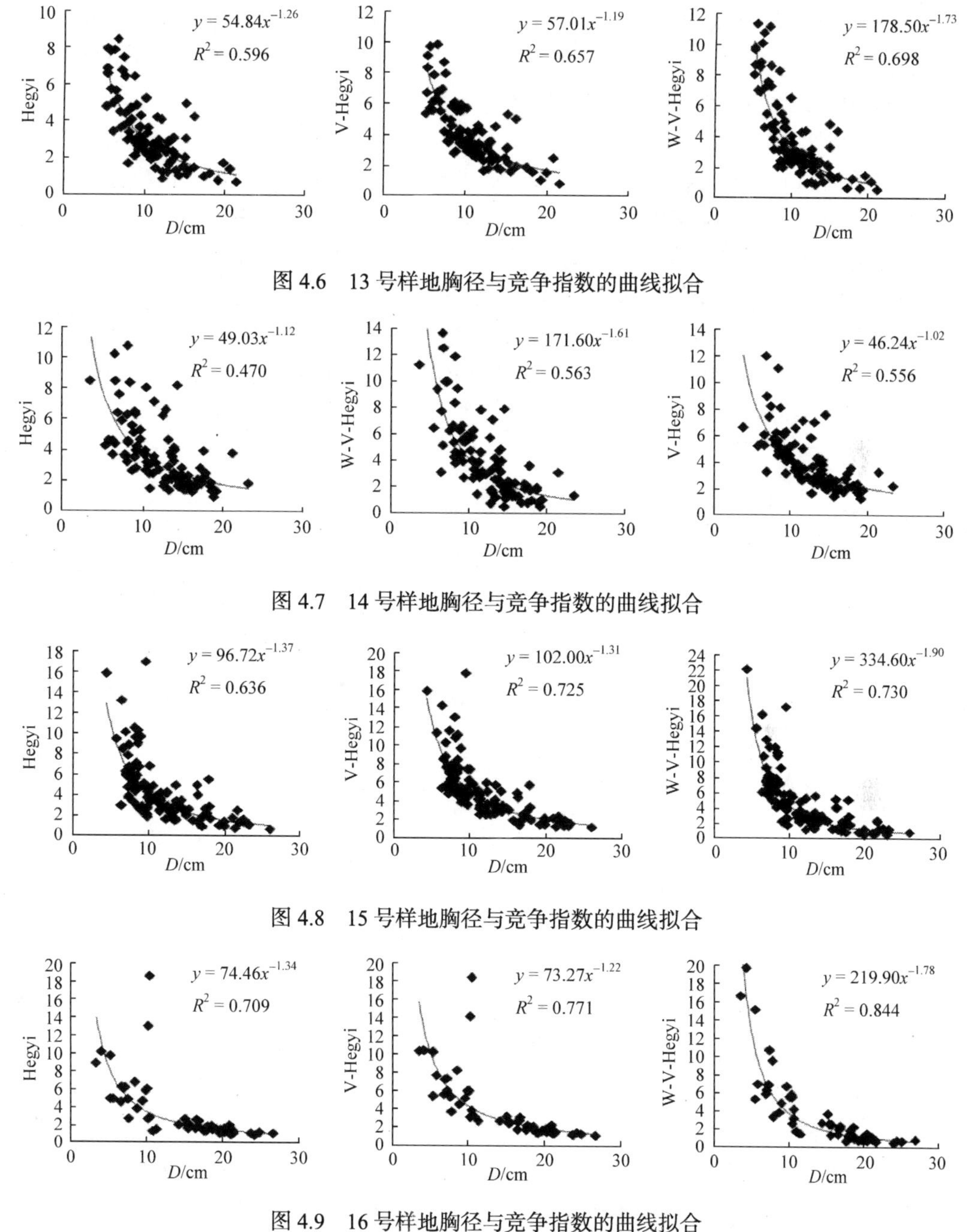

图 4.6　13 号样地胸径与竞争指数的曲线拟合

图 4.7　14 号样地胸径与竞争指数的曲线拟合

图 4.8　15 号样地胸径与竞争指数的曲线拟合

图 4.9　16 号样地胸径与竞争指数的曲线拟合

2）各样地竞争指数与胸径均具有相同的相关趋势，并且 V-Hegyi 比 Hegyi 拟合表达式更逼近于离散点，W-V-Hegyi 比 V-Hegyi 拟合表达式更逼近于离散点。

3）各样地三种竞争指数判定系数（R^2）排序基本为：W-V-Hegyi>V-Hegyi>Hegyi，说明 W-V-Hegyi 具有更高的拟合度，表达出了 W 作为权重的必要性。

（3）三种竞争指数平均值的比较分析　各样地三种竞争指数的平均值虽然各不相同，但有相同的趋势（图 4.10），平均值排序为：V-Hegyi>W-V-Hegyi>Hegyi，由 Hegyi 向 V-Hegyi

的改进使得竞争指数增大了一些，而 V-Hegyi 向 W-V-Hegyi 的改进使竞争指数又减小了一些，说明 Hegyi 向 V-Hegyi 的改进由于没有考虑林木自身属性因子，确定的竞争单元不够合理，竞争指数比实际情况偏大，而 W-V-Hegyi 考虑了胸径因子，生成的竞争单元更趋合理，与实际情况更接近。

通过前面一系列分析，本研究选用 W-V-Hegyi 作为杉木适宜的竞争指数。

2. *胸径生长量与 W-V-Hegyi 竞争指数拟合方程*　研究区每块样地对象木 2 年间胸径生长量与 W-V-Hegyi 竞争指数进行了相关性分析，以 14 号样地为例(图 4.11)，胸径生长量随 W-V-Hegyi 竞争指数增大而减小，符合林木生长与竞争的一般规律。又参照单木生长模型在生物学上的基本要求：第一，竞争指数越大，林木的胸径生长量越小，最后应趋于零但不为零。第二，随竞争指数的减小，林木胸径生长量不能无限制地增大，最终会趋于某一常数。

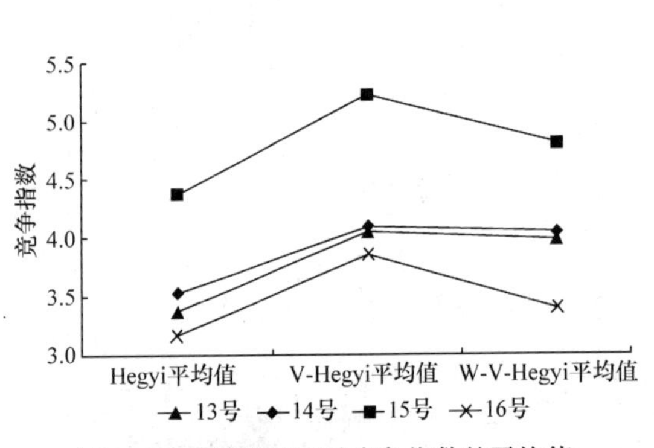

图 4.10　4 块样地三种竞争指数的平均值

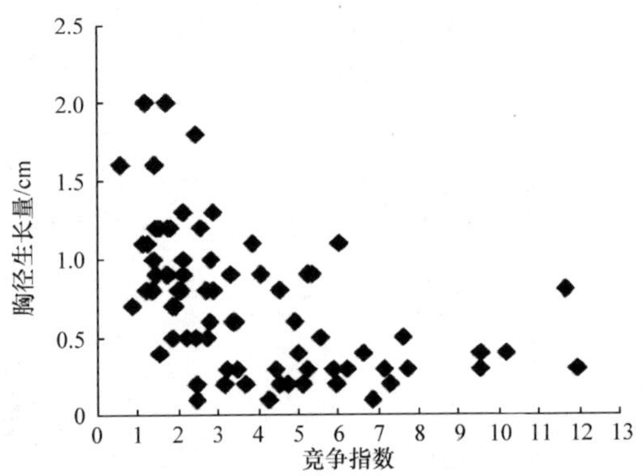

图 4.11　W-V-Hegyi 竞争指数与胸径生长量的相关散点图

因此，以胸径生长量为因变量，以 W-V-Hegyi 竞争指数为自变量，结合散点图分布，确定用幂函数来建立单木生长模型。

$$\Delta D_i = 1.124\mathrm{CI}_i^{-0.615}\text{，} R^2=0.559 \tag{4.41}$$

式中，ΔD_i 为对象木 i 的 2 年间胸径生长量；CI_i 为 W-V-Hegyi 竞争指数。

3. *加权平均树高胸径生长量与 W-V-Hegyi 竞争指数拟合方程*　由式(4.41)的判定系数 R 可知拟合效果一般，因此本书就树木生长量方面做了进一步研究：对应不同树高的树木同一时间内胸径增长的值也不一样，这就需引入树高因子，对其做一定处理后得到权重系数，然后对胸径生长量进行加权。在统计学中，数学期望又称均值，它表示随机变量在随机试验中平均取值的大小，是概率下的平均值，类似加权平均。本书将每个样地内概率下的加权平均树高作为标准权重的标准木高($\overline{H}$)，权重系数即各树高组 H 与此标准木高 $\overline{H}$ 之比。

权重系数的计算：以 14 号样地为例，将样地内树高以 2m 为一个组距划分树高组，计算树高的标准木高及权重系数，样地内树高组及其频率分布如表 4.3 所示。

表 4.3　14 号样地树高组及其频率分布表

树高组 H/m	频数	频率	树高组 H/m	频数	频率
4	4	0.053	6	12	0.160
8	14	0.190	10	16	0.211
12	25	0.333	14	4	0.053

其标准木高：$\overline{H}$=4×0.053+6×0.16+8×0.19+10×0.211+12×0.333+14×0.053=9.55m。

各树高组的权重系数公式为

$$C_k = H / \overline{H}\text{，} k=1,2,\cdots,n\text{，} n \text{ 为树高组个数} \tag{4.42}$$

$C_1 = 4/9.55=0.419$，$C_2 = 6/9.55=0.628$，$C_3 = 8/9.55=0.838$，$C_4 = 10/9.55=1.05$，$C_5 = 12/9.55=1.26$，$C_6 = 14/9.55=1.47$。

利用 C_k 对胸径生长量加权得到加权胸径生长量，用 $\Delta D_i H$ 表示，下面以 $\Delta D_i H$ 为因变量，W-V-Hegyi 竞争指数为自变量进行拟合，得

$$\Delta D_i H = 1.469\text{CI}_i^{-0.896}\text{，} R^2=0.710 \tag{4.43}$$

式(4.43)比式(4.41)拟合度更好，说明用加权平均树高来对胸径生长量进行加权是适宜的，基于此建立的单木生长模型更符合林木生长规律。

4.3.2　径阶生长模型的构建

径阶生长模型是比单木生长模型简单但比全林分生长模型复杂的、可以从单木生长模型向全林分生长模型过渡的一种模型，本书利用某一径阶内所有林木的生长模拟抽象为某一棵林木的生长模拟的方法来实现林分内所有树木的模拟。

1. 直径分布模型　对于同龄林，一般利用直径分布模型来估算林分单位面积内各径阶林木株数，并且前人的研究证明，Weibull 分布函数对于拟合林分直径分布具有较大的灵活性和适用性。Weibull 分布密度函数公式如下：

$$f(x_i) = \frac{c}{b}\left(\frac{x_i - a}{b}\right)^{c-1} \exp\left[-\left(\frac{x_i - a}{b}\right)^c\right],\quad x_i \geqslant a;\ a,b,c > 0 \tag{4.44}$$

式中，x_i 为径阶值；a 为位置参数，定为林分最小直径下限；b 为尺度参数；c 为形状参数。

本书利用 ForStat 软件求得各样地的 a、b、c 估计值，然后建立分布参数与林分特征因子的回归模型，结果为

$$a = 0.401 + 0.196A - 0.008D - 0.003N,\ R=0.937 \tag{4.45}$$

$$b = 8.827 + 0.189A + 0.1D - 0.038N,\ R=0.915 \tag{4.46}$$

$$c = 2.368 + 0.008A + 0.013D - 0.005N,\ R=0.667 \tag{4.47}$$

用式(4.45)～式(4.47)计算不同林分 a、b、c 估计值，再用式(4.48)计算各径阶林木株数。

$$n_i = N \cdot K \cdot f(x_i) \tag{4.48}$$

式中，n_i 为某一径阶内林木株数；N 为林分总株数；K 为径阶距；$f(x_i)$ 为 Weibull 分布密度函数。

2. 径阶竞争指数预估模型　本书将胸径按 2cm 为径阶距划分径阶，竞争指数按 0.5 为组距划分竞争指数阶，用上限排外法将各样地内对象木进行归组统计，通过研究竞争指数的分布规律和特点，来构建径阶竞争指数预估模型。

(1) 林分内竞争指数分布特点　以近熟林 13 号样地为例，其平均竞争指数为 2.8，此林分内竞争指数分布曲线如图 4.12 所示，曲线规律为：基本呈单峰状曲线，并且林木株数最多的是林分平均竞争指数所在的竞争指数阶，然后向两端逐渐减少。不同发育阶段杉木林分竞争指数变化特点也基本如此(图 4.13)。

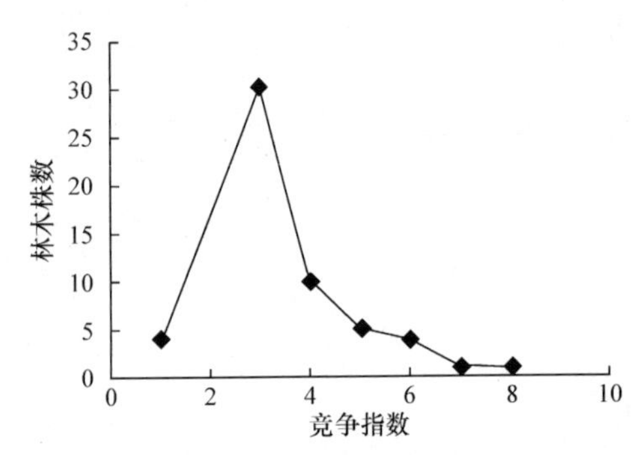

图 4.12　13 号样地竞争指数分布曲线图

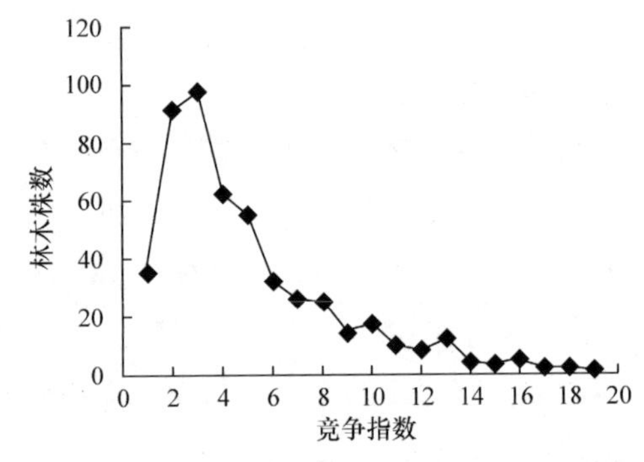

图 4.13　不同发育阶段杉木林分竞争指数分布曲线图

(2) 径阶内竞争指数分布特点　样地内对象木按径阶将竞争指数归组统计，同样以近熟林 13 号样地为例，如图 4.14 所示，径阶平均竞争指数有一定的变化规律：随径阶增大，径阶平均竞争指数减小，林分平均竞争指数所在的竞争指数阶接近林分的平均胸径。不同发育阶段杉木径阶内竞争指数分布特点同 13 号样地基本一致(图 4.15)。

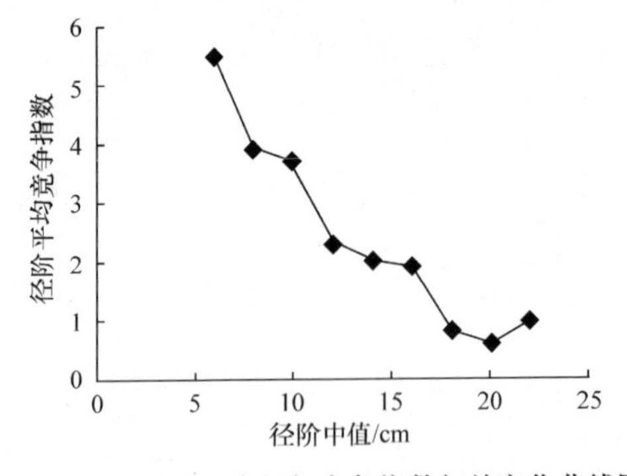

图 4.14　13 号样地胸径与竞争指数相关变化曲线图

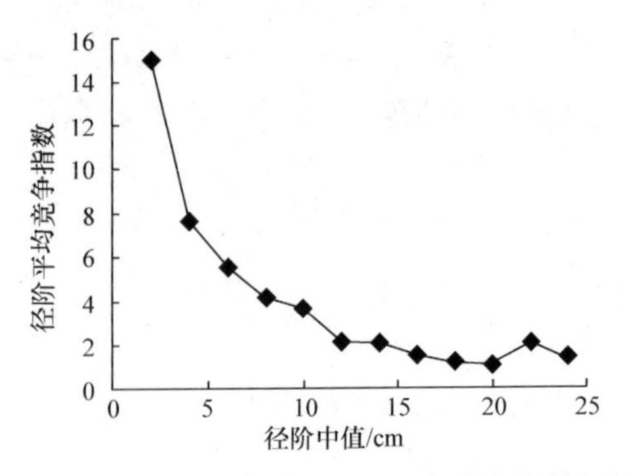

图 4.15　不同发育阶段杉木胸径与竞争指数相关变化曲线图

(3) 径阶竞争指数预估模型的建立　本书整理和计算了林分内各径阶的平均竞争指数、平均胸径、营养面积及林分年龄，以便分析竞争指数的变化规律，式(4.49)就是径阶竞争指数预估模型的拟合方程。

$$CI = 5.882 - 5.518 / \lg B + 0.145A + 38.455 / D,\ R^2 = 0.865 \tag{4.49}$$

式中，CI 为径阶平均竞争指数；D 为径阶中值；A 为平均年龄；B 为营养面积(样地面积/样地内林木株数)。模型显著性检验结果见表 4.4。

表 4.4　径阶竞争指数预估模型 F 检验

方差来源	平方和	自由度	均方	F	显著性
回归	649.769	3	216.500	40.631	显著
残差	218.556	41	5.331		
总计	868.325	44			

查 F 分布表得 $F_{0.05}(3,41)=2.84<40.631$，因此本书建立的径阶竞争指数预估模型回归效果十分显著。

3. 径阶单木生长模型　　林分生长除了与竞争指数有关外，还受林分平均年龄(A)、林分平均胸径(D)、林分密度(SD)等因子的影响，本书参照了洪伟等构建的马尾松生长模型和封磊等构建的林分竞争模型，又基于前面一系列的研究，在构建径阶单木生长模型时，将加权平均树高胸径生长量作为因变量，径阶内平均胸径、平均年龄、平均竞争指数、林木株数作为自变量来构建模型，方程如下。

$$\Delta D_i H = 8.764 - 7.446\lg A + 2.562\lg D - 0.028\mathrm{CI} - 0.035 n_i,\ R^2=0.886 \tag{4.50}$$

式中，$\Delta D_i H$ 为某一径阶内的加权平均树高胸径生长量；n_i 为径阶内林木株数；其余变量同上。

模型检验结果见表 4.5。

表 4.5　径阶单木生长模型 F 检验

方差来源	平方和	自由度	均方	F	显著性
回归	53.482	4	13.370	30.100	显著
残差	17.768	40	0.444		
总计	71.250	44			

查 F 分布表可知 $F_{0.05}(4,40)=2.61<30.100$，因此本书建立的林分生长模型回归效果十分显著。模型回归效果见表 4.6。

表 4.6　径阶单木生长模型 t 检验表

变量	偏回归系数	标准误差	t	$t_{0.05}(40)$
$\lg A$	−7.446	0.856	−8.694	2.021
$\lg D$	2.562	0.915	2.802	
CI	−0.028	0.046	−0.617	
n_i	−0.035	0.013	−2.639	

4.3.3　模型的应用

在径阶生长模型基础上将样地数据进行模拟预测，以 12 号样地为例计算得到杉木的属性信息(表 4.7)。

表 4.7　样地优化前预测属性信息

变量	径阶中值									
	2	4	6	8	10	12	14	16	18	20
径阶内株数(n_i)	1	8	10	17	21	31	12	12	3	3
预估平均竞争指数(CI)	25.9	16.2	13.0	11.4	10.5	9.8	9.4	9.0	8.8	8.5
生长量/cm	0.5	1.3	1.7	1.9	2.0	1.9	2.7	2.9	3.3	3.5

表 4.7 中得到的生长量为树高加权胸径生长量，再基于权重计算得到胸径生长量；树高等其他生长因子可根据与胸径的相关关系来计算，12 号样地优化前杉木预测结果见表 4.8。

表 4.8　12 号样地杉木优化前预测

树木 ID	树种	胸径/cm	树高/m	权重系数	ΔDH	2 年后胸径/cm	2 年后树高/m	ΔD	ΔH
1	杉木	11.4	7.3	1.175	1.9	13.0	7.8	1.6	0.5
2	杉木	9.1	6.7	0.881	2.0	11.4	7.1	2.3	0.4
3	杉木	10.8	6.8	0.881	2.0	13.1	7.3	2.3	0.5
4	杉木	8.5	7.1	1.175	1.9	10.1	7.7	1.6	0.6
5	杉木	13.5	7.6	1.175	2.7	15.8	8.0	2.3	0.4
6	杉木	9.2	7.3	1.175	2.0	10.9	7.6	1.7	0.3
7	杉木	3.8	2.1	0.294	1.3	8.2	4.0	4.4	1.9
8	杉木	11.6	7.7	1.175	1.9	13.2	8.2	1.6	0.5
9	杉木	5.4	3.3	0.588	1.7	8.3	5.6	2.9	2.3
12	杉木	5.0	5.0	0.881	1.7	6.9	5.3	1.9	0.3
14	杉木	11.1	7.6	1.175	1.9	12.7	8.4	1.6	0.8
15	杉木	9.6	7.2	1.175	2.0	11.3	7.8	1.7	0.6
16	杉木	16.6	8.8	1.175	2.9	19.1	9.3	2.5	0.5
17	杉木	12.2	7.7	1.175	1.9	13.8	8.3	1.6	0.6
18	杉木	8.5	5.8	0.881	1.9	10.7	6.6	2.2	0.8
19	杉木	4.6	4.5	0.588	1.3	6.8	5.2	2.2	0.7
20	杉木	11.2	7.0	1.175	1.9	12.8	7.2	1.6	0.2
21	杉木	10.4	7.3	1.175	2.0	12.1	7.7	1.7	0.4
22	杉木	10.4	7.6	1.175	2.0	12.1	7.8	1.7	0.2

续表

树木 ID	树种	胸径/cm	树高/m	权重系数	ΔDH	2 年后胸径/cm	2 年后树高/m	ΔD	ΔH
23	杉木	8.2	6.6	0.881	1.9	10.4	6.8	2.2	0.2
24	杉木	10.7	7.3	1.175	2.0	12.4	7.9	1.7	0.6
25	杉木	9.3	6.2	0.881	2.0	11.6	6.8	2.3	0.6
26	杉木	12.2	7.7	1.175	1.9	13.8	7.9	1.6	0.2
27	杉木	8.5	5.8	0.881	1.9	10.7	6.6	2.2	0.8
28	杉木	5.7	6.2	0.881	1.7	7.6	6.8	1.9	0.6
29	杉木	6.1	6.2	0.881	1.7	8.0	6.7	1.9	0.5
30	杉木	15.3	8.2	1.175	2.9	17.8	8.6	2.5	0.4
31	杉木	3.1	2.8	0.294	1.3	7.5	4.5	4.4	1.7
32	杉木	7.7	7.2	1.175	1.9	9.3	7.7	1.6	0.5
33	杉木	11.2	7.6	1.175	1.9	12.8	7.9	1.6	0.3
34	杉木	9.4	6.3	0.881	2.0	11.7	6.9	2.3	0.6
35	杉木	6.0	5.0	0.881	1.7	7.9	5.6	1.9	0.6
36	杉木	8.3	7.0	1.175	1.9	9.9	7.3	1.6	0.3
37	杉木	9.3	6.3	0.881	2.0	11.6	6.8	2.3	0.5
38	杉木	10.8	7.0	1.175	2.0	12.5	7.2	1.7	0.2
39	杉木	15.0	8.6	1.175	2.9	17.5	9.0	2.5	0.4
40	杉木	13.5	7.0	1.175	2.7	15.8	8.0	2.3	1.0
41	杉木	10.6	7.2	1.175	2.0	12.3	7.5	1.7	0.3
42	杉木	19.1	9.0	1.469	3.5	21.5	9.3	2.4	0.3
43	杉木	17.2	8.0	1.175	3.3	20.0	9.0	2.8	1.0
44	杉木	15.8	7.3	1.175	2.9	18.3	8.6	2.5	1.3
45	杉木	12.2	6.8	0.881	1.9	14.4	7.6	2.2	0.8
46	杉木	7.3	6.5	0.881	1.9	9.5	6.7	2.2	0.2
47	杉木	7.8	6.8	0.881	1.9	10.0	7.0	2.2	0.2
48	杉木	16.6	8.6	1.175	2.9	19.1	8.8	2.5	0.2
49	杉木	16.2	8.2	1.175	2.9	18.7	8.7	2.5	0.5
50	杉木	10.0	6.5	0.881	2.0	12.3	7.0	2.3	0.5
51	杉木	11.7	7.3	1.175	1.9	13.3	7.5	1.6	0.2
52	杉木	11.5	7.3	1.175	1.9	13.1	7.7	1.6	0.4
53	杉木	15.0	7.6	1.175	2.9	17.5	8.4	2.5	0.8
54	杉木	12.8	7.3	1.175	1.9	14.4	7.6	1.6	0.3
55	杉木	11.2	6.7	0.881	1.9	13.4	7.3	2.2	0.6
56	杉木	13.5	7.6	1.175	2.7	15.8	8.0	2.3	0.4

续表

树木 ID	树种	胸径/cm	树高/m	权重系数	ΔDH	2 年后胸径/cm	2 年后树高/m	ΔD	ΔH
57	杉木	13.3	7.5	1.175	2.7	15.6	7.9	2.3	0.4
58	杉木	15.2	8.1	1.175	2.9	17.7	8.5	2.5	0.4
59	杉木	10.8	7.2	1.175	2.0	12.5	7.5	1.7	0.3
60	杉木	3.1	7.2	1.175	1.3	4.2	7.8	1.1	0.6
61	杉木	13.1	6.9	0.881	2.7	16.2	8.1	3.1	1.2
62	杉木	12.2	7.8	1.175	1.9	13.8	7.9	1.6	0.1
64	杉木	20.8	10.2	1.469	3.5	23.2	10.8	2.4	0.6
68	杉木	11.4	7.2	1.175	1.9	13.0	7.4	1.6	0.2
70	杉木	11.4	9.6	1.469	1.9	12.7	9.9	1.3	0.3
71	杉木	13.6	7.8	1.175	2.7	15.9	8.0	2.3	0.2
72	杉木	13.4	7.8	1.175	2.7	15.7	8.0	2.3	0.2
73	杉木	16.4	8.0	1.175	2.9	18.9	8.9	2.5	0.9
74	杉木	12.5	7.2	1.175	1.9	14.1	7.6	1.6	0.4
76	杉木	6.4	3.7	0.588	1.7	9.3	5.6	2.9	1.9
78	杉木	8.8	6.9	0.881	1.9	11.0	7.5	2.2	0.6
79	杉木	12.7	9.2	1.469	1.9	14.0	9.8	1.3	0.6
81	杉木	11.8	8.7	1.175	1.9	13.4	9.1	1.6	0.4
84	杉木	4.9	4.4	0.588	1.3	7.1	5.3	2.2	0.9
86	杉木	1.2	1.5	0.294	0.5	2.9	3.4	1.7	1.9
88	杉木	8.9	7.5	1.175	1.9	10.5	7.9	1.6	0.4
89	杉木	7.1	6.5	0.881	1.9	9.3	6.9	2.2	0.4
91	杉木	7.5	6.3	0.881	1.9	9.7	6.7	2.2	0.4
95	杉木	13.7	9.2	1.469	2.7	15.5	10.2	1.8	1.0
96	杉木	12.2	7.8	1.175	1.9	13.8	8.1	1.6	0.3
97	杉木	17.2	7.6	1.175	3.3	20.0	9.0	2.8	1.4
98	杉木	11.0	7.1	1.175	1.9	12.6	7.6	1.6	0.5
101	杉木	19.0	8.6	1.175	3.5	22.0	9.5	3.0	0.9
103	杉木	15.1	6.8	0.881	2.9	18.4	8.4	3.3	1.6
104	杉木	4.6	3.5	0.588	1.3	6.8	5.1	2.2	1.6
105	杉木	10.7	5.6	0.881	2.0	13.0	7.1	2.3	1.5
106	杉木	12.8	9.1	1.469	1.9	14.1	9.8	1.3	0.7
107	杉木	10.0	5.0	0.881	2.0	12.3	6.9	2.3	1.9
108	杉木	6.1	3.5	0.588	1.7	9.0	5.6	2.9	2.1
109	杉木	14.9	5.0	0.881	2.7	18.0	7.4	3.1	2.4

续表

树木 ID	树种	胸径/cm	树高/m	权重系数	ΔDH	2 年后胸径/cm	2 年后树高/m	Δ*D*	Δ*H*
110	杉木	14.5	6.0	0.881	2.7	17.6	8.2	3.1	2.2
111	杉木	12.4	5.5	0.881	1.9	14.6	7.4	2.2	1.9
112	杉木	11.6	4.0	0.588	1.9	14.8	6.3	3.2	2.3
113	杉木	15.3	6.0	0.881	2.9	18.6	8.2	3.3	2.2
116	杉木	18.8	8.5	1.175	3.3	21.6	9.8	2.8	1.3
117	杉木	15.3	7.2	1.175	2.9	17.8	8.4	2.5	1.2
119	杉木	10.8	6.5	0.881	2.7	13.9	7.5	3.1	1.0
121	杉木	8.6	5.1	0.881	1.9	10.8	6.6	2.2	1.5
122	杉木	10.9	6.6	0.881	2.0	13.2	8.7	2.3	2.1
123	杉木	4.5	7.2	1.175	1.3	5.6	7.7	1.1	0.5
124	杉木	8.3	6.2	0.881	1.9	10.5	6.9	2.2	0.7
125	杉木	11.5	6.2	0.881	1.9	13.7	7.2	2.2	1.0
126	杉木	5.3	4.8	0.588	1.7	8.2	5.7	2.9	0.9
127	杉木	10.6	6.8	0.881	2.0	12.9	7.2	2.3	0.4
128	杉木	5.3	5.3	0.881	1.7	7.2	5.6	1.9	0.3
129	杉木	4.3	4.8	0.588	1.3	6.5	5.6	2.2	0.8
130	杉木	10.4	5.8	0.881	2.0	12.7	7.1	2.3	1.3
131	杉木	7.6	5.1	0.881	1.9	9.8	6.6	2.2	1.5
132	杉木	6.5	4.5	0.588	1.7	9.4	6.1	2.9	1.6
133	杉木	11.8	7.0	1.175	1.9	13.4	7.5	1.6	0.5
134	杉木	7.2	5.0	0.881	1.9	9.4	6.4	2.2	1.4
135	杉木	10.1	5.1	0.881	2.0	12.4	7.0	2.3	1.9
137	杉木	8.5	5.2	0.881	1.9	10.7	6.6	2.2	1.4
138	杉木	12.4	6.2	0.881	1.9	14.6	7.7	2.2	1.5
140	杉木	12.4	8.6	1.175	1.9	14.0	8.9	1.6	0.3
141	杉木	11.6	9.6	1.469	1.9	12.9	10.0	1.3	0.4
142	杉木	12.2	10.1	1.469	1.9	13.5	10.3	1.3	0.2
143	杉木	13.3	11.2	1.763	2.7	14.8	11.5	1.5	0.3
145	杉木	11.8	7.5	1.175	1.9	13.4	7.9	1.6	0.4
146	杉木	12.0	7.0	1.175	1.9	13.6	7.6	1.6	0.6
149	杉木	13.1	8.6	1.175	2.7	15.4	10.1	2.3	1.5

本样地只有杉木和柳杉两种树种，而且杉木占多数，因此本研究没有构建柳杉的生长模型，这里将柳杉按杉木的增长比例模拟预测，预测结果见表 4.9 和表 4.10。

表 4.9　12 号样地柳杉优化前预测

树木 ID	树种	胸径/cm	树高/m	2 年后胸径/cm	2 年后树高/m	ΔD	ΔH
10	柳杉	6.8	6.3	8.5	6.9	1.7	0.6
11	柳杉	4.8	5.8	6.1	6.4	1.3	0.6
13	柳杉	7.6	5.5	9.5	6.1	1.9	0.6
63	柳杉	10.4	5.1	12.4	6.2	2.0	1.1
65	柳杉	2.0	2.1	2.5	2.9	0.5	0.8
66	柳杉	1.8	1.9	2.3	2.6	0.5	0.7
67	柳杉	1.2	1.5	1.7	2.1	0.5	0.6
69	柳杉	2.0	2.1	2.5	2.9	0.5	0.8
75	柳杉	3.5	2.3	4.8	3.2	1.3	0.9
77	柳杉	7.6	4.3	9.5	5.1	1.9	0.8
80	柳杉	8.1	7.2	10.0	7.9	1.9	0.7
82	柳杉	3.8	2.9	5.1	3.3	1.3	0.4
83	柳杉	2.7	2.5	3.2	2.8	0.5	0.3
85	柳杉	7.6	7.1	9.5	7.8	1.9	0.7
87	柳杉	1.6	1.9	2.1	2.7	0.5	0.8
90	柳杉	3.8	2.3	5.1	3.2	1.3	0.9
92	柳杉	6.9	7.1	8.6	7.8	1.7	0.7
93	柳杉	4.1	5.3	5.4	5.7	1.3	0.4
99	柳杉	4.5	3.9	5.8	4.7	1.3	0.8
100	柳杉	3.2	2.7	4.5	3.3	1.3	0.6
102	柳杉	9.8	6.2	11.8	6.9	2.0	0.7
114	柳杉	1.9	2.8	2.4	3.5	0.5	0.7
118	柳杉	8.6	6.2	10.5	6.9	1.9	0.7
120	柳杉	10.6	5.3	12.6	6.3	2.0	1.0
136	柳杉	3.2	2.3	4.5	3.0	1.3	0.7
139	柳杉	13.8	7.1	16.5	7.5	2.7	0.4
144	柳杉	12.8	6.5	14.7	7.1	1.9	0.6
147	柳杉	8.6	5.3	10.5	5.7	1.9	0.4
148	柳杉	7.4	4.8	9.3	5.1	1.9	0.3

表 4.10　12 号样地柳杉优化后预测

树木 ID	树种	胸径/cm	树高/m	2 年后胸径/cm	2 年后树高/m	ΔD	ΔH
10	柳杉	6.8	6.3	8.6	7.0	1.8	0.7
11	柳杉	4.8	5.8	6.1	6.5	1.3	0.7
13	柳杉	7.6	5.5	9.6	6.2	2.0	0.7
63	柳杉	10.4	5.1	12.4	6.5	2.0	1.4
65	柳杉	2.0	2.1	2.5	3.0	0.5	0.9
66	柳杉	1.8	1.9	2.3	2.7	0.5	0.8
67	柳杉	1.2	1.5	1.7	2.2	0.5	0.7
69	柳杉	2.0	2.1	2.5	3.0	0.5	0.9
75	柳杉	3.5	2.3	4.8	3.2	1.3	0.9
77	柳杉	7.6	4.3	9.6	5.2	2.0	0.9
80	柳杉	8.1	7.2	10.1	7.9	2.0	0.7
82	柳杉	3.8	2.9	5.1	3.3	1.3	0.4
83	柳杉	2.7	2.5	3.2	2.8	0.5	0.3
85	柳杉	7.6	7.1	9.6	7.8	2.0	0.7
87	柳杉	1.6	1.9	2.1	2.7	0.5	0.8
90	柳杉	3.8	2.3	5.1	3.3	1.3	1.0
92	柳杉	6.9	7.1	8.7	7.8	1.8	0.7
93	柳杉	4.1	5.3	5.4	5.7	1.3	0.4
99	柳杉	4.5	3.9	5.8	4.7	1.3	0.8
100	柳杉	3.2	2.7	4.5	3.3	1.3	0.6
102	柳杉	9.8	6.2	11.8	6.9	2.0	0.7
114	柳杉	1.9	2.8	2.4	3.5	0.5	0.7
118	柳杉	8.6	6.2	10.6	6.9	2.0	0.7
120	柳杉	10.6	5.3	12.6	6.5	2.0	1.2
136	柳杉	3.2	2.3	4.5	3.0	1.3	0.7
139	柳杉	13.8	7.1	16.6	7.8	2.8	0.7
144	柳杉	12.8	6.5	14.9	7.4	2.1	0.9
147	柳杉	8.6	5.3	10.6	5.7	2.0	0.4
148	柳杉	7.4	4.8	9.4	5.1	2.0	0.3

预测得到的效果图见图 4.16。样地胸径平均生长 2.1cm，树高平均生长 0.8m。

图 4.16　优化前预测效果图

白框为样地边界

4.4　马尾松人工林全林整体生物量模型

4.4.1　不同回归方程下马尾松蓄积量和生物量相关关系的比较

以马尾松林分各器官(树干、树枝、叶、树根)和总生物量做试验，采用式(4.10)～式(4.14)作为回归方程，将 5 个回归方程分别与林分蓄积量进行回归拟合，拟合结果见表 4.11，经过回归检验，显示所有相关均显著。

表 4.11　5 种回归方程拟合的马尾松蓄积量与各器官生物量相关关系模型

器官	模型	a	b	r
干	$Y=a+bX$	6.2171	0.0104	0.8882
	$Y=a+b\ln X$	−285.3267	45.7492	0.8789
	$Y=a+\frac{b}{X}$	139.8968	−11 731.6372	0.3913
	$\ln Y=\ln a+b\ln X$	0.0206	0.9357	0.9262
	$\ln Y=a+bX$	2.8793	0.0001	0.8023
枝	$Y=a+bX$	−11.0478	0.0075	0.8369
	$Y=a+b\ln X$	−190.6172	29.2622	0.7449
	$Y=a+\frac{b}{X}$	86.7469	−7 227.3443	0.4209
	$\ln Y=\ln a+b\ln X$	0.0017	1.1247	0.9127
	$\ln Y=a+bX$	1.1408	0.0002	0.8362
叶	$Y=a+bX$	0.3174	0.0018	0.7161
	$Y=a+b\ln X$	−47.4511	7.5651	0.6188
	$Y=a+\frac{b}{X}$	12.8046	−1 050.8455	0.4086
	$\ln Y=\ln a+b\ln X$	0.0048	0.8820	0.9106
	$\ln Y=a+bX$	−1.3914	0.0002	0.7714

续表

器官	模型	a	b	r
根	$Y=a+bX$	1.1899	0.0041	0.8502
	$Y=a+b\ln X$	−82.9406	14.0092	0.8116
	$Y=a+\frac{b}{X}$	101.4940	−91695.9265	0.6666
	$\ln Y=\ln a+b\ln X$	0.0086	0.9204	0.9013
	$\ln Y=a+bX$	1.5322	0.0001	0.8109
全林木	$Y=a+bX$	0.0981	0.0218	0.9139
	$Y=a+b\ln X$	−586.6491	92.9192	0.8416
	$Y=a+\frac{b}{X}$	288.8274	−24192.7594	0.4065
	$\ln Y=\ln a+b\ln X$	0.0295	0.9657	0.9410
	$\ln Y=a+bX$	3.3691	0.0002	0.8234

注：① 5 种回归方程表达式分别见式(4.10)～式(4.14)，a、b 为模型参数，r 为相关系数；②方程中，模型因变量 $Y=W$，自变量 $X=M$，M 为蓄积量，W 为生物量；③经检验，所有相关均显著

由表 4.11 可以看出，回归模型 $Y=a+bX$ 的相关系数除了全林木的达到了 90%以上外，其他的均不高，说明模型的回归效果不是很好；回归模型 $Y=a+b\ln X$ 和 $\ln Y=a+bX$ 的相关系数比较接近，均在 60%～85%，模型回归效果不佳；模型 $Y=a+\frac{b}{X}$，相关系数最低，最高的是树根，只有 66.7%，其他的均低于 45%，回归效果最差；模型 $\ln Y=\ln a+b\ln X$ 各组分的相关系数均较高，达到了 90% 以上，与其他模型相比，回归效果最佳。

4.4.2　马尾松人工林全林整体生长模型

1. 全林整体生长模型及参数估计　　采用全部 166 块固定标准地数据，运用 ForStat 2.0 软件建立马尾松人工林全林整体生长模型，求得全林整体生长模型的各个参数，并用刀切法对模型的参数进行估计检验，结果见表 4.12。其中根据软件最后输出的结果可知，马尾松人工林达到胸高的年龄 $t_0=2.5$，立地基准年龄 baseage $=20$。

表 4.12　马尾松人工林全林整体生长模型及参数

项目	全部数据	刀切法计算参数(n=166)			
		平均值	最大值	最小值	标准差
断面积生长模型参数					
b_1	19.1320	15.5412	22.8947	8.3251	2.8242
b_2	0.8415	0.7495	0.9615	0.4809	0.0975
b_3	0.3383	0.3786	0.5383	0.3152	0.0074
b_4	0.9876	3.1854	4.2372	0.8795	1.1625
b_5	2.6542	2.5217	2.6987	2.4231	0.0421

续表

项目	全部数据	刀切法计算参数(n=166)			
		平均值	最大值	最小值	标准差
自稀疏模型参数					
sf	4353	4353	4353	4353	0.0000
β	1.5400	1.5400	1.5400	1.5400	0.0000
γ	3.2125	5.3684	6.4793	3.0123	0.7687
形高模型参数					
c_1	0.2034	0.2194	0.2281	0.1832	0.0063
c_2	5.2355	5.2621	5.5324	5.0228	0.0819
平均高模型参数					
a_1	0.0305	0.0295	0.1190	0.0012	0.0225
a_2	1.2545	1.2554	1.2776	1.2452	0.0271
优势高生长模型参数					
b	7.0721	7.0732	7.1309	6.9824	0.0269

由表 4.12 可以看出，采用刀切法进行参数的估计，参数 b_1 和 b_4 变动较大，其他参数比较稳定，相差不大。

将全林整体生长模型的各个参数代入非线性联立方程组(4.17)～(4.24)，得到马尾松人工林全林整体生长模型为

1) $G=19.132_1\cdot \mathrm{SI}^{0.8415}\cdot\left\{1-\exp\left[-0.9876\cdot(S/1000)^{2.6542}(t-2.5)\right]\right\}^{0.3383}$ (4.51)

2) $S=N\cdot(D/20)^{1.54}$ (4.52)

3) $G=N\cdot D^2\cdot\pi/40000$ (4.53)

4) $(4353/N)^{3.2125}-(D/20)^{4.9473}=C$ (C 为常数) (4.54)

5) $\mathrm{UH}=\mathrm{SI}\cdot\exp(-7.0721/\mathrm{age}+0.3536)$ (4.55)

6) $\mathrm{PH}=\mathrm{UH}/1.2545-0.0243$ (4.56)

7) $M=\mathrm{fH}\cdot G$ (4.57)

8) $\mathrm{fH}=\left[0.2034+5.2355/(\mathrm{PH}+2)\right]\cdot\mathrm{PH}$ (4.58)

2. 全林整体生长模型精度验证　选取湖南省马尾松人工林 166 块样地，剔除第 i 块样地，用其余的 165 块样地计算模型参数，然后再将该套模型参数和第 i 个样地 1999 年的数据作为初始值(株数、年龄、断面积)，估计第 i 个样地 2009 年的林分因子。使用全部数据所建立的马尾松人工林全林整体生长模型，分别对株数、直径、蓄积量进行回归检验，检验结果见表 4.13。由表 4.13 分析可知：回归方程 $y=a+bx$ (y 为实测值，x 为估计值，假设 a=0，b=1)的估计期望值和实测值均匀分布在对角线附近，说明全林整体生长模型的回归适应性检验效果较好。

表 4.13　株数、直径、蓄积量的回归方程适应性检验

检验因子	a	b	相关系数	F-统计量	检验结果
株数	53.74	0.97	0.983	2.0570	差异不显著
直径	0.71	0.94	0.921	0.7549	差异不显著
蓄积量	15.43	0.89	0.907	1.6374	差异不显著

临界值 F=3.071779，P=0.05000，一自由度=2，二自由度=330。

以 1999 年林分初始状态的值作为初始值，利用通过刀切法计算而来的模型参数来对 2009 年各样地的林分因子(林分平均胸径、平均树高、林分断面积、株数密度和蓄积量)进行估计，模型拟合的结果及误差的最后统计量见表 4.14。结果表明，林分各个因子的平均相对误差与相对均方误差都不大，均低于 15%；林分各因子决定系数较高，均达到了 97%以上；模型比较准确地估计了平均胸径和平均树高，对其他林分因子的估计均过高。

表 4.14　2009 年实测值和全林整体生长模型估计值比较

统计量	蓄积量/(m^3/hm^2)	断面积/(m^2/hm^2)	树高/m	直径/cm	株数密度/(株/hm^2)
平均偏差(E_{MD})	−18.31	−2.43	−0.16	0.07	−167.74
平均绝对偏差(E_{MAD})	22.37	2.64	0.71	0.49	168.25
平均相对误差(E_{MRD})	−12.17	−9.74	−1.35	0.16	−14.73
均方误(E_{MSE})	24.53	3.07	0.84	0.59	212.34
相对均方误(E_{RMSE})	14.87	11.96	7.92	3.69	14.27
决定系数(R^2)	0.98	0.98	0.97	0.98	0.98

4.4.3　马尾松人工林全林整体生物量模型的构建

有学者研究表明，林分蓄积量和生物量的高低，受立地条件、林分年龄和人为干扰影响较大，所以我们可以认为林分生物量 W 是立地指数 SI、密度指数 S、形高 FH 和林分年龄 t 的函数。因此，本研究提出的马尾松全林整体生物量模型就是建立在全林整体生长模型的基础上，结合林分蓄积量与各组分生物量相关关系模型，采用两阶段度量误差模型方法的融合模型进行参数的拟合构建而成的。即马尾松全林整体生物量模型是由以下模型融合组成的。

$$\begin{cases} G = b_1 \cdot \mathrm{SI}^{b_2} \cdot \left\{1-\exp\left[-b_4 \cdot (S/1000)^{b_5}(t-t_0)\right]\right\}^{b_3} \\ \ln W = \ln a + b\ln M \\ M = \mathrm{fH} \cdot G \end{cases} \tag{4.59}$$

1. 马尾松人工林全林整体生物量模型的构建　由于式(4.59)中三个方程的参数只是局部化的结果，将三个方程整合为一个系统方程后估计出的参数不尽相同。针对此类

问题，有学者经过研究提出了采用两阶段度量误差模型(TSEM)的方法来重新估计参数。两阶段度量误差模型方法是一种对非线性度量误差模型参数估计行之有效的方法，采用非线性误差变量联立方程组的方法，借助唐守正提出的 ForStat 软件平台来进行参数估计。

首先将式(4.59)进行优化，得到

$$\begin{cases} Y_1 = b_1 \cdot \mathrm{SI}^{b_2} \cdot \left\{1 - \exp\left[-b_4 \cdot (S/1000)^{b_5}(t - t_0)\right]\right\}^{b_3} \cdot \mathrm{fH} \\ \ln Y_2 = \ln a + b \ln Y_1 \end{cases} \tag{4.60}$$

式中，a、b、b_1、b_2、b_3、b_4、b_5 为模型的参数；SI 为立地指数；S 为密度指数，由式(4.18)求出；t 为年龄；t_0 为基准年龄；fH 为形高；Y_1 为林分蓄积量；Y_2 为林分各器官生物量，由式(4.13)求出。可以得到马尾松全林整体生物量模型未经过两阶段度量误差模型方法进行模型融合前的参数，见表 4.15。

表 4.15　马尾松全林整体生物量模型融合前的参数

组分	a	b	b_1	b_2	b_3	b_4	b_5
全林木	0.0295	0.9657	19.132	0.8415	0.3383	0.9876	2.6542
干	0.0206	0.9357	19.132	0.8415	0.3383	0.9876	2.6542
枝	0.0017	1.1247	19.132	0.8415	0.3383	0.9876	2.6542
叶	0.0048	0.8820	19.132	0.8415	0.3383	0.9876	2.6542
根	0.0086	0.9204	19.132	0.8415	0.3383	0.9876	2.6542

采用 ForStat 2.1 软件计算非线性联立方程组模型的参数，首先在数据窗口里建立数据文件，如图 4.17 所示。

ObsNo	Y1	年龄	公顷株数	胸径	优势高	平均高	蓄积
1	673.9152	9	2844.44444	15.9	16.8	10.8	114.3597
2	6380.4740	18	2545.44444	17.2	17.8	16.5	190.8562
3	64809.6123	9	2958.33333	12.8	17.8	15.8	102.111041
4	91732.9508	18	2647.33333	17.3	19.5	16.3	205.613379
5	9162.7872	9	3088.88888	10.1	14.3	9.4	104.222180
6	95123.4582	18	2288.88888	14.3	19	12.1	214.253
7	33258.2193	9	3100	15.7	12.7	12.2	82.3062532
8	61339.2560	18	2230	17.8	17.4	13.1	203.170938
9	3435.1307	9	3100	14.7	12.7	10.5	108.54544
10	15283.7800	18	2012	16.2	17.5	11.7	178.803868
11	08879.8731	9	3334.33283	14.4	13.1	11.5	94.3005
12	4211.0566	18	2359.33283	15.4	21.36	13.9	148.238559
13	5000.8149	9	3364.31784	17.37	16.1	14.91	81.4493
14	99062.0122	18	2504.31784	17.4	19.5	15.9	223.594409
15	02038.8487	9	3933	6.4	10.7	7.3	43.6649135
16	94133.9957	18	3367	14.1	16.3	15	163.040962
17	17784.8326	9	3233	7.1	7.4	7.3	70.2743437

图 4.17　马尾松全林整体生物量模型融合数据窗口(部分)

运行程序，单击“统计分析”，然后单击其中的“非线性误差变量联立方程组”，结果弹出模型方程组及模型参数的输入窗口(图 4.18)。

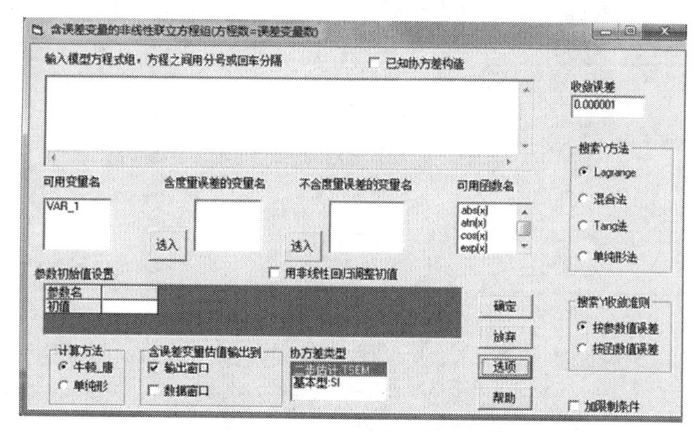

图 4.18 马尾松全林整体生物量模型融合对话框

在方程组输入框中分别输入有度量误差及没有度量误差的变量名称，输入模型方程组，设定参数初始值（$a=1$，$b=1$，$b_1=1$，$b_2=1$，$b_3=1$，$b_4=1$，$b_5=1$），选择模型参数估计方法（牛顿-唐法）、“误差变量”估计方法（Lagrange）、方差结构（TSEM），指定的允许误差为 0.000001，最后点击“确定”即可得到马尾松全林整体生物量模型采用两阶段度量误差模型方法融合后的参数，如表 4.16 所示。

表 4.16 马尾松全林整体生物量模型融合后的参数

器官	a	b	b_1	b_2	b_3	b_4	b_5
全林木	0.0473	0.9538	17.673	0.8376	0.3062	0.9021	2.4395
干	0.0326	0.9721	16.552	0.7962	0.2879	1.1102	2.1020
枝	0.0013	0.5654	14.374	0.9543	0.5521	0.8953	1.9517
叶	0.0054	0.4721	13.758	0.6302	0.4453	0.7431	1.7432
根	0.0092	0.5657	14.432	0.7494	0.2097	0.7015	1.8916

由表 4.15 和表 4.16 可以看出，采用两阶段度量误差模型方法对模型进行融合，模型的参数发生了变化。其中，全林木生物量模型的参数及参数 b_5 的值整体变小，其余参数均发生了改变。将以上模型参数分别带入式(4.60)可得到马尾松全林整体生物量模型。

2. 马尾松人工林全林整体生物量模型精度检验与适用性分析　通过对非线性误差变量联立方程组模型进行拟合，由模型输出结果可得出方程最大平均绝对误差、最大平均相对误差，Y_1、Y_2 的残差平方和和确定系数，如表 4.17 和表 4.18 所示。

表 4.17 观测值与估计值最大平均绝对误差

器官	林分蓄积量方程最大平均绝对误差	林分生物量方程最大平均相对误差
全林木	1.7763E–15	8.7426E–12
干	3.41060E–13	4.8686E–11
枝	4.6391E–7	6.5321E–8
叶	2.1987E–8	7.5268E–9
根	9.1308E–7	5.7914E–8

表 4.18　观测值与估计值精度检验

器官	Y_1 残差平方和	Y_1 确定系数	Y_2 残差平方和	Y_2 确定系数
全林木	6100096.5548	0.9489	1701.0039	0.9502
干	177037.8586	0.9023	3218.1733	0.9137
枝	13982.1974	0.9001	5743.0203	0.9094
叶	8458.9642	0.8912	7439.2014	0.8879
根	6931.7842	0.8453	1123.4562	0.827391

方程最大平均绝对误差和方程最大平均相对误差越小，在一定程度上表示模型的建模精度越高；Y_1 和 Y_2 的确定系数越大，也在一定程度上表示模型的建模精度越高。由表 4.17、表 4.18 可知，模型的方程最大平均绝对误差和方程最大平均相对误差均小于误差允许的范围，而且接近无穷小；而各器官生物量的 Y_1 和 Y_2 的确定系数也相对较高，其中，全林木、干和枝的确定系数均达到了 90%以上，根的确定系数相对偏小，没有达到 85%，但从整体上分析可知模型的预测效果较好。

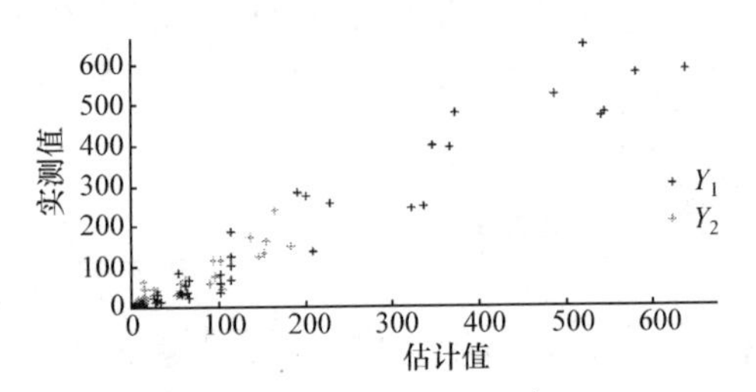

图 4.19　马尾松各器官生物量与蓄积量实测值和估计值对比图

根据马尾松人工林各组分生物量的观测值和估计值输出结果分别作实测值与预测值对比图(图 4.19)。可以看出 Y_1 的散点比较均匀地分布在直线 $Y=a+bX$ 的两侧，Y_2 的散点均匀地分布在直线 $Y=a+bX$ 的前半部分，可能是 Y_1、Y_2 的数值大小不一造成的，但并不影响模型的精度。由以上分析可以得出用度量误差模型方法得到的模型精度较高，并且观测值与估计值的对比结果是无偏的。

由图 4.19 可知，基于度量误差模型的马尾松全林整体生物量模型的估计值和实测值均匀地分布在直线 $Y=a+bX$ 附近，以上分析结果充分说明了采用两阶段度量误差模型方法融合后的全林整体生物量模型的精度较高，适用性检验效果较好。

采用两阶段度量误差模型方法融合后建立的全林整体生物量模型精度高，实用性强，解决了如何将森林资源清查的蓄积量转化为生物量这一难题，为大尺度森林生物量建模提供了一种行之有效的新方法，将大大减少森林资源生物量调查统计的工作量。

4.4.4　模型的应用

将研究得出的马尾松人工林全林整体生物量模型应用于福寿国有林场马尾松低质低效林中，通过建立的全林整体生物量模型及已知的低质低效林 6 块标准地信息(表 4.19)，计算马尾松低质低效林的全林整体生长模型的各指标，并且对其林分生物量进行预估。

表 4.19　福寿国有林场马尾松低质低效林样地基本情况

标准地号	林分年龄	蓄积量/(m³/hm²)	平均胸径/cm	平均高/m	株数密度/(株/hm²)
25	17	53.9067	10.43	8.19	1567
26	17	83.6277	11.67	9.09	1733
27	17	64.5575	10.90	7.88	1717

续表

标准地号	林分年龄	蓄积量/(m^3/hm^2)	平均胸径/cm	平均高/m	株数密度/(株/hm^2)
28	17	63.5931	12.06	8.71	1283
29	17	70.6873	10.48	7.91	2067
30	17	52.4030	10.45	9.20	1350

由福寿国有林场马尾松低质低效林样地资料可以求得该地区马尾松低质低效林的生长状况，如表 4.20 所示。

表 4.20　福寿国有林场马尾松低质低效林的生长状况

树种	年龄	蓄积量/(m^3/hm^2)	平均胸径/cm	平均高/m	株数密度/(株/hm^2)
马尾松低质低效林	17	67.7959	10.99	8.50	1620

由表 4.19 的数据结合马尾松人工林全林整体生长模型，可以求出马尾松低质低效林全林整体生长模型的各指标。

由式(4.55)可求得马尾松低质低效林的优势木平均高 UH=10.69m；由式(4.55)可计算出该林地的立地指数 SI=11.47m；由式(4.58)可求得该林分的形高 fH=6.04；由式(4.52)可求得该林分密度指数 S=645.17。

将上述结果代入式(4.59)可计算出马尾松低质低效林林分各器官的生物量预估值，结果如下：全林木生物量为 284.8083t/hm^2；林分干生物量为 227.5469t/hm^2；林分枝生物量为 21.9840t/hm^2；林分叶生物量为 7.8645t/hm^2；林分根生物量为 37.4227t/hm^2。

将马尾松低质低效林林分各器官生物量相加得到的全林木生物量理论值(W_L)与全林木生物量估计值(W_G)之间的偏差率(P)采用式(4.61)进行分析比较。

$$P=\frac{\left|W_L-W_G\right|}{W_G}\times 100\% \tag{4.61}$$

经计算得 P=4%，由计算的结果可知，马尾松低质低效林各器官生物量预估值与理论值之间差异不大，预估值相对合理，由此可见，由立地指数、密度指数和林分年龄为自变量构成的全林整体生物量模型能全面地预估各种状态下的马尾松人工林生物量。

4.5　小　　结

1)本研究以样地内林木位置为离散点，并利用胸径与竞争指数的相关关系构造了加权 Voronoi 图的权重(W)，计算得到新的竞争指数 W-V-Hegyi，通过对比 Hegyi、V-Hegyi、W-V-Hegyi 这三种竞争指数，得出：①W-V-Hegyi 竞争指数同 Hegyi、V-Hegyi 竞争指数一样，与胸径也呈负相关趋势，竞争指数越大，胸径越小，那么树体所承受的压力越大；②W-V-Hegyi 竞争指数弥补了 Hegyi 尺度不统一与确定的邻近木不准确的缺点，同时弥补了 V-Hegyi 把树木同等看待(权重都为 1)，不考虑林木自身属性的缺点，说明 W-V-Hegyi 是更适宜的竞争指数；③实验样地 W-V-Hegyi 竞争指数平均值均在 Hegyi、V-Hegyi 竞争指数平均值之间，说明 W-V-Hegyi 竞争指数普遍高于 Hegyi 竞争指数，但小于 V-Hegyi 竞争指数。

2) 选择相关性最强的 W-V-Hegyi 竞争指数来构建单木竞争生长模型，由竞争指数与胸径生长量的相关趋势可知，用幂函数来拟合杉木单木生长模型是适宜的，得到复相关系数为 0.559，可见拟合效果并不理想，为提高拟合效果，本书综合考虑林木生长不只是胸径的生长，还包括树高的生长，并且同一段时间不同树高的林木胸径的生长量是不同的，说明树高对胸径生长存在一定的影响，本书引入加权平均树高这一因子，对胸径生长量进行加权，然后将得到的加权平均树高胸径生长量与竞争指数进行拟合，复相关系数为 0.710，拟合效果明显提高，说明用加权平均树高对胸径生长量加权是必要的。

3) 通过分析径阶内竞争指数的分布可以得到以下两个规律：①林分内林木株数在平均竞争指数阶及其周围分布最多；②径阶平均竞争指数随径阶中值的增大而减小。根据以上规律，本书构建了径阶竞争指数预估模型，其复相关系数为 0.865，通过 F 检验证明回归效果显著，此模型不仅简化了竞争指数的测算，同时为建立从单木到林分的生长模型提供了有效途径。在此基础上，结合其他影响径阶林木生长的因子：径阶内平均胸径、平均年龄、平均竞争指数、林木株数等，与径阶内平均竞争指数构建了径阶单木生长模型，模型复相关系数为 0.886，经 F 检验证明回归效果十分显著。

4) 利用 83 株解析木的生物量数据，以及与之相对应的固定标准地数据，选取了 5 种回归方程对马尾松林分蓄积量与各组分生物量分别进行回归分析，得到了最优回归相关模型为 $\ln Y = \ln a + b \ln X$ 。

5) 经过对模型参数的检验与模型进行适用性分析，得出该模型对马尾松人工林蓄积量与生物量各组分间的相关系数均达到了 90%，而且模型估计的生物量各组分的实测值与估计值的标准差均在误差允许的范围内，说明回归模型的精度较高，适用性较强。

6) 利用 166 块马尾松人工纯林复测样地数据，采用非线性度量误差联立方程组方法，建立了马尾松人工林全林整体生长模型，保证了模型的相容性和参数估计的无偏性。

7) 运用刀切法对模型的精度进行了检验，并且对模型参数的稳定性进行了分析，表明参数 b_1 、b_4 变化较大，其他参数相对稳定，相差不大；林分各个因子的平均相对误差与相对均方误差都不大，均低于 15%；林分各因子决定系数较高，均达到了 97%以上；模型比较准确地估计了平均胸径和平均树高，对其他林分因子的估计均过高。

8) 使用全部数据所建立的马尾松人工林全林整体生长模型，分别对株数、直径、蓄积量进行回归检验，可知回归方程 $y = a + bx$ (y 为实测值，x 为估计值，假设 a=0，b=1) 的估计值和实测值均匀地分布在对角线附近，说明全林整体生长模型的回归适应性检验效果较好。

9) 采用两阶段度量误差模型方法对马尾松林分蓄积量与各组分生物量回归模型和全林整体生长模型进行融合，并对模型的参数进行重新估计，得到马尾松人工林全林整体生物量模型，融合后的模型参数均发生了改变，其中各组分的 b_5 值整体变小。

10) 通过对全林整体生物量模型进行精度检验，结果表明方程最大平均绝对误差和方程最大平均相对误差均小于误差允许的范围，而且接近无穷小；而各器官生物量的 Y_1 和 Y_2 的确定系数也相对较高，其中，全林木、干和枝的确定系数均达到了 90%以上，根的确定系数相对偏小，只有 82%左右，但从整体上分析可知模型的预测效果较好；对马尾松人工林各组分生物量的观测值和估计值输出结果分别作实测值与预测值对比图，可知观测值与估计值的对比结果是无偏的；综合分析表明，用度量误差模型方法进行融合得到的模型精度较高。

第5章　杉木生态公益林多功能评价研究

5.1　引　　言

生态公益林(non-commercial forest，NCF)是指以维护和改善生态环境，保持生态平衡，保护生物多样性等来满足人类社会的生态、社会需求和可持续发展为主体功能，主要提供公益性、社会性产品或服务的森林、林木、林地。我国是在原有五大林种划分基础上，将以提供森林生态和社会服务产品为主要经营目的的防护林和特种用途林定为生态公益林。生态公益林的生态区位极为重要，或者其生态状况极为脆弱，但对国土生态安全、生物多样性保护和经济社会的可持续发展具有非常重要的作用。生态公益林的经营目的是充分发挥其生态效益的作用，世界各国都是按照森林功能性分类来进行林种划分，其划分的原则、方法各不相同，不能完全对应，但总的来说都是以社会效益、生态效益和经济效益为关注重点。近年来，随着全球的生态环境日益恶化、人类对森林复杂生态系统功能知识的日益增长，人们对森林作为陆地上最重要的生态系统，比如在对全球生态环境恶化趋势的减缓甚至遏制、对人类赖以生存的地球环境进行调节等方面所占据的地位和起到的作用有了更为深刻的认识。在现如今世界自然资源处于逐渐枯竭的状态下，森林的公益效能逐渐体现了出来。

森林多功能经营就是合理保护、不断提升和持续利用客观存在的林木和林地的生态、社会和经济等所有功能，以最大限度持久满足不断增加的林业各种功能需求，使林业对社会经济发展整体效益的影响达到最大。开展森林的多功能评价和经营技术的实验研究，重点解决在多功能经营中的关键技术难点，即如何能既突出森林的主导功能又协调统一多功能，从而为森林多功能经营提供共性技术体系及针对各个典型区域内不同森林类型的高效经营模式，在保证尽可能发挥不同森林类型主导功能的同时充分发挥其别的不同功能，优化森林与林业对社会经济发展的整体综合效益，为提高我国森林的整体质量与功能、实现林业的科学发展提供强有力的科技支持。

国内外对森林功能的评价研究，大体还停留在评价指标方面主要以定性来描述，比较缺乏定量化的手段来表达评价指标，可能也是由于结构决定功能这一概念，使森林功能与结构的关系很复杂，很难用简单的指标来评价，目前阶段还只单一研究森林所提供的功能，很少研究森林的综合功能。因此，非常有必要从单一功能评价向多功能评价转换，扩展评价的范围，构建森林多功能评价指标体系，对森林的功能进行评价，功能评价可以从定性描述转变到定量化表达，使评价结果更加精确。

福寿国有林场位于湖南省岳阳市平江县南部的福寿山中，其森林植被繁茂，植物群落种类丰富多样，蓄积量大，具有较高的生物科普旅游价值。该林场不仅发挥着重要的社会经济价值，还承担着水土保持与水源涵养、物种多样性保护等生态功能，同时对维护该地区的生态平衡有着重要的意义。本书是以湖南省岳阳市平江县福寿国有林场的杉木生态公益林为研究对象，在实地调查和室内研究分析的基础上，通过查阅大量文献和书籍，构建了多功能评价指标体系，并对杉木生态公益林的多功能进行评价，为杉木生态公益林多功能经营提出相关的调整措施，为杉木生态公益林的开发与利用提供决策支持，并为杉木生态公益林的林业可持续发展、生态环境建设和森林的健康发展提供科学依据。

5.2 数据来源与研究方法

5.2.1 数据来源

本研究的数据来源于福寿国有林场的杉木生态公益林的样地调查数据，通过对杉木生态公益林的实地踏查，选取幼龄林、中龄林、近熟林三个不同龄组中具有代表性的林分作为研究区域。在幼龄、中龄、近熟三个龄组的杉木林内分别设置 6 块大小为 20m×30m 的样地，样地编号为 1～18，样地之间保留出相应的缓冲区域。调查时，在每个样地内将其等分为 6 个 10m×10m 的小样方，对样方内全部乔木进行每木检尺，用测高器、测杆、胸径尺、皮卷尺等常规仪器分别测定各林分的坡度、坡位、坡向、树高、胸径、冠幅、密度等特征因子。在选取的每一块样地内，在四角和中心位置分别设置 5m×5m 的灌木样方和 1m×1m 的草本小样方，对样方内的灌木记录其种类、高度、盖度、株数等，对草本记录其种类、高度、盖度及株数等因子。同时，对环境立地因子等基本信息进行记录。具体见图 5.1 和表 5.1。如图 5.1 所示，A～F 为小样方编号，S1 和 S2(阴影部分)为灌木层调查小样方，H1～H5 为草本层调查小样方。

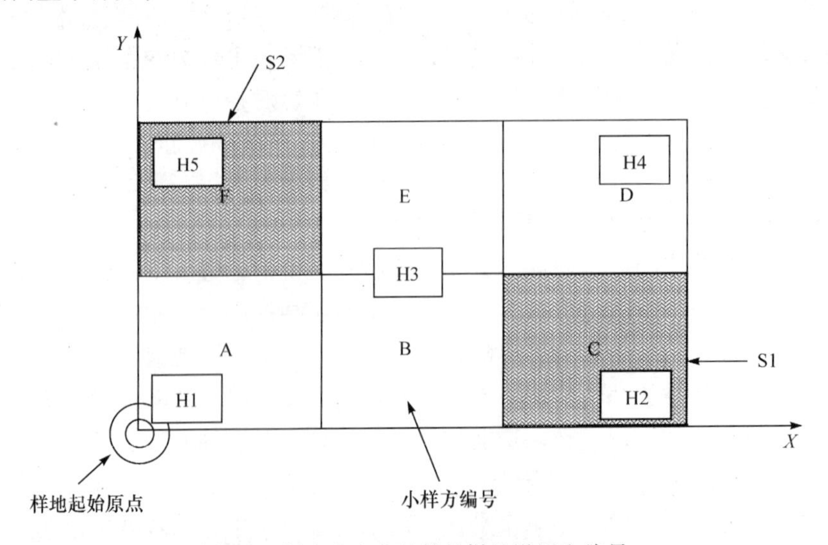

图 5.1　杉木生态公益林的样地设置和编号

表 5.1 各样地基本概况

龄组	样地号	林龄/年	坡度/(°)	平均胸径/cm	平均树高/m	平均冠幅/m^2
幼龄林	1	6	25	4.3	3.3	1.3
	2	6	24	4.1	3.4	1.4
	3	6	27	3.6	2.8	0.8
	4	6	30	3.1	2.5	1.0
	5	6	32	2.8	2.5	1.0
	6	6	27	3.2	3.0	0.9
中龄林	7	13	32	11.5	6.9	5.8
	8	13	48	9.6	6.8	3.8
	9	13	40	9.3	7.3	4.1
	10	13	10	12.3	8.0	5.3
	11	13	50	10.1	6.2	5.0
	12	13	50	10.7	7.1	4.3
近熟林	13	23	65	11.4	8.0	6.6
	14	23	40	13.0	10.1	8.4
	15	23	50	12.4	10.0	4.8
	16	23	50	16.6	12.8	9.8
	17	23	40	15.1	12.2	8.0
	18	23	42	16.1	11.7	10.0

土壤调查采用剖面取样法，在对样地内的植被、坡位和坡形进行了详细了解的基础上，选择有代表性的位置进行剖面挖掘。在具体的地形背景条件下，又考虑到根系、凋落物及树冠的影响，剖面位置的选择一般距树基为 0.5～1.0m，沿等高线进行挖掘(林大仪，2002)。剖面的主要规格为：宽度 0.8～1.0m，深度 60～80cm。在样地内上、中、下三个部位随机选择确定土壤剖面的位置，分别挖出 3 个具有代表性的长、宽、深分别为 1.2m、1.2m、60cm 的正方形土坑，选取向阳一面作为观察面，挖出的土壤应放置在土坑两侧。然后根据土壤剖面的颜色、结构、质地、松紧度、湿度、植物根系分布等自上而下划分土层，进行仔细观察并描述记载。对土壤物理性质的测定必须保持采原状样品，用体积为 100cm^3 的环刀和小铝盒分别在 0～20cm、20～30cm、30～45cm、45～60cm 处取原状土。取土位置在每层的中间，以克服层次之间的过渡现象，保证样品具有代表性，每层取 2 个重复样品，将原状土带回实验室按照常规实验方法测定土壤的物理性质，用烘干法测定土壤持水量，采用环刀法测定土壤的容重及孔隙度。同时每层从下至上采足 1kg，装入密封袋、贴上标签，写明采集地点、剖面号数、土层深度、采集日期和采集人等。带回实验室风干、分检、研磨，进行化学性质分析，测定土壤中有机碳的含量。取到土样后逐层记录到实验记录表格。注明土样地点、层次、名称、深度、地形、植被、采集人等各项内容，同时记入笔记本，以备事后查阅。

5.2.2　研究方法

1. *多功能权重的确定方法*　层次分析法(analytic hierarchy process)是运筹学中分析逻辑关系、评价对应指标重要性、决策优选备案的重要方法，是一种比较实用的多准则决策方法。这个概念和统计原理是由美国 A. L. Saaty 教授于 20 世纪 70 年代初提出的，迅速在科研、商业及工业等领域得以运用。该方法最大的优点在于，以复杂的研究对象作为一个各因素集合的系统，根据系统内部因素之间的隶属关系将复杂的问题转化为有条理的有序层次，以一个层次递阶图直观地反映系统内部因素的相互关系。在每一层次中各因子之间的重要性是通过较为简单的两两对比的方式来进行确定，步骤易操作，且逻辑条理清晰(秦安臣等，1995)。这种方法体现了人类运用过去已有的知识加上经验，对客观的事物进行剖析、判断，并以此得到最佳规划方案(王莲芬，1989)。具体过程如下。

(1)建立多级递阶层次结构图　明确研究问题边界及问题涉及的因素，研究问题所要达到的目标，从而形成一个多级递阶层次结构模型。在本书中，以杉木生态公益林多功能作为一个系统，依据功能项和各指标因子特点，搭建杉木生态公益林多功能因子的层次结构。本书结合研究区域的杉木生态公益林的生长特征、相关研究成果和专家组意见，设置了目标、准则、指标 3 个层次。目标层通常只包含一个元素，代表待解决的问题，而在本书中目标层元素是杉木生态公益林的多功能。准则层是为解决上述问题、目标所分解得到的细化准则，可以包含若干层次，涵盖一切所需要考虑到的准则等，在本书中，准则层元素是杉木生态公益林的各项功能，包括水土保持与水源涵养、物种多样性固碳、生产力等功能。指标层本是为解决问题、实现目标而针对准则层元素所提出的具体措施或决策方案，在本书中是指针对各项功能的具体评价指标因子，如土壤持水量、土壤容重等。

(2)构造判断矩阵　在这一步骤中，对于递阶层次结构中各层上的元素可以依次相对于与之有关的上一层元素，进行两两比较，从而建立一系列的判断矩阵。

$$A = B_{ij} \tag{5.1}$$

式中，i，j=1, 2, ⋯, n；B_{ij}为两个指标相对于其上一层指标而言，其重要性的比例标度。

判断矩阵是层次分析法的计算基础，而判断矩阵元素的值反映了人们对下层各因素与上层某一因素相对重要性的认识，一般采用 1～9 及倒数的标度方法对重要性程度进行赋值。标度及其含义如表 5.2 所示。

表 5.2　判断矩阵标度及其含义

标度	含义
1	表示两个因素相比，具有同样重要性
3	表示两个因素相比，一个比另一个稍微重要
5	表示两个因素相比，一个比另一个明显重要

续表

标度	含义
7	表示两个因素相比，一个比另一个强烈重要
9	表示两个因素相比，一个比另一个极端重要
2，4，6，8	表示上述两相邻判断的中值
倒数	若因素 i 与因素 j 比较得判断 B_{ij}，则因素 j 与 i 比较得判断 $B_{ji}=1/B_{ij}$

代表客观评价的安全性、便捷性、生态性指标两两比较的判断矩阵为

$$A=\begin{bmatrix} B_{11} & B_{12} & \cdots & B_{1j} \\ B_{21} & B_{22} & \cdots & B_{2j} \\ \cdots & \cdots & \cdots & \cdots \\ B_{i1} & B_{i2} & \cdots & B_{ij} \end{bmatrix}$$

式中，$B_{11}=B_{22}=\cdots=B_{ij}=1$；$B_{ji}=1/B_{ij}$。

(3) 计算单一准则层元素的相对权重并进行一致性检验　设判断矩阵 A 的最大特征根为 λ_{max}，其相应的特征向量为 W，解判断矩阵 A 的特征根问题，所得 W 经归一化处理后，即为同一层次的相应元素对于上一层次某一因素相对重要性的权重向量，再采用方根法求解权重。

由于客观事物的复杂性及人们对事物认识的多样性，所给出的每一个判断矩阵不可能保持完全一致，有必要进行一致性检验。A 只是近似值，故有 $\lambda_{max}\geqslant n$，因此可以用 λ_{max} 和 n 的误差来判断 A 的准确性，即计算一致性指标 $CI=(\lambda_{max}-n)/(n-1)$，其中，$n$ 为判断矩阵阶数。CI 值越大，矩阵的一致性越差；当 CI=0 时，判断矩阵具有完全一致性。

一致性检验：

$$CR=\frac{CI}{RI} \tag{5.2}$$

式中，RI 为平均随机一致性指标；CR 为相对一致性指标，即一致性比率。RI 的值可以根据表 5.3 的平均随机一致性指标，利用判断矩阵阶数 n 进行查数。

表 5.3　平均随机一致性指标表

n	RI	n	RI
1	0	6	1.24
2	0	7	1.32
3	0.58	8	1.41
4	0.90	9	1.45
5	1.12	10	1.49

如果 CR 越小，则判断矩阵的完全一致性越好，其极限值为 0；一般情况下，若随机一致性比率 $CR=CI/RI<0.1$，则说明判断矩阵具有满意的一致性，否则就说明开始对于各指标重要性的判断有误，需要结合打分专家意见，调整判断矩阵的元素取值，直到判

断矩阵具有满意的一致性，从而得到在杉木生态公益林多功能评价中，水土保持与水源涵养功能、物种多样性功能、固碳功能、生产力功能的权重（即准则层 B 对目标层 A 的权重）。

(4) 计算组合权重及一致性检验　计算组合权重是指计算同一层次所有因素对于最高层因素相对重要性的权重。而对于准则层与指标层之间的权重判断，同样也是先需要构建判断矩阵。在对每层的元素进行单一的一致性检验后，确认判断矩阵都具有满意的一致性。那么，指标层对于目标层的组合权重矩阵还需要进行多级递阶层次组合判断的一致性检验，若准则层对于目标层的层次单排序的一致性指标为 CI，相应的平均随机一致性指标为 RI，则准则层随机一致性比率 $CR<0.1$，说明组合判断具有满意的一致性，层次总排序计算结果具有满意的一致性，排序才能被接受。

2. *多功能评价指标的计算方法*

(1) 水土保持与水源涵养功能指标的计算　森林生态系统具有涵养水源的功能，其中森林土壤的蓄水功能是防止水土流失的有效途径，所以研究森林的水土保持与水源涵养功能具有重要意义。土壤的物理性质既是森林土壤的基本特征，又是林分土壤水源涵养功能的重要指标之一。土壤容重和土壤孔隙度反映出土壤通气性、透水性和根系伸展时阻力的大小，是土壤中养分、水分、空气和微生物等的迁移通道、贮存库和活动场所。林地土壤通常是森林涵养水源最重要的场所，其蓄水能力是反映森林涵养水源功能的重要指标之一。通过剖面法取得土样，土壤容重、土壤持水量和土壤孔隙度的计算公式为

$$Y=\frac{g\times 100}{V(100+W)} \tag{5.3}$$

$$W_0=\frac{P_t-P_0}{P_0}\times 100\% \tag{5.4}$$

$$P_1=W_0Y \tag{5.5}$$

式中，Y 为土壤容重(g/cm^3)；W_0 为土壤持水量(%)；P_1 为土壤孔隙度(%)；g 为环刀内湿样质量(g)；V 为环刀内容积(cm^3)；W 为样品含水百分数(%)；P_t 为环刀内湿土质量(g)；P_0 为环刀内干土质量(g)。

(2) 物种多样性功能指标的计算　保持和保护生态系统中物种的多样性，特别是植物物种的多样性，将有助于生态系统的平衡，也是实现可持续发展的迫切需要。林下植被与其生境两者间的关系是一个动态响应的过程。植被盖度较大的地段，在一定程度上可以反映该区域土壤、水分等因子较为适合植被的生长(陈民生等，2008)。

物种多样性指数是一个把丰富度指数和均匀度结合在一起的统计量。物种丰富度指数和均匀度的不同结合方式或者同一种结合方式给予的权重不同都可以形成多样性指数。因此，在本书中选取植被的丰富度、Pielou 均匀度、Simpson 指数和 Shannon-Wiener 指数作为物种多样性功能的评价指标因子。其计算公式如下。

Simpson 指数：
$$D = 1 - \sum_{i=1}^{S} p_i^2 \tag{5.6}$$

Shannon-Wiener 指数：
$$H = -\sum_{i=1}^{S} p_i^2 \ln p_i \tag{5.7}$$

Pielou 均匀度：

1）如果物种多样性的计算是基于 Simpson 指数，则 Pielou 均匀度的计算公式为

$$J_{\mathrm{D}} = \left(1 - \sum_{i=1}^{S} p_i^2\right) \Big/ \left(1 - \frac{1}{S}\right) \tag{5.8}$$

2）如果物种多样性的计算是基于 Shannon-Wiener 指数，则 Pielou 均匀度的计算公式为

$$J_{\mathrm{H}} = \left(1 - \sum_{i=1}^{S} p_i^2 \ln p_i\right) \Big/ \ln S \tag{5.9}$$

式中，p_i为第 i 种的个体数占所有种的个体总数的比例；S 为所在样地内物种种类的总数。

（3）固碳功能指标的计算　森林是地球上最大的碳库资源，森林碳储量是生态建设的关键指标，并同时受到最直接的森林砍伐和退化的影响。森林的固碳效益与生物多样性保护在全球气候变化中发挥着不可替代的作用，已引起科研人员、政府与社会组织的高度关注。

土壤中的碳主要以有机碳的形式存在，因此土壤中的有机质含量是衡量土壤碳储量能力的重要指标。土壤有机碳对土壤结构和土壤质地有重要作用，能提高土壤的持水和涵养水源能力，提高土壤肥力，这会对森林的健康和可持续发展产生重大影响。而植被碳储量指标也是森林生态效益评价中重要的构成指标，在本书中采用碳储量指标作为林分固碳能力的评价指标，主要分为乔木层、灌木层、草本层、枯枝落叶层和土壤层碳储量 5 个部分。因此，可以根据乔木层、灌木层、草本层和枯枝落叶层的生物量计算相应的碳储量，即以森林植被的乔木层、灌木层、草本层和枯枝落叶层生物量乘以转换系数（即每克干物质的碳含量）推算而得到森林林木的碳储量。土壤碳储量则根据土壤有机碳含量、土壤厚度及土壤容重三个指标间的乘积来计算。

$$\mathrm{TOC} = C \cdot D \cdot \theta \tag{5.10}$$

式中，TOC 为土壤碳储量（t/hm^2）；C 为土壤有机碳含量（%）；D 为土壤厚度（cm）；θ 为土壤容重（g/cm^3）。

（4）生产力功能指标的计算　植被生物量是林分的一个重要参数，也是森林生态效益评价中的一个重要构成指标，可以反映出林分的潜在植被生产能力，而且能较为直观地反映出林分的健康状态。而杉木人工林生物量估算模型很多，大都是以胸径（D）或胸径、树高（D^2H）为自变量，但一般认为在估算杉木各器官生物量中，增加树高因子会提高树高的精度，因此，相对生长方程采用 D^2H 为变量进行全株生物量的测定。

$$W = 0.1495(D^2H)^{0.7592} \tag{5.11}$$

式中，W 为乔木总生物量（t/hm^2）；D 为胸径（cm）；H 为树高（m）。

林下植被和枯枝落叶层生物量采用样方收获法测定，即在样地中机械布设 5～10 个 1～2m^2 的样方，将其中的灌木、草本全部收获称湿重，并置于 105℃恒温烘箱内烘干 6～8h 至恒重，并称量其干重，计算干重率、总的干质量。最后换算成单位面积的生物量。

3. *评价模型的构建方法*　根据以上的计算结果可得杉木生态公益林多功能评价模型为

$$A=\sum_{i=1} W_i \times B_i\,,\ \ W_i \geqslant 0\,,\ \ \sum W_i = 1 \tag{5.12}$$

式中，A 为杉木生态公益林各样地的功能综合指数；i 为第 i 个功能指标；W_i 为第 i 个功能评价指标的权重；B_i 为第 i 个功能的得分。

5.3 杉木生态公益林多功能评价指标的构建

5.3.1 评价指标的选取原则

本节在评价指标选取的过程中，所依据的主要原则是：①科学性原则。在对森林的涵养水源、保持水土和保护生物多样性等功能的作用机理、影响因子正确理解的基础上，以科学的理论和方法为指导思想而构建出的评价指标体系，才能更为准确、客观地反映森林现阶段的状况和变化趋势，从而更好地实现森林的可持续发展。②系统性原则。所选取的指标尽可能整齐、完全，尽量杜绝重复或者多余的指标出现，使各层指标精练，且保证充足的信息量，使评价指标体系能够真实地反映杉木生态公益林的多功能。③可操作性原则。所选取的指标要易于量化，避免模糊性指标的出现；同时要容易监测，计算简单，具有技术和经济可行性。④层次性原则。根据需要将评价指标体系进行分层分级，从而通过分层的指标更能直观、准确地评价森林的多功能性。

5.3.2 评价指标的筛选方法

1. *会内会外法*　会内会外法是一种结合专家个人判断和专家会议的专家调查方法。专家调查方法就是运用一定的方法，经过专家的个人知识和经验汇集成群体知识和经验，从而对事物未来做出主观观测。

专家个人分析判断的主要优点在于能最大限度地发挥专家个人的能力，但容易受到专家的知识面、知识深度和具有的信息量、拥有的经验及对预测的问题是否感兴趣等因素的影响，比较片面。而专家会议的优点则是在专家会议时，专家之间互相启发，通过讨论或辩论的形式互相取长补短、求同存异，而且会议参与人员越多，拥有的信息量也越多，考虑的因素会更为全面、更有利于较为正确结论的出现。然而专家会议也是有缺点的，即在专家互相讨论时，比较容易受到某些心理因素的影响，从而可能不利于得出合理的预测结果。因此，要结合这两种方法取长补短，获取更有效的信息。

2. 头脑风暴法　头脑风暴法(brainstorming method)又名自由思考法，是 1939 年美国创造学家 A. F.奥斯本提出、在 1953 年正式发表的一种激发性思维方法。这种方法的原理是通过众人的思维共振引起连锁反应，由此产生联想，诱发出更多的设想、方案。

具体做法如下：召开 5～10 人的小型会议，最好由不同专业或不同岗位者组成，围绕一个明确的议题，自由地发表各自的意见和设想。会议要有主持人和记录员各一名，要求记录员认真地将与会者每一设想(不论好坏)都完整地记录下来，并且与会人员要严格遵守下述原则：不允许批评和评论他人的想法，但也不要自谦；提倡自由发言、任意思考、畅所欲言；以议题为中心，提出的设想越多越好，并且全部记录下来；不能在会议进行中阻碍个别人的设想；参加会议者一律平等对待，不分资历、地位、水平如何；不允许私下交谈及代他人发言；鼓励巧妙地利用和改善他人的设想。由于这种会议创造了一种融洽轻松的讨论氛围，与会人员思想开阔，相互激励，其中虽然会有一些不切实际的想法，但往往会出现更多有价值的可供选方案，它提供了一种有效的就特定主题集中注意力与思想进行创造性沟通的方式。运用头脑风暴法来解决问题常常是有效的，故而从 20 世纪 50 年代开始，它在美国、日本等发达国家广为流行。

3. 德尔菲法　德尔菲法(Delphi method)又名专家意见法、专家函询调查法、专家咨询法，同样是建立在专家个人判断和专家会议结合的基础上发展起来的一种专家调查法。它最早出现于 20 世纪 50 年代末期，本质上是一种反馈匿名函询的方法，即通过一系列简明的调查征询表向专家进行调查，经过几轮反复征询和反馈，使专家小组的预测意见趋于集中，从中取得尽可能一致的意见，得到符合未来发展趋势的预测结论。德尔菲法的过程实际上是一个由参与调查的专家集体进行交流信息的过程，但专家之间不得互相讨论，不发生横向联系，只能与调查人员联系。

德尔菲法的主要特点是匿名性、反馈性和基本统一性。匿名性，即专家以背靠背或者匿名的方式接受调查，能使各位专家独立自由地做出自己的判断，消除权威的影响，被调查的专家互相不得见面，不直接交流信息，由调查人员组织书面讨论，然后通过匿名的方式向各位专家传递信息。反馈性，德尔菲法采用多轮调查的方式，即在每一轮调查表返回后，由调查工作组将各位专家提供的意见进行整理、归纳与分类，再随同下一轮调查表一起匿名反馈给各位专家，使专家进行书面讨论，了解调查的全面情况，这样可促使专家进行再思考，完善或改变自己的观点或者做出新的判断，使最终结果基本能反映专家的基本想法和意见。基本统一性，就是通过书面讨论，总会有趋于集中的意见被大多数专家接受，分散的意见呈现出收敛趋势，基本统一，从而得到较为客观、可信的结论。德尔菲法简单易行，具有广泛的代表性，且费用低，又较为可靠。在缺乏足够资料的领域中，数学模型往往也无法适用，只能使用德尔菲法这种专家调查法。

5.3.3　多功能评价指标的构建

1. *杉木生态公益林多功能评价指标的初选*　通过搜集整理国内外关于森林功能评价等研究方面的文献资料，在对杉木生态公益林的生态环境影响进行分析的基础上，结合一切可借鉴的指标及各指标的可行性原则，尽可能搜集各项评价指标，采取宁多勿缺的原则，搜集 9 个一级评价指标和 28 个二级评价指标，建立杉木生态公益林多功能评价的指标体系框架，详见表 5.4。

表 5.4　杉木生态公益林多功能评价指标体系的初选

目标层	准则层	指标层
杉木生态公益林多功能评价指标体系	涵养水源功能	森林覆盖率
		年径流系数
		林地蓄水量
		林冠截留率
		拦截暴雨径流率
		径流模数
		地被物持水量
		水质改善程度
	水土保持功能	土壤侵蚀面积百分比
		土壤侵蚀模数
		流域输沙模数
	改良土壤功能	土壤容重
		土壤总孔隙率
		土壤有机质含量
	净化大气功能	提供负离子
		吸收污染物
		降低噪声
		滞尘
	固碳释氧功能	CO_2 固定量
		O_2 释放量
	森林防护功能	森林护坡效果
		降雨径流转化率
	生物多样性功能	森林植物多样性
		森林动物多样性
		物种保育
	森林游憩功能	森林的旅游开发
		森林的健康发展
	生产力功能	森林植被的生物量

2. *评价指标体系的二次筛选*　按照上面初次筛选得到的杉木生态公益林多功能评价指标体系，采用专家调查法进行各项指标进一步的筛选工作。本书通过将会内会外法、头脑风暴法、德尔菲法三种专家调查法相结合，进行杉木生态公益林多功能评价指标的筛选。分别邀请高校与林业科研院所的教授、相关研究人员召开咨询会。会议首先介绍评价指标体系的框架及各级指标的内涵，要求各位与会专家根据自己的知识与经验对初选的指标体系及其各自的重要性进行逐个描述、讨论、评议，对初选中的评价指标进行归并和补充，通过会外专家填写的咨询表及会内专家对指标的评论统计分析，将课题组整理的评价指标进行调整归并，构成第二轮杉木生态公益林多功能评价指标体系，即 4 个一级指标、18 个二级指标，具体评价指标见表 5.5。

表 5.5　杉木生态公益林多功能评价指标体系的二次筛选

目标层	准则层	指标层	目标层	准则层	指标层
杉木生态公益林多功能评价指标体系	水土保持与水源涵养功能	林地蓄水量 林冠截留率 土壤孔隙度 土壤容重 土壤持水量 土壤总孔隙率 土壤有机质含量	杉木生态公益林多功能评价指标体系	固碳功能	土壤层碳储量 乔木层碳储量 林下植被碳储量 枯枝落叶层碳储量
	物种多样性功能	Shannon-Wiener 指数 Simpson 指数 丰富度指数 Pielou 均匀度		生产力功能	乔木层生物量 林下植被生物量 枯枝落叶层生物量

3. 评价指标体系的确立　对于二次筛选得到的杉木生态公益林多功能评价指标，仍邀请相关专家，运用德尔菲法和头脑风暴法对指标进行重要性表态和指标间的两两比较，通过统计分析和整理、咨询，直到超过 2/3 的专家赞同，即证明专家咨询结果具有较为良好的内部一致性，才将评价指标列入本书杉木生态公益林多功能评价指标体系，根据专家对指标重要性和权重的分析结果得到 4 个一级指标、17 个二级指标。由此最后确定杉木生态公益林多功能评价指标体系，结果见图 5.2。

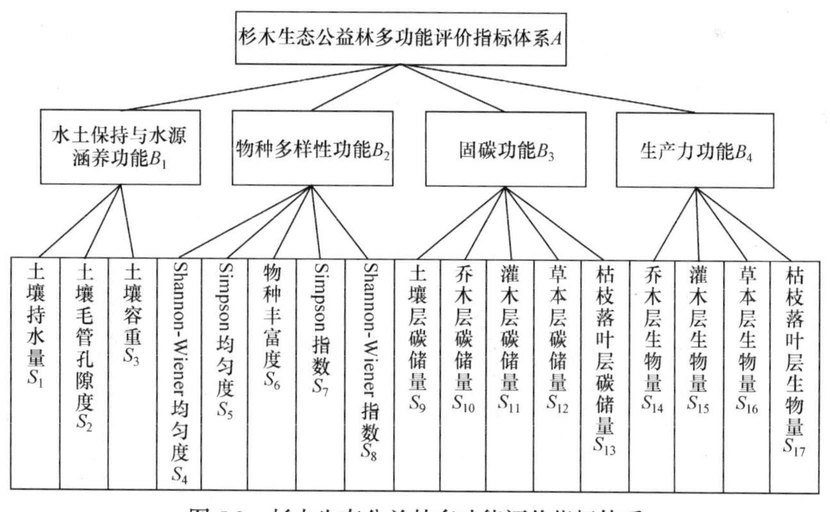

图 5.2　杉木生态公益林多功能评价指标体系

5.4　杉木生态公益林多功能评价

5.4.1　杉木生态公益林多功能评价指标的计算

1. 水土保持与水源涵养功能　表 5.6 为通过计算得到的水土保持与水源涵养功能各指标结果。由图 5.3 可知，随着杉木生态公益林林龄的增长，土壤持水量和土壤孔隙度呈先减少后增加的趋势。土壤孔隙度越大，土壤持蓄水能力越强。因此，增加土壤孔隙度对增强林地的水土保持与水源涵养功能具有重要意义。而土壤容重却是随杉木林分的年龄增长，呈现下降的趋势，且在0.927～1.644g/cm³变动。杉木生态公益林随着林龄的增加，土壤容重有所降低，这与其他学者研究的人工林所得结果一致。这是因为土壤容重随土壤孔隙状况的改变而发生变化，它的改变主要取决于土壤质地、结构、有机质含量和土壤松紧度。土壤结构越疏松，则土壤孔隙度越大而土壤容重越小；土壤结构越紧实，则反之，即土壤孔隙度越小而土壤容重越大。

表 5.6　杉木生态公益林不同样地的水土保持与水源涵养功能

龄组	样地号	土壤持水量/%	土壤孔隙度/%	土壤容重/(g/cm³)
幼龄林	1	39.17	54.53	1.392
	2	41.93	50.53	1.205
	3	31.40	47.47	1.512
	4	30.16	44.64	1.480
	5	27.73	45.58	1.644
	6	33.25	48.78	1.467
中龄林	7	27.86	42.52	1.526
	8	32.36	42.75	1.321
	9	29.48	44.72	1.517
	10	35.47	46.86	1.321
	11	31.26	45.79	1.465
	12	38.19	50.15	1.313
近熟林	13	52.23	48.42	0.927
	14	36.01	53.47	1.485
	15	41.17	50.76	1.233
	16	38.55	49.73	1.290
	17	45.26	51.32	1.134
	18	40.37	55.19	1.367

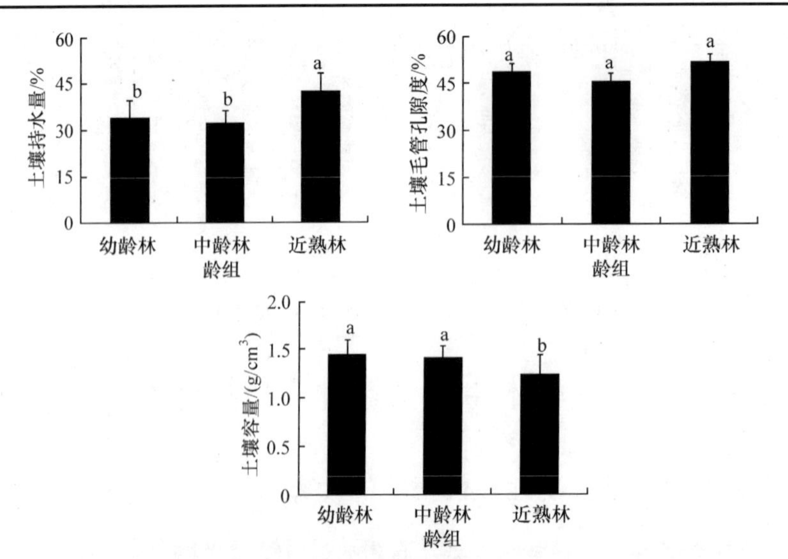

图 5.3　杉木生态公益林不同龄组的水土保持与水源涵养功能

图中相同字母表示不同龄组差异不显著，不同字母表示差异显著不同龄组的杉木生态公益林土壤持水量在 32.44%～42.27%变动。幼龄林和中龄林土壤持水量无显著性差异(图 5.3)，从中龄林到近熟林，土壤持水量增加了 9.59%，说明杉木生态公益林随着林龄的不断增长，其土壤持水量也随之递增，主要原因是在幼龄林时期，杉木生态公益林的郁闭度较小，使得阳光充足，土壤中的动物数量居多，活动较为剧烈，而且加之林分株数密度较高，从而对土壤水分有一定影响。随着林龄的增加，经过定期抚育间伐，到近熟林阶段，林分株数密度降低，土壤持水量逐渐升高。

根据 SPSS 软件进行计算，杉木幼龄林、中龄林、近熟林的土壤孔隙度在 45.47%～51.48%变动(图 5.3)。杉木各个龄组的土壤孔隙度均无显著性差异，土壤容重随着林龄的增加，呈现出递减的趋势。由图 5.3 可知，杉木中龄林与近熟林有显著变化，主要是因为土壤根系较深，中龄林的林下枯枝凋落物相对较少，且林分株数密度适中，根系发达，使得土壤容重较高；杉木近熟林的枯枝凋落物多，土壤表层根系更新迅速，而林分生长速率缓慢，微生物活动较为剧烈，从而导致土壤物理性质变化剧烈，使得容重偏小。

2. *物种多样性功能*　物种多样性功能结合 Pielou 均匀度、物种丰富度、Simpson 指数和 Shannon-Wiener 指数共 5 个指数作为最终评价指标。在表 5.7 中，Shannon-Wiener 均匀度和 Simpson 均匀度都随着不同的林龄呈现不同的变化，在中龄林的 7 号样地突然降低，主要是 7 号样地的植被物种人为干扰严重，对植被的生长产生了影响，从而使得物种多样性降低。随着林分年龄的不断增长，物种丰富度的变化为先增长后减少，具体为杉木中龄林>杉木近熟林>杉木幼龄林。杉木中龄林的 Simpson 指数和 Shannon-Wiener 指数均高于近熟林和幼龄林，这与其他学者的研究结果一致(曾斌等，2009)。

表 5.7　杉木生态公益林不同样地的物种多样性功能

龄组	样地号	Shannon-Wiener 均匀度	Simpson 均匀度	物种丰富度	Simpson 指数	Shannon-Wiener 指数
幼龄林	1	0.94	0.89	34	2.5	6.0
	2	0.95	0.87	35	2.2	5.3
	3	0.93	0.85	38	2.2	5.3
	4	0.92	0.84	33	2.3	5.3
	5	0.95	0.88	38	2.4	5.8
	6	0.97	0.91	46	2.6	6.7
中龄林	7	0.63	0.56	38	1.8	4.9
	8	0.95	0.88	60	2.5	6.7
	9	0.98	0.93	68	2.7	7.8
	10	0.98	0.93	47	2.5	6.7
	11	0.98	0.93	54	2.5	6.9
	12	0.98	0.93	71	2.4	7.1
近熟林	13	0.98	0.92	62	2.5	7.2
	14	0.98	0.94	67	2.6	7.4
	15	0.98	0.93	61	2.4	6.8

续表

龄组	样地号	Shannon-Wiener 均匀度	Simpson 均匀度	物种丰富度	Simpson 指数	Shannon-Wiener 指数
	16	0.46	0.44	24	1.3	3.1
近熟林	17	0.88	0.80	51	2.3	5.9
	18	0.59	0.54	42	1.7	4.9

由图 5.4 可知，杉木生态公益林不同龄组的 Pielou 均匀度，即 Shannon-Wiener 均匀度和 Simpson 均匀度均无显著性差异，Shannon-Wiener 均匀度在 0.46～0.98 变动，Simpson 均匀度在 0.44～0.94 变动，变化趋势为杉木幼龄林>杉木中龄林>杉木近熟林。杉木生态公益林的物种丰富度随着林龄的增加，呈现先增加后减少的倒“V”字形变化趋势，具体是杉木中龄林>杉木近熟林>杉木幼龄林(具体见图 5.4)，在中龄林达到最大值，主要是因为杉木幼龄林处于造林初期，物种相对较少，且林木的冠幅小，使得乔木和林下植被的光照都十分充足，有利于喜阳的物种生存，随着林龄的增加和郁闭度的增加，中龄林的林下植物为大量耐阴物种，乔木层和林下植被层物种数量逐渐增加，物种丰富度逐步提升，使物种数达到了最大。到近熟林阶段，林下植物主要变成一些耐阴植物和阴性物种，物种数量出现了下降的趋势，使物种丰富度降低。

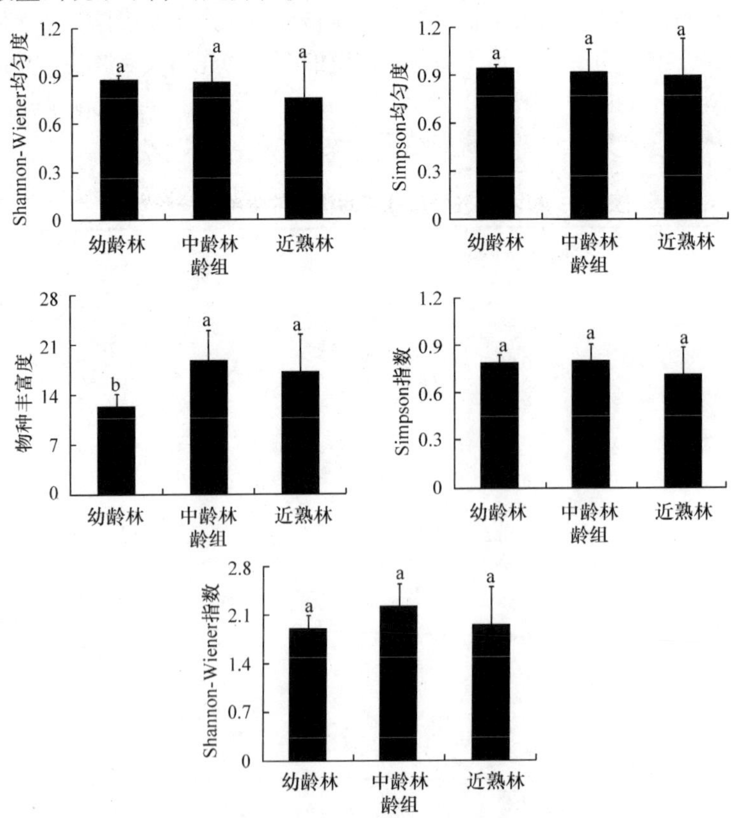

图 5.4 杉木生态公益林不同龄组的物种多样性功能

图中相同字母表示不同龄组差异不显著，不同字母表示差异显著在反映物种多样性的 Simpson 指数和 Shannon-Wiener 指数中，杉木生态公益林不同龄组中均无显著性差异(图 5.4)，物种多样性指数均呈现先增加后减少的倒“V”字形变化趋势，具体是杉木中龄林>杉木幼龄林>杉木近熟林，主要与林分的郁闭度和透光率有关。当杉木处于幼龄状态时，其间物种较少，而造林初期林木冠幅小，使得林分的透光率较好，促进喜阳物种的生存。随着林龄的增加，大量耐阴物种成为林下主要植物，物种多样性逐步提高。到近熟林阶段，林下植物主要变成一些耐阴植物和阴性物种，物种数量出现了下降的趋势，使物种丰富度降低。了解林分的这种变化规律有利于不同龄组的杉木生态公益林的管理和生物多样性的恢复与保护。

3. *固碳功能*　　通过计算，得到各个样地的杉木生态公益林固碳功能，见表 5.8。乔-灌-草、枯枝落叶层及土壤层空间分布的差别使碳储量的差异较大，具体表现为：在杉木幼龄林中，碳储量的空间分布特征为土壤层>乔木层>草本层>枯枝落叶层>灌木层，其中，6 号样地碳储量的分布特征不一致，草本层的碳储量比枯枝落叶层的碳储量要低，主要是不同层次间生物量大小及含碳率的差异造成的。杉木中龄林的碳储量大小顺序依次为：土壤层>乔木层>枯枝落叶层>灌木层>草本层，这与前人的研究结果一致(杨晓梅等，2010)。而在杉木近熟林中，各层碳储量大小具体表现为：土壤层>乔木层>枯枝落叶层>草本层>灌木层。可以看出，枯枝落叶层相比林下植被层能够储存更多的碳素，而枯枝落叶分解释放的养分增加了土壤有机质含量，从而加强了土壤层碳储量，因此土壤层的碳储量最大。

表 5.8　杉木生态公益林不同样地的固碳功能　　(单位：t/hm^2)

龄组	样地号	乔木层碳储量	灌木层碳储量	草本层碳储量	枯枝落叶层碳储量	土壤层碳储量
幼龄林	1	1.52	0.32	1.12	0.82	94.25
	2	2.45	0.33	1.16	0.86	101.00
	3	1.40	0.32	1.07	0.82	96.66
	4	1.69	0.30	1.10	0.77	92.45
	5	1.23	0.35	1.08	0.76	90.36
	6	0.84	0.32	0.37	0.80	95.50
中龄林	7	15.52	0.43	0.39	1.23	109.00
	8	14.34	0.45	0.37	1.20	113.22
	9	15.24	0.41	0.40	1.28	112.56
	10	13.16	0.39	0.37	1.20	107.38
	11	15.96	0.34	0.36	1.16	108.88
	12	16.70	0.48	0.42	1.26	105.00
近熟林	13	19.81	0.04	0.19	1.23	85.50
	14	29.42	0.04	0.17	1.19	89.96
	15	33.64	0.03	0.20	1.14	90.23
	16	32.70	0.03	0.16	1.26	82.25
	17	41.06	0.05	0.16	1.22	80.11
	18	26.95	0.06	0.21	1.24	83.36

图 5.5 中有杉木生态公益林幼龄林、中龄林和近熟林的乔木层碳储量结果。乔木层碳储量在不同龄组中均存在显著性变化，杉木近熟林所含碳储量（30.5971t/hm²）分别是杉木幼龄林（1.5196t/hm²）、杉木中龄林（15.1521t/hm²）的 20.13 倍和 2.02 倍，中龄林比幼龄林增长了 8.97 倍，而近熟林仅仅比中龄林增长了 1.02 倍，表现了中幼龄林增长迅速而在近熟林长势下降的变化趋势。主要原因在于乔木层碳储量与乔木层生物量有着密切关系，杉木幼龄林的生物量处于最低状态。随着林分年龄的增长，生物量也随之增长，近熟林乔木层碳储量达到最大，与前人的研究成果一致（刘国华等，2000；王效科和冯宗炜，2000）。

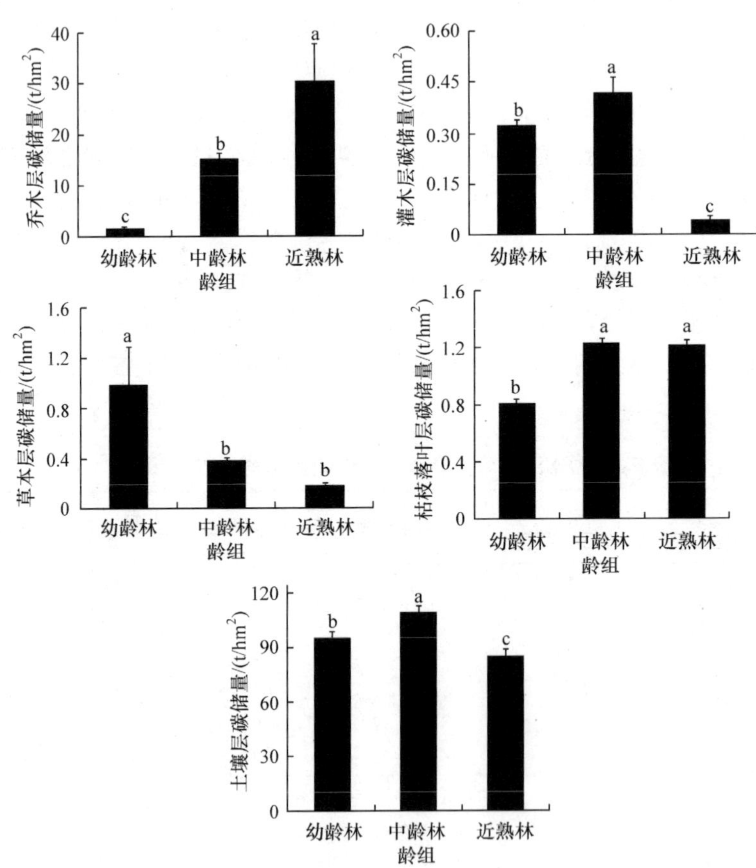

图 5.5　杉木生态公益林不同龄组乔木层、灌木层、草本层、枯枝落叶层和土壤层碳储量

图中相同字母表示不同龄组差异不显著，不同字母表示差异显著

林下植被的碳储量包含灌木层和草本层两个部分，由图 5.5 可知，在灌木层碳储量中，杉木生态公益林不同龄组之间有着显著性差异，具体表现为：杉木中龄林>杉木幼龄林>杉木近熟林。在草本层碳储量中，随着林龄的增加呈递减的趋势，幼龄林阶段最高，与中龄林和近熟林的碳储量均有显著性差异；主要因为幼龄林处于造林初期，林分郁闭度低，阳光充足，草本植物丰富，随着林龄的增加，土壤养分主要供给乔木层，且郁闭度逐渐提高，使草本生长量降低，林下植被的固碳能力不断下降。

如图 5.5 所示，枯枝落叶层碳储量随林龄增加而增加，在近熟林时期稍有下降趋势。这说明杉木幼龄林处于生长初期，枝叶生长比较旺盛，枯枝落叶较少，随林龄的增加，受环境和微生物的影响，枯枝落叶会逐渐增加。到近熟林阶段，林分基本郁闭，枯枝落叶基本不再增加。土壤层的碳储量在不同龄组中存在显著性差异。从幼龄林到中龄林阶段土壤层碳储量不断增长，而到近熟林阶段，又逐渐减少。这是由于随着林分的年龄变化，土壤中的凋落物、微生物、活性酶及养分大幅变化，土壤层碳储量在不同龄组呈现先上升后下降的变化趋势，与昭日格等(2011)的研究成果一致。

4. 生产力功能　　生产力功能通过林木生物量和林下植被生物量共同表现，详见表 5.9。杉木幼龄林中各层次植物的生物量高低排列顺序为：乔木层>草本层>枯枝落叶层>灌木层。在杉木中龄林中，乔木层生物量依旧最大，而草本层生物量最小。到了杉木近熟林阶段，各层次植物的生物量大小依次为：乔木层>枯枝落叶层>草本层>灌木层。影响杉木生态公益林生物量和生产力的因素有很多，比如立地条件、分布区域、林分年龄等，而气候、土壤等生态环境的差异也会影响杉木的生长和产量(汪家社，2008)。

表 5.9　杉木生态公益林不同样地的生产力功能　(单位：t/hm²)

龄组	样地号	乔木层生物量	灌木层生物量	草本层生物量	枯枝落叶层生物量
幼龄林	1	3.04	0.72	2.48	1.64
	2	4.90	0.73	2.57	1.72
	3	2.80	0.71	2.39	1.64
	4	3.37	0.67	2.44	1.55
	5	2.46	0.77	2.40	1.52
	6	1.67	0.72	0.82	1.61
中龄林	7	31.03	0.96	0.86	2.47
	8	28.68	1.00	0.83	2.39
	9	30.48	0.91	0.90	2.56
	10	26.33	0.87	0.82	2.41
	11	31.91	0.76	0.81	2.33
	12	33.39	1.07	0.93	2.52
近熟林	13	39.62	0.08	0.42	2.47
	14	58.84	0.10	0.37	2.38
	15	67.28	0.08	0.45	2.28
	16	65.39	0.07	0.37	2.52
	17	82.13	0.11	0.35	2.43
	18	53.91	0.14	0.46	2.49

杉木生态公益林的生产力功能与固碳功能的分布规律基本类似，乔木层为最大的生产者。由图 5.6 可知，乔木层生物量各林分类型之间均呈显著性差异，随林龄的增加逐

渐增大，近熟林的生物量(61.20t/hm^2)达到最大值。在灌木层中，杉木生态公益林不同龄组之间有着显著性差异，具体表现为：杉木中龄林>杉木幼龄林>杉木近熟林。草本层生物量幼龄林与其他林分类型有显著差异，其变化规律是随着林分年龄的增加而逐渐减小，大小依次为：杉木幼龄林>杉木中龄林>杉木近熟林。枯枝落叶层生物量随着林龄的增长，幼龄林到近熟林始终处于较为缓慢的增长过程，在近熟林出现略微下降现象，大小依次为：杉木中龄林>杉木近熟林>杉木幼龄林。

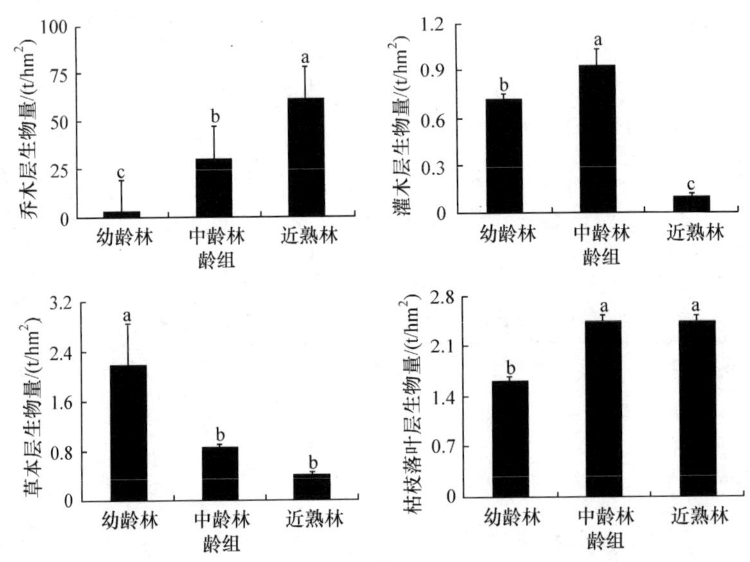

图 5.6　杉木生态公益林不同龄组的生产力功能

图中相同字母表示不同林分类型差异不显著，不同字母表示差异显著

5.4.2　评价指标权重赋值

现阶段，在对评价方面所进行的研究中，用于确定评价指标的权重通常采用层次分析法、主成分分析法和灰色关联度法等。本节采用层次分析法对评价指标体系内的各个指标的权重进行确定。经计算，各矩阵最大特征根为 λ_{max}，一致性检验值为 CR，特征向量为 W_i，此即为各项指标的权重。

1. *建立多级递阶层次结构图，构建判断矩阵*　　本书的层次结构图见图 5.2 的杉木生态公益林多功能评价指标体系。通过建立杉木生态公益林各功能指标两两比较的判断矩阵 A，根据德尔菲法得到的结果是

$$A=\begin{bmatrix} 1 & 5 & 3 & 5 \\ \frac{1}{5} & 1 & 1 & 5 \\ \frac{1}{3} & 1 & 1 & 3 \\ \frac{1}{5} & \frac{1}{5} & \frac{1}{3} & 1 \end{bmatrix}$$

2. 计算单一准则层元素的相对权重并进行一致性检验

1）计算 M_i，即 $M_i=\prod_{i=1}^{4}B_{ij}$（$i$，$j$=1，2，3，4），故有：$M_1$=75；$M_2$=1；$M_3$=1；$M_4$=1/75。

2）计算 $\overline{W_i}=\sqrt[4]{M_i}$（$i$=1，2，3，4），故有：$\overline{W_1}$=2.9428；$\overline{W_2}$=1；$\overline{W_3}$=1；$\overline{W_4}$=0.3398；$\sum_{j=1}^{4}\overline{W_j}$=5.2826。

3）对 $\overline{W_r}=(\overline{W_1}，\overline{W_2}，\overline{W_3}，\overline{W_4})$ 向量进行正规化处理，即 $W_i=\overline{W_i}\Big/\sum_{j=1}^{4}\overline{W_j}$，经计算得

$$W=(0.5478，0.1997，0.1832，0.0693)^T$$

$$CW=(2.393，0.8115，0.7572，0.2767)^T$$

4）计算判断矩阵 A 的最大特征根 λ_{max}，有

$$\lambda_{max}=\sum_{i=1}^{4}\frac{CW}{n\times W_i}=4.2299$$

在一致性检验中，n 取 4，通过计算，CI=$(\lambda_{max}-n)/(n-1)$=0.07663。其随机一致性比率，CR=CI/RI=0.0861<0.1，表明判断矩阵具有满意的一致性。在森林多功能评价中，水土保持与水源涵养功能、物种多样性功能、固碳功能、生产力功能的权重（即准则层 B 对目标层 A 的权重），具体见表 5.10。

表 5.10　判断矩阵 A 元素权重表

A	B_1	B_2	B_3	B_4	W_i
B_1	1	5	3	5	0.5478
B_2	0.2	1	1	5	0.1997
B_3	0.333	1	1	3	0.1832
B_4	0.2	0.2	0.333	1	0.0693

注：CR=0.0861，λ_{max}=4.2299

3. 计算组合权重及一致性检验　　根据单一准则层元素权重的计算方法，对目标层的指标相对重要性进行分析，得到的判断矩阵分别为

$$B_1=\begin{bmatrix}1 & \frac{1}{5} & \frac{1}{3}\\ 5 & 1 & 3\\ 3 & \frac{1}{3} & 1\end{bmatrix}\quad B_2=\begin{bmatrix}1 & 1 & \frac{1}{7} & \frac{1}{7} & \frac{1}{7}\\ 1 & 1 & \frac{1}{5} & \frac{1}{7} & \frac{1}{7}\\ 7 & 5 & 1 & \frac{1}{3} & \frac{1}{3}\\ 7 & 7 & 3 & 1 & 1\\ 7 & 7 & 3 & 1 & 1\end{bmatrix}\quad B_3=\begin{bmatrix}1 & 1 & 1 & 1 & 1\\ 1 & 1 & 1 & 1 & 1\\ 1 & 1 & 1 & 1 & 1\\ 1 & 1 & 1 & 1 & 1\\ 1 & 1 & 1 & 1 & 1\end{bmatrix}\quad B_4=\begin{bmatrix}1 & 1 & 1 & 1\\ 1 & 1 & 1 & 1\\ 1 & 1 & 1 & 1\\ 1 & 1 & 1 & 1\end{bmatrix}$$

经计算其权重和一致性检验，结果分别见表 5.11～表 5.14。

表 5.11　判断矩阵 B_1 元素权重表

B_1	S_1	S_2	S_3	W_i
S_1	1	0.2000	0.3330	0.1062
S_2	5	1	3	0.6333
S_3	3	0.3330	1	0.2605

注：CR=0.0372，λ_{max}=3.0387

表 5.12　判断矩阵 B_2 元素权重表

B_2	S_4	S_5	S_6	S_7	S_8	W_i
S_4	1	1	0.1429	0.1429	0.1429	0.0439
S_5	1	1	0.2000	0.1429	0.1429	0.0455
S_6	7	5	1	0.3333	0.3333	0.1866
S_7	7	7	3	1	1	0.3620
S_8	7	7	3	1	1	0.3620

注：CR=0.0343，λ_{max}=5.1536

表 5.13　判断矩阵 B_3 元素权重表

B_3	S_9	S_{10}	S_{11}	S_{12}	S_{13}	W_i
S_9	1	1	1	1	1	0.2
S_{10}	1	1	1	1	1	0.2
S_{11}	1	1	1	1	1	0.2
S_{12}	1	1	1	1	1	0.2
S_{13}	1	1	1	1	1	0.2

注：CR=0.0000，λ_{max}=5.0000

表 5.14　判断矩阵 B_4 元素权重表

B_4	S_{14}	S_{15}	S_{16}	S_{17}	W_i
S_{14}	1	1	1	1	0.25
S_{15}	1	1	1	1	0.25
S_{16}	1	1	1	1	0.25
S_{17}	1	1	1	1	0.25

注：CR=0.0000，λ_{max}=4.0000

指标层对于目标层的组合权重矩阵为 W_A。通过计算，得到准则层随机一致性比率 CR=0.0203<0.1，说明组合判断具有满意的一致性，级层次总排序计算结果具有满意的一致性。

综上所述，得到各项评价指标在评价指标体系中的权重 W。各得分矩阵 CR<0.1，说明该矩阵有较好的一致性，打分矩阵有效。通过一致性检验，专家组打分全部有效。利用研究方法中指标权重的计算方法，得出杉木生态公益林多功能评价指标权重，具体见表 5.15。

表 5.15　杉木生态公益林多功能评价指标权重

一级指标	权重	二级指标	权重
水土保持与水源涵养功能(B_1)	0.5478	土壤持水量(S_1)	0.0581
		土壤孔隙度(S_2)	0.3469
		土壤容重(S_3)	0.1428
物种多样性功能(B_2)	0.1997	Shannon-Wiener 均匀度(S_4)	0.0088
		Simpson 均匀度(S_5)	0.0091
		物种丰富度(S_6)	0.0372
		Simpson 指数(S_7)	0.0723
		Shannon-Wiener 指数(S_8)	0.0723
固碳功能(B_3)	0.1832	土壤层碳储量(S_9)	0.0367
		乔木层碳储量(S_{10})	0.0367
		灌木层碳储量(S_{11})	0.0366
		草本层碳储量(S_{12})	0.0366
		枯枝落叶层碳储量(S_{13})	0.0366
生产力功能(B_4)	0.0693	乔木层生物量(S_{14})	0.0173
		灌木层生物量(S_{15})	0.0173
		草本层生物量(S_{16})	0.0173
		枯枝落叶层生物量(S_{17})	0.0174

由表 5.15 可以看出：水土保持与水源涵养功能对杉木生态公益林多功能发挥的影响最大，这是因为杉木生态公益林是以缓解地表径流、防止水土流失、保持和恢复土地肥力为主要经营目标的水土保持林；物种多样性功能占 20%的权重，这是判断杉木生态公益林的生态系统稳定性的指标；固碳功能约占 18%的权重；生产力功能约占 7%，虽然是杉木生态公益林，但依旧是可以衡量该林分健康成长的指标。

在次一级的指标层中，根据所得的权重可知，土壤孔隙度和土壤容重所占权重比较大，说明土壤结构对于杉木生态公益林林分生长会产生一定的影响。Shannon-Wiener 指数和 Simpson 指数对于杉木生态公益林林分的生长有一定的影响，土壤持水量可以影响森林内土壤的蓄水能力，会在一定程度上促进植物的生长。碳储量和生物量的权重相对较小，是根据当地的环境立地因子决定的。

5.4.3　杉木生态公益林的功能评价

1. 评价标准的划分　近年来，林业遭受的干扰和破坏过于严重，且在林分经营上出现郁闭度高、冠幅大，造成林下幼树、灌木等生长受压、地力衰退、病虫害猖獗等问题，导致生态公益林林分普遍较差，生态和经济效益低下，难以实现生态公益林可持续经营。德国等欧洲国家的研究成果证明，近自然林业经营可以克服人工林地力衰退、多样性低、稳定性差等缺点，并且是提高林分生产力与生态效益的有效途径。在近自然林中，表层和底层土壤容量及孔隙组成均较好，且生态环境结构为异龄复层乔灌草多物种结构，使其具有较为良好的通气、透水性能，发展尽量接近于天然林的更新格局。因此，本书以杉木生态公益林为例，从多功能经营角度着手，优化树种结构，使现有的单一树种、同龄的林分类型转化为多树种混交、多层次、异林龄的理想状态，即复层林或近自然林分，恢复稳定的森林群落和健康森林生态系统，全面提高森林质量与产出，为生态公益林的可持续经营提供一定的理论依据。

有研究表明，群落的近自然度越高，群落结构越丰富，相应的生物多样性越大，群落的稳定性越强，生态、经济、社会服务功能也就越强。有学者在研究杉木近自然林和人工林过程中，发现杉阔混交林的最大蓄水量比人工林要高出 37.1%，说明近自然林的土壤层持水量占林分总持水量的 90%以上，具有良好的蓄水功能，且土壤容重小，有良好的土壤结构和孔隙组成，近自然林的水源涵养功能明显高于人工林，且近自然林的物种丰富度普遍在 30 以上，均高于人工纯林。结合李智琦(2005)的研究成果，近自然林由于受人为干扰较少，各类物种长势都往好的趋势发展，不会出现特别明显的优势物种，故而物种分布较为均匀。而近自然林的林分根系发达、林木生长较好、物种多样性丰富，有利于林下环境的改善、更新树种的生长、大径材的培育，从而对植被各层次生物量的提高起着重要作用。

本节在查阅大量前人对杉木生态公益林多功能研究的基础上，结合杉木生态公益林多功能优化目标——近自然林和研究区域杉木生态公益林多功能的实际情况，将杉木生态公益林的多功能评价指标进行量化处理，确定多功能评价评分标准。而指标等级划分的精确性直接影响着评价结果的准确程度，在指标等级的划分中主要采用的方式有参照权威性的文件、学者公认的研究成果和依据事物客观规律特点划分等方法。等距划分是指标等级划分中使用频率较高的一种方法，得到了诸多学者的认可。本书主要依照等距划分方法进行对应指标项的等级划分，根据十分制得出最大值、最小值、均值及分布梯度，将各指标划分为优、良、差三个等级，对各个等级都赋予一定的分值。具体划分标准见表 5.16。

表 5.16　杉木生态公益林多功能评价指标评分标准

评价指标	等级	分值	评价指标	等级	分值
土壤持水量 S_1/%	优[59, +∞)	[7, 10)	Simpson 均匀度 S_5	优[0.8, +∞)	[7, 10)
	良[50, 59)	[4, 7)		良[0.7, 0.8)	[4, 7)
	差[42, 50)	[1, 4)		差[0.6, 0.7)	[1, 4)
土壤孔隙度 S_2/%	优[55, +∞)	[7, 10)	物种丰富度 S_6	优[23, +∞)	[7, 10)
	良[51, 55)	[4, 7)		良[14, 23)	[4, 7)
	差[47, 51)	[1, 4)		差[5, 14)	[1, 4)
土壤容重 S_3/(g/cm^3)	优[0.87, 0.99)	[7, 10)	Simpson 指数 S_7	优[2.4, +∞)	[7, 10)
	良[0.99, 1.12)	[4, 7)		良[1.7, 2.4)	[4, 7)
	差[1.12, 1.24)	[1, 4)		差[0.9, 1.7)	[1, 4)
Shannon-Wiener 均匀度 S_4	优[0.8, +∞)	[7, 10)	Shannon-Wiener 指数 S_8	优[0.7, +∞)	[7, 10)
	良[0.7, 0.8)	[4, 7)		良[0.5, 0.7)	[4, 7)
	差[0.6, 0.7)	[1, 4)		差[0.3, 0.5)	[1, 4)

续表

评价指标	等级	分值
土壤层碳储量 S_9/(t/hm^2)	优[105, +∞)	[7, 10)
	良[83, 105)	[4, 7)
	差[62, 83)	[1, 4)
乔木层碳储量 S_{10}/(t/hm^2)	优[25, +∞)	[7, 10)
	良[18, 25)	[4, 7)
	差[12, 18)	[1, 4)
灌木层碳储量 S_{11}/(t/hm^2)	优[0.9, +∞)	[7, 10)
	良[0.5, 0.9)	[4, 7)
	差[0.06, 0.5)	[1, 4)
草本层碳储量 S_{12}/(t/hm^2)	优[0.2, +∞)	[7, 10)
	良[0.1, 0.2)	[4, 7)
	差[0.06, 0.1)	[1, 4)
枯枝落叶层碳储量 S_{13}/(t/hm^2)	优[1.8, +∞)	[7, 10)
	良[1.2, 1.8)	[4, 7)
	差[0.6, 1.2)	[1, 4)
乔木层生物量 S_{14}/(t/hm^2)	优[50, +∞)	[7, 10)
	良[37, 50)	[4, 7)
	差[24, 37)	[1, 4)
灌木层生物量 S_{15}/(t/hm^2)	优[1.8, +∞)	[7, 10)
	良[1.0, 1.8)	[4, 7)
	差[0.1, 1.0)	[1, 4)
草本层生物量 S_{16}/(t/hm^2)	优[0.4, +∞)	[7, 10)
	良[0.2, 0.4)	[4, 7)
	差[0.1, 0.2)	[1, 4)
枯枝落叶层生物量 S_{17}/(t/hm^2)	优[3.7, +∞)	[7, 10)
	良[2.5, 3.7)	[4, 7)
	差[1.3, 2.5)	[1, 4)

根据各功能指标的评价得分，将其与各指标权重相乘，得到各二级指标评价值，最后将其相加，得到各个功能评价得分。

2. 杉木生态公益林各功能评价

(1)水土保持与水源涵养功能　水土保持与水源涵养功能结果如图 5.7 所示。随着林龄的增长，杉木生态公益林的水土保持与水源涵养功能呈现先降低后上升的变化。在 6～11 号样地中，该功能得分普遍偏低，原因在于到了 13 年生的杉木中龄林，林分土壤中的动物活动剧烈，使得土壤养分和土壤水分的保持受到一定影响。随着林龄的增长，到了 23 年生的杉木近熟林阶段，通过定期的抚育措施，水土保持与水源涵养功能得到提升。

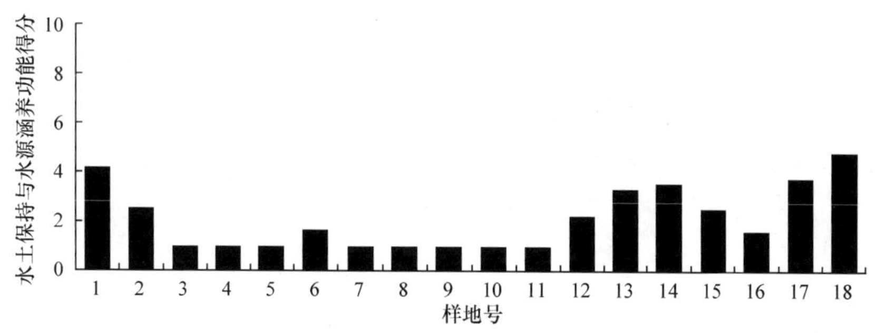

图 5.7　杉木生态公益林不同样地的水土保持与水源涵养功能得分

(2)物种多样性功能　图 5.8 是各样地的杉木生态公益林的物种多样性功能。由图 5.8 可知，物种多样性功能得分普遍偏高，说明该地区森林经营水平高、林相好，物种多样性功能发挥较良好。但在近熟林的 16 号样地，物种多样性功能评分较低。这是因为该样地是杉木人工林，林分结构过于单一，群落结构不稳定。杉木物种占绝对优势，从而抑制其他物种的生长。由于株数密度非常高，林分内生长空间降低，加大了林内植被对阳光和水分条件的竞争，导致林分质量低，林下植被稀少，物种多样性功能较低。

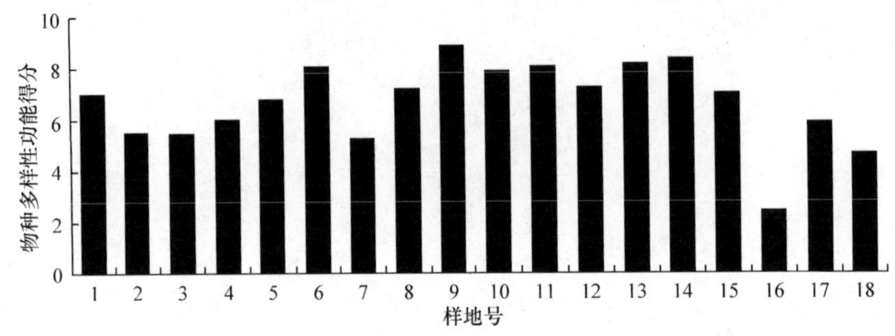

图 5.8　杉木生态公益林不同样地的物种多样性功能得分

(3) 固碳功能　根据图 5.9 的结果可知，杉木生态公益林 18 块样地的固碳功能评价得分都在 6 分以下，固碳功能处在中等水平，整体功能没有充分发挥。固碳功能随着幼龄林到中龄林的变化而呈现增长趋势，主要是由于森林的生长增强了其碳汇功能，但到近熟林阶段，其固碳功能有一定幅度的降低，主要是林木生长衰退的缘故。

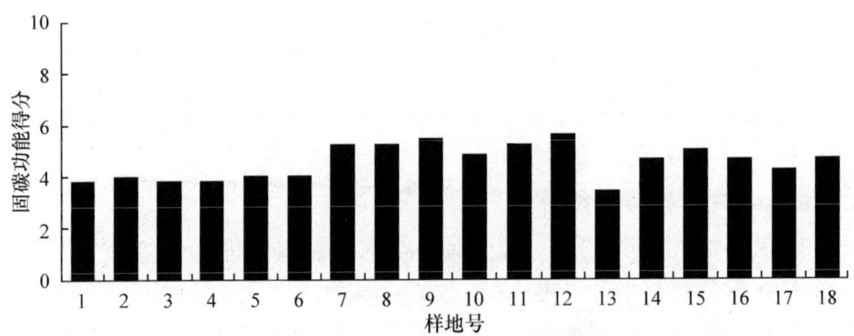

图 5.9　杉木生态公益林不同样地的固碳功能得分

(4) 生产力功能　图 5.10 是各样地的杉木生态公益林的生产力功能。由图 5.10 可知，生产力功能的规律跟固碳功能类似，生产力功能没有得到充分发挥。1～6 号样地是幼龄林，生产力功能较弱，随着年龄的增长，7～12 号样地的生产力功能有所增强，但到近熟林时期，生产力功能有所下降，13 号样地的生产力功能下降到最低值。这主要是因为近熟龄林木的竞争加剧，导致枯损，使生产力功能处于低缓水平，对此林分需要加强抚育，使其生产力功能逐步回升。

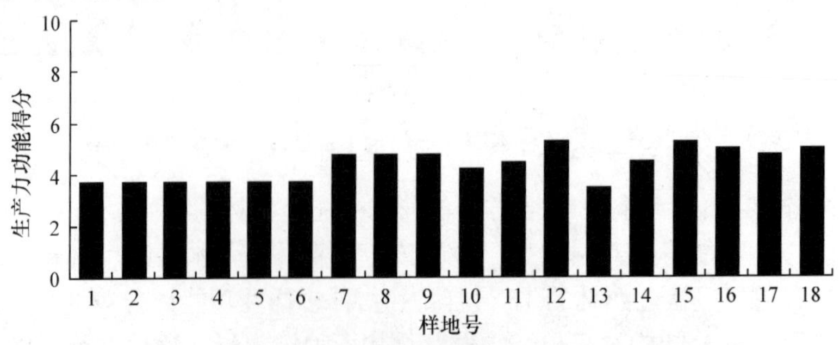

图 5.10　杉木生态公益林不同样地的生产力功能得分

5.4.4　杉木生态公益林多功能评价

杉木生态公益林多功能评价根据其多功能评价指标来衡量。通过计算杉木生态公益林多功能评价体系的 17 个指标的评价得分和各指标相应权重间的乘积，得到各二级指标评价值，最后将其相加，得到杉木生态公益林的各个功能评价得分，见图 5.11。根据指标权重的确定，杉木生态公益林多功能评价模型为

$$A = \sum_{i=1} W_i \times B_i = 0.5478 \times B_1 + 0.1997 \times B_2 + 0.1832 \times B_3 + 0.0693 \times B_4 \tag{5.13}$$

式中，A 为杉木生态公益林各样地功能评价得分；$W_i \geqslant 0$，$\sum W_i = 1$；B_1、B_2、B_3、B_4 分别为水土保持与水源涵养、物种多样性、固碳和生产力 4 个功能指标评价得分。

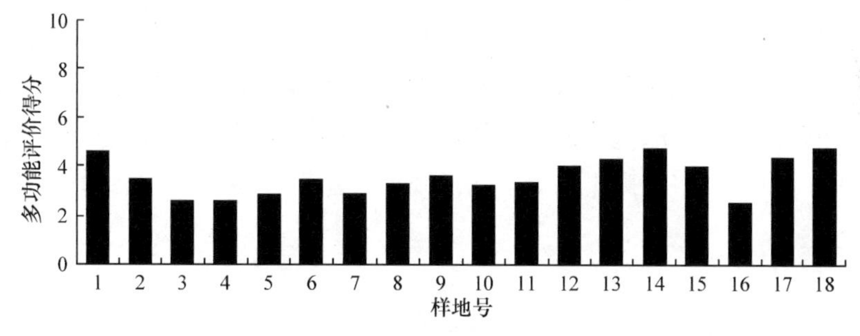

图 5.11　杉木生态公益林不同样地的多功能评价得分

由图 5.11 可知，在杉木生态公益林样地中，多功能评价得分普遍处于 2～5 分，得分普遍不高。16 号样地的多功能评价得分最低，只有 2.5 分，森林的多功能未得到充分发挥，物种多样性功能较弱，从而使整体评分偏低。将杉木生态公益林多功能水平分为优、良、中等、差、极差 5 个等级。18 块样地评价指数 A 的计算结果，见表 5.17。杉木生态公益林多功能等级为差的样地有 13 个，等级为中等的样地有 5 个，等级为优、良、极差的样地为 0，差和中等等级的样地所占比例分别为 72.2%和 27.8%。结果表明，福寿国有林场杉木生态公益林多功能主要处于差等级，整体多功能水平偏低，多功能发挥受到限制，这是生态公益林所处的环境及该研究区域为杉木人工林等各种原因相互影响而产生的。

表 5.17　杉木生态公益林多功能等级分布情况

森林多功能等级	样地个数	百分比/%
极差（A<2.0）	0	0
差（2.0≤A<4.0）	13	72.2
中等（4.0≤A<6.0）	5	27.8
良（6.0≤A<8.0）	0	0
优（A≥8.0）	0	0

综上所述，在杉木生态公益林的 4 项功能中，样地内的水土保持与水源涵养功能最弱。由于林地的土壤孔隙状况与林分年龄、树种的搭配及造林树种的生物特性等因素都

密切相关，因此应充分结合这部分因素营造杉木生态公益林，使得杉木生态公益林的多功能得到充分发挥。在对杉木生态公益林样地进行研究时发现，物种丰富度偏高的样地，多功能偏高，这是由于纯林生物多样性低，缺乏森林健康性，容易发生气象灾害和病虫害等自然灾害，从而降低了各种功能。

5.5　提高杉木生态公益林多功能的经营措施

杉木生态公益林的多功能经营管理目标是水土保持和涵养水源性能高、生物多样性强、固碳功能强、生产力高和经济效益足以支撑森林的可持续经营，根据其区域的实际情况，对比森林功能的差异，而且不同龄组杉木生态公益林的生长对森林多功能都具有一定的影响。因此，只有充分认识和了解到引起森林各功能低下的原因，尊重自然，做到人与自然和谐发展，采取合理的技术措施，科学经营，才能达到提高杉木生态公益林多功能的目的。因此，本书提出以下一些提高杉木生态公益林多功能的技术措施。

5.5.1　人工整地

不同林木可利用林分空间资源，使林分垂直空间得到较大的开发利用，林木枝繁叶茂，林分内林木的蒸腾作用较强，导致林下温度、湿度、通风发生变化；同时，树冠层深厚，林地内易形成较多的枯枝落叶，能增加土壤中的有机质，改善土壤微生物，使肥力增加，有利于林下灌木层的生长。而整地作为目前最为常见的一种物理人工措施，被广泛地应用于各种立地条件中。易发生水土流失的石质山地的规格可以依据坡面径流量进行调节，但其改善立地条件及控制水土流失的作用有限。整地能够使通气性和地温提高，使土壤中有机质的分解加速，促进养分释放，达到增强土壤肥力的效果。人工整地对于防止针叶纯林的土壤酸化、改善生态小气候、提高土壤肥力、降低现有人工纯林病虫害的发生率、促进林分稳定性和材积生长具有至关重要的作用。

5.5.2　林木采伐

为了为林木提供良好的生态环境使其生长发育更好，需要采取采伐措施调整林分组成，形成适宜的林分结构。首先，要确定采伐对象，对象包括杉木生态公益林内的枯立木、病腐木等健康状况差及不具有培育价值的林木。其次，在采伐时必须控制一定的采伐强度，尽量减少对林分的干扰，多数学者认为采伐强度在 10%～30%较为合适。在本节研究中，对杉木生态公益林的幼龄林、中龄林采取择伐措施。在采伐过程中，为减小竞争，优先采伐杉木，保留除杉木以外的其他树种，将其作为“生态树种”。

5.5.3　树种补植

在采伐过后，对林分进行补植，将杉木生态公益林纯林向针阔混交林的方向调整，发展多树种组成的针阔混交林。因此，通过在杉木生态公益纯林中引种适宜乡土阔叶树种，利用阔叶树种大量的枯落物回归土壤及其固氮的作用，从而改良土壤，提高土壤的有机碳含量。同时，在收获木材产物时，可永久保留定量的具有分布密度及各种腐烂程度的枯枝落叶，地面上的倒木是很多脊椎动物和无脊椎动物的生境，采伐剩余物回归林地，比施放任何化学肥料的意义更大，生物量的增大会提升生产力功能。在补植阔叶树种时，要注意适地适树，因为不同树种的生长规律有着较大差异，同时会随着立地条件的变化而变化。

根据福寿国有林场提供的气候、环境、土壤等条件资料，结合树种的生态学习性及林场的实际状况，选择鹅掌楸(*Liriodendron chinense*)、观光木(*Michelia odora*)、栾树(*Koelreuteria paniculata*)、深山含笑(*Michelia maudiae*)和红豆杉(*Taxus chinensis*)进行补植。鹅掌楸，别名马褂木，落叶乔木，叶大，生长速度快，喜光，喜微酸性土壤和温和湿润气候，抗虫性强，主要生长在长江流域以南。观光木，别名观光木兰，为常绿乔木，适宜温暖湿润气候，幼龄耐阴，长大喜光，根系发达，树冠浓密，分布于云南、贵州、广西、湖南、福建、广东和海南等热带到中亚热带南部地区。栾树，落叶乔木，喜光，耐寒，耐干旱和瘠薄，对环境的适应性强，具有深根性，幼树生长较慢，喜生于石灰质土壤，病虫害发生率较低。深山含笑，为常绿乔木，喜光，宜温暖、湿润环境，喜酸性土壤，生长快，适应性强。红豆杉，国家一级珍稀濒危保护植物，多年生常绿乔木，集观赏和药用于一身，属浅根植物，生物量巨大，生长时间短，萌发力强，但生长缓慢，耐旱且耐低寒，能耐–25℃的低温，适应气候范围广、对土质要求宽，还耐修剪、耐病虫害，主要分布在我国长江流域以南，常生于海拔 1000～1200m 及以下的山林中。

由于样地林木基本都位于林分的上层和中层，下层木极少，在补植时应选择树高相对杉木较低的阔叶树。即在幼龄林样地补植观光木、鹅掌楸和栾树，中龄林样地补植深山含笑、鹅掌楸和栾树。在近熟林中，只补植阔叶树种，可选择补植南方红豆杉(*Taxus chinensis* var. *mairei*)。树种填埋时，要注意将苗木垂直放置于挖好的穴中，用土填埋至地表面并踩实。

将林分结构调整由纯林向混交林过渡，年龄结构也由单一到较为复杂，林分向“复层-异龄-混交”的状态过渡，而这是一个长期的过程，需要经过多次调整与管理，才能最终使得森林生态系统的稳定性增强，林下植被的多样性提高，杉木生态公益林的多功能得到充分发挥。

5.6　小　　结

本研究以湖南省福寿国有林场杉木生态公益林为研究对象，以样地实测指标为依据，充分结合相关研究文献和专家组建议，运用会内会外法、头脑风暴法和德尔菲法相结合的方式筛选杉木生态公益林多功能评价指标，构建杉木生态公益林多功能评价指标体系，以便客观、科学地评价福寿国有林场杉木生态公益林的多功能，以期为杉木生态公益林的多功能经营提供理论依据。通过构建杉木生态公益林多功能评价指标体系，实地调查各相应功能指标，进行测定与分析，完成以福寿国有林场为实例的杉木生态公益林多功能评价，同时，针对多功能评价结果，提出杉木生态公益林多功能经营的调整措施。

在生态公益林的建设与管理中，对已有的生态公益林，特别是天然或原始林，实行重点保护，禁止人为干扰，保持植被的原始状态，保存森林的天然“养分库”；对营造的生态公益林，要从提高生物多样性的角度，选择合适的树种，大力营造混交林，形成乔灌草复层的林分结构，从而提高生态公益林的生态效益。为了使森林多功能得到充分发挥，科学地经营管理森林十分重要，评价森林多功能与结构之间的关系，可以为森林的科学经营管理提供依据。只有充分发挥森林的多功能，使其发挥得更加完善，才能更好地提升森林的效益。

第6章　杉木生态公益林人工纯林空间结构优化研究

6.1　引　　言

杉木(*Cunninghamia lanceolata*)是我国南方最主要的造林树种，目前，杉木人工林的面积占我国人工林面积的 1/4 左右，其中部分处在生态区位重要地段的杉木人工林被划为公益林经营，但由于其是人工纯林，存在着土壤退化、生产力降低、病虫害增加和生物多样性降低等严重问题，如何将这部分起源于人工林的杉木生态公益林通过林分空间结构优化调控措施改造成发挥多功能的健康林分，是摆在林业科学工作者和经营工作者面前的一个迫切任务，然而目前有关杉木林林分空间结构优化调控的研究还没报道过。本研究以森林经理学、生态学和人工林近自然经营等理论为依据，以研究区 3 个龄组杉木生态公益林人工纯林为研究对象，在分析和评价林分空间结构的基础上，提出杉木生态公益林空间结构优化目标及空间结构优化调控的关键措施——林分单株择伐空间结构优化技术和林分补植空间结构优化技术，为杉木生态公益林人工纯林空间结构优化调控措施的制订提供理论基础。

6.2　数据来源与研究方法

6.2.1　数据来源

本研究的数据来源于2012年在福寿国有林场杉木生态公益林设置的8号样地调查数据。样地大小为 20m×30m，将样地划分为 10m×10m 的网格，以每个网格作为调查单元，调查并记录林木胸径、树高、冠幅及林木位置坐标等信息。

6.2.2　研究方法

1. 林分单株择伐空间结构优化模型

(1)建模方法　以多目标规划模型来构建林分择伐空间结构优化模型，多目标规划模型通常是首先建立目标函数，之后确定约束条件和利用优化算法求解。

多目标优化(multi-objective optimization)可以描述为

目标：$\mathrm{Min}\left[f_i(x)\right]$

约束：s.t　$\mathrm{gi}(x) \geqslant 0$

式中，$x=(x_1,x_2,\cdots,x_n)$为决策变量，$f_i(x)(i=1,2,3,\cdots,m)$为第 i 个目标函数；$\mathrm{gi}(x)$为第 i 个约束条件。

本研究以林分空间结构评价指数为目标函数，以林分空间结构和非空间结构为约束条件，构建林分择伐空间结构优化模型。

(2)空间结构约束指标的优先次序　在确定择伐木时，考虑空间结构的约束条件应有先后顺序，因为不同空间结构指标与林分单株择伐空间结构优化的目标函数的关联度不同，本研究采用综合关联度法确定。

绝对灰色关联度是分析两个数据序列 X_0 和 X_i 的绝对增量间的关系，X_0 和 X_i 几何相似程度越大，关联度 ε_{0i} 就越大；反之就越小。设两个长度相等的母序列 $\{X_0\}$ 和子序列 $\{X_i\}$ 分别为 $X_0=\left[x_0(1),x_0(2),\cdots,x_0(n)\right]$；$X_i=\left[x_i(1),x_i(2),\cdots,x_i(n)\right]$。始点零化序列为 $X_0^0=\left[x_0^0(1),x_0^0(2),\cdots,x_0^0(n)\right]$；$X_i^0=\left[x_i^0(1),x_i^0(2),\cdots,x_i^0(n)\right]$。其中 $X_i^0(k)=x_i^0(k)-x_i^0(1)$，$X_0^0(k)=x_0^0(k)-x_0^0(1)$，则 X_0 和 X_i 的绝对灰色关联度的计算公式为

$$\varepsilon_{0i}=\frac{1+|s_0|+|s_i|}{1+|s_0|+|s_i|+|s_i-s_0|} \tag{6.1}$$

其中，

$$|s_0|=\left|\sum_{k=2}^{n-1}x_0^0(k)+\frac{1}{2}x_0^0(n)\right| \tag{6.2}$$

$$|s_i|=\left|\sum_{k=2}^{n-1}x_i^0(k)+\frac{1}{2}x_i^0(n)\right| \tag{6.3}$$

$$|s_i-s_0|=\left|\sum_{k=2}^{n-1}\left[x_i^0(k)-x_0^0(k)\right]+\frac{1}{2}\left[x_i^0(n)-x_0^0(n)\right]\right| \tag{6.4}$$

相对灰色关联度是分析两个数据序列 X_0 和 X_i 的增长速度之间的关系，记为 r_{0i}，X_0 和 X_i 之间的变化速度越接近，关联度 r_{0i} 就越大。设两个长度相等的母序列 $\{X_0\}$ 和子序列 $\{X_i\}$ 分别为 $X_0=\left[x_0(1),x_0(2),\cdots,x_0(n)\right]$；$X_i=\left[x_i(1),x_i(2),\cdots,x_i(n)\right]$。且初始值≠0，则初始化后的值分别为：$X_i'=\dfrac{X_i}{x_i(1)}$；$X_0'=\dfrac{X_0}{x_0(1)}$，则其初始化值后的序列为：$X_0'=\left[x_0^0(1),x_0^0(2),\cdots,x_0^0(n)\right]$；$X_i'=\left[x_i^0(1),x_i^0(2),\cdots,x_i^0(n)\right]$，则 X_0 和 X_i 的相对灰色关联度的计算公式为

$$r_{0i}=\frac{1+|s_0'|+|s_i'|}{1+|s_0'|+|s_i'|+|s_i'-s_0'|} \tag{6.5}$$

其中，

$$|s_0'|=\left|\sum_{k=2}^{n-1}x_0'(k)+\frac{1}{2}x_0'(n)\right| \tag{6.6}$$

$$|s_i'|=\left|\sum_{k=2}^{n-1}x_i'(k)+\frac{1}{2}x_i'(n)\right| \tag{6.7}$$

$$|s_i'-s_0'|=\left|\sum_{k=2}^{n-1}\left[x_i'(k)-x_0'(k)\right]+\frac{1}{2}\left[x_i'(n)-x_0'(n)\right]\right| \tag{6.8}$$

综合关联度既体现了母序列 $\{X_0\}$ 和子序列 $\{X_i\}$ 折线的相似程度，也体现了母序列 $\{X_0\}$ 和子序列 $\{X_i\}$ 的序列相对于始点折线变化速率的接近程度，综合关联度(ρ_{0i})的计

算公式为

$$\rho_{0i} = \theta\varepsilon_{0i} + (1-\theta)r_{0i} \tag{6.9}$$

式中，ε_{0i} 为绝对关联度；r_{0i} 为相对关联度；$\theta \in [0,1]$,一般取值 $\theta = 0.5$ 。

（3）林分空间结构优化模型求解　由于模型中存在大量的整数变量，用穷举法难以求解，计算机软件如 SPASS、MATLAB、JAVA 等可用于求解此类问题，本研究是运用 MATLAB 软件处理数据的。

2. 补植树种评价

（1）指标体系的筛选　补植树种评价指标筛选主要根据会内会外法、头脑风暴法和德尔菲法相结合的方法进行筛选。会内会外法是结合了专家会议和专家个人判断两种方法的专家调查法；头脑风暴法是通过激发众人的思维“共振”，引起连锁反应，产生联想，诱发出众多的设想或方案；德尔菲法是通过匿名信函和询问的方式，用设置好的一系列调查征询表向专家进行征询意见，并通过有控制的反馈，取得尽可能一致的意见。由于上述 3 种方法各有优缺点及相应的适用性，因此 3 种方法相结合，能使所建立的补植树种评价指标体系更加科学和完善。

（2）补植树种评价指标权重的确定　本书采用层次分析法来确定补植树种评价指标的权重。层次分析法（analytic hierarchy process）是运筹学中分析逻辑关系、评价对应指标重要性、决策优选备案的重要方法，是一种比较实用的多准则决策方法。

6.3　林分单株择伐空间结构优化模型的构建

在林分空间结构优化目标确定后，对林分进行合理的择伐显得尤为重要，择伐是对经营林地最重要的干扰。林分择伐空间结构优化是以林分空间结构为目标、以非空间结构为主要约束条件，通过择伐对林分空间结构进行优化，旨在通过空间结构优化，最大限度地保持较优的林分空间结构，以持续发挥林分经济、生态和社会等多项功能。要把经济生态效益低的杉木生态公益林人工纯林转变为生物多样性和稳定性较高的针阔混交林，就要开展以单株择伐为主要措施的林分空间结构优化调整。

6.3.1　模型目标函数

采用杉木生态公益林林分空间结构评价指数［式（6.10）］作为杉木生态公益林林分择伐空间结构优化模型的目标函数，林分空间结构评价指数越大，说明林分空间结构整体水平越理想，因此，通过择伐优化林分空间结构时，以林分空间结构评价指数最小值的林木作为备伐木。本研究中，林分择伐空间结构优化目标函数考虑了 5 个子目标，包括林分的混交程度、竞争状况、水平分布格局、垂直结构和透光情况，对应的林分空间结构指标分别为林分的全混交度、竞争指数、角尺度、林层指数和开敞度。对林分空间结构评价指数的 5 个子目标进行综合，确定林分空间结构评价指数 $[L(g)]$ 的计算公式如下。

$$L(g)=\frac{\frac{1+M(g)}{\sigma_{\mathrm{M}}}\cdot\frac{1+S(g)}{\sigma_{\mathrm{S}}}\cdot\frac{1+K(g)}{\sigma_{\mathrm{K}}}}{[1+\mathrm{CI(g)}]\cdot\sigma_{\mathrm{CI}}\cdot[1+|W(g)-0.342|]\cdot\sigma_{|W-0.342|}} \tag{6.10}$$

式中，$M(g)$、$S(g)$、$K(g)$、$\mathrm{CI(g)}$、$W(g)$分别为单木全混交度、林层指数、开敞度、竞争指数、角尺度；σ_{M}、σ_{S}、σ_{K}、σ_{CI}、σ_{W}分别为单木全混交度、林层指数、开敞度、竞争指数、角尺度的标准差。

6.3.2　模型约束条件

1. 非空间结构约束

(1) 林木大小多样性约束　一般来说，人工林的径级结构与天然林的“J”型的径级结构之间存在着一个空白的区域，这个空白的区域是人工林径级结构调整的重点区段，大多数天然林的直径分布遵循 q 值法则，即株数按径级以常量 q 值递减，研究发现 q 值一般为 1.2～1.5，也有的研究发现 q 值为 1.3～1.7，本研究中利用径级多样性来描述林木大小多样性，以择伐后林分径级不减少作为模型的第一个约束条件。

(2) 树种多样性约束　森林物种多样性是指群落内各种生物种类的丰富性、均匀性，它是森林生态系统多样性形成的基础，对维护森林生态系统的健康和稳定性具有重要意义。同时其也是森林生态系统多功能发挥的前提条件。林木采伐是最有可能导致森林物种多样性减少的人为干扰手段。为了维护森林的物种多样性，在进行采伐时应首先考虑物种多样性的保护问题，把保护森林的树种个数不减少作为模型的第二个约束条件，本研究采用树种个数来表示。

(3) 择伐强度约束　为使择伐后的保留木生长良好，择伐时必须控制一定的择伐强度。本研究对象为杉木生态公益林。择伐强度不能太大，但考虑到人工纯林空间结构优化要进行适当的树种置换和林下乡土阔叶树种补植，因此择伐强度不能太小，因为要保持林下补植树种和置换树种的正常生长，就必须保证林分的郁闭度不能太大，这是因为林分的郁闭度影响着林分生态系统的光、风和温度等生态因子的时空变化和林分内降雨量的再分配，进而影响到林分生物量分布与变化和生态功能的发挥。因此，选择将林分的择伐强度控制在 30%以内，既维持了保留木的正常生长，又使得择伐后林分保持适当的林窗，以使补植树种能够正常生长。

2. 空间结构约束

(1) 空间结构约束指标　林分经过择伐后，应保持林分的混交度、林层指数和开敞度不降低，同时林分整体竞争强度降低，林分的水平分布格局趋向随机分布状态。这 5 个空间结构指标的约束都是为了让林分整体空间结构趋向理想状态。

(2) 择伐时空间结构约束指标优先次序的确定　在择伐时，考虑空间结构的约束应有先后顺序，因为不同空间结构指标与林分择伐优化空间结构的目标函数的关联度不同，本研究采用综合关联度法来确定。

Ⅰ. 灰色关联度。灰色系统理论是由 W. R. Ashby 提出的“黑箱”概念发展而来的（Pawlak，1998；Pawlak and Skowron，2007a，2007b）。所谓的黑箱（black box），是指对内

部结构不了解且无法直接探知的研究对象；白箱(white box)是指研究者可以直接了解内部结构的研究对象。在系统控制论中，“黑”表示研究对象的信息完全未知，“白”表示研究对象的信息完全已知，而“灰”表示研究对象的信息部分已知，部分未知，在自然界中，“灰”的现象无处不在。1982 年，我国学者邓聚龙教授发表了第一篇关于灰色系统的英文学术论文“The control problem of grey systems”，同时还发表了一篇关于灰色系统的中文论文“灰色控制系统”。这两篇论文的发表标志着灰色系统理论研究在我国正式起步，此后，灰色系统研究在我国迅猛地发展了起来，到目前为止，灰色系统已发展成为一门新兴的交叉学科，灰色系统理论是通过生成部分已知信息，进行开发和数据挖掘，提取有价值的信息，从而实现对系统的有效控制。它既不同于概率论，也不同于模糊数学，灰色系统研究的主要内容包括灰色关联度分析理论、灰色建模理论、灰色预测理论、灰色决策理论和灰色控制理论(Wei，2010；Chen and Tan，1994)。

灰色关联分析就是采用一定的方法分析灰色系统各个因素之间的关系，它的基本原理是根据比较序列和参考序列的曲线集合形状的相似程度来判断序列之间的关系是否密切，已有的灰色关联度分析的模型主要有绝对灰色关联度分析模型(Lai et al.，2005)、T 型关联度分析模型(Wei，2010)、灰色斜率关联度分析模型(Chen and Tan，1994)、B 型关联度分析模型(Tamura，2005)和 C 型关联度分析模型(Cornelis et al.，2004)，本研究采用综合关联度模型来分析林分空间结构因子与林分空间结构评价指数之间的关联度，从而确定选择伐木时林分空间结构因子考虑的先后顺序。

Ⅱ. 综合灰色关联度的确定。

1)绝对综合关联度的确定：根据绝对灰色关联度的定义，将杉木中龄林 8 号样地林分空间结构作为优化目标函数，林分空间结构评价指数数据作为母序列$\{X_0\}$，将林分空间结构评价指数的关联空间结构参数全混交度、竞争指数、林层指数、角尺度和开敞度作为子序列$\{X_1\}$、$\{X_2\}$、$\{X_3\}$、$\{X_4\}$、$\{X_5\}$，具体数据见表 6.1。

表 6.1　林分空间结构评价指数及相关的空间结构参数

序号	空间结构评价指数	全混交度	竞争指数	林层指数	角尺度	开敞度
1	534.2568	0.0360	1.6709	0.8571	0.4286	0.5709
2	517.7053	0.0482	1.7114	0.6667	0.3333	0.6043
3	500.6821	0.0000	2.0302	1.0000	0.2000	0.7132
4	490.5974	0.0000	1.3895	0.3333	0.3333	0.7554
5	480.3943	0.0360	1.5372	0.4286	0.4286	0.7443
6	479.8960	0.0482	1.2969	0.5000	0.5000	0.5833
7	457.7348	0.1236	1.6645	0.5000	0.3333	0.4449
8	452.6253	0.0614	1.8498	0.6000	0.5000	0.7154
9	452.1436	0.0000	1.4795	0.7500	0.2500	0.3839
10	389.0676	0.0678	3.2138	1.0000	0.4000	0.5830
			…			
95	47.2098	0.0000	22.3615	0.7500	0.2500	0.3614

续表

序号	空间结构评价指数	全混交度	竞争指数	林层指数	角尺度	开敞度
96	44.7789	0.0000	25.7638	1.0000	0.1667	0.3925
97	40.0234	0.0678	32.5066	1.0000	0.4000	0.2949
98	36.2367	0.0678	18.2054	0.1333	0.4000	0.1859
99	16.0840	0.0678	48.0263	0.2667	0.6000	0.4312

将母序列$\{X_0\}$和子序列$\{X_i\}$ (i=0,1,2,…,5)进行始点零化像处理，计算公式如下。

$$\begin{aligned}X_{0i}&=x_i(1)-x_i(1),x_i(2)-x_i(1),\cdots,x_i(99)-x_i(1)\\&=\left[x_{0i}(1),x_{0i}(2),\cdots,x_{0i}(n)\right],\ i=0,1,\cdots,5\end{aligned}\tag{6.11}$$

具体结果见表6.2。

表 6.2　林分空间结构评价指数及相关的空间结构参数值始点零化像处理表

序号	空间结构评价指数	全混交度	竞争指数	林层指数	角尺度	开敞度
1	0.0000	0.0000	0.0000	0.0000	0.0000	0.0000
2	−16.5515	0.0122	0.0405	−0.1904	−0.0953	0.0334
3	−33.5747	−0.0360	0.3593	0.1429	−0.2286	0.1423
4	−43.6594	−0.0360	−0.2814	−0.5238	−0.0953	0.1845
5	−53.8625	0.0000	−0.1337	−0.4285	0.0000	0.1734
6	−54.3608	0.0122	−0.3740	−0.3571	0.0714	0.0124
7	−76.5220	0.0876	−0.0064	−0.3571	−0.0953	−0.1260
8	−81.6315	0.0254	0.1789	−0.2571	0.0714	0.1445
9	−82.1132	−0.0360	−0.1914	−0.1071	−0.1786	−0.1870
10	−145.1892	0.0318	1.5429	0.1429	−0.0286	0.0121
			…			
95	−487.0470	−0.0360	20.6906	−0.1071	−0.1786	−0.2095
96	−489.4779	−0.0360	24.0929	0.1429	−0.2619	−0.1784
97	−494.2334	0.0318	30.8357	0.1429	−0.0286	−0.2760
98	−498.0201	0.0318	16.5345	−0.7238	−0.0286	−0.3850
99	−518.1728	0.0318	46.3554	−0.5904	0.1714	−0.1397

根据上述$|s_0|$、$|s_i|$和$|s_i-s_0|$的式(6.2)～式(6.4)，得到如下结果：

$|s_0|=33407.0456$, $|s_1|=1.8395$, $|s_2|=479.3312$, $|s_3|=42.8652$, $|s_4|=6.6667$, $|s_5|=14.0868$;
$|s_1-s_0|=33405.2061$, $|s_2-s_0|=32927.7144$, $|s_3-s_0|=33364.1804$;
$|s_4-s_0|=334000.3789$, $|s_5-s_0|=33392.9588$。

采用绝对关联度的计算式(6.12)

$$\varepsilon_{0i}=\frac{1+|s_0|+|s_i|}{1+|s_0|+|s_i|+|s_i-s_0|}\tag{6.12}$$

得到：$\varepsilon_{01}=0.5000$，$\varepsilon_{02}=0.5072$，$\varepsilon_{03}=0.5006$，$\varepsilon_{04}=0.5001$，$\varepsilon_{05}=0.5002$。

2) 相对灰色关联度的确定：根据表 6.2 的数据，求母序列 $\{X_0\}$ 和子序列 $\{X_i\}$ (i=0,1,2,⋯,5) 初始点值。计算公式如下。

$$X_i'=\frac{X_i}{x_i(1)}=\left[\frac{x_i(1)}{x_i(1)},\frac{x_i(2)}{x_i(1)},\cdots,\frac{x_i(n)}{x_i(1)}\right],\ i=0,1,2,\cdots,5 \tag{6.13}$$

其结果见表 6.3。

表 6.3　林分空间结构评价指数及相关的空间结构参数初值像

序号	空间结构评价指数	全混交度	竞争指数	林层指数	角尺度	开敞度
1	1.0000	1.0000	1.0000	1.0000	1.0000	1.0000
2	0.9690	1.3385	1.0243	0.7778	0.7777	1.0585
3	0.9372	0.0000	1.2151	1.1667	0.4666	1.2493
4	0.9183	0.0000	0.8316	0.3889	0.7777	1.3232
5	0.8992	1.0009	0.9200	0.5000	0.9999	1.3038
6	0.8982	1.3385	0.7761	0.5834	1.1666	1.0217
7	0.8568	3.4329	0.9962	0.5834	0.7777	0.7792
8	0.8472	1.7057	1.1071	0.7000	1.1666	1.2531
9	0.8463	0.0000	0.8854	0.8750	0.5833	0.6724
10	0.7282	1.8827	1.9234	1.1667	0.9333	1.0212
			…			
95	0.0884	0.0000	13.3829	0.8750	0.5833	0.6331
96	0.0838	0.0000	15.4191	1.1667	0.3889	0.6876
97	0.0749	1.8827	19.4545	1.1667	0.9333	0.5165
98	0.0678	1.8827	10.8956	0.1556	0.9333	0.3256
99	0.0301	1.8827	28.7428	0.3111	1.3999	0.7553

根据表 6.3 进行始点零化像处理，计算出 X_i' 的始点零化像 X_i^0，具体结果见表 6.4。

表 6.4　林分空间结构评价指数及相关的空间结构参数始点零化像处理表

序号	空间结构评价指数	全混交度	竞争指数	林层指数	角尺度	开敞度
1	0.0000	0.0000	0.0000	0.0000	0.0000	0.0000
2	−0.0310	0.3385	0.0243	−0.2222	−0.2223	0.0585
3	−0.0628	−1.0000	0.2151	0.1667	−0.5334	0.2493
4	−0.0817	−1.0000	−0.1684	−0.6111	−0.2223	0.3232
5	−0.1008	0.0009	−0.0800	−0.5000	−0.0001	0.3038
6	−0.1018	0.3385	−0.2239	−0.4166	0.1666	0.0217
7	−0.1432	2.4329	−0.0038	−0.4166	−0.2223	−0.2208
8	−0.1528	0.7057	0.1071	−0.3000	0.1666	0.2531

续表

序号	空间结构评价指数	全混交度	竞争指数	林层指数	角尺度	开敞度
9	−0.1537	−1.0000	−0.1146	−0.1250	−0.4167	−0.3276
10	−0.2718	0.8827	0.9234	0.1667	−0.0667	0.0212
			…			
95	−0.9116	−1.0000	12.3829	−0.1250	−0.4167	−0.3669
96	−0.9162	−1.0000	14.4191	0.1667	−0.6111	−0.3124
97	−0.9251	0.8827	18.4545	0.1667	−0.0667	−0.4835
98	−0.9322	0.8827	9.8956	−0.8444	−0.0667	−0.6744
99	−0.9699	0.8827	27.7428	−0.6889	0.3999	−0.2447

根据上述$|s'_0|$、$|s'_i|$和$|s'_i - s'_0|$的式(6.6)～式(6.8)，得到如下结果：

$|s'_0| = 62.599$, $|s'_1| = 51.0958$, $|s'_2| = 286.8701$, $|s'_3| = 50.0119$, $|s'_4| = 15.5546$, $|s'_5| = 24.6747$;

$|s'_1 - s'_0| = 11.4313$, $|s'_2 - s'_0| = 224.3402$, $|s'_3 - s'_0| = 12.5180$;

$|s'_4 - s'_0| = 46.9753$, $|s'_5 - s'_0| = 37.8552$。

采用相对关联度的计算式(6.14)

$$r_{0i} = \frac{1 + |s'_0| + |s'_i|}{1 + |s'_0| + |s'_i| + |s'_i - s'_0|} \tag{6.14}$$

得到：$r_{01} = 0.9093$，$r_{02} = 0.6097$，$r_{03} = 0.9001$，$r_{04} = 0.6274$，$r_{05} = 0.6993$。

3)综合关联度的确定：从表 6.5 可以看出，林分空间结构评价指数与相关的空间结构参数的综合灰色关联度排序为全混交度(0.7047)>林层指数(0.7007)>开敞度(0.5998)>角尺度(0.5637)>竞争指数(0.5585)，因此在进行林木择伐时首先考虑林分的混交度，其次是林层指数，再次是林分的开敞度，最后考虑的约束条件依次是角尺度和竞争指数。灰色系统分析理论是基于研究对象部分已知信息的挖掘来揭示系统内部信息的关联度，从而达到优化系统的目的，特别是对“小样本”“贫信息”的不确定性系统的分析效果尤佳，有着其他方法不可比拟的优势。因此，将灰色系统分析用于林分空间结构评价指数与空间结构指数的关联度分析是完全可行的，从分析结果看，全混交度与林层指数这两个空间结构指数与空间结构评价指数的关联度最高，这完全符合研究对象杉木生态公益林人工纯林空间结构优化调整优先考虑因素的实际，作为起源于人工林的杉木生态纯林，树种单一，林分的物种多样性低，抵御自然灾害的能力差，生态功能低下，对于水土保持、水源涵养和保护生物多样性具有特殊意义的山地和丘陵，生态效益差的人工针叶纯林无法充分发挥公益林的生态保护功能，大量的科学研究表明森林的水土保持功能、水源涵养功能及土壤养分功能的维持和保护，不仅仅依赖于乔木层本身，而是更多地依赖于林下丰富的灌草层、长久累积的枯枝落叶层及较厚的土壤腐殖质层。特别是在水土流失严重的坡地上，单纯的乔木层无法防止表土层水土流失的发生。因此，为了提高杉木生态林人工纯林的物种多样性和生态保护功能，最有效的经营措施就是通过补植乡土阔叶树种，将人工纯林改造为针阔混交林，因此增加林分的混交度是杉木生态公益林人工纯林必须优先考虑的因素；其次，人工林林层单一，容易损害地力，也容易发生冻害、雪害、虫害等，而复层林凋落物数量多，其成分复杂，营养含量高，有利于土壤肥力的增加，也有利于抵抗灾害，所以人工林急需通过择伐补植或者人工促进林下更新等方式来将单层林诱导为复层林。

表 6.5　林分空间结构评价指数与相关的空间结构参数的综合灰色关联度

子序列	影响林分空间结构评价指数的因素	综合灰色关联度	关联度排序
X_1	全混交度	0.7047	1
X_2	竞争指数	0.5585	5
X_3	林层指数	0.7007	2
X_4	角尺度	0.5637	4
X_5	开敞度	0.5998	3

6.3.3　模型的建立

在目标函数分析与约束条件设置的基础上，建立杉木生态公益林林分单株择伐空间优化模型如下：

目标函数：

$$\max Z = Q(g) \tag{6.15}$$

约束条件：

① $N(g)=N_0$；② $D(g)=D_0$；③ $M(g)\geqslant M_0$；④ $S(g)\geqslant S_0$；⑤ $K(g)\geqslant K_0$；⑥ $|W(g)-0.342|\leqslant|W_0-0.342|$；⑦ $\mathrm{CI}(g)\leqslant \mathrm{CI}_0$；⑧ $Y(g)\leqslant 30\%$。

式中，max 为最大；$Q(g)$ 为空间结构评价指数；$N(g)$ 为林分择伐后树种个数；N_0 为林分择伐前树种个数；$D(g)$ 为林分择伐后径级个数；D_0 为林分择伐前径级个数；$M(g)$ 为伐后林分混交度；M_0 为伐前林分混交度；$S(g)$ 为伐后林层指数，S_0 为伐前林层指数；$K(g)$ 为伐后开敞度；K_0 为伐前开敞度；$\mathrm{CI}(g)$ 为伐后竞争指数；CI_0 为伐前竞争指数；$W(g)$ 为伐后角尺度；W_0 为伐前角尺度；$Y(g)$ 为林分择伐强度。

约束条件①(树种多样性的约束)表示保持伐后林分树种个数不低于伐前树种个数；条件②(林木大小多样性的约束)表示保持伐后的林木径级个数不低于伐前的林木径级个数；条件③表示保持伐后林分全混交度不低于伐前全混交度；条件④表示保持伐后林分林层指数不低于伐前林分林层指数；条件⑤表示保持伐后林分开敞度不低于伐前林分开敞度；条件⑥表示保持伐后林分角尺度更趋向随机分布；条件⑦表示保持伐后的林分竞争指数不低于伐前的林分竞争指数；条件⑧表示择伐强度约束。

6.3.4　择伐木的确定流程

进行择伐木确定时要完全满足约束条件及林分空间结构趋向优化的原则，不健康的林木直接进入采伐行列，然后根据 $Q(g)$值的大小、林分空间结构和非空间结构的约束条件逐一筛选择伐木，只要有一个约束条件不满足择伐木的确定条件，就将此活立木作为保留木，重现筛选 $Q(g)$值最小的林木，进入循环程序，直到达到采伐强度。具体择伐木的确定流程图见图 6.1。

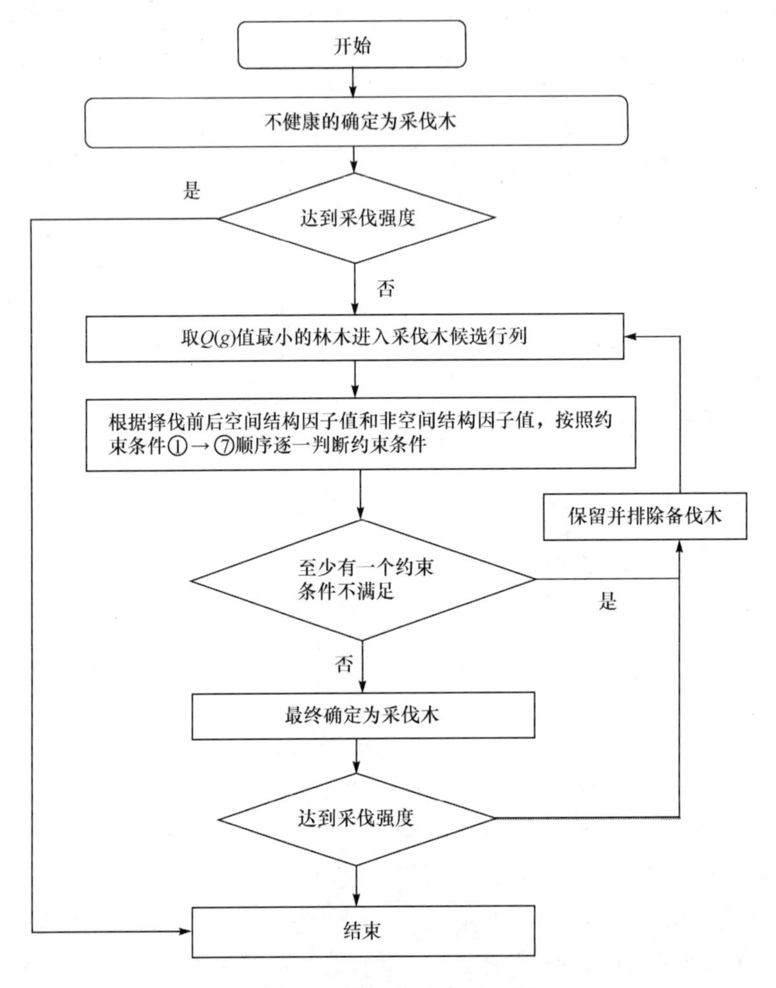

图 6.1　择伐木的确定流程图

6.3.5　林分单株择伐空间结构优化模型的应用

将杉木生态公益林人工纯林中龄林 8 号样地的调查数据录入计算机，根据林木位置坐标在 ArcGIS 中生成林木点位置图。根据林木点位置信息，利用 ArcGIS 中 Weighted Voronoi Diagram 工具生成加权 Voronoi 图（图 6.2），确定林分空间结构单元，计算林木各空间结构指数。

1. 模型控制参数的设置

（1）树种大小多样性　根据择伐后林分的径级数不减少的约束条件，对杉木生态公益林 8 号固定样地的林木径级数目进行了统计，一共有 8 个径级（图 6.3），分别为 2cm、4cm、6cm、8cm、10cm、12cm、14cm、16cm，其中 4～14cm 径级的林木占总林木数的 92%，平均胸径为 12cm。

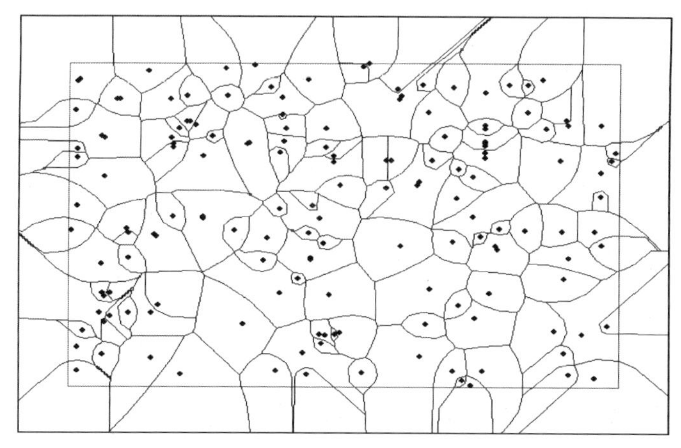

图 6.2　基于 8 号样地林木点数据生成的加权 Voronoi 图

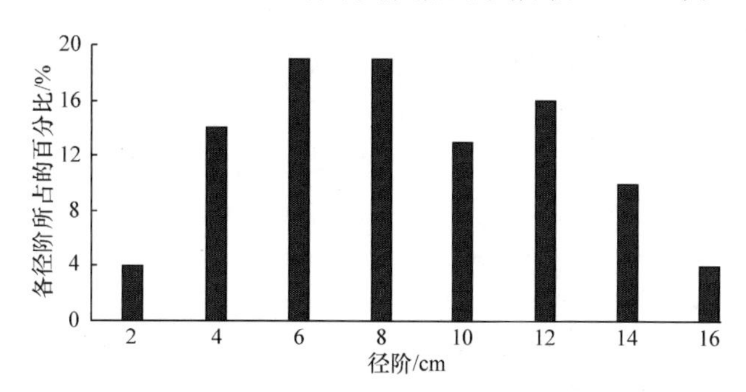

图 6.3　8 号样地不同径阶林木株数分布图

(2) 树种多样性　以树种个数来作为树种多样性的约束条件，杉木中龄林 8 号样地 99 棵对象木共有 4 种树种，分别为杉木、柳杉、野山椒和野山桃，其中杉木在株数上处于绝对优势，占样地总株数的 91%，其他三种树种之和仅占 9%(表 6.6)。

表 6.6　8 号样地各树种的株数及比例

树种	杉木	柳杉	野山椒	野山桃	合计
株数/株	90	7	1	1	99
比例/%	91	7	1	1	100

(3) 伐前空间结构参数　杉木中龄林 8 号样地择伐前林分的林木平均混交度 $M_0 = 0.0547$，林层指数 $S_0 = 0.4211$，竞争指数 $CI_0 = 6.7467$，｜角尺度−0.342｜=｜$W_0 - 0.342$｜=0.0984，开敞度 $K_0 = 0.4279$。

2. 模型求解　　由于模型中存在大量的整数变量，用穷举法难以求解，计算机软件如 SPASS、MATLAB、JAVA 等可用于求解此类问题。本研究是运用 MATLAB 软件处理数据的，数据处理过程如下。

1) 录入数据：将包含目的样地林木基本信息(包括树木 ID、树种、树高、胸径、混交度、林层指数、开敞度、角尺度、竞争指数等)的调查数据录入 MATLAB，并更名为

TreeData，以便 MATLAB 读取。

2)定义参数：根据树种、胸径等参数指标的定义和公式，通过算法编程定义到计算程序中，并定义好约束条件①～⑧。

3)判断与循环：判断林木是否需要砍伐的首要条件为是否满足全部的约束条件，当未达到最佳采伐强度时，进入循环程序(①～⑧)，而当达到最佳采伐强度时，结束程序。

4)算法编程核心思路：当判断框成立时，选择 $Q(g)$值最小的林木，假定其为采伐木从林分中删除，此时林分的各项指标都会发生变化，即需要用约束条件①～⑦来判定假设是否成立。若条件都被满足则表明假设成立，此时，假设林木作为择伐木输出，并以新的林分各类参数(伐后林分参数)返回到开始；若至少有一条不满足则表明假设不成立，被假设林木不能作为采伐木输出，此时，保持林分各项参数不变，选择新的最小 $Q(g)$值进入候选木行列，重复上述循环，直到林分的各项参数得到最佳配置时结束程序。最终确定的择伐木一共 25 棵，择伐强度为 25.2%。

择伐木在样地内的位置分布图见图 6.4，图 6.4 为原样地按顺时针旋转 90°后形成的图形，则横轴表示 Y 方向，纵轴表示 X 方向，原点位于图的左上角，图中各圆点所在位置代表相应各林木坐标位置，空心圆代表边缘木，黑色实心圆代表核心区保留木，灰色实心圆代表择伐木，并对择伐木树号进行标注。

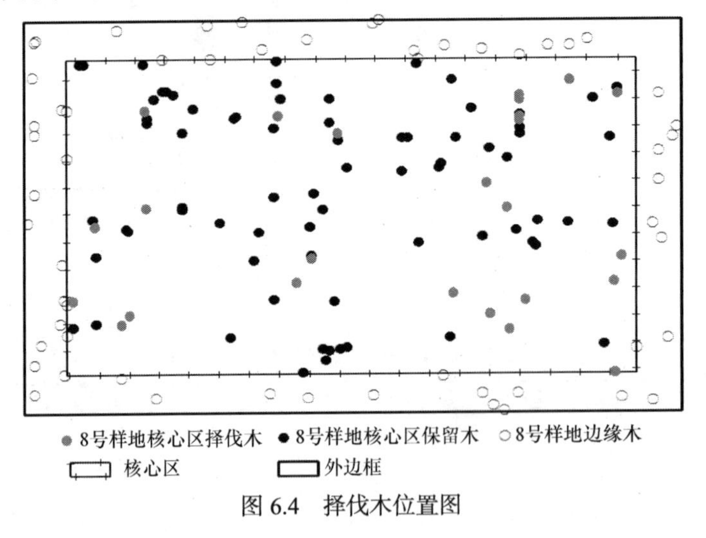

图 6.4　择伐木位置图

图 6.5 为林分择伐前后林木对比图，A 图为 8 号样地择伐前林木分布图，B 图为 8 号样地择伐后林木分布图。

8 号样地择伐前后各参数的变化见表 6.7，从表中可以看出，本次择伐强度为 25.2%，择伐后描述非空间结构的径阶数和树种数均未减少，保持原有的径阶个数和树种个数。择伐后林分混交度提高 5.24%，表明林分树种空间隔离程度得到提高；择伐后林分林层指数提高 16.13%，表明林分垂直分层结构有较大幅度的改善；择伐后林分竞争指数降低 17.61%，表明林分中林木所受的竞争压力在减小；择伐后林分｜角尺度−0.342｜降低 2.49%，表明林分空间分布格局更加趋向于随机分布；开敞度增加了 22.14%，表明林分的透光条件有一定程度的改善，林分空间结构优化模型目标函数 $Q(g)$ 值提高了 16.34%，表明林分空间结构有了大幅度的提升。该择伐方案在限定的择伐强度内，满足非空间结构约束条件的情况下，最大限度地改善了林分空间结构，为林分择伐提供了最优方案。

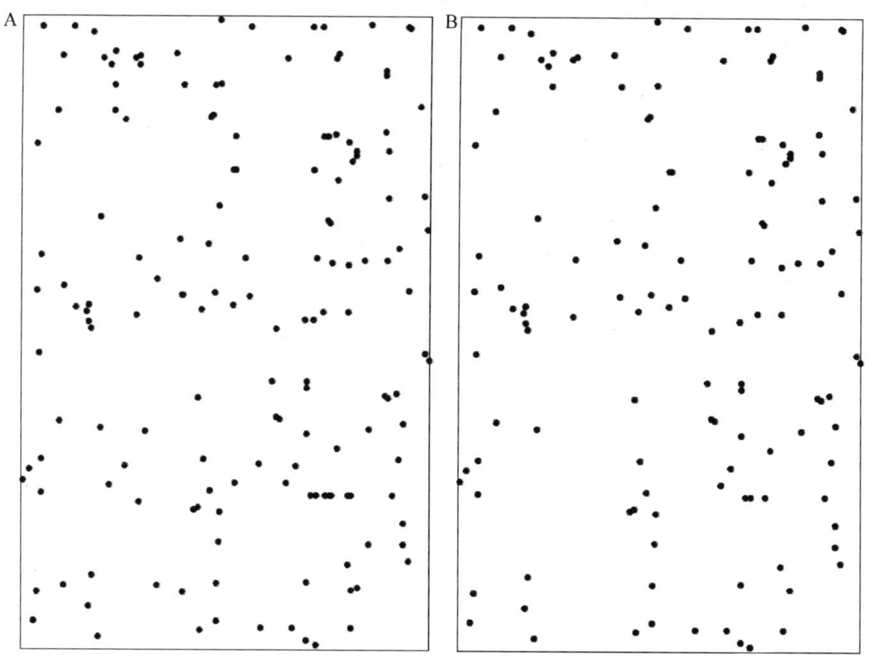

图 6.5　8 号样地择伐前(A)后(B)林木分布图

表 6.7　8 号样地择伐前后森林结构指数变化

参数	择伐前	择伐后	变化趋势	变化幅度/%
径阶数	8	8	不变	
树种数	4	4	不变	
混交度	0.0553	0.0582	增加	5.24
林层指数	0.4245	0.4930	增加	16.13
开敞度	0.4298	0.4390	增加	22.14
| 角尺度 − 0.342 |	0.0971	0.0702	降低	−2.49
竞争指数	6.7080	5.6759	降低	−17.61
目标函数 $Q(g)$	194.1948	225.9433	增加	16.34

6.4　林分补植空间结构优化技术

本研究区杉木生态公益林人工纯林树种结构单一，生物多样性低，森林健康状况较差，森林病虫害和森林火灾时有发生，生态功能脆弱。因此，急需补植优良的阔叶树种优化林分空间结构，林分补植空间结构优化是以优化林分空间结构为目标，通过补植阔叶树种增加林分的物种多样性和稳定性。

6.4.1　林分补植空间结构调控优化目标

人工纯林树种单一，林层简单，因此补植应最大程度地提高林分混交度、林分垂直分层情况，但林分空间结构的优化不仅取决于林分混交度的提高和林分林层结构的改善，还取决于林分林木间竞争水平的改善、林分透光程度的改善、林分水平空间分布格局的改善，故林分补植空间结构优化调控的目标应是林分整体空间结构的改善，因此选择林分空间结构评价指数[式(6.10)]作为林木补植空间结构优化目标。

林木补植空间结构优化目标确定以后，要进行树种的补植，首要解决的关键问题是补植位置和补植数目的确定，补植位置的确定应该遵循林分水平分布格局逐渐向随机分布或者接近随机分布的均匀分布改变，补植数目不应超过林分密度的阈值上限，补植位置和补植数目确定后，应根据研究区杉木生态公益林人工林林分的立地条件和杉木树种的生态学特性，从造林学特性、生态学特性、生物学特性和经济功能 4 个方面综合考虑来选择混交树种，最后是根据补植树种的个数，来科学地进行补植树种的空间配置，以使在补植的树种个数有限的情况下能最大限度地增加林分的混交度。

6.4.2　补植位置和补植树木的确定

林分均匀分布或倾向于均匀分布的随机分布，使得林木可以充分利用光照，增加林分内部的通风透气性，利于林下植被生长，提高生产力，实现地表连续覆盖，符合理想的林分空间结构。因此，林木补植位置应确定为林木间形成的相对大范围的林窗地带或林隙位置，从而使林分中林地资源能够得到充分利用。

基于林分中林木点位置，用 ArcGIS 软件生成胸径加权 Voronoi 图来构建单株木的胸径加权 Voronoi 图多边形，每个凸多边形表示林木的影响范围，选取面积最大的 Voronoi 图多边形“空白区域”即为需要补植混交树种的位置，但考虑到树种不能补植在已有林木的冠幅之下，因此林木补植的位置应为 Voronoi 图多边形面积域剔除中心林木冠幅面积的阴影部分(图 6.6)。每次补植选取已有林分中单株木的多边形面积最大的胸径加权 Voronoi 图多边形空白区域剔除中心木冠幅面积的灰色部分作为补植位置，直到达到确定的补植强度和林分密度。每补植一株林木，林分中面积最大的胸径加权 Voronoi 图多边形将发生变化，需重新选取林分中面积最大的胸径加权 Voronoi 图多边形为补植位置，直到达到确定的补植强度。

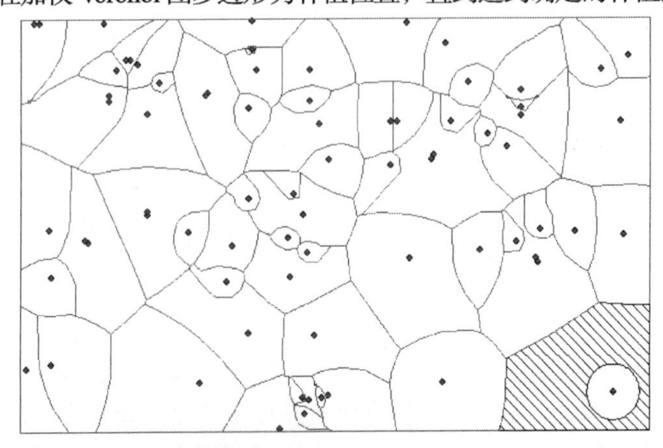

图 6.6　树种补植位置示意图

6.4.3　补植树种的选择

除了采用择伐方式对林分空间结构进行优化外，补植也是优化林分空间结构的主要经营措施，通过补植经营措施优化林分空间结构时，科学地选择补植树种是一个关键问题。这是因为混交树种之间相互影响、相互作用，不同树种对水分、光能和养分等资源的分配和利用各不相同，而且不同树种根系间的相互作用直接影响着对土壤养分的利用和分配，这些复杂的相互作用形成混交树种间的水分关系、光能关系和养分关系等，它直接影响着混交林种间养分的转移和互补，进而影响到林分的正常生长和发育，并且对土壤养分有效性的改善水平起着决定性作用，因此补植树种的选择直接影响着能否形成高效、“自养型”的杉木混交林生态系统。

(1) 补植树种评价指标体系构建原则　为了使建立的补植树种评价指标体系能够综合反映补植树种选择应考虑的各个方面，在评价指标体系构建过程中需要遵循一定的基本原则，具体来说，构建杉木生态公益林人工纯林补植树种选择评价指标体系时必须注意以下基本原则。

1) 科学性原则：指标体系的构建应遵循科学性原则，指标的概念应明确，应充分运用树木学、生态学、森林培育学、森林经理学等相关理论知识，使构建的指标体系能充分反映混交树种的生态学特性、造林学特性、生物学特性及经济功能。

2) 系统性原则：所选取的指标应尽可能齐整完全，尽量杜绝重复或者多余的指标出现，使各层指标精练，且保证充足的信息量。

3) 因地制宜原则：建立指标体系要因地制宜，既要参考前人提出的补植树种评价指标，又要结合研究区域的实际立地条件等具体情况来构建指标体系。

4) 可比性原则：在构建指标体系时，要尽可能采用相对指标，从而便于不同补植树种进行对比分析。

5) 适用性原则：构建的补植树种的评价指标体系应具有普遍的实用性，应对林业生产实践具有一定的指导借鉴作用。

(2) 补植树种评价指标的筛选　在查阅整理国内外关于人工纯林混交树种评价选择等相关文献的基础上，结合混交树种选择的原则，遵循宁多勿缺的基本原则，尽可能全面地搜集混交树种评价指标的参考资料，初步搜集的一级指标共 6 个、二级指标共 23 个，构建的杉木生态公益林人工纯林补植树种评价指标体系框架详见表 6.8。

表 6.8　第一轮评价指标体系框架

目标层	准则层	指标层
补植树种评价指标体系	生长特性	根系生长率、树高年生长率、胸径年生长率
	造林学特性	种苗来源、造林技术、天然更新能力
	生态适应性	耐瘠薄能力、抗病虫害能力、耐阴树种、阳性树种、温暖指数(海拔)、耐旱性、抗风力
	生态效益功能	冠幅、倒伏状况、冠层高、树叶特色
	景观效应功能	干形、冠形、枝叶浓密度
	经济功能	经济用途、管护成本、经济价值

基于初步构建的杉木生态公益林人工纯林补植树种评价指标体系，邀请 10 位林学、生态学和树木学相关领域的专家、学者对初步构建的评价指标体系及各指标的重要性进

行逐一讨论和评议，将超过 2/3 的专家、学者赞同，认为合理的指标保留，否则剔除掉，经过 3 轮专家意见征询和反馈，将初步构建的指标体系进行了调整，压缩为 5 个一级指标和 19 个二级指标，形成第二轮评价指标体系框架，见表 6.9。

表 6.9　第二轮评价指标体系框架

目标层	准则层	指标层
补植树种评价指标体系	造林学特性	树种类型、种苗来源、造林技术、天然更新能力
	适应性功能	根系生长率、生长速率、耐瘠薄能力、抗病虫害能力、耐阴性、适生海拔、耐旱性、抗风力
	生态效益功能	冠幅与冠层高、枝叶浓密度
	景观效应功能	干形、冠形、树叶特色
	经济功能	经济用途、管护成本

以第二轮评价指标为基础，继续邀请 10 位林学、生态学和树木学相关领域的专家、学者，请他们对各项指标进行重要性表态和指标两两比较，淘汰 1/3 专家认为不重要的指标，将超过 2/3 专家认同的指标列入指标体系，形成第三轮杉木生态公益林人工纯林混交树种评价指标体系框架(表 6.10)。

表 6.10　第三轮评价指标体系框架

目标层	准则层	指标层
混交树种评价指标体系	造林学特性	树种类型、种苗来源、造林技术、天然更新能力
	生态学特性	根系生长率、生长速率、耐瘠薄能力、抗病虫害能力、耐阴性、适生海拔、抗风力
	生物学特性	枝叶浓密度、干形、冠形、树叶特色
	经济功能	经济用途、管护成本

(3) 补植树种评价指标体系的构建　　本研究根据研究区杉木生态公益林林分立地条件的实际情况及补植树种选择的原则，综合运用 Delphi 法、会内会外法及头脑风暴法三种方法，对杉木生态公益林人工纯林补植树种评价指标进行了构建。最终形成了 4 个一级指标和 17 个二级指标的评价指标体系，结果见图 6.7。

(4) 补植树种选择评价指标的解释

根据研究区的自然条件，结合补植树种选择的原则，通过专家咨询，从造林学特性、生态学特性、生物学特性和经济功能 4 个方面选择如下 17 项指标作为杉木生态公益林人工纯林补植树种评价指标。

Ⅰ. 造林学特性。

1) 树种类型：树种按树叶形态分为针叶树和阔叶树，按冬季是否落叶分为落叶树和常绿树。针叶树在幼林期间，主要从土壤中吸收养分，而它的落叶很少，不易分解，时间长了，土壤中的养分减少，肥力衰退，容易形成小老树，而阔叶树落叶丰富，又容易腐烂分解。如果把针叶树和阔叶树混交造林，就能利用阔叶树的大量落叶维持地力，从而提高针叶树的生长能力，因此杉木林的补植树种应选择乡土阔叶树种。

2) 种苗来源：种苗来源是指种苗育苗技术的现状及种苗来源的难易程度。

3) 造林技术：造林技术的含义很广，本研究主要考虑立地条件、造林整地和抚育管

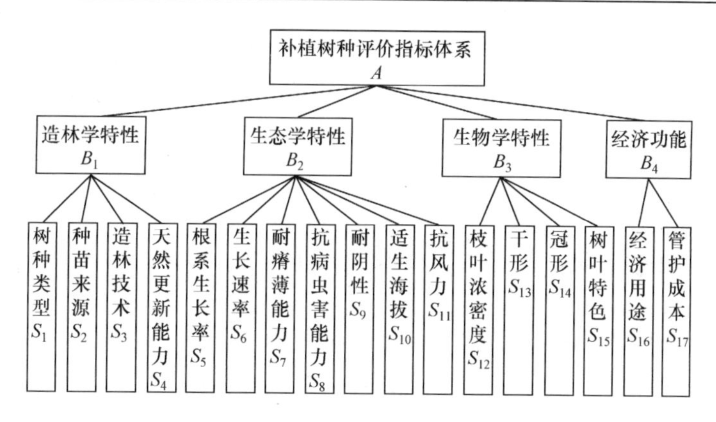

图 6.7 补植树种评价指标体系

理三个方面。

4) 天然更新能力：天然更新是指在没有人力参与下或通过一定的主伐方式，利用林木自身繁殖能力形成新一代幼林的过程。有两种方式：①有性更新，即种子更新，由迹地上原有母树或邻近林木天然下种而实现；②无性更新，即萌芽更新，由伐根上发生萌芽条或根蘖而长成。天然更新充分利用原有林木的种子或幼苗幼树，可以节约人力和物力，天然更新的成本低，而且天然更新的幼苗幼树生长慢，年轮密实，林木长大后不易出现心腐，有利于培育优质大径材。评价该指标主要从萌芽力和自播力是否强衡量。

Ⅱ. 生态学特性。树种的生态学特性是指树木长期生长在某种环境条件下，形成了对该种环境条件的要求和适应能力。树种对于环境条件的需求，主要表现为对气候因子和土壤因子的需求和适应性，气候因子包括光照、水分、温度和空气，土壤因子包括土壤理化性质、土壤养分及地形因子。

1) 根系生长率：杉木属于浅根系树种，它与深根性树种混交会使林分的根系成层分布，形成混交树种间根系交错穿插分布，其结果是林分根系对营养物质的吸收形成生态位分离，这样既可以减轻或避免林分中的林木争夺土壤养分和水分的矛盾，也大大提高了对林地土壤水分和养分资源的利用率。

2) 生长速率：因为每一种树木的净光合速率不一样，也就是说植物所进行的总光合速率减掉呼吸速率不一样，因为植物不仅进行光合作用，在产生有机物的同时也因为呼吸作用而消耗有机物，因为不同植物消耗有机物的量是不一样的，所以真正积存下来的有机物的含量也是不一样的，所以树木的生长速度也不一样。单位时间内生长速度快、成材早的树种，有利于尽快发挥树木本身的生态效益和经济效益。

3) 耐瘠薄能力：杉木生态公益林人工纯林由于树种单一，再加上是针叶林，林分郁闭前林地基本上没有凋落物，即使林分郁闭后，由于落叶少，且不宜分解，杉木林分从造林到成熟的整个生长过程中土壤养分不足，林地土壤趋向贫瘠化。因此，补植树种应具有耐瘠薄能力。

4) 抗病虫害能力：病虫害的发生既影响了树木的正常生长，又影响到了林分的健康维持，它不仅降低了林分中单个树木的实用价值和观赏价值，严重时将导致树木直接枯死，而且影响到了整个森林生态的稳定性。因此，林木的抗病虫害能力越强越好。

5) 耐阴性：树木的耐阴性是指植物能在弱光下继续生存的能力。耐阴树种都具有在浓密的林冠下生存和更新的能力，即在弱光条件下，具有正常生长发育的能力。而杉木作为阳性树种，只有在一定的光照条件下才能正常生长，如果与阴性树种混交就能提高对光资源的利用效率。

6) 适生海拔：研究区的杉木生态公益林人工纯林位于海拔 1000～1200m 处，根据因地制宜、适地适树的原则，补植树种选择时应优先考虑初选混交树种是否适合在海拔 1000～1200m 处生长。

7) 抗风力：风容易对树木造成生理和机械伤害，会使林木的细枝顶梢干枯死亡，还加速了林分的蒸腾作用，影响树木的正常生长，林分的抗风力是补植树种选择时需考虑的一个重要因素。

Ⅲ. 生物学特性。树种的解剖学特性、形态学特性和遗传特性是树种生物学特性的主要内容，本研究主要是从树种的形态学特性入手，选择了枝叶浓密度、干形、冠形和树叶特色 4 个指标来衡量树种的生物学特性。

1) 枝叶浓密度：一般来说，枝叶浓密度与树木的生长量成正比，而且林木树冠叶量的大小与树木各种生态效益的总量有一定的关系。

2) 干形：干形是指树干的通直度和圆满度，通直度直接影响到造材出材率，通直度高，出材率高。圆满度直接影响到林木单株产量和造材利用程度。所选补植树种应具有较好的通直度和圆满度。

3) 冠形：树种的冠形不仅影响到单位面积林木的株数，而且具有一定的观赏价值。

4) 树叶特色：树种的树叶具有观赏价值，树叶大小不同，形态各异，具有较大的观赏价值，将不同树叶的树种搭配在一起，能形成较美的景观。

Ⅳ. 经济功能。考虑到研究区的杉木人工纯林被划分为生态公益林，生态公益林是以发挥生态效益为主的森林，禁止商业性采伐，但可以在维持森林生态效益的前提下适当地获得经济效益，是公益林可持续经营的必要条件，树种作为长期的最终受益来源，要有一定的经济价值。本研究选择了经济用途和管护成本两个指标来衡量树种的经济功能。

1) 经济用途：根据树种的利用价值高低，以其在生产上的应用为衡量标准。

2) 管护成本：树种的管护成本是指树木从幼林到成熟整个生长过程中的抚育管理费用。

(5) 评价指标等级的划分　为了对所构建的补植树种评价指标定量化，用 5 分制，并将各指标划分为三个等级，各等级赋予一定的分值，结果见表 6.11。

表 6.11　杉木人工林补植树种选择指标体系的评分标准

评价指标	评分标准	等级标准
树种类型(S_1)	落叶阔叶乔木或灌木	Ⅰ[4, 5]
	常绿阔叶乔木或灌木	Ⅱ[2, 4)
	针叶树	Ⅲ[1,2)
种苗来源(S_2)	苗木供应量大，容易获得	Ⅰ[4, 5]
	苗木供应量较多	Ⅱ[2, 4)
	苗木供应量少，不易获得	Ⅲ[1, 2)
造林技术(S_3)	耐瘠薄能力强，对整地、抚育要求不高	Ⅰ[4, 5]
	对土壤肥力要求较高，但对整地、抚育要求不高	Ⅱ[2, 4)
	对土壤肥力要求高，整地、抚育需精细	Ⅲ[1, 2)

续表

评价指标	评分标准	等级标准
天然更新能力(S_4)	天然更新能力强，有萌芽、自播力	Ⅰ[4, 5]
	天然更新能力一般，有萌芽力、自播种子少	Ⅱ[2, 4)
	天然更新能力差，无萌芽力	Ⅲ[1, 2)
根系生长率(S_5)	深根性树种，主根发达	Ⅰ[4, 5]
	树种根系分布在土层中部，主根、侧根较发达	Ⅱ[2, 4)
	浅根性树种，无明显主根，侧根发达	Ⅲ[1, 2)
生长速率(S_6)	生长速率快	Ⅰ[4, 5]
	生长速率中等	Ⅱ[2, 4)
	生长速率慢	Ⅲ[1, 2)
耐瘠薄能力(S_7)	在瘠薄的土壤中能够正常生长发育	Ⅰ[4, 5]
	在瘠薄的土壤中能生长，但生长缓慢，生长势弱	Ⅱ[2, 4)
	在瘠薄的土壤中生长极缓慢，生长势极弱，易得病	Ⅲ[1, 2)
抗病虫害能力(S_8)	植株生长健康，无病虫害发生	Ⅰ[4, 5]
	植株生长较好，病虫害发生少	Ⅱ[2, 4)
	植株上发生病虫害多	Ⅲ[1, 2)
耐阴性(S_9)	耐阴性好，弱光下仍能正常生长	Ⅰ[4, 5]
	较喜光，但幼时稍能耐阴	Ⅱ[2, 4)
	喜光性强，不能忍受荫蔽	Ⅲ[1, 2)
适生海拔(S_{10})	在海拔 1000～1200m 处有分布	Ⅰ[4, 5]
	分布在海拔>1200m	Ⅱ[2, 4)
	分布在海拔<1000m	Ⅲ[1, 2)
抗风力(S_{11})	大风过后，未受任何伤害	Ⅰ[4, 5]
	大风过后，有枝干折断	Ⅱ[2, 4)
	大风过后，树体倒伏或主干折断	Ⅲ[1, 2)
枝叶浓密度(S_{12})	枝叶浓密，叶量大	Ⅰ[4, 5]
	枝叶浓密度中等，叶量较多	Ⅱ[2, 4)
	枝叶稀少，叶量少	Ⅲ[1, 2)
干形(S_{13})	树干通直、圆满，树皮有特色	Ⅰ[4, 5]
	树干较弯曲，圆满度中等	Ⅱ[2, 4)
	树干有明显且严重的弯曲	Ⅲ[1, 2)
冠形(S_{14})	树冠有形(如伞形、圆锥形等)，冠形匀称，观赏性好	Ⅰ[4, 5]
	树冠形状中等，均匀性一般	Ⅱ[2, 4)
	树冠呈不规则形状，观赏性差	Ⅲ[1, 2)
树叶特色(S_{15})	叶形奇特或彩叶，观赏性好	Ⅰ[4, 5]
	叶色虽不艳丽,但芳香或繁密，有观赏性	Ⅱ[2, 4)
	叶的色彩、形状、大小等均没有特色	Ⅲ[1, 2)
经济用途(S_{16})	珍贵高价值树种	Ⅰ[4, 5]
	珍贵树种	Ⅱ[2, 4)
	普通树种	Ⅲ[1, 2)
管护成本(S_{17})	管理粗放，成本低	Ⅰ[4, 5]
	抚育管理要求不高，管护成本适中	Ⅱ[2, 4)
	抚育管理需细致，管护成本高	Ⅲ[1, 2)

(6)补植树种评价得分　以实地调查的资料，结合生产、科研等单位现有的资料和科研成果，综合整理了研究区 21 种主要乡土树种的造林学特性、生态学特性、生物学特性和经济功能的数据资料(表 6.12)。

表 6.12　备选补植树种各指标数据

树种	造林学特性					生态学特性							生物学特性				经济功能	
	树种类型	种苗来源	造林技术	天然更新能力		根系生长率	生长速率	耐瘠薄能力	抗病虫害能力	耐阴性	抗风力	适生海拔	干形	冠形	枝叶浓密度	树叶特色	经济用途	管护成本
				萌芽	自播													
南方红豆杉	针叶树	苗木供应量多	中等	√	种子少	浅根植物，生长速率慢，耐瘠薄，抗风，很少有病虫害，耐阴树种						800～1500m	树干较直，树冠均匀性一般，枝叶稀疏，叶子镰刀形				珍贵高价值树种	高
小叶青冈	常绿阔叶乔木	苗木供应量较少	较易	√	√	生长速率慢，耐瘠薄，抗风力较强，很少有病虫害，中性偏阴						1000m以上	树干稍弯，树冠均匀性一般，枝叶稀疏				一般树种	低
杜英	常绿阔叶乔木	苗木供应量多	较难	√	√	根系发达，生长速率中等，需土壤肥沃、深厚，抗风力强，很少有病虫害，耐阴						300～850m	树干通直，树冠均匀性一般，枝叶繁茂，花白色，落叶前叶呈红色				珍贵树种	中
深山含笑	常绿阔叶乔木	苗木供应量多	中等	√	不可自播	深根系树种，生长速率中等，适应性强，抗风力强，病虫害较少，喜光，有一定的耐阴性						600～1500m	树干通直，树冠均匀性一般，枝叶浓密，花大，白色，叶长圆状椭圆形				珍贵的用材和观赏树种	中
马褂木	落叶阔叶乔木	苗木供应量较多	难	√	√	深根性树种，生长速率中等，需土壤肥沃、深厚，较抗风，对病虫害抗性强，阳性树种						700～1600m	树形美观，树干通直，树冠圆锥状，花黄绿色，叶马褂状				珍贵树种	中
凹叶厚朴	落叶阔叶乔木	苗木供应量较多	中等	√	不可自播	浅根性树种，生长速率中等，避免过于干燥、瘠薄的土壤，病虫害较少，抗风力一般，喜光，有一定的耐阴性						300～800m	树干稍弯，树冠高大紧凑，均匀性好，枝叶繁茂，花白色，叶大，长圆状倒卵形				一般树种	低
栾树	落叶阔叶乔木或灌木	苗木供应量较多	中等	√	√	深根性树种，生长速率中等，幼树生长较慢，耐瘠薄，抗风，病虫害较少，喜光，稍耐半阴的植物						300～1900m	树干通直，树冠开阔、球形，枝叶茂密，大型聚　伞圆锥花序，花黄色，蒴果三角状卵形，顶端尖，红褐色或橘红色				一般树种	低
山乌桕	落叶阔叶乔木或灌木	苗木供应量较少	较易	√		深根性树种，生长速率中等，适应性较强，抗风力强，很少有病虫害，喜光						800m以下	树干通直，树冠均匀性一般，枝繁叶茂，秋叶红艳				一般树种	低
刨花楠	常绿阔叶乔木	苗木供应量较多	中等	√	种子少	深根性树种，生长速率中等，适应性强，抗风力强，不出现严重的病虫害，耐阴						500～1200m	树干通直，冠形优美，枝繁叶茂，花黄绿色				珍贵高价值树种	高
落叶松	落叶针叶树	苗木供应量较多	较难		√	浅根系，生长速率中等，适应性强，抗风力差，病虫害较少，喜光性强						800m以上	树干通直，树冠卵状圆锥形，叶量较大				一般树种	中
合欢	落叶阔叶乔木	苗木供应量较多	中等	√	√	浅根系，生长速率中等，耐瘠薄，抗风力中等，病虫害较少，喜光						1300m以下	树干较通直，树冠伞形，枝叶稀疏，头状花序，花粉红色，叶小，为二回羽状复叶				一般树种	低

续表

树种	造林学特性					生态学特性							生物学特性				经济功能	
	树种类型	种苗来源	造林技术	天然更新能力		根系生长率	生长速率	耐瘠薄能力	抗病虫害能力	耐阴性	抗风力	适生海拔	干形	冠形	枝叶浓密度	树叶特色	经济用途	管护成本
				萌芽	自播													
山樱花	落叶阔叶乔木	苗木供应量较多	较难	√	√	浅根系，生长速率中等，不耐贫瘠，抗风，病虫多，喜光						1800m以下	树干明显弯曲，树冠均匀性一般，枝叶浓密，总状花序，花白色或淡粉红色，叶卵形至卵状椭圆形				一般树种，低	
檫木	落叶阔叶乔木	苗木供应量多	较易	√	种子少	生长速率中等，耐瘠薄，抗风力中等，很少有病虫害，阳性树种						150～1900m	树干通直，冠形整齐,枝叶浓密，花黄色，叶全缘或浅裂				·般树种，低	
枫香	落叶阔叶乔木	苗木供应量多	中等	√	√	深根性，生长速率中等，耐瘠薄，抗风力中等，不易发生病虫害，阳性树种						800m以下	树干通直，冠形好，枝叶浓密，叶掌状 3 裂，秋叶红艳				一般树种，低	
银木荷	常绿阔叶乔木	苗木供应量较少	中等	√	√	生长速率中等，耐一定程度的瘠薄，抗风力一般，病害不多，虫害较严重，幼树能耐阴，大树喜光						1600～2800m	树干通直，树冠浓密，枝叶较密				珍贵用材树种，中	
江南桤木	落叶阔叶乔木	苗木供应量较多	中等		不可自播	浅根性，生长速率中等，耐瘠薄土壤，抗风力一般，抗病虫害能力较强，喜光						200～1000m	树干挺直，树冠均匀性一般，叶量较大				一般树种，低	
蓝果树	落叶阔叶乔木	苗木供应量较多	中等	√		根系发达，生长速率中等，耐瘠薄，病虫害较少，阳性树种，抗风力强						300～1700m	树干挺直，树冠整齐，叶茂荫浓，春季有紫红色嫩叶,秋日叶转绯红				珍贵树种，中	
华山松	针叶树	苗木供应量较多	中等	√		浅根性，生长速率中等，耐瘠薄，抗风，病虫害较少，喜光						1000～3300m	树干通直，树冠伞形，枝叶浓密				一般树种，中	
灯台树	落叶阔叶乔木	苗木供应量较多	较难		不可自播	生长速率中等，不耐瘠薄，抗风力一般，病虫害较少，喜半阴环境						300～1800m	树干通直，树冠伞形，枝叶浓密，伞房状聚伞花序，花白色，叶阔卵形				珍贵树种，中	
山桐子	落叶阔叶乔木	苗木供应量较少	中等		不可自播	速生，适应性强，抗风力一般，病虫害较少，中性偏阴						100～2500m	树干稍弯，树冠广展，长圆形，枝叶较密，花黄绿色，排列成圆锥花序，叶心状卵形				良好的绿化和观赏树种，低	
红楠	常绿阔叶乔木	苗木供应量较多	中等	√		生长较快，适应性强，抗风力强，病害较少，稍耐阴						200～1500m	树干高大通直，树冠平顶或扁圆，枝叶特别浓密				珍贵高价值树种，高	

注：管护成本一栏中“低”指管护成本低；“中”指管护成本适中；“高”指管护成本高

南方红豆杉木(*Taxus chinensis*)；小叶青冈(*Cyclobalanopsis glauca*)；杜英(*Elaeocarpus sylvestris*)；深山含笑(*Michelia maudiae*)；马褂木(*Liriodendron chinensis*)；凹叶厚朴(*Magnolia officinalis*)；栾树(*Koelreuteria paniculata*)；山乌桕(*Sapium discolor*)；刨花楠(*Machilus pauhoi*)；落叶松(*Larix gmelinii*)；合欢(*Albizia julibrissin*)；山樱花(*Prunus serrulata*)；檫木(*Sassafras tzumu*)；枫香(*Liquidambar formosana*)；银木荷(*Schizandra spheanathera*)；江南桤木(*Alnus trabeculosa*)；蓝果树(*Nyssa sylvatica*)；华山松(*Pinus armandii*)；灯台树(*Corylus heterophylla*)；山桐子(*Idesia polycarpa*)；红楠(*Machilus thunbergii*)

结合专家意见，对选取的 21 种乡土树种进行评分，评分按照杉木生态公益林人工纯林补植树种选择评价指标体系的分级量化标准进行，21 种乡土树种各项评价指标评分结果见表 6.13。

表 6.13　初选补植树种各项评价指标评分结果

树种	造林学特性				生态学特性							生物学特性				经济功能	
	树种类型	种苗来源	造林技术	天然更新能力	根系生长率	生长速率	耐瘠薄能力	抗病害能力	耐阴性	适生海拔	抗风力	干形	冠形	枝叶浓密度	树叶特色	经济用途	管护成本
南方红豆杉	1	4	3	3	1	2	5	4	5	5	3	5	3	3	5	5	1
小叶青冈	3	2	4	5	3	2	5	4	3	5	4	3	3	3	1	1	5
杜英	3	4	2	5	3	3	3	4	5	1	5	5	3	5	4	3	3
深山含笑	3	5	3	3	5	3	3	3	3	5	5	5	3	5	5	3	3
马褂木	5	3	1	5	5	3	1	3	1	5	4	5	5	1	5	3	3
凹叶厚朴	5	3	3	3	1	3	2	4	3	1	3	3	5	5	5	1	5
栾树	5	3	3	5	5	3	5	3	3	5	3	5	5	5	4	1	5
山乌桕	5	2	4	3	5	3	3	4	1	1	5	5	3	5	3	1	5
刨花楠	3	3	3	3	5	3	3	4	5	5	5	5	5	4	3	5	1
落叶松	1	3	2	1	1	4	3	3	1	5	1	5	5	3	1	1	5
合欢	5	3	3	5	1	3	5	3	1	5	3	3	5	2	5	1	5
山樱花	5	3	2	5	1	3	3	2	1	5	3	1	3	5	4	1	5
檫木	5	4	4	3	3	3	5	4	1	5	3	5	3	5	4	1	5
枫香	5	4	3	5	5	3	5	5	1	1	3	5	3	5	5	1	5
银木荷	3	2	3	5	3	3	4	3	3	3	3	5	5	4	3	3	3
江南桤木	5	3	3	1	1	3	5	4	1	1	3	5	3	3	1	1	5
蓝果树	5	3	3	3	3	3	3	3	1	5	3	5	3	4	4	3	3
华山松	1	3	3	3	1	3	5	3	1	5	3	5	5	5	1	1	3
灯台树	5	3	2	1	3	3	1	3	3	5	3	5	5	5	4	1	5
山桐子	5	2	3	1	3	4	3	3	3	5	3	3	4	3	5	3	4
红楠	3	3	3	3	3	4	3	3	3	5	3	5	5	5	4	5	1

(7) 补植树种评价指标权重赋值　根据图 6.7 构建的补植树种选择评价指标体系建立多级递阶层次结构图，通过混交树种评价指标两两比较的判断矩阵 A，根据德尔菲法得到的结果是

$$A=\begin{bmatrix}1 & \frac{1}{3} & 3 & 3\\ 3 & 1 & 5 & 5\\ \frac{1}{3} & \frac{1}{5} & 1 & 3\\ \frac{1}{3} & \frac{1}{5} & \frac{1}{3} & 1\end{bmatrix}$$

计算单一准则层元素的相对权重并进行一致性检验(各矩阵最大特征根为 λ_{max}，一致性检验值为 CR，特征向量为 W_i，即为各项指标的权重)。

1)计算 M_i，即 $M_i=\prod_{i=1}^{4}B_{ij}$ $(i, j=1, 2, 3, 4)$，故有：$M_1=3$；$M_2=75$；$M_3=1/5$；$M_4=1/35$。

2)计算 $\overline{W_i}=\sqrt[4]{M_i}$ $(i=1, 2, 3, 4)$，故有：$\overline{W_1}=1.3161$；$\overline{W_2}=2.9328$；$\overline{W_3}=0.6687$；$\overline{W_4}=0.3861$；$\sum_{j=1}^{4}\overline{W_j}=5.3137$。

3)对 $\overline{W_r}=(\overline{W_1}, \overline{W_2}, \overline{W_3}, \overline{W_4})$向量进行正规化处理，即 $W_i=\overline{W_i}/\sum_{j=1}^{4}\overline{W_j}$，经计算得

$$W=(0.2335,\ 0.5530,\ 0.1360,\ 0.0765)^T$$

$$CW=(1.0663,\ 2.339,\ 0.5576,\ 0.1957)^T$$

4)计算判断矩阵 A 的最大特征根 λ_{max}，有

$$\lambda_{max}=\sum_{i=1}^{4}\frac{CW}{n\times W_i}=\frac{1.0663}{4\times 0.2445}+\frac{2.349}{4\times 0.5530}+\frac{0.5776}{4\times 0.1360}+\frac{0.1957}{4\times 0.0765}=3.8721$$

在一致性检验中，n 取 3，通过计算，$CI=(\lambda_{max}-n)/(n-1)=0.4361$。其随机一致性比率，CR=CI/RI=0.0766<0.1，表明判断矩阵具有满意的一致性。在杉木生态公益林人工纯林混交树种评价指标中，造林学特性、生态学特性、生物学特性、经济功能的权重(即准则层 B 对目标层 A 的权重)，具体见表 6.14。

表 6.14　一级评价指标专家打分矩阵

A	B_1	B_2	B_3	B_3	W_i
B_1	1	0.3333	3	5	0.2335
B_2	3	1	5	5	0.5330
B_3	0.3333	0.2	1	3	0.1360
B_4	0.3333	0.2	0.3333	1	0.0765

注：CR=0.0766，λ_{max}=3.2035

计算组合权重及一致性检验，判断矩阵分别为

$$造林学特性(B_1)=\begin{bmatrix}1 & 5 & 3 & 7\\ \frac{1}{5} & 1 & \frac{1}{3} & 3\\ \frac{1}{3} & 3 & 1 & 3\\ \frac{1}{7} & \frac{1}{3} & \frac{1}{3} & 1\end{bmatrix} \quad 生态学特性(B_2)=\begin{bmatrix}1 & 5 & 3 & 7 & 5 & \frac{1}{2} & 3\\ \frac{3}{5} & 1 & \frac{1}{3} & 3 & 3 & \frac{1}{5} & \frac{1}{3}\\ \frac{1}{3} & 3 & 1 & 5 & 5 & \frac{1}{3} & 3\\ \frac{1}{7} & \frac{1}{3} & \frac{1}{5} & 1 & \frac{1}{2} & \frac{1}{7} & \frac{1}{5}\\ \frac{1}{5} & \frac{1}{3} & \frac{1}{5} & 2 & 1 & \frac{1}{7} & \frac{1}{5}\\ 2 & 5 & 3 & 7 & 7 & 1 & 4\\ \frac{1}{3} & 3 & \frac{1}{3} & 5 & 5 & \frac{1}{4} & 1\end{bmatrix}$$

$$生物学特性(B_3)=\begin{bmatrix}1 & 7 & 3 & 5\\ \frac{1}{7} & 1 & \frac{1}{5} & \frac{1}{3}\\ \frac{1}{3} & 5 & 1 & 3\\ \frac{1}{5} & 3 & \frac{1}{3} & 1\end{bmatrix} \quad 经济功能(B_4)=\begin{bmatrix}1 & 3\\ \frac{1}{3} & 1\end{bmatrix}$$

经计算，其权重分别见表 6.15～表 6.18。

表 6.15 造林学特性指标专家打分矩阵

B_1	S_1	S_2	S_3	S_4	W_i
S_1	1	5	3	7	0.5688
S_2	0.2	1	0.3333	3	0.1281
S_3	0.3333	3	1	3	0.2372
S_4	0.1329	0.3333	0.3333	1	0.0659

注：CR=0.0533，λ_{max}=3.1326

表 6.16 生态学特性指标专家打分矩阵

B_2	S_5	S_6	S_7	S_8	S_9	S_{10}	S_{11}	W_i
S_5	1	5	3	7	5	0.5	3	0.2521
S_6	0.2	1	0.3333	3	3	0.2	0.3333	0.0663
S_7	0.3333	3	1	5	5	0.3333	3	0.1591
S_8	0.1329	0.3333	0.2	1	0.5	0.1329	0.2	0.0289
S_9	0.2	0.3333	0.2	2	1	0.1329	0.2	0.0383
S_{10}	2	5	3	7	7	1	3	0.3369
S_{11}	0.3333	3	0.3333	5	5	0.25	1	0.1183

注：CR=0.0585，λ_{max}=7.3776

表 6.17 生物学特性指标专家打分矩阵

B_3	S_{12}	S_{13}	S_{14}	S_{15}	W_i
S_{12}	1	7	3	5	0.5579
S_{13}	0.1329	1	0.2	0.3333	0.0569
S_{14}	0.3333	5	1	3	0.2633
S_{15}	0.2	3	0.3333	1	0.1219

注：CR=0.0333，λ_{max}=3.1185

表 6.18 经济功能指标专家打分矩阵

B_4	S_{16}	S_{17}	W_i
S_{16}	1	3	0.75
S_{17}	0.3333	1	0.25

注：CR=0.0000，λ_{max}=2.000

指标层对于目标层的组合权重矩阵为 W_A，计算层次总排序一致性指标 CI。

$$\mathrm{CI}=\sum_{i=1}^{m}a_i\mathrm{CI}_i=0.059$$

层次总排序随机一致性指标 RI

$$\mathrm{RI}=\sum_{i=1}^{m}a_i\mathrm{RI}_i=1.05921$$

得到层次总排序随机一致性比例 CR

$$\mathrm{CR}=\frac{\mathrm{CI}}{\mathrm{RI}}=\frac{0.059}{1.05921}=0.0557$$

CR=0.0557<0.1，说明层次总排序具有满意的一致性。

各得分矩阵 CR<0.1，说明该矩阵有较好的一致性，打分矩阵有效。通过一致性检验，专家组打分全部有效。利用研究方法中指标权重的计算方法，得出杉木生态公益林多功能评价指标权重，具体见表 6.19。

由表 6.19 可以看出：在一级指标中，生态学特性对研究区杉木生态公益林人工纯林补植树种选择发挥的作用最大，这是由于研究区的杉木生态公益林人工纯林造成林地营养元素流失、土壤有机质含量减少、肥力水平下降，因此在选择树种时要重点考虑补植树种的生态学特性；造林学特性占 24.45%的权重；生物学特性占 13.6%的权重；经济功能仅占 7.65%，由于研究区的杉木人工纯林划分为生态公益林，因此经济功能考虑得较少。

表 6.19 杉木人工纯林补植树种选择评价指标因子权重

指标		指标	
一级指标	权重	二级指标	权重
造林学特性(B_1)	0.2445	树种类型(S_1)	0.1391
		种苗来源(S_2)	0.0313
		造林技术(S_3)	0.0580
		天然更新能力(S_4)	0.0161

续表

指标		指标	
一级指标	权重	二级指标	权重
生态学特性(B_2)	0.5420	根系生长率(S_5)	0.1369
		生长速率(S_6)	0.0362
		耐瘠薄能力(S_7)	0.0863
		抗病虫害能力(S_8)	0.0157
		耐阴性(S_9)	0.0208
		适生海拔(S_{10})	0.1829
		抗风力(S_{11})	0.0632
生物学特性(B_3)	0.1360	枝叶浓密度(S_{12})	0.0759
		干形(S_{13})	0.0077
		冠形(S_{14})	0.0358
		树叶特色(S_{15})	0.0166
经济功能(B_4)	0.0765	经济用途(S_{16})	0.0573
		管护成本(S_{17})	0.0191

在次一级的指标层中，根据所得的权重可知，适生海拔、树种类型和根系生长率所占权重比较大，这是由于补植树种选择时应优先考虑适地适树的原则、空间格局互补和生态位尽量不重叠。

(8)补植树种选择结果　以层次分析法计算得到的杉木生态公益林人工纯林混交树种 17 项评价指标的权重和每个评价指标的得分值，根据式(6.16)计算。

$$Y = \sum W_i Y_i \tag{6.16}$$

式中，W_i 为第 i 项指标的权重；Y_i 为第 i 项指标得分值。

21 种补植树种的综合得分值见表 6.20，从综合评分结果看，得分最高的为栾树，分值为 4.3018，综合得分排在前 5 名的依次为栾树、深山含笑、刨花楠、檫木和红楠；综合得分排在后 5 名的依次为凹叶厚朴、落叶松、杜英、江南桤木和南方红豆杉，而综合得分值最低的为凹叶厚朴，分值为 2.7101，因此在选择研究区杉木生态公益林人工纯林补植树种时，尽量选择综合得分排名靠前的树种。

表 6.20　杉木人工纯林备选补植树种评价综合得分值

树种	综合得分	排名	树种	综合得分	排名
南方红豆杉	3.1563	17	檫木	4.0245	4
小叶青冈	3.5524	11	枫香	3.5571	10
杜英	3.0092	19	银木荷	3.2144	15

续表

树种	综合得分	排名	树种	综合得分	排名
深山含笑	4.0471	2	江南桤木	3.0158	18
马褂木	3.6730	7	蓝果树	3.7311	6
凹叶厚朴	2.7101	21	山樱花	3.3922	14
栾树	4.3018	1	华山松	3.1714	16
山乌桕	3.4270	13	灯台树	3.5969	9
刨花楠	4.0438	3	山桐子	3.6475	8
落叶松	2.7432	20	红楠	3.7499	5
合欢	3.5069	12			

6.4.4　补植树种空间配置

若补植树种的补植位置与补植数目确定后，如何在补植树种个数和种数有限的情况下，通过科学的空间位置优化配置达到最优的补植效果是需要解决的关键问题，补植树种空间配置最关键的目标是增加林分的混交度和改善林层的垂直结构，而不同的空间配置会导致林木与林分混交度和林层结构的差异，因此在具体进行补植前，首先是确定补植树种的种数，具体的空间配置步骤如下。

第一步：根据林分中已有林木的点位置和所有补植树种的位置利用 ArcGIS 软件生成胸径加权 Voronoi 图，任意选择一个已确定的林木补植位置开始补植。

第二步：根据已确定补植林木补植位置中心点的加权胸径 Voronoi 凸多边形，统计邻近木的数量及邻近木各树种出现的频次，选择出现频次最低的树种为补植树种。

第三步：若补植完成，记录为已补植(等同于林分中已有林木)，循环第二步，直到所有的补植位置都已标记为已补植。

6.4.5　补植技术流程图

综上所述，杉木生态公益林人工纯林补植技术流程如下。

1)首先对样地进行边缘校正，区分样地中的中心木和边缘木。

2)利用 ArcGIS 软件生成胸径加权 Voronoi 图，选取面积最大的 Voronoi 图多边形空白区域剔除中心木冠幅面积作为补植位置，在 Voronoi 图中标出林木位置。

3)从备选的补植树种中确定补植树种的种数。

4)考虑补植林木的相邻林木树种及大小，确定补植树种空间配置。

5)每补植一株林木后重新选取最大的空白区域，重复步骤 2)，直到补植达到确定的补植密度。技术流程图如图 6.8 所示。

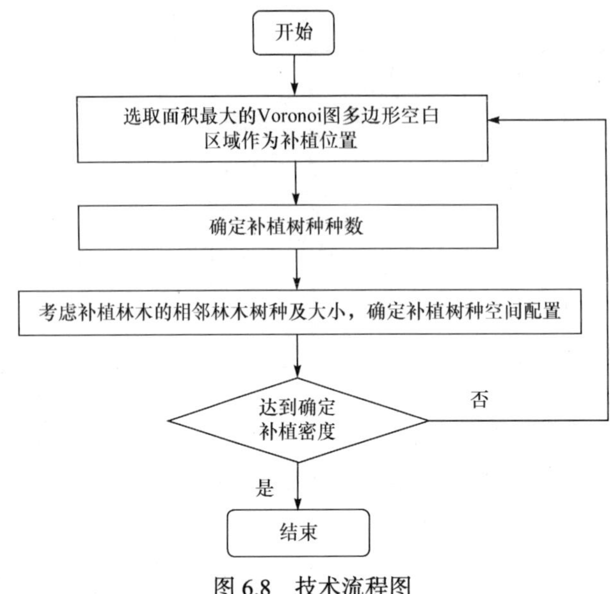

图 6.8　技术流程图

6.4.6　林分补植空间结构优化技术的应用

以单株择伐后的 8 号样地为例进行补植，择伐后 8 号样地的基本情况见表 6.21。

表 6.21　8 号样地择伐后的基本情况

样地号	非空间结构指标				空间结构指标				
	树种组成	株数密度/(株/hm²)	平均高/m	平均直径/cm	全混交度	林层指数	角尺度	竞争指数	开敞度
8	9 杉木 1 柳杉	1953	6.7	8.8	0.0582	0.4930	0.3752	5.6759	0.4390

从择伐后的杉木生态公益林人工纯林 8 号样地的实际情况看，树种组成单一，择伐后的林分密度偏低，混交度接近零度混交，林层指数偏低，急需补植阔叶树种优化林分的空间结构。

1. *阔叶树种补植数目和补植位置的确定*　　国内外研究学者发现，针阔混交比为 7∶3 是较优的混交比，因此本研究采用针阔混交比 7∶3 进行补植，择伐后 8 号样地的中心木剩余 75 株，其中杉木 66 株、柳杉 7 株、野山椒和野山桃各 1 株，针阔混交比为 73∶2，要达到针阔混交比 7∶3 需要再补植阔叶树种 30 株左右，同时考虑样地的杉木生态公益林林分缺少下层木，因此采用补植胸径为 5cm 的幼树来改善林层结构，按照前述的补植位置确定方法，图中黑色大圆点表示待补植树种的补植位置，需要补植的 29 株阔叶树的位置在胸径加权 Voronoi 图的分布见图 6.9。

2. *补植阔叶树种的空间配置*　　补植数目和补植位置确定后，下一步就是进行补植树种的空间配置，补植树种空间配置的前提是补植树种种数的确定图 6.10 为补植前树种分布图。图 6.11 为根据上述补植树种的选择结果，4 种补植树种的空间配置情况，图 6.11A 为只补植栾树，图 6.11B 为补植栾树和深山含笑，图 6.11C 为补植栾树、深山

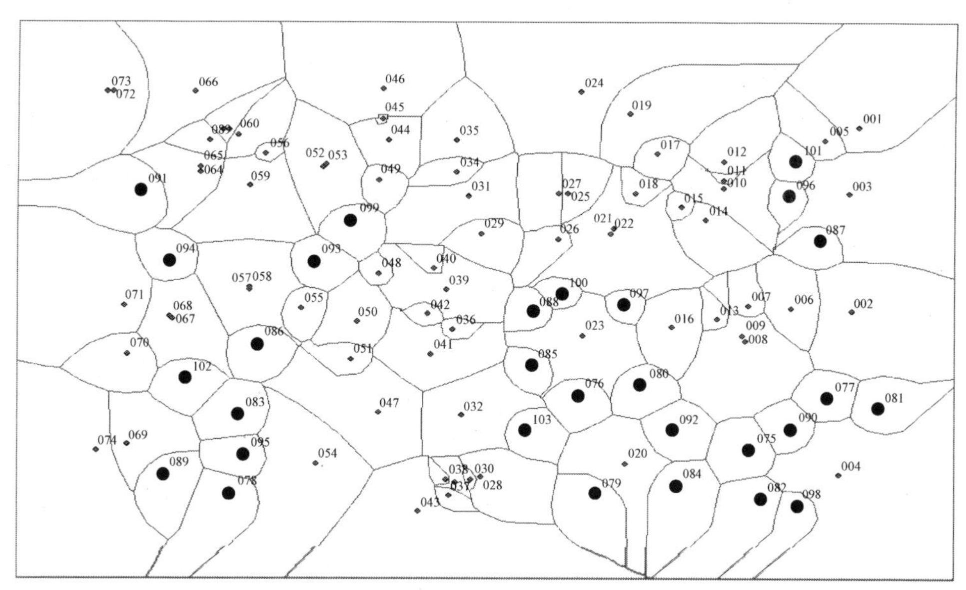

图 6.9　树种的补植位置和补植数目

含笑和刨花楠(*Machilus pauhoi*)，图 6.11D 为补植栾树、深山含笑、刨花楠和檫木(*Sassafras tzumu*)。

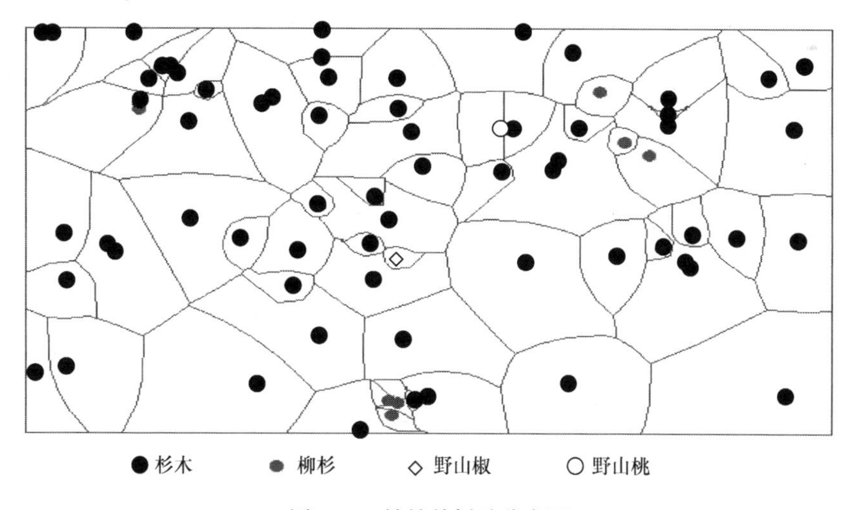

图 6.10　补植前树种分布图

通过胸径加权 Voronoi 图来确定林木的空间结构单元，计算补植后林分各空间结构指数及林分空间结构优化模型目标函数值。在补植苗木规格相同的前提下，补植树种越多，林分的混交度越大，林分空间结构越趋向理想状态。以 4 种补植树种为例，从表 6.22 可以看出，林分径阶个数没有发生变化，由于补植后林分树种个数增加，林分全混交度提高了 446.74%，这是由于在混交过程中混交了不同的树种，林分空间隔离程度有了较大的提高；混交后林层指数增加了 18.47%，这是由于在混交过程中混交了林分中所占

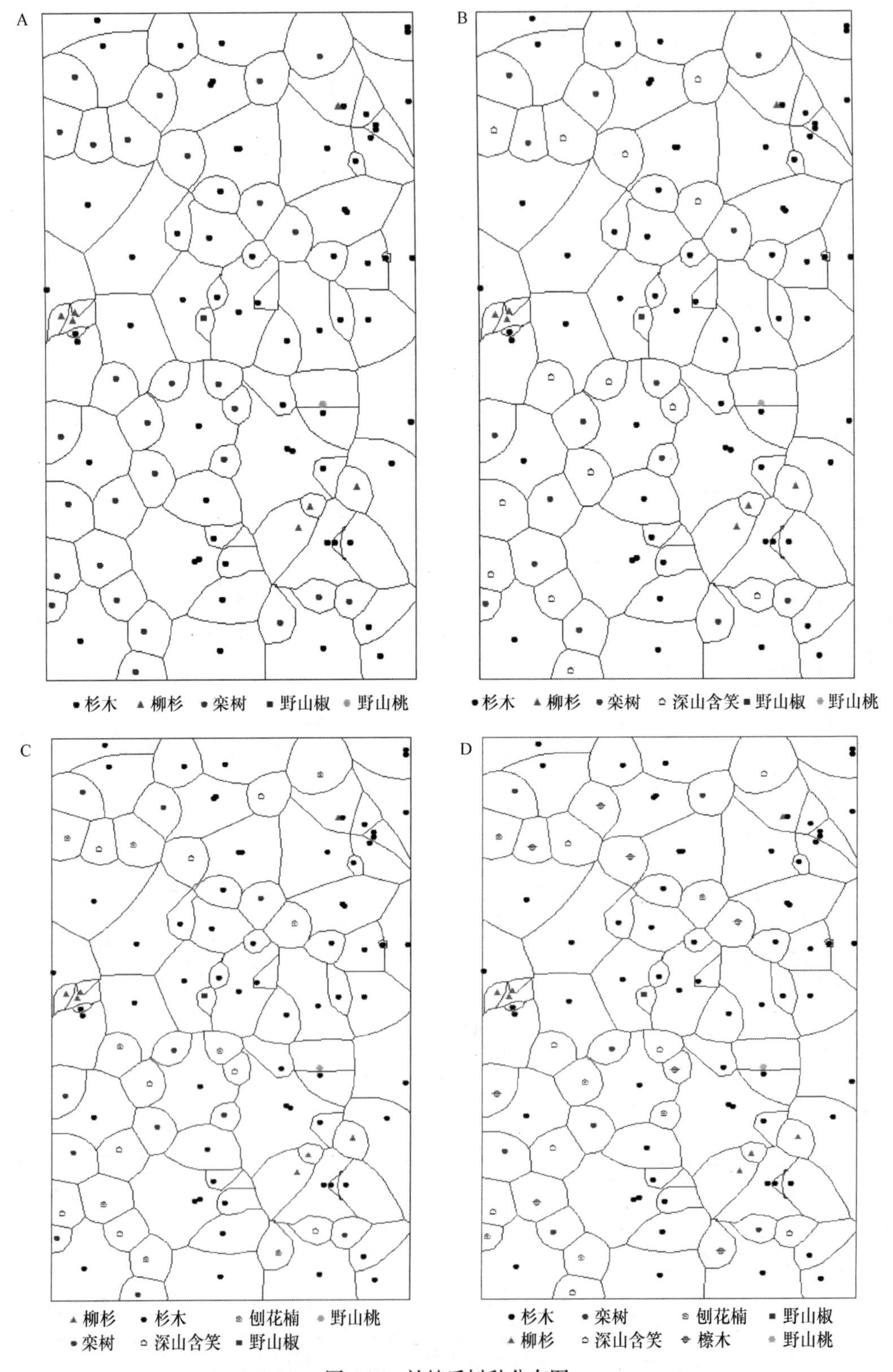

图 6.11　补植后树种分布图

比例较小的下层木，林分垂直结构有了明显的改善；混交后林分竞争指数较择伐后增加了 7.04%，这是混交使林分中林木增多的结果；补植后林分|角尺度– 0.342|增加了 32.76%，这是由于混交位置选择在样地空白区域，角尺度降低，林木空间分布格局有趋向均匀分布变化的趋势；补植后林分空间结构优化目标 $Q(g)$ 值提高了 52.89%，表明补植使得林分空间结构有了较大幅度的改善。

表 6.22　8 号样地补植前后森林结构指数变化

参数	补植前	补植后	变化趋势	变化幅度/%
径阶数	8	8	不变	
树种数	4	8	增加	100
全混交度	0.0582	0.3182	增加	446.74
林层指数	0.4930	0.5841	增加	18.47
开敞度	0.4390	0.4843	减少	–10.32
|角尺度–0.342|	0.0702	0.0932	增加	32.76
竞争指数	5.6759	6.0752	增加	7.04
目标函数 $Q(g)$	225.9433	345.4653	增加	52.89

3. 单株择伐和补植后林分空间结构评价指数和评价等级变化　对 8 号样地的杉木生态公益林人工纯林进行单株择伐和补植乡土阔叶树种后，林分空间结构明显向理想状态转变，将林分空间结构评价指数进行归一化处理后，结果见表 6.23，林分空间结构评价指数从 0.2809 增加到 0.5043，增加了 79.53%，林分空间结构评价等级从 2 级提高到 3 级，说明采取的林分空间结构优化措施是可行的。

表 6.23　8 号样地林分空间结构优化前后林分空间结构评价指数和评价等级

类型	林分空间结构评价指数	林分空间结构评价等级
林分空间结构优化前	0.2809	2
林分空间结构优化后	0.5043	3

6.5　林分空间结构优化效果分析

于 2013 年上半年在杉木幼龄林和杉木中龄林进行抚育间伐的基础上，在杉木幼龄林 1、2、3 号样地补植了阔叶树种栾树（*Koelreuteria paniculata*）和马褂木（*Liriodendron chinense*），补植后杉木占树种组成株数比例为 50%左右，混交树种柳杉、栾树、马褂木等混交树种占的株数比例之和为 50%左右；在杉木中龄林 7、10、12 号样地补植了阔叶树种栾树、马褂木和深山含笑（*Michelia maudiae*），补植后杉木占的株数比例为 50%左右，混交树种栾树、深山含笑、马褂木等混交树种占的株数比例之和为 50%左右；在杉木近熟林 15、16 和 18 号样地林下补植了混交树种红豆杉（*Taxus chinensis*），补植后杉木占的株数比例为 65%左右，红豆杉、毛竹等混交树种占的株数比例之和为 35%左右。其优化前后各样地基本概况如表 6.24 所示。

表 6.24　优化前后各样地基本概况

状态	林分类型	样地号	林龄/年	树种组成	坡位	株数密度/(株/hm²)	平均胸径/cm	平均树高/m	平均冠幅/m²	郁闭度
间伐补植前	幼龄林	1	6	9杉1柳	中	1700	4.3	3.3	1.3	0.3
		2	6	7杉3柳	中	2767	4.1	3.4	1.4	0.4
		3	6	7杉3柳	上	3050	3.6	2.8	0.8	0.4
		4	6	7杉3柳	中	3700	3.1	2.5	1.0	0.3
		5	6	9杉1柳	中	3117	2.8	2.5	1.0	0.3
		6	6	8杉2柳	下	1667	3.2	3.0	0.9	0.3
	中龄林	7	13	10杉+柳	中	2067	11.5	6.9	4.9	0.7
		8	13	9杉1柳	中	2617	9.6	6.8	3.8	0.7
		9	13	9杉1柳	中	2833	9.3	7.3	4.1	0.8
		10	13	10杉+柳	中	1433	12.3	8.0	5.3	0.6
		11	13	10杉+苦+柳	中	2867	10.1	6.2	4.2	0.7
		12	13	9杉1柳	中	2483	10.7	7.1	4.3	0.7
	近熟林	13	23	10杉+毛+苦	中	2417	11.4	8.0	6.1	0.8
		14	23	10杉+苦	上	2450	13.0	10.1	6.4	0.8
		15	23	9杉1毛	中	3083	12.4	10.0	4.3	0.7
		16	23	9杉1毛	中	1567	16.6	12.8	9.8	0.8
		17	23	10杉+毛	下	2042	15.1	12.2	7.3	0.8
		18	23	9杉1毛	下	1417	16.1	11.7	10.0	0.8
间伐补植后	幼龄林	1′	6	5杉4栾1柳+马	中	2894	4.5	3.1	0.8	0.2
		2′	6	5杉3栾2柳+马	中	2917	5.8	3.8	0.9	0.3
		3′	6	5杉3栾2柳+马	上	2814	4.3	2.5	0.8	0.3
	中龄林	7′	13	5杉3栾2深	中	2183	10.3	5.6	4.2	0.6
		10′	13	5杉3栾2深	中	2214	12.1	6.4	4.3	0.5
		12′	13	5杉3栾2深	中	2164	9.6	5.6	3.9	0.6
	近熟林	15′	23	9杉1毛+红	中	3113	11.2	8.5	4.1	0.7
		16′	23	9杉1毛+红	中	1402	15.7	10.4	9.3	0.8
		18′	23	9杉1毛+红	下	1451	11.3	8.5	9.3	0.8

注：杉，杉木(*Cunninghamia lanceolata*)；柳，柳杉(*Cryptomeria fortunei*)；苦，苦楝(*Melia azedarach*)；毛，毛竹(*Phyllostachys edulis*)；栾，栾树(*Koelreuteria paniculata*)；马，马褂木(*Liriodendron chinense*)；深，深山含笑(*Michelia maudiae*)；红，红豆杉(*Taxus chinensis*)

在对林分进行空间结构优化后，不同龄组杉木生态公益林经历几年的生长期，通过对不同龄组杉木生态公益林的经营样地和对照样地进行优化效果的对比，分析其结构优化前后的功能变化规律。

6.5.1　林分空间结构优化前后林分生产力变化分析

本研究通过生物量反映林分的生产力功能。由表 6.25 和图 6.12 可以看出，乔木层生物量随年龄的增加呈递增趋势，近熟林达到最大值，相对于空间结构优化前，不同龄组乔木层生物量的经营样地分别提升了 80.17%、38%和 40.8%，幼龄林提升最高，对照样地也有提高，但没经营样地提高得显著。这主要是因为乔木层经过空间结构优化，空间分布格局更为合理，补植阔叶树种后，“针阔混交”促进生长。

表 6.25　空间结构优化后不同龄组生产力功能　(单位：t/hm²)

龄组	经营类型	样地号	乔木层	灌木层	草本层	枯枝落叶层
幼龄林	经营样地	1	6.24	1.00	2.47	1.84
		2	7.12	0.89	2.67	1.89
		3	5.98	0.87	2.51	1.80
	对照样地	4	4.22	0.69	2.42	1.69
		5	3.70	0.84	2.33	1.67
		6	2.24	0.78	0.84	1.78
中龄林	经营样地	7	44.30	1.13	0.91	2.78
		10	36.90	1.07	0.82	2.69
		12	43.24	1.53	0.98	2.84
	对照样地	8	34.44	0.93	0.84	2.69
		9	36.50	0.98	0.84	2.87
		11	38.02	0.80	0.78	2.53
近熟林	经营样地	15	79.56	0.11	0.47	2.58
		16	80.70	0.09	0.36	2.84
		18	73.10	0.18	0.56	2.78
	对照样地	13	50.22	0.11	0.44	2.71
		14	68.82	0.09	0.40	2.69
		17	89.32	0.11	0.36	2.73

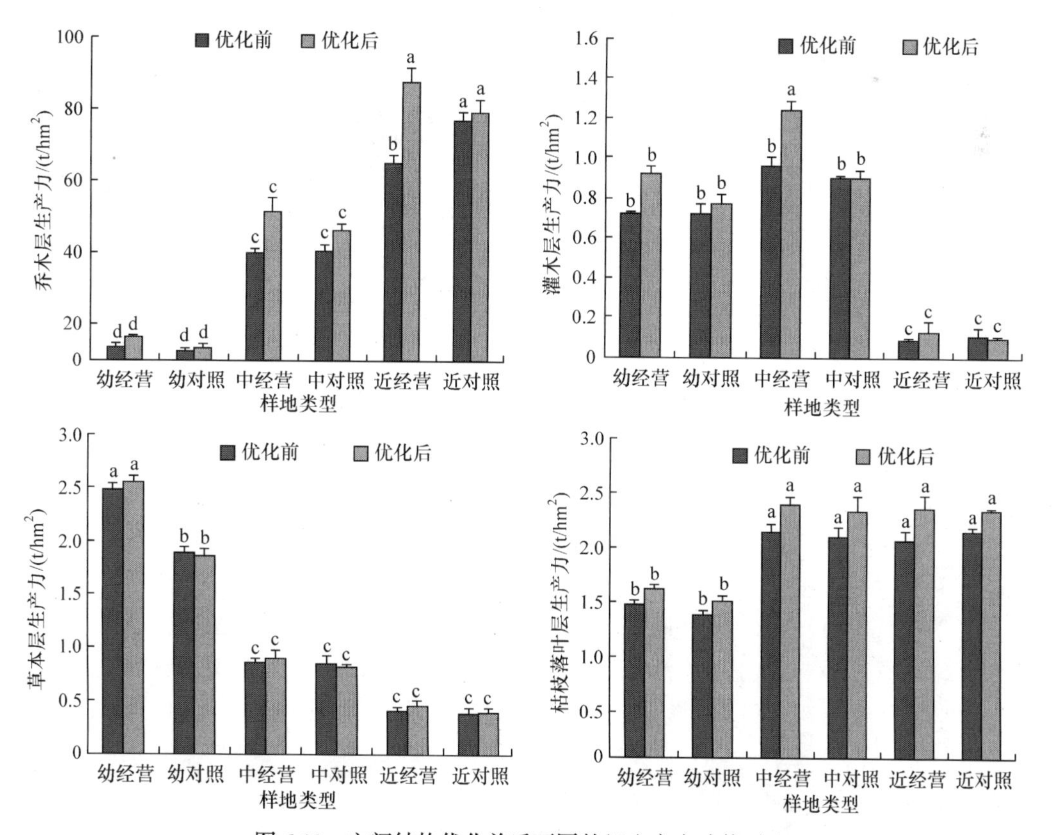

图 6.12　空间结构优化前后不同龄组生产力功能对比

灌木层、草本层和枯枝落叶层的生物量与林分固碳功能类似，灌木层生物量中龄林最高，草本层生物量幼龄林最高，草本层和枯枝落叶层生物量空间结构优化前后无显著性变化。

6.5.2　林分空间结构优化前后林分物种多样性变化分析

由表 6.26 和图 6.13 可以看出，近熟林经营样地的均匀度相对于空间结构优化前提高了 33.82%，提升效果显著，幼龄林与中龄林经营样地提升效果不明显，不同龄组对照样地相对于空间结构优化前有下降趋势。不同龄组经营样地的丰富度指数都有明显的升高趋势，对照样地有明显的下降趋势。不同龄组经营样地多样性指数都有提升，且提升效果显著，对照样地变化基本不明显。

表 6.26　各指标权重计算结果

龄组	经营类型	样地号	均匀度指数(*F*)	丰富度指数(*J*)	多样性指数(*C*)	综合指数(SDCI)
幼龄林	经营样地	1	0.9746	0.7178	0.9323	0.8172
		2	0.9642	0.5996	0.7960	0.7062
		3	0.9547	0.6185	0.8133	0.7212
	对照样地	4	0.9047	0.3690	0.7408	0.5522
		5	0.9125	0.3878	0.7757	0.5749
		6	0.9276	0.3130	0.8500	0.5586
中龄林	经营样地	7	0.8879	0.5751	0.7956	0.6832
		10	1.0000	0.8749	0.9538	0.9152
		12	0.9953	0.9874	0.9789	0.9856
	对照样地	8	0.9190	0.4381	0.8708	0.6343
		9	0.9370	0.4947	0.9808	0.7033
		11	0.9249	0.5016	0.8814	0.6739
近熟林	经营样地	15	1.0000	0.8504	0.9460	0.8990
		16	0.8378	0.8756	0.7216	0.8217
		18	0.8805	0.7819	0.8137	0.8039
	对照样地	13	0.9370	0.1879	0.8752	0.4977
		14	0.9190	0.4507	0.9257	0.6589
		17	0.8504	0.3011	0.7189	0.5007

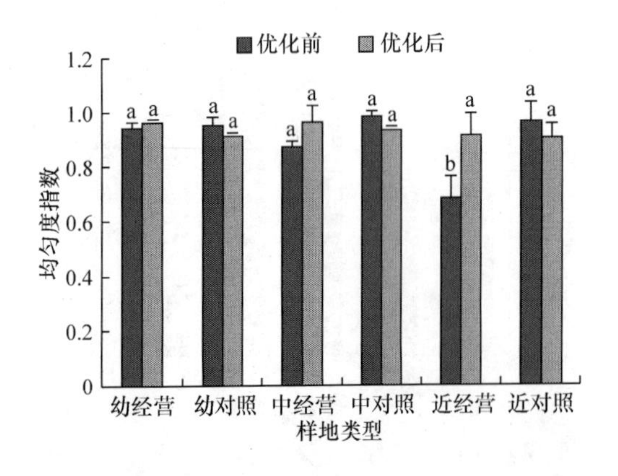

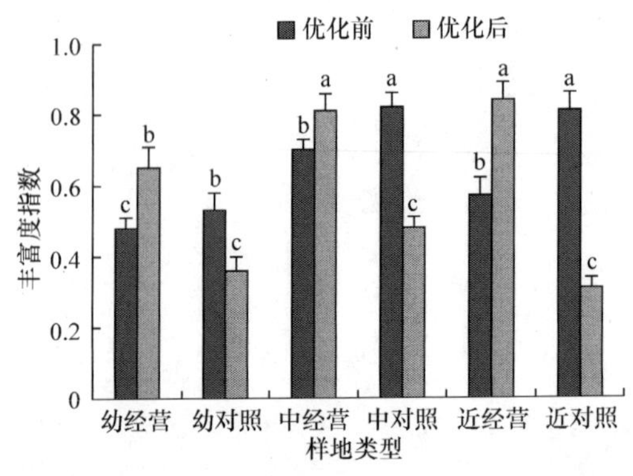

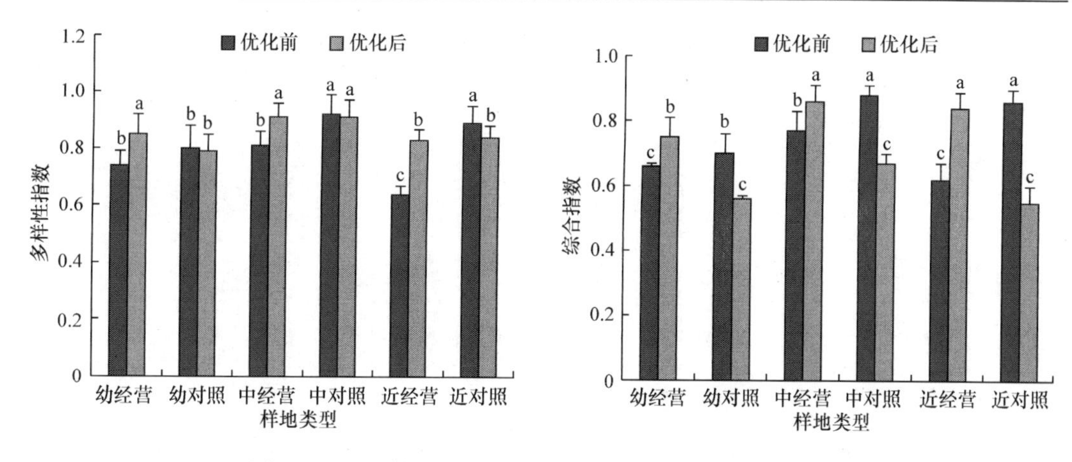

图 6.13　空间结构优化前后不同龄组物种多样性功能对比

由以上三个指标构建反映物种多样性的综合指标(SDCI)，相对空间结构优化前综合指数(SDCI)，幼龄林、中龄林和近熟林的经营样地分别提高了 13.64%、10.26%和 35.48%，提升效果明显，近熟林提升最高。幼龄林、中龄林和近熟林的对照样地分别降低了 20%、11.69%和 36.05%，有显著性降低。通过对杉木生态公益林空间结构优化，间伐空间结构不合理的林木，调整了林木水平分布和垂直分布的空间格局，补植当地乡土树种后，增加了树种多样性，实现针阔混交后，物种多样性显著提高；未经空间结构优化的杉木生态公益林，林木空间分布不合理，生长相互抑制，未进行树种补植，使树种结构单一，物种多样性低下。

6.5.3　林分空间结构优化前后林分碳储量变化分析

由图 6.14 和表 6.27 可以看出，乔木层碳储量随年龄的增加呈递增趋势，在近熟林达到最大值，这主要是因为碳储量与单木的生物量关系密切，在林分密度一定的条件下，树木年龄越大，乔木层的生物量也越高，碳储量也随着提升。相比空间结构优化前乔木层经营样地的碳储量，幼龄林、中龄林和近熟林分别提升了 79.89%、37.17%和 25.05%，其中幼龄林提升效果最为显著，对照样地相对于空间结构优化前也有提高，但提高效果不显著。这主要是因为通过对不同龄组的经营样地进行适量的抚育间伐，虽然降低了林分密度，但是使单木生长环境得到提升，削弱了邻近木的影响，生长速度迅速提升，后期对不同龄组的经营样地又进行了乡土树种的补植，幼龄林补植了马褂木和栾树，中龄林补植了马褂木、栾树和深山含笑，近熟林补植了南方红豆杉，提升了乔木层的物种多样性，实现了针阔混交，促进了乔木层的生长，提升了乔木层碳储量。

从林下植被固碳能力上看，灌木层碳储量随年龄的增加呈先增加后减少的趋势，在中龄林达到最大值，相比结构优化前经营样地灌木层碳储量，幼龄林和中龄林分别提升了 28.13%和 30.23%，这是因为近熟林的灌木层长势较好，影响了乔木层的生长，在进行抚育间伐时进行了砍伐，使得灌木层碳储量下降明显。草本层碳储量随林龄的增加呈

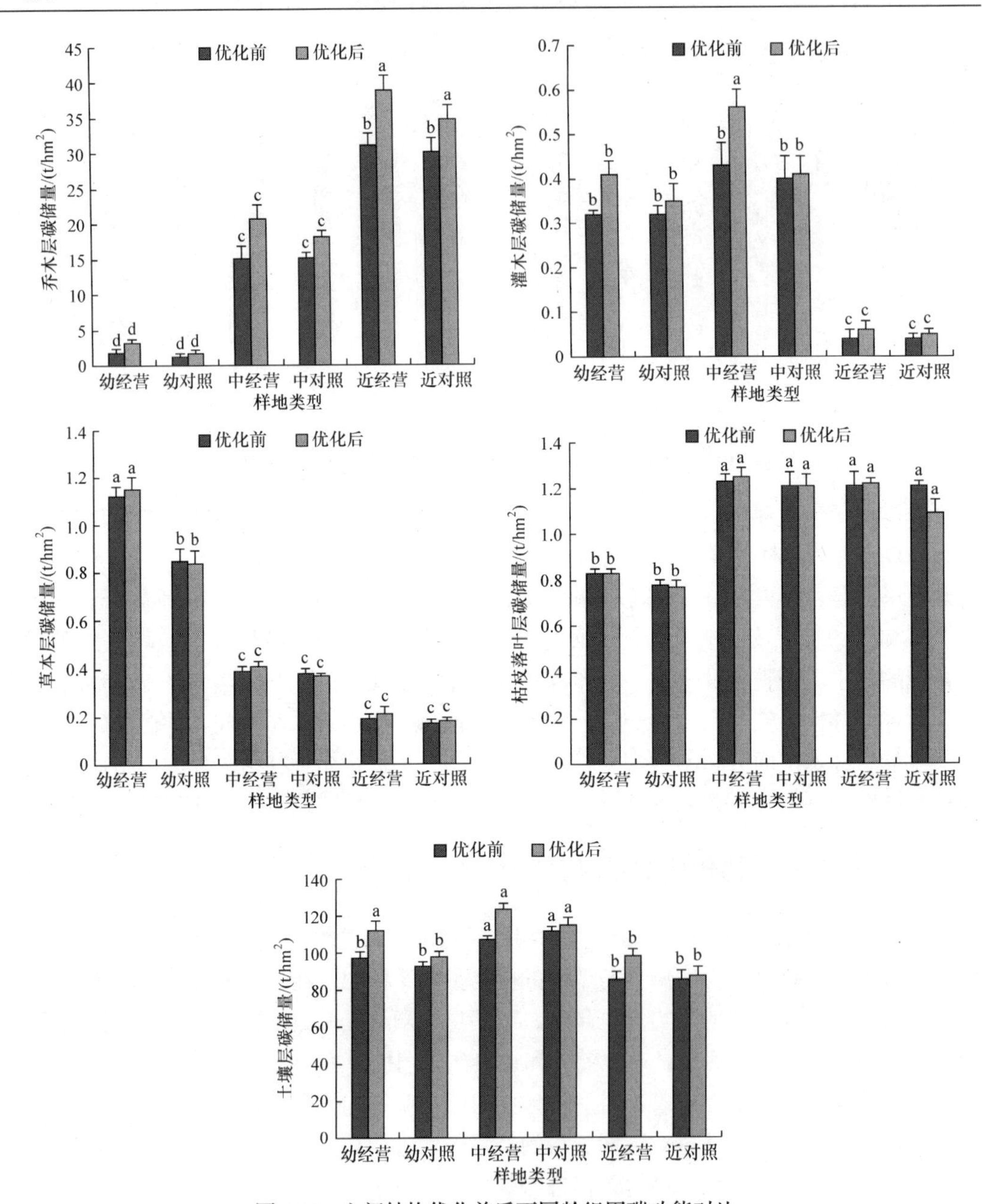

图 6.14　空间结构优化前后不同龄组固碳功能对比

表 6.27　空间结构优化后不同龄组固碳功能　　(单位：t/hm²)

龄组	经营类型	样地号	乔木层	灌木层	草本层	枯枝落叶层	土壤层
幼龄林	经营样地	1	3.12	0.45	1.11	0.83	109.50
		2	3.56	0.40	1.20	0.85	118.12
		3	2.99	0.39	1.13	0.81	108.55
	对照样地	4	2.11	0.31	1.09	0.76	94.58
		5	1.85	0.38	1.05	0.75	100.01
		6	1.12	0.35	0.38	0.80	98.84

续表

龄组	经营类型	样地号	乔木层	灌木层	草本层	枯枝落叶层	土壤层
中龄林	经营样地	7	22.15	0.51	0.41	1.25	126.85
		10	18.45	0.48	0.37	1.21	122.45
		12	21.62	0.69	0.44	1.28	120.63
	对照样地	8	17.22	0.42	0.38	1.21	114.58
		9	18.25	0.44	0.38	1.29	118.74
		11	19.01	0.36	0.35	1.14	110.62
近熟林	经营样地	15	39.78	0.05	0.21	1.16	102.11
		16	40.35	0.04	0.16	1.28	96.35
		18	36.55	0.08	0.25	1.25	95.36
	对照样地	13	25.11	0.05	0.20	1.22	88.21
		14	34.41	0.04	0.18	1.21	91.32
		17	44.66	0.05	0.16	1.23	82.14

递减趋势，在幼龄林达到最大，这主要是因为幼龄林处于造林初期，林分郁闭度低，阳光充足，草本层生长旺盛。经营样地和对照样地的草本层碳储量和枯枝落叶层碳储量在空间结构优化前后没有显著性变化，这说明对林木进行空间结构优化后，对草本层和枯枝落叶层的生长影响不显著。

从土壤层固碳能力上看，不同龄组经营样地相对于空间结构优化前分别提高了15.17%、15.10%和 14.85%，有显著性提高，不同龄组对照样地相对于空间结构优化前无明显变化。这说明经过空间结构优化后，经营样地的土壤理化性质得到了调整，土壤微生物活动加剧，土壤通透性增强，腐殖质层增厚，土壤碳元素提高，使土壤碳储量增加。

6.5.4　林分空间结构优化前后林分水源涵养功能变化分析

由表 6.28 和图 6.15 可以看出，从土壤持水量上看，经过空间结构优化的经营样地不同龄组土壤持水量处于同一水平，没有显著性差异，且经营样地比空间结构优化前分别提高了 20.72%、39.04%和 37.94%，有显著性提高，对照样地的土壤持水量相对空间结构优化前无明显变化，处于同一显著水平。

表 6.28　空间结构优化后不同龄组水源涵养与水土保持功能

龄组	经营类型	样地号	土壤持水量/%	土壤孔隙度/%	土壤容重/(g/cm³)
幼龄林	经营样地	1	44.11	48.52	1.10
		2	46.72	56.53	1.21
		3	44.98	46.33	1.03
	对照样地	4	32.13	32.45	1.01
		5	31.25	35.94	1.15
		6	30.66	34.65	1.13
中龄林	经营样地	7	45.22	53.36	1.18
		10	49.58	58.01	1.17
		12	46.35	50.52	1.09

续表

龄组	经营类型	样地号	土壤持水量/%	土壤孔隙度/%	土壤容重/(g/cm³)
中龄林	对照样地	8	36.72	44.80	1.22
		9	35.88	42.34	1.18
		11	32.12	38.87	1.21
近熟林	经营样地	15	56.72	57.29	1.01
		16	54.57	57.30	1.05
		18	54.36	56.53	1.04
	对照样地	13	37.85	37.47	0.99
		14	35.43	34.01	0.96
		17	34.16	33.14	0.97

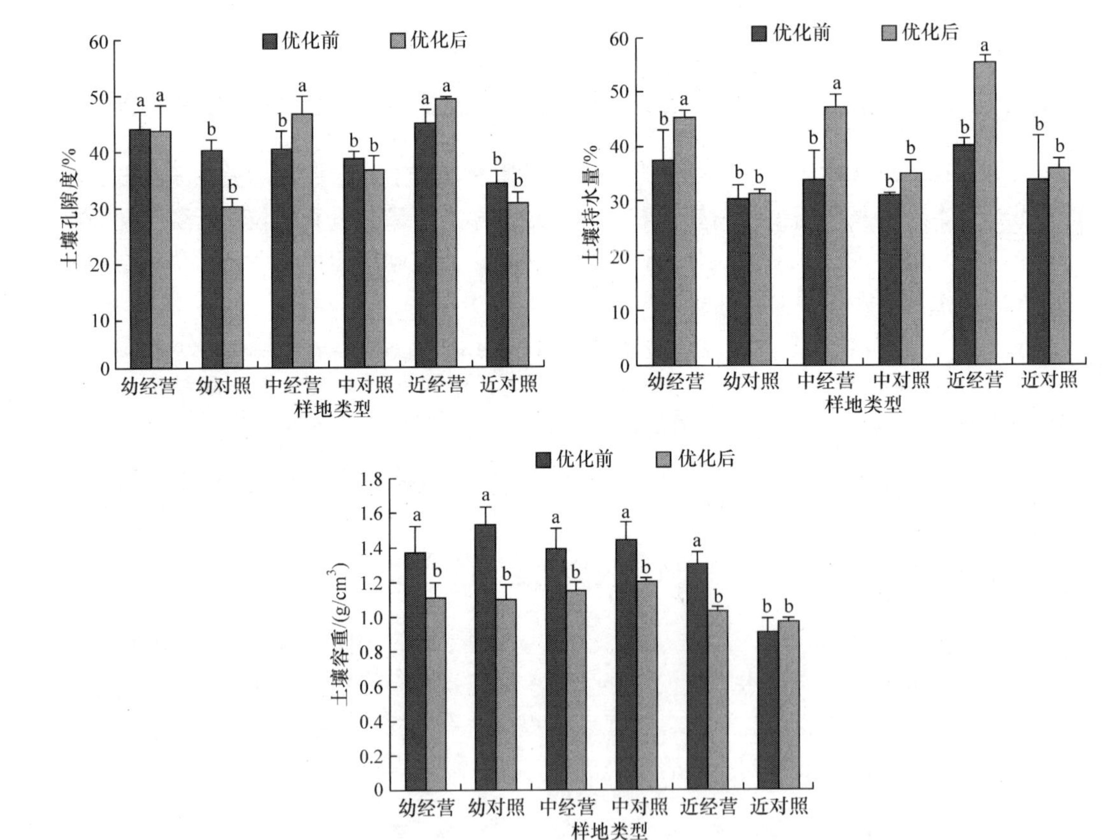

图 6.15　空间结构优化前后不同龄组水源涵养与水土保持功能对比

从土壤孔隙度上看，经营样地的幼龄林、近熟林与空间结构优化前土壤孔隙度相比没有显著性变化，经营样地的中龄林提高了 16.02%，差异显著。对照样地不同龄组土壤孔隙度相对于空间结构优化前均有下降趋势，幼龄林的对照样地降低最为显著，与空间结构优化前无显著性差异。

从土壤容重上看，经营样地土壤容重随林龄的增加呈先增加后减少的趋势，在中龄林达到最大值。不同龄组处于同一显著水平，无显著性差异，经营样地不同龄组土壤容重相对于空间结构优化前均有降低，且有显著性差异。对照样地的幼龄林和中龄林相对于空间结构优化前有明显下降，近熟林无显著性变化。

以上分析结果表明，对林分进行空间结构优化后，不同龄组杉木生态公益林经营样地的土壤持水量和土壤孔隙度基本得到显著性提高，均高于对照样地，且有显著性变化。这主要是因为林分进行了抚育间伐，调整了林木格局，使林木分布均匀化，林木对土壤养分的吸收更为合理，土壤微生物活动更剧烈，使土壤通透性增加，提高了土壤持水量和土壤孔隙度。对照样地未进行空间结构优化，林木分布格局不合理，土壤养分供给不均衡，使土壤持水量和土壤孔隙度偏低。不同龄组经营样地和对照样地的土壤容重相对于空间结构优化前，除对照样地近熟林无明显变化外，其他均有明显的下降趋势。

6.6　小　　结

林分单株择伐空间优化的实质是合理确定采伐木，以便在保持非空间结构的同时，导向理想的空间结构。然而确定林分空间结构优化的经营目标是选择择伐木时应首先考虑的问题，即培育什么样的森林。本书以杉木生态公益林林分空间结构评价指数作为杉木生态公益林林分择伐空间结构优化模型的目标函数，林分空间结构评价指数是采用乘除法对各个空间结构参数进行多目标优化的综合函数，它强调最优的林分空间结构往往强调整体目标达到最优。林分空间结构评价指数越大，说明林分空间结构整体水平越理想，因此，通过择伐优化林分空间结构时，以林分空间结构评价指数最小值的林木作为备伐木。林分空间结构优化目标确定后的关键任务是确定林分择伐空间结构优化模型的约束条件，设置约束条件时，应将林分的非空间结构约束和空间结构约束结合起来考虑。模型的研究实例表明，本研究构建的林分单株择伐空间结构优化模型具有一定的操作性和科学性，择伐后林分的树种多样性和林木的大小多样性维持不变，但林分的空间结构参数有明显改善，林分的空间结构评价指数有明显提高，说明林分空间结构整体上向理想状态转变了。

除了采用择伐方式对林分空间结构进行优化外，补植也是优化林分空间结构的主要经营措施，研究区的杉木生态公益林为人工纯林，树种混交度较低，因此需要通过补植不同的树种来增加林分的混交度，林分补植空间结构优化调控的目标应是林分整体空间结构的改善，因此林分空间结构评价指数可作为林分补植空间结构优化的调控目标。补植前首要解决的关键问题是补植位置和补植数目的确定，补植位置的确定应该遵循林分水平分布格局逐渐向随机分布或者接近随机分布的均匀分布改变，林木补植的位置应为最大 Voronoi 凸多边形面积域剔除中心林木冠幅面积，每补植一株林木林分中面积最大的胸径加权 Voronoi 凸多边形将发生变化，需重新选取林分中面积最大的胸径加权 Voronoi 凸多边形为补植位置，直到达到确定的补植强度。补植位置和补植数目确定后，科学地选择补植树种是一个关键问题。如果选择的补植树种不止一种，就涉及补植树种的空间配置问题，补植后林分的混交度达到最大应该是补植树种空间配置的目标，因此本研究提出基于补植位置中心点的加权胸径 Voronoi 凸多边形，统计邻近木的数量及邻近木各树种出现的频次，选择出现频次最低的树种为补植树种，从而实现补植树种的空间配置。

通过对不同龄组杉木生态公益林的经营样地进行空间结构优化，林分经过几年的生长，经营样地的多功能效益得到显著提升，未经空间结构优化的对照样地提升效果不显著，部分功能有所下降。从水土保持与水源涵养功能上看，经营样地的土壤持水量和土壤孔隙度平均值分别提升了 32.57%和 8.40%，对照样地土壤持水量提升了 7.31%，土壤孔隙度下降了 13.99%，经营样地的土壤容重下降了 19%，对照样地土壤容重下降了 12.73%。从物种多样性功能上看，经营样地的 SDCI 平均值相对于结构优化前提升了 20.27%，对照样地的 SDCI 平均值降低了 26.64%，这说明通过对杉木生态公益林进行空间结构优化，对提升林分物种多样性有显著效果。从固碳功能上看，地上部分固碳量经营样地提升了 28.19%，对照样地提升了 15.55%，地下部分固碳量经营样地提升了 15.05%，对照样地提升了 3.51%，经营样地固碳能力提升高于对照样地。从生产力功能上看，经营样地生产力相对于空间结构优化前提升了 21.64%，对照样地提升了 16.16%，经营样地提升效果显著。这说明通过对杉木生态公益林构建间伐优化方案和补植优化方案，对不同龄组的经营样地实施空间结构优化，补植当地乡土树种，对杉木生态公益林多功能效益的提高有显著效果，对多功能可持续经营的森林结构具有重要的指导意义。

第7章 低质低效林评价及改造技术研究

7.1 引 言

近年来，随着人类经济社会的发展，南方地区的生态公益林多以人工林为主，形成了较大面积的质量差、各种功能相对低下的林分，这些林分已经不能满足社会经济发展的要求。由此可见，对于低质低效林分的改造，实现林分质量和林分生态功能的提高已经成为当下急需解决的生态问题。关于低质低效林的说法，最初源于防护林改建的工程，在防护林改建中发现防护林相较于天然林分，其林分质量与林分生态功能严重偏低，所以低质低效林最初属于防护林范畴，随着林业科学的发展，对于低质低效林的认识和概念也逐步完善，在20世纪80年代，学者从不同角度对低质低效林进行了探讨和研究，但由于大家的侧重点不同，因此关于低质低效林的概念有很多，对于低质低效林的说法也不一致，诸如低效林、低产林、低质林、低价林等(苑国城等，2006)。虽然概念并不统一，但对于低质低效林的形成达成了共识，是由自然因素和人为因素共同影响所形成的，概念上的分歧主要是由各位学者的研究目的、对象和改造方向的不同所引起的。对于该概念，诸位学者都强调的一点，就是森林系统功能的退化。目前，关于低质低效林评价指标体系的研究较少，国内对于低质低效林评价指标体系研究中评价指标的选取过于狭窄，指标选取多为定性指标，缺乏以定量指标为主的评价指标体系研究。

低质低效林改造的问题始于20世纪50年代末。改造初期，对于低质低效林改造偏向于一律砍光然后进行人工纯林的建造，这种方法耗费了大量的人力资源和物力资源且改造效果较差，随着林业科学的系统研究和逐步深入，森林多功能的研究尤其是在改造中兼顾森林资源的恢复和生态环境效益的提高，使得低质低效林的改造要求向生态效益和经济效益并重的方向发展，从20世纪60年代起，开始对低质低效林进行分类，对低质低效林的经营和管理提供了基本理论并为低质低效林的改造提供了初步方案。

本书采用福寿国有林场林分生态效益和社会经济效益低下，且林分群落发生逆向演替，从相对高级和稳定的阶段向相对低级和不稳定方向发展的低质低效林分，并将其分为两种林分：一种为人工纯林，另一种为生态效益与社会经济效益低下的低质低效林，低质低效林分相较于一般低质低效林，在其生态效益与社会经济效益及表现形式上更为低下。通过研究福寿国有林场低质低效林林相残败、林分结构单一、林分质量和功能低下等问题，来构建低质低效林评价指标体系，对低质低效林分进行评价，实现低质低效林评价的量化，提出合适的改造模式。为低质低效林分的改造、林分质量和生态功能的提高提供科技支撑，同时对其他类型的低质低效林分改造有着实践意义和指导意义。

7.2 数据来源与研究方法

7.2.1 数据来源

本研究的对象为低质低效林，2012 年 8 月在对福寿国有林场低质低效林进行实地踏查后，选取有代表性的不同类型低质低效林地段，设置 18 块大小为 20m×30m 的标准地，并对标准地编号为 1～18，其中，1～12 号标准地主林层林木多为杉木，13～18 号标准地主林层林木多为马尾松，标准地与标准地之间留出相应的缓冲区域。测量时，运用相邻网格法在每个标准地内将其等分为 6 个 10m×10m 的小样方，然后对每个小样方的全部乔木个体进行每木检尺，最后对每个小样方调查数据进行统计。同时，对标准地的立地因子等基本信息进行记录。在每块标准地的四角和中心位置分别设置 5m×5m 的灌木样方和 1m×1m 的草本小样方，分别记录灌木和草本的种类、盖度、高度等因子。

如图 5.1 所示，A～F 为小样方编号，S1 和 S2（阴影部分）为灌木层调查小样方，H1～H5 为草本层调查小样方，根据主林层林木生长状况对林分类型进行划分，如主林层林木类型生长较差的人工纯林，则记为低质低效纯林，主林层林分生长状况极差，相较于一般低质低效林分，在其胸径、树高等外在表现形式上更为低下的林分记为残次林分。

具体见图 5.1 和表 7.1。

表 7.1 调查标准地基本信息表

标准地号	林分类型	年龄/年	树种	胸径/cm	树高/m	郁闭度	株数密度/(株/hm^2)	坡度/(°)	坡向
1	低质低效纯林	12	杉木	11.46	6.92	0.69	2067	32	东
2		12	杉木	9.65	6.77	0.48	2617	48	南
3		12	杉木	9.28	7.34	0.67	2833	40	南
4		11	杉木	12.30	7.97	0.25	1433	10	东南
5		12	杉木	10.12	6.19	0.94	2867	40	南
6		12	杉木	10.69	7.10	0.57	2483	40	东
7	残次林	12	杉木	2.72	2.65	0.12	2017	43	北
8		12	杉木	3.26	2.75	0.29	3617	5	北
9		12	杉木	3.29	2.65	0.21	2850	45	西
10		12	杉木	2.93	2.63	0.16	3067	38	西南
11		12	杉木	2.55	2.47	0.14	2833	27	西北
12		12	杉木	4.48	2.98	0.49	3550	20	西北
13	低质低效纯林	12	马尾松	10.43	8.19	0.33	1567	20	南
14		12	马尾松	11.67	9.09	0.67	1733	20	东
15		12	马尾松	10.90	7.88	0.40	1717	24	东
16		12	马尾松	12.06	8.71	0.25	1283	28	东南
17		12	马尾松	10.48	7.91	0.95	2067	25	西北
18		12	马尾松	10.44	9.20	0.50	1350	31	南

7.2.2　研究方法

1. 低质低效林评价指标体系权重的确定方法　指标权重的确定方法选用运筹学中的层次分析法(analytic hierarchy process)，运用此方法来对指标的逻辑关系及指标的重要性进行确定。层次分析法是一种实用型的多准则决策方法，最初概念和设计原理由美国 A. L. Saaty 教授提出，并迅速在各个领域普及。该方法的步骤简单且逻辑关系明确，将复杂的研究对象看作一个各因素集合的系统，使系统内部各因素之间复杂的隶属关系转变为一个条理清楚的层次关系，并以层次递阶图的方式直观地反映系统内部元素，使每一层次中各因子之间的重要性通过两两对比的方式确定(秦安臣等，1995)。应用该方法从客观的角度对复杂系统之间的元素进行剖析、判断，得出最佳方案(王莲芬，1989)。

2. 评价模型的构建方法　在评价低质低效林的过程中，通过低质低效林综合评价指数 RI 的大小来反映低质低效林的质量状况。其评价模型为

$$\mathrm{RI}=\sum_{k=1}^{4} a_k b_k \tag{7.1}$$

式中，RI 为低质低效林综合评价指数；a_k 为第 k 个分指数的权重；b_k 为第 k 个分指数的值。

7.3　低质低效林评价指标体系的构建

7.3.1　评价指标的选取原则

本研究在评价指标选取的过程中，所依据的主要原则是：①科学性原则。在对低质低效林的表现形式及林分因子进行研究和总结的基础上，通过科学的理论和方法构建评价指标体系，在科学理论的基础上准确客观地反映出低质低效林的状况，更好地对低质低效林等级进行评价。②系统性原则。评价指标体系作为一个系统，各层指标应齐整完全，避免重复和多余的指标且信息量充足，使得评价指标体系能够客观有效地反映低质低效林的状况。③可操作性原则。评价指标体系所选的指标要易于量化计算，同时要容易监测，使得评价指标体系在技术和经济上具有可行性。④层次性原则。评价指标体系中各指标要能客观准确地进行分层，并且能够从各个层次对低质低效林进行评价。

7.3.2　评价指标的筛选方法

评价指标的筛选方法为头脑风暴法、专家咨询法和会内会外法。具体见第 5 章。

7.3.3　评价指标体系的构建

通过搜集整理国内外关于低质低效林评价等研究方面的文献资料，在对低质低效林表现形式进行分析的基础上，结合一切可借鉴的指标及各指标的可行性原则，尽可能搜集各项评价指标，采取宁多勿缺的原则，搜集一级和二级指标(Ayres and Lombardero，2000)，建立低质低效林评价指标体系框架，详见表 7.2。

表 7.2　低质低效林评价指标体系指标初选

目标层	准则层	指标层
低质低效林评价	林分质量	林分平均胸径、林分平均高、疏密度、林分郁闭度、株数密度、蓄积量、植被总盖度
	林分空间结构	大小比数、角尺度、方位角、混交度
	林分立地条件	坡度、坡向、坡位、海拔、N、P、K、土壤厚度、土壤有机质
	林分防护功能	森林护坡效果、降雨径流转化率
	林分生态功能	林分生产力、林分固碳能力、物种多样性、水源涵养能力、水土保持能力、提供负离子、吸收污染物、降低噪声、滞尘、CO_2 固定量、O_2 释放量
	森林游憩功能	森林旅游开发、森林旅游管理
	森林群落抵抗力	病虫害程度、人为干扰程度

按照上面初次筛选得到的低质低效林评价指标体系，采用专家调查法进行各项指标更细致的筛选工作。通过头脑风暴法、专家咨询法和会内会外法等三种专家调查方法相结合，进行低质低效林评价指标的筛选。最后确定的低质低效林评价指标体系见表 7.3。

表 7.3　低质低效林评价指标体系

目标层	准则层	指标层
低质低效林评价	林分质量	林分平均胸径、林分平均高、林分郁闭度、株数密度
	林分立地条件	坡度、土壤厚度、土壤有机质
	林分生态功能	林分生产力、林分固碳能力、物种多样性、水源涵养能力、水土保持能力
	森林群落抵抗力	病虫害程度、人为干扰程度

根据头脑风暴法、专家咨询法和会内会外法确定的指标，建立的低质低效林评价指标体系见图 7.1。

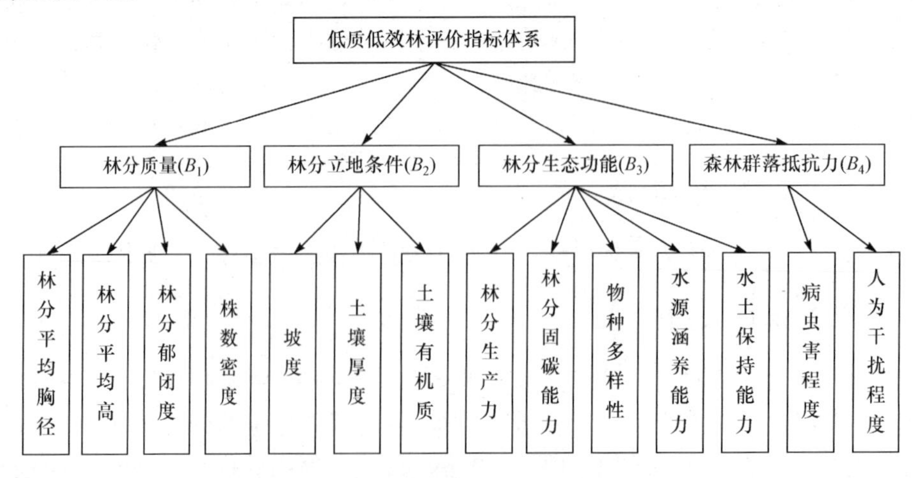

图 7.1　低质低效林评价指标体系

7.3.4　评价指标的解释

(1) 林分平均胸径　通过每木检尺得到各标准地每株树木的胸径，采用林分平均胸径计算方法进行计算。

(2) 林分平均高　林分平均高有三种，即林分条件平均高、加权平均高、优势木平均高。林分条件平均高要绘制树高曲线，优势木平均高要选用 3～5 株优势木，考虑到外业调查进行了每木检尺工作，实测了每株树木的胸径和树高，故采用加权平均高计算，同样在计算中按实际胸径计算，不再分径阶，计算方便且结果精确。

(3) 林分郁闭度　林分平均冠幅的研究较少，一般采用面积计算，参考他人研究方法，把树木 4 个方向的冠幅取其平均值作为树冠的半径，得到每株树木树冠面积，再把林分内每株树木树冠面积相加取平均值即得林分平均冠幅。

$$S_n = \pi\left(\frac{L_{n1} + L_{n2}}{4}\right)^2 \tag{7.2}$$

$$\bar{S} = \frac{S_1 + S_2 + S_3 + \cdots + S_n}{n} \tag{7.3}$$

式中，S_n 为林分内第 n 株树木的树冠面积；$\bar{S}$ 为林分平均冠幅；L_{n1} 为林分内第 n 株树木的东西冠幅；L_{n2} 为林分内第 n 株树木的南北冠幅；n 为林分内的树木总株数。

以林分树冠面积总和与标准地面积之比作为林分郁闭度指标。

(4) 株树密度　林分中林木间的拥挤程度，取决于单位面积上的林木株数、林木平均大小和林木在林地上的分布株数密度，即每块标准地的树木总株数除以 0.06 即得株数密度。

(5) 坡度　参照国家林业局(现为国家林业和草原局)颁发的《森林资源规划设计调查主要技术规定》中的技术标准，将林地坡度划分为：一级，坡度小于等于 5°；二级，坡度(5°，15°]；三级，坡度(15°，25°]；四级，坡度>25°。

(6) 土壤厚度　土壤层次根据土层 A 层+土层 B 层厚度确定，划分为三个等级：一级，<25cm；二级，26～50cm；三级，>50cm。

(7) 土壤有机质　通过土壤学实验获得土壤中有机质的含量。

(8) 林分生产力　林分生产力分乔木层、灌木层、草本层及枯枝落叶层来测定。乔木层以林分生物量指标为标准，杉木林生物量估算模型很多，大都是以胸径(D)或胸径、树高(D^2H)为自变量，但一般认为在估算杉木各器官生物量中，增加树高因子会提高树高的精度，因此，相对生长方程采用 D^2H 为变量进行全株生物量的测定，计算公式见式(5.11)。

灌木层、草本层及枯枝落叶层生物量采用样方收获法测定，在标准地中随机布设 6 个 1m×1m 样方，获取其中全部灌木、草本及枯枝落叶并称湿重，并置于 105℃恒温烘箱内烘干 6～8h 至恒重，并称量其干重，计算干重率、总的干质量，最后换算成单位面积的生物量，最后根据乔木层、灌木层、草本层和枯枝落叶层生物量总和作为林分生产力指标评价标准。

(9) 林分固碳能力　林分固碳能力根据乔木层、灌木层、草本层和枯枝落叶层的生物量计算相应的碳储量，即以森林植被的乔木层、灌木层、草本层和枯枝落叶层生物量乘以转换系数(即每克干物质的碳含量)推算得到森林的碳储量。土壤碳储量则是根据土壤有机碳含量、土壤厚度及土壤容重 3 个指标间的乘积来计算。

(10) 物种多样性　物种多样性采用物种丰富度指数(S)、均匀度(J)和多样性指数(C)综合得出林分物种多样性综合指数来分析物种多样性水平。其计算公式如下。

$$\mathrm{SDCI}=\sum_{j=1}^{n}W_jX_j \tag{7.4}$$

式中，SDCI 为物种多样性综合指数；W_j 为第 j 项指标的权重；X_j 为第 j 项指标的取值，即 Margalef 指数、Gleason 指数、Pielou 指数(J_{sw} 和 J_{si})、PIE 指数、Audair 指数和 Goff 指数 6 项(吕勇等，2013)。

(11) 水源涵养能力和水土保持能力　水源涵养能力和水土保持能力通过剖面法取得土样，土壤容重、土壤持水量和土壤孔隙度的计算公式见式(5.3)～式(5.5)。

水源涵养能力通过土壤持水量来体现，水土保持能力通过土壤孔隙度来体现，增加土壤孔隙度的大小对增强林地的水土保持与水源涵养功能具有重要意义。

(12) 病虫害程度　森林抵抗力的重要特点就是能够抵抗外界的干扰，而病虫害程度能够指示这种抗干扰能力，无病虫害或病虫害程度较低反映出林分较好的抗干扰能力。建议将森林病虫害灾害分为 3 个等级，即一级(轻度灾害)、二级(中度灾害)、三级(重度灾害)。

(13) 人为干扰程度　根据研究地特点及植物改变状况和主要辅助能的投入将人为干扰程度划分为 3 个等级，即一级(轻度人为干扰)、二级(中度人为干扰)、三级(强度人为干扰)。

7.3.5　评价指标评分标准

福寿国有林场低质低效林改造的目标为近自然林。目前，低质低效林的林分经营中出现林分树种单一、密度过大，形成林木种间竞争，使得林木生长缓慢。此类林分中，活枝下宿存枯枝较多，被压木基本枯死或处于濒死状态(李国猷，1992)；而在混交林中，林分结构复杂，且生态环境结构为异龄复层乔灌草多物种结构，使其具有较为良好的通气、透水性能，发展尽量接近于天然林的更新格局。“近自然林业”并不是回归到天然的森林类型，而是尽可能使林分的建立、抚育及采伐的方式同潜在的天然森林植被的自然关系相接近。即使林分能进行接近自然生态的生长，维持森林生物群落的动态平衡，并在人工辅助下使天然物种得到复苏，最大限度地保护地球森林生物物种的多样性。在查阅大量前人对低质低效林研究结果的基础上，结合低质低效林优化目标和研究区域低质低效林的实际情况，将指标进行量化处理，构建低质低效林评价评分标准。

低质低效林的林分质量和林分生态功能均远低于同等立地条件同等龄级的相同类型林分。本书根据 18 块相同类型标准地应用 SPSS 对低质低效林定量指标进行频数分析，对林分质量及林分生态功能进行等级划分，具体划分标准见表 7.4。林分平均胸径与林分平均高是体现林分质量的重要指标(尹峰等，2008)，结合标准地数据，针对12年生的低质低效林分，本研究将林分平均胸径划分为4个等级(cm)，即(0，5)、[5，10)、[10，15)、[15，+∞)；将林分平均高划分为3个等级(m)，即(0，5)、[5，10)、[10，+∞)；林分郁闭度和株数密度采取已有国家标准，其中林分郁闭度划分为三个等级，即[0.1，0.2)、[0.2，0.7)、[0.7，+∞)；株数密度划分为4个等级(株/hm^2)，即(0，400)或[1000，+∞)、[400，600)、[600，800)、[800，1000)(闫德仁和闫婷，2010)。

坡度与土壤厚度对林分生长有着重要的影响，而土壤有机质的含量对林分的生产速率有着关键性作用。对于坡度和土壤厚度参照国家林业局颁发的《森林资源规划设计调查主要技术规定》中的技术标准，将林地坡度划分为：一级，坡度(0，5°]；二级，坡度(5°，15°]；三级，坡度(15°，25°]；四级，坡度(25°，+∞)。土壤层次分为覆盖层、林溶层、淀积层、母质层，其中在林溶层中的最上面那层就是我们通常说的腐殖层，是肥力性质最好的一层，植物根系和微生物也集中在这一层。根据腐殖质厚度和凋落物厚度将土壤厚度(cm)划分为三个等级：一级，(0，25)；二级，[25，50)；三级，[50，+∞)。土壤有机质为14.47～47.07g/kg，样本均值为31.29g/kg，标准差为10.55，结合福寿国有林场样地调查数据及近自然林研究成果，本研究将土壤有机质指标划分为4个等级(g/kg)：[15.46，26.00)、[26.00，36.56)、[36.56，47.11)、[47.11，+∞)。

天然林地上部分各层次的持水量分配较为均匀；而人工林林冠层持水量较高，林下植被和枯枝落叶层的持水量较低，这种结构不利于削弱林内降雨侵蚀力，土壤也较为板结，渗透功能较差。本书根据近自然林和人工林的土壤持水量的对比研究结果，对土壤持水量进行等级划分，分为3个等级，作为土壤水源涵养能力评价标准，具体划分标准见表7.4。土壤层是森林涵养水源的主要场所，其贮水量占林分总贮水量的90%以上。土壤孔隙度样本分布在42.75%～55.19%，样本均值为48.51%，标准差为3.8，结合低质低效林的样地数据及近自然林相关研究成果，本研究将土壤孔隙度划分为三个等级，即[47%，51%)、[51%，55%)、[55%，60%)，作为土壤水土保持能力评价标准。森林固碳能力的高低对森林固碳储量变化有着重要的影响。土壤是森林生态系统最大的碳库，土壤层碳储量的评价标准应该适当放宽上限。标准地实地调查样地的样本分布在93.77～105.79t/hm^2，样本均值为98.67t/hm^2，标准差为3.74，本研究结合前人的研究成果，将碳储量的评价等级划分为4个等级，具体划分标准见表7.4。对生产力功能指标因子的分级，就是在相关研究成果的基础上根据外业调查中获取的研究区实际情况而确定。以样地调查数据为基础，结合近自然林研究和专家组意见，本书将乔木层、灌木层、草本层及枯枝落叶层进行综合考虑，标准地样本生物量分布在4.82～42.59t/hm^2，样本均值为25.35t/hm^2，标准差为13.63，结合样地实际情况，将生产力指标划分为3个等级(t/hm^2)，即(0，10.3)、[10.3，25.5)、[25.5，40.7)。具体划分标准见表7.4。

森林群落抵抗力方面，结合研究区实际情况及已有的评价标准(谢裕红，2014)，分别将其划分为三个等级，具体划分标准见表7.4。

表 7.4　低质低效林评价指标评分标准

指标	划分标准	等级(得分)
林分平均胸径/cm	(0，5)	一级(0，2.5)
	[5，10)	二级[2.5，5)
	[10，15)	三级[5，7.5)
	[15，+∞)	四级[7.5，10)
林分平均高/m	(0，5)	一级(0，4)
	[5，10)	二级[4，7)
	[10，+∞)	三级[7，10)
林分郁闭度	[0.1，0.2)	一级[0，4)
	[0.2，0.7)	二级[4，7)
	[0.7，+∞)	三级[7，10)
株数密度/(株/hm^2)	(0,400)或[1000,+∞)	一级(0，2.5)
	[400，600)	二级[2.5，5)
	[600，800)	三级[5，7.5)
	[800，1000)	四级[7.5，10)
坡度/(°)	(0，5]	一级(0，2.5)
	(5，15]	二级[2.5，5)
	(15，25]	三级[5，7.5)
	(25，+∞)	四级[7.5，10)
土壤厚度/cm	(0，25)	一级(0，4)
	[25，50)	二级[4，7)
	[50，+∞)	三级[7，10)
土壤有机质/(g/kg)	[15.46，26.00)	一级(0，2.5)
	[26.00，36.56)	二级[2.5，5)
	[36.56，47.11)	三级[5，7.5)
	[47.11，+∞)	四级[7.5，10)
林分生产力/(t/hm^2)	(0，10.3)	一级(0，4)
	[10.3，25.5)	二级[4，7)
	[25.5，40.7)	三级[7，10)
固碳能力/(t/hm^2)	[74.72，102.8)	一级[0，2.5)
	[102.8，132.9)	二级[2.5，5)
	[132.9，161.1)	三级[5，7.5)
	[161.1，+∞)	四级[7.5，10)
物种多样性	(0，0.25)	一级(0，2.5)
	[0.25，0.5)	二级[2.5，5)
	[0.5，0.75)	三级[5，7.5)
	[0.75，1)	四级[7.5，10)
水源涵养能力/%	[26，34)	一级[0，4)
	[34，42)	二级[4，7)
	[42，50)	三级[7，10)
水土保持能力/%	[47，51)	一级[0，4)
	[51，55)	二级[4，7)
	[55，60)	三级[7，10)
病虫害程度	重度灾害(受害立木株数60%及以上)	一级[0，4)
	中度灾害(受害立木株数30%～59%)	二级[4，7)
	轻度灾害(受害立木株数10%～29%)	三级[7，10)
人为干扰程度	强度人为干扰	一级[0，4)
	中度人为干扰	二级[4，7)
	轻度人为干扰	三级[7，10)

7.4　低质低效林评价

7.4.1　低质低效林评价指标的计算

1. 林分质量指标　福寿国有林场低质低效林大致分为三种类型，分别为杉木低质低效纯林、杉木残次林、马尾松低质低效纯林。表 7.5 为通过计算所得到的林分质量各指标结果。由表 7.5 可以看出，同一龄级、同一地域的同一类型林分也会由于其他因素的影响，有些林分质量严重偏低。杉木残次林在林分平均胸径、林分平均高、林分郁闭度等方面远低于其他标准地，在株数密度方面却超过其他标准地。杉木残次林由于林分内株数密度过大，林木间出现种间竞争，严重影响了林分健康。对于林分是否属于低质低效林，在选取标准地时，初步就是通过目测林分中树木的胸径、树高、株数密度及冠幅等因子来进行判定。

表 7.5　不同林分的质量指标

标准地编号	林分类型	林分平均胸径/cm	林分平均高/m	林分郁闭度	株数密度/(株/hm^2)
1	杉木低质低效纯林	11.46	6.92	0.69	2067
2		9.65	6.77	0.48	2617
3		9.28	7.34	0.67	2833
4		12.30	7.97	0.25	1433
5		10.12	6.19	0.94	2867
6		10.69	7.10	0.57	2483
7	杉木残次林	2.72	2.65	0.12	2017
8		3.26	2.75	0.29	3617
9		3.29	2.65	0.21	2850
10		2.93	2.63	0.16	3067
11		2.55	2.47	0.14	2833
12		4.48	2.98	0.49	3550
13	马尾松低质低效纯林	10.43	8.19	0.33	1567
14		11.67	9.09	0.67	1733
15		10.90	7.88	0.40	1717
16		12.06	8.71	0.25	1283
17		10.48	7.91	0.95	2067
18		10.44	9.20	0.50	1350

根据 SPSS 软件进行计算，杉木低质低效纯林、杉木残次林、马尾松低质低效纯林

的林分平均胸径均值为 2.55～11.67cm，林分平均高为 2.47～9.20m(表 7.5)，杉木低质低效纯林和马尾松低质低效纯林之间无显著性差异，但与杉木残次林林分平均胸径和平均树高差异性显著。由图 7.2 可知，林分郁闭度之间差异性显著，排序为杉木低质低效纯林>马尾松低质低效纯林>杉木残次林，原因是虽然杉木与马尾松都为针叶树种，但杉木所形成的树冠投影面积要略大于马尾松。此外，杉木低质低效纯林的株数密度要大于马尾松低质低效纯林，所以郁闭度要略大于马尾松低质低效纯林；三种林分在株数密度方面差异性显著，排序为杉木残次林>杉木低质低效纯林>马尾松低质低效纯林，而杉木残次林的株数密度过高，已属于过密林，株数密度在 1000 株/hm^2 以上时，在一定程度上，株数密度与林分平均胸径、林分平均高、林分郁闭度呈负相关。

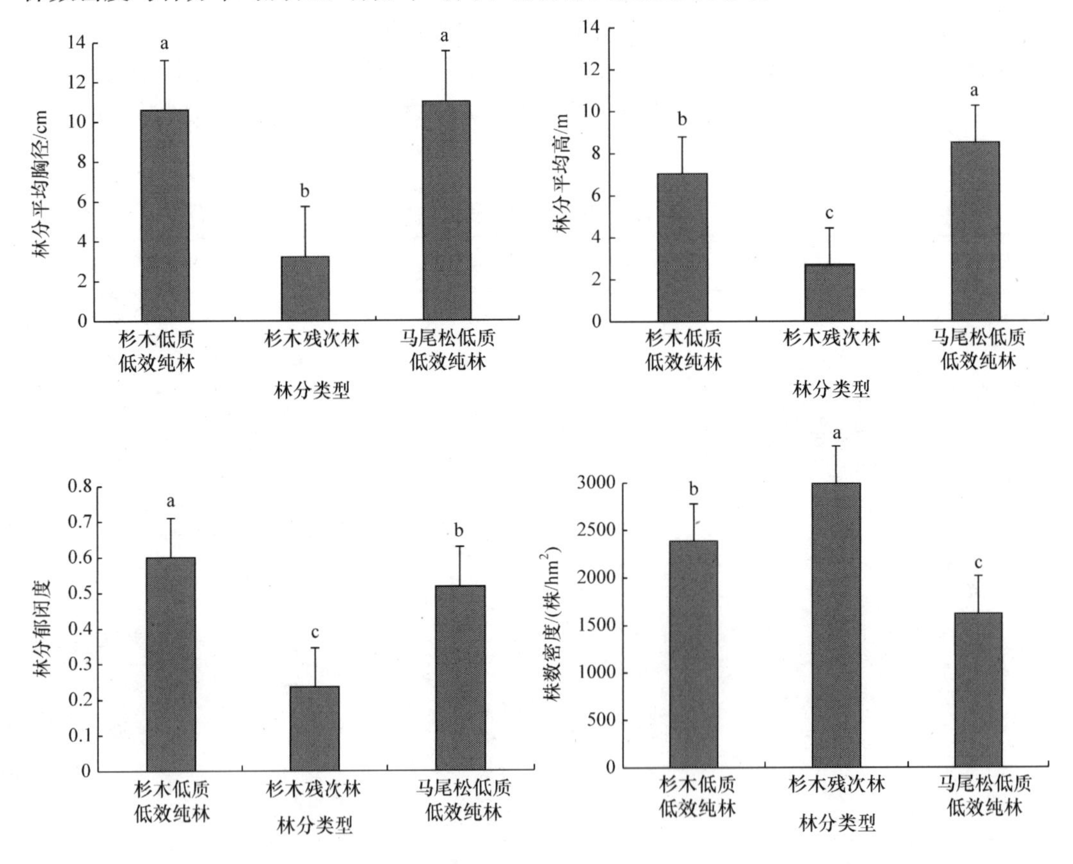

图 7.2　不同林分的林分质量指标

图中数据是平均值±标准差；相同字母表示不同林分差异性不显著，不同字母表示不同林分差异性显著

2. 林分立地条件指标　　低质低效林的形成多与其立地条件有着密切关系，对于同一地域来说，造成林分之间差异的因素主要体现在林分的坡度与土壤条件方面，而对于土壤条件来说，土壤厚度及土壤中所含有机质含量是土壤之上林分能否健康生长的决定性因素。表 7.6 为三种林分类型的林分立地条件数据。由表 7.6 可以看出，杉木残次林除第 8 块标准地坡度在 20°以下外，其余标准地坡度都大于或等于 20°，杉木低质低效纯林和马尾松低质低效纯林除个别标准地外，大部分标准地都处于正常坡度；土壤厚度与

坡度有着微弱的联系，坡度越平缓，土壤厚度相对较厚；土壤有机质含量与土壤中含碳量有关，土壤含碳量越高，林分质量相对越高。

表 7.6　不同林分的林分立地条件指标

标准地编号	林分类型	坡度/(°)	土壤厚度/cm	有机质含量/(g/kg)
1	杉木低质低效纯林	28	31	55.75
2		22	26	55.96
3		25	28	54.70
4		10	29	59.03
5		20	27	49.90
6		20	29	46.32
7	杉木残次林	43	22	40.71
8		5	26	32.17
9		45	21	14.47
10		38	27	28.12
11		27	26	25.21
12		20	20	47.07
13	马尾松低质低效纯林	20	31	51.06
14		20	32	68.88
15		24	30	50.55
16		28	33	51.00
17		25	30	52.63
18		31	29	49.05

结合表 7.6 和图 7.3 可以看出，杉木残次林坡度的均值为 29.67°，高于杉木低质低效纯林的坡度（20.83°）和马尾松低质低效纯林的坡度（24.67°），马尾松低质低效纯林的坡度与杉木残次林和杉木纸质低效纯林的坡度差异显著，杉木残次林和杉木低质低效纯林的坡度差异也显著，这是因为杉木残次林的最小坡度和最大坡度之间相差巨大，导致标准

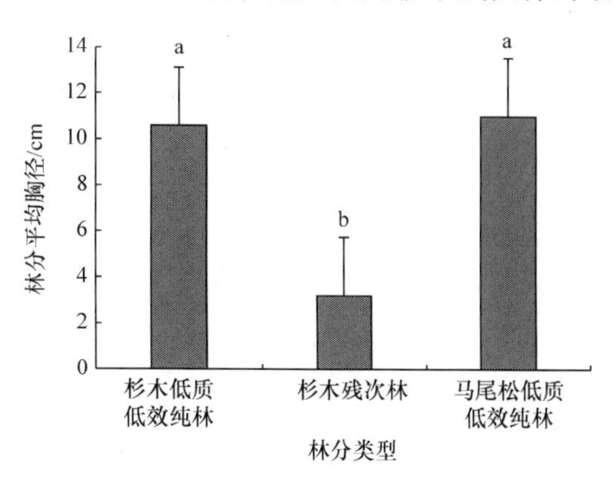

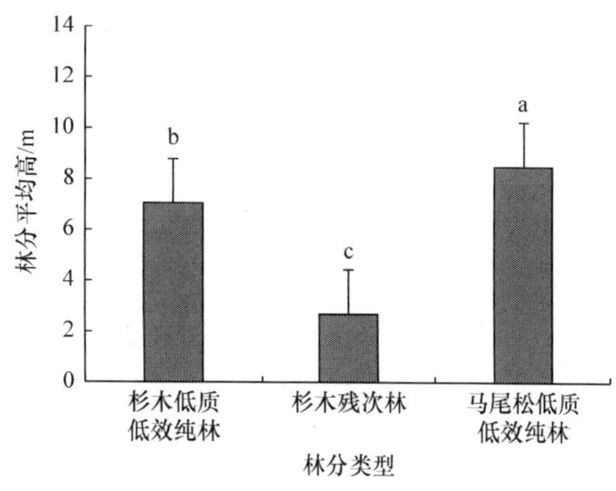

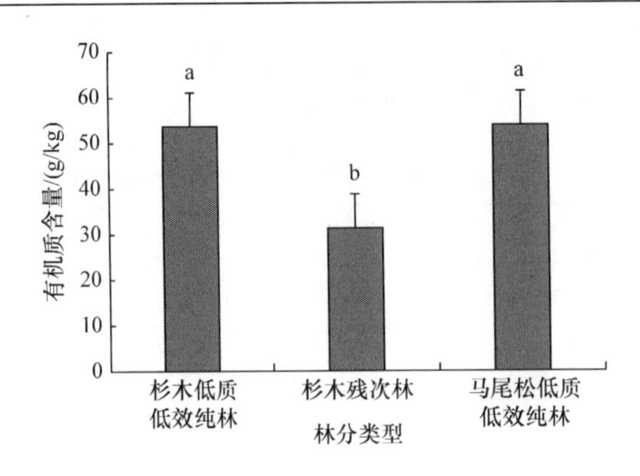

图 7.3　不同林分的林分立地条件指标

图中数据是平均值±标准差；相同字母表示不同林分差异性不显著，不同字母表示不同林分差异性显著

差偏大，从而影响到三种林分在坡度上的差异性；在土壤厚度方面，三种林分表现为马尾松低质低效纯林>杉木低质低效纯林>杉木残次林；在有机质方面，三种林分表现为杉木低质低效纯林>马尾松低质低效纯林>杉木残次林，但杉木低质低效纯林和马尾松低质低效纯林在均值及标准差等方面相差不大，在一定程度上，土壤厚度和土壤有机质含量呈正相关。

3. 林分生态功能指标　福寿国有林场低质低效林的改造方向为生态公益林，林分生态功能的高低对低质低效林的改造强度有着重大的影响。表 7.7 为三种林分的林分生态功能指标的数据。由表 7.7 可以看出，杉木残次林在林分生产力和林分固碳能力上要低于杉木低质低效纯林和马尾松低质低效纯林，这是由于其乔木层碳储量和枯枝落叶层碳储量要低于杉木低质低效纯林和马尾松低质低效纯林；在物种多样性上要高于杉木低质低效纯林和马尾松低质低效纯林，这是由于杉木残次林中林分冠幅偏小，郁闭度较低，地面阳光充足，灌木层与草本层物种多样性要高于其他两种林分，马尾松低质低效纯林物种多样性偏低是由于马尾松低质低效纯林中部分物种疯长，在物种之间的竞争上占据了绝对优势；水源涵养能力与土壤持水量有关，水土保持能力与土壤孔隙度有关。

表 7.7　不同林分的生态功能指标

标准地编号	林分类型	林分生产力/(t/hm^2)	林分固碳能力/(t/hm^2)	物种多样性	水源涵养能力/%	水土保持能力/%
1	杉木低质低效纯林	35.32	126.57	0.62	27.86	42.52
2		32.90	129.58	0.79	32.36	42.75
3		34.85	129.89	0.90	29.48	44.72
4		30.43	122.50	0.72	35.47	46.86
5		35.81	126.70	0.77	31.26	45.79
6		37.91	123.86	0.91	38.19	50.15

续表

标准地编号	林分类型	林分生产力 /(t/hm²)	林分固碳能力 /(t/hm²)	物种多样性	水源涵养能力 /%	水土保持能力 /%
7	杉木残次林	7.35	98.03	0.80	39.17	54.53
8		9.92	105.79	0.99	41.93	50.53
9		7.53	100.27	0.70	31.40	47.47
10		8.04	96.31	0.75	30.16	44.64
11		7.14	93.77	0.75	27.73	45.58
12		4.82	97.83	0.76	33.25	48.78
13	马尾松低质低效纯林	32.59	106.77	0.45	41.23	37.42
14		39.03	120.78	0.52	35.01	42.47
15		38.41	125.24	0.41	30.17	39.76
16		30.26	116.40	0.31	27.55	38.73
17		26.52	122.60	0.44	44.26	40.32
18		27.44	111.82	0.43	29.37	44.19

由图 7.4 可知，在林分生产力和林分固碳能力上，三种林分表现趋势一样，都为杉木低质低效纯林>马尾松低质低效纯林>杉木残次林，这是因为林分生产力和林分固碳能力主要取决于乔木层树种，乔木层树种质量的好坏直接影响着林分生产力和固碳能力的高低；物种多样性表现为杉木残次林>杉木低质低效纯林>马尾松低质低效纯林，这是因为在杉木残次林中郁闭度低，灌草植被阳光充足，植物多样性较高，杉木低质低效纯林多处于向阳坡面，有利于灌草植被的生长，所以植物多样性也较高；水源涵养能力主要与土壤质地有关，土壤结构越疏松，则孔隙度越大而土壤容重越小，土壤结构越紧实，则反之，即孔隙度越小而容重越大，马尾松低质低效纯林的水源涵养能力与水土保持能力均低于杉木低质低效纯林和杉木残次林，说明马尾松低质低效纯林的土壤质地较于杉木低质低效纯林和杉木残次林偏低，杉木低质低效纯林的水源涵养能力高于杉木残次林，

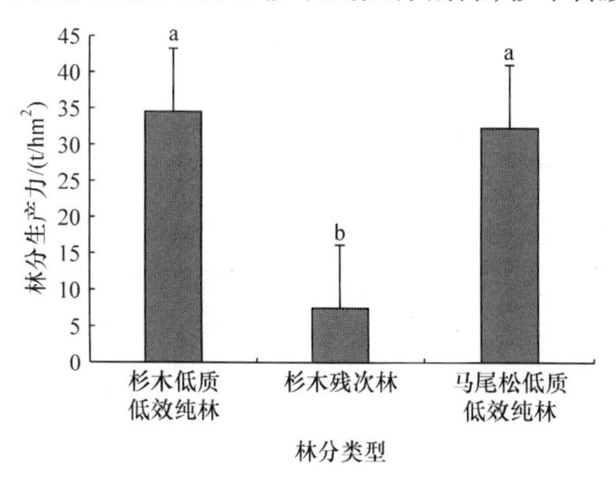

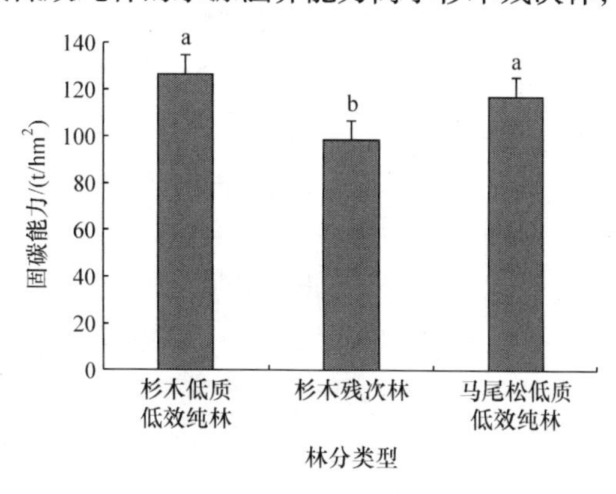

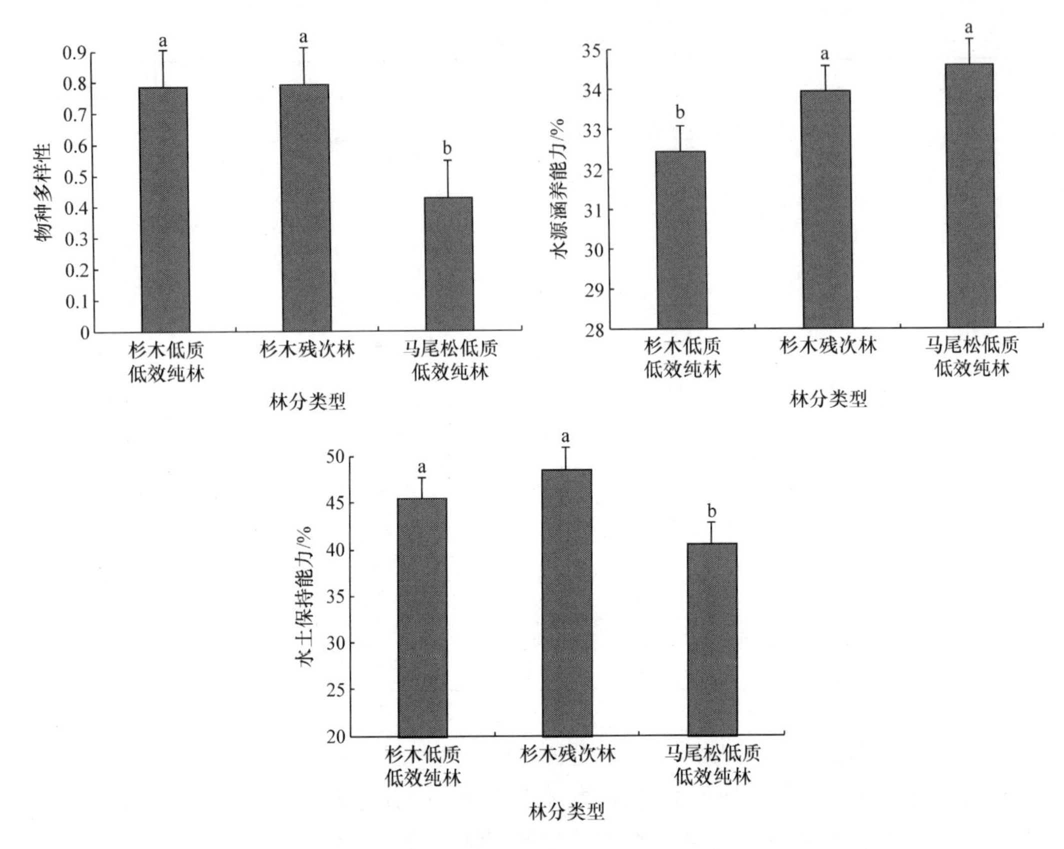

图 7.4　不同林分的林分生态功能指标

图中是平均值±标准差；相同字母表示不同林分差异性不显著，不同字母表示不同林分差异性显著

这是因为杉木低质低效纯林林分结构要比杉木残次林好，而水土保持能力低于杉木残次林是由于杉木残次林中郁闭度较小，阳光充足，土壤中的动物数量居多，活动较为剧烈，而且加之林分株数密度较高，从而对土壤水分有一定的影响，林分生态功能各指标之间相互影响不大。

4. *森林群落抵抗力指标*　　病虫害程度与森林健康紧密相关，森林生态系统稳定性的一个重要特点就是能够抵抗外界的干扰，而病虫害程度能够指示这种抗干扰能力，无病虫害或病虫害程度较低反映出林分较好的抗干扰能力。按照森林病虫害指数的大小可将森林病虫害划分成若干个灾害等级。建议将森林病虫害分为三个等级，灾害统计单位不大于省级。大部分低质低效林的形成都是人为因素所引起的，人为干扰程度对低质低效林的发展趋势有着很大的影响，人为的定期抚育间伐对林分的生态平衡造成了巨大的影响，同时也可以根据研究地特点及植物改变状况和主要辅助能的投入来对人为干扰程度进行划分。三种林分森林群落抵抗力指标见表 7.8，三种林分都为人工所造纯林，纯林受病虫害影响较为严重。此外，三种林分属于林场范围，受人为干扰程度较大。

表 7.8　不同林分的森林群落抵抗力指标

标准地编号	林分类型	病虫害程度	人为干扰程度	标准地编号	林分类型	病虫害程度	人为干扰程度
1	杉木低质低效纯林	8	7	10	杉木残次林	9	8
2		7	7	11		8	8
3		8	8	12		8	7
4		9	8	13	马尾松低质低效纯林	8	7
5		7	9	14		9	7
6		8	7	15		7	8
7	杉木残次林	9	7	16		8	7
8		9	7	17		8	7
9		8	8	18		7	7

由表 7.8 可知，三种林分的病虫害程度都为 7～9 分，相差不大，主要原因是三种林分都为人工林，对三种林分可以往复杂的混交林方向改造。

7.4.2　低质低效林评价指标权重赋值

现阶段对评价方面所进行的研究中，用于确定评价指标的权重通常采用层次分析法、主成分分析法和灰色关联度法等。本研究采用层次分析法对评价指标体系内的各个指标的权重进行确定。在此算法中，各矩阵最大特征根为λ_{max}，一致性检验值为 CR，特征向量为 W_i，即各项指标的权重。

1. 建立多级递阶层次结构图，构建判断矩阵　通过层次分析法的计算，低质低效林评价的 4 个准则层指标为林分质量(B_1)、林分立地条件(B_2)、林分生态功能(B_3)、森林群落抵抗力(B_4)，构建的判断矩阵及权重计算结果见表 7.9。

表 7.9　判断矩阵及权重

RI	B_1	B_2	B_3	B_4	W_i
B_1	1	3	4	5	0.5423
B_2	1/3	1	2	3	0.2333
B_3	1/4	1/2	1	2	0.1397
B_4	1/5	1/3	1/2	1	0.0847

计算判断矩阵最大特征根 λ_{max}，有

$$\lambda_{max}=\sum_{i=1}^{4}\frac{CW}{n\times W_i}=4.0512$$

在一致性检验中，n 取 4，通过计算，CI =$(\lambda_{max}-n)/(n-1)$=0.0171。其随机一致性比率，CR=CI/RI =0.0192 <0.1，表明判断矩阵具有满意的一致性。

2. 计算组合权重及一致性检验　判断矩阵分别为

$$B_1=\begin{bmatrix}1 & 2 & 4 & 7\\ \frac{1}{2} & 1 & \frac{1}{2} & 5\\ \frac{1}{4} & 2 & 1 & 3\\ \frac{1}{7} & \frac{1}{5} & \frac{1}{3} & 1\end{bmatrix} \qquad B_2=\begin{bmatrix}1 & \frac{1}{3} & \frac{1}{5}\\ 3 & 1 & \frac{1}{3}\\ 5 & 3 & 1\end{bmatrix}$$

$$B_3=\begin{bmatrix}1 & 3 & \frac{1}{3} & \frac{1}{5} & \frac{1}{5}\\ \frac{1}{3} & 1 & \frac{1}{5} & \frac{1}{7} & \frac{1}{7}\\ 3 & 5 & 1 & \frac{1}{3} & \frac{1}{3}\\ 5 & 7 & 3 & 1 & 1\\ 5 & 7 & 3 & 1 & 1\end{bmatrix} \qquad B_4=\begin{bmatrix}1 & \frac{1}{3}\\ 3 & 1\end{bmatrix}$$

经计算，结果分别见表 7.10～表 7.13。

表 7.10　B_1 专家打分矩阵

B_1	S_1	S_2	S_3	S_4	W_i
S_1	1	2	4	7	0.5090
S_2	0.5	1	0.5	5	0.2137
S_3	0.25	2	1	3	0.2189
S_4	0.1429	0.2	0.3333	1	0.0584

注：CR=0.0930，$\lambda_{max}=4.2483$

表 7.11　B_2 专家打分矩阵

B_2	S_5	S_6	S_7	W_i
S_5	1	0.3333	0.2	0.1602
S_6	3	1	0.3333	0.2605
S_7	5	3	1	0.6333

注：CR=0.0372，$\lambda_{max}=3.0387$

表 7.12　B_3 专家打分矩阵

B_3	S_8	S_9	S_{10}	S_{11}	S_{12}	W_i
S_8	1	3	0.3333	0.2	0.2	0.0788
S_9	0.3333	1	0.2	0.1429	4.04	0.0400
S_{10}	3	5	1	0.3	0.3	0.1617
S_{11}	5	7	3	1	1	0.3597

注：CR=0.0310，$\lambda_{max}=5.1388$

表 7.13　B_4 专家打分矩阵

B_4	S_{13}	S_{14}	W_i
S_{13}	1	0.3333	0.25
S_{14}	3	1	0.75

注：CR=0.0000，$\lambda_{max}=2.0000$

在经过一系列计算后得到各得分矩阵 CR<0.1，说明该矩阵有较好的一致性，打分矩阵有效。通过一致性检验，专家组打分全部有效。利用研究方法中指标权重的计算方法，得出低质低效林评价指标权重，具体见表 7.14。

表 7.14　低质低效林评价指标体系权重

准则层		措施层	
准则层指标	权重	措施层指标	权重
林分质量(B_1)	0.5423	林分平均胸径	0.2761
		林分平均高	0.1159
		林分郁闭度	0.1187
		株数密度	0.0317
林分立地条件(B_2)	0.2333	坡度	0.0248
		土壤厚度	0.0608
		土壤有机质	0.1478
林分生态功能(B_3)	0.1397	林分生产力	0.0110
		林分固碳能力	0.0056
		物种多样性	0.0226
		水源涵养能力	0.0503
		水土保持能力	0.0503
森林群落抵抗力(B_4)	0.0847	病虫害程度	0.0212
		人为干扰程度	0.0635

由表 7.14 可以看出，在低质低效林评价方面，林分质量对于低质低效林来说影响最大，主要是由于低质低效林的判断主要体现在林相方面，大多数低质低效林林相残败，林分内树木胸径和树高较同等龄组明显偏低，株数密度过大或过疏；立地条件约占 23%的权重，是因为大多低质低效林的形成是大多数立地条件的不适所造成的；林分生态功能约占 14%的权重，但仍然为低质低效林评价的一个重要指标。

土壤状况对于林分生长会产生一定的影响，所以土壤厚度、水源涵养能力和水土保持能力在各自准则层里都占有比较重要的比例；林分生产力和林分固碳能力所占权重较小，是因为这两个指标受林分质量的影响较大，大多数低质低效林分受人为干扰较大，所以人为干扰程度所占比例较大。

7.4.3　低质低效林准则层各指标评价

1. 林分质量指标评价　18 块标准地林分质量指标得分如图 7.5 所示。从图 7.5 可以看出，在 7～12 号样地中，相同龄级下杉木残次林林分质量要远低于杉木低质低效纯林和马尾松低质低效纯林。原因是杉木残次林株数密度过大，活枝下宿存枯枝较多，灌木层多样性指数大于草本层，灌木层植被跟乔木层植被混杂，导致林分内种间竞争激烈；同等龄级下，杉木低质低效纯林和马尾松低质低效纯林林分质量方面相差不大。

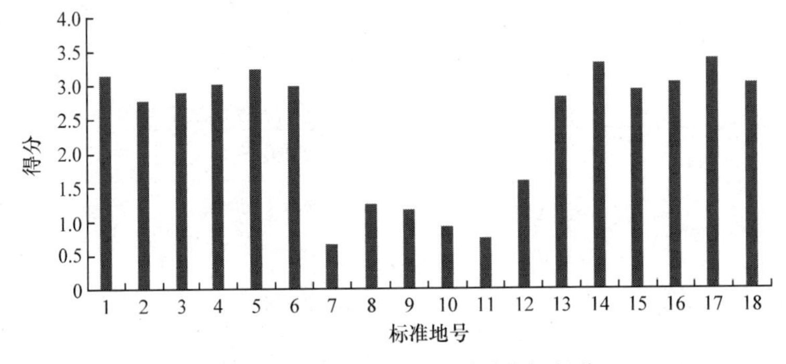

图 7.5　18 块标准地林分质量指标得分

2. 林分立地条件指标评价　由图 7.6 可以看出，林分立地条件得分普遍偏低，主要分布在 1～2 分，9～11 号样地还在 1 分以下，属于立地条件严重低下，原因为地表裸露岩石过多，土质疏松，标准地处于山地之中，坡度大多都大于 20°，水土流失严重，导致土壤层厚度偏低。总体来说，标准地立地条件总体水平严重偏低。

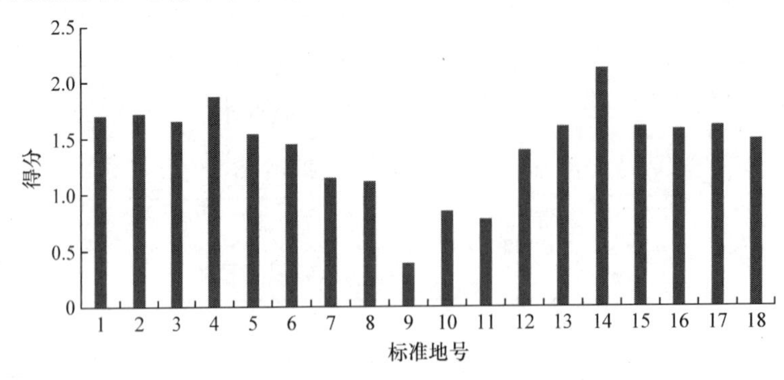

图 7.6　18 块标准地立地条件指标得分

3. 林分生态功能指标评价　由图 7.7 可知，杉木低质低效纯林和马尾松低质低效纯林的林分生态功能分布较为平均，但评分都处于 1 分以下，具体原因是低质低效林的林分生产力和林分固碳功能都处于偏低水平；在杉木残次林内出现高低不均的现象，原因是杉木残次林内林木郁闭度低，阳光充足，灌草种类丰富，灌草种间竞争激烈，导致某些地域某种植被类型占据主导地位。

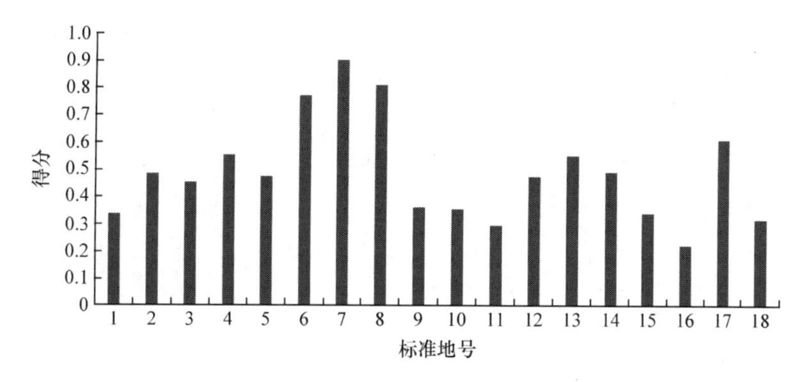

图 7.7　18 块标准地林分生态功能指标得分

4. 森林群落抵抗力指标评价　由图 7.8 可知，低质低效林在森林群落抵抗力方面得分较为平均，基本都在 0.6～0.8，都处于偏低水平，具体原因是福寿国有林场低质低效林多为人工造林，树种单一，标准地内树种多为 2～5 种，且某一树种处于绝对优势，病虫害严重；因为是人工造林，人为抚育间伐频繁，林分受人为干扰严重。

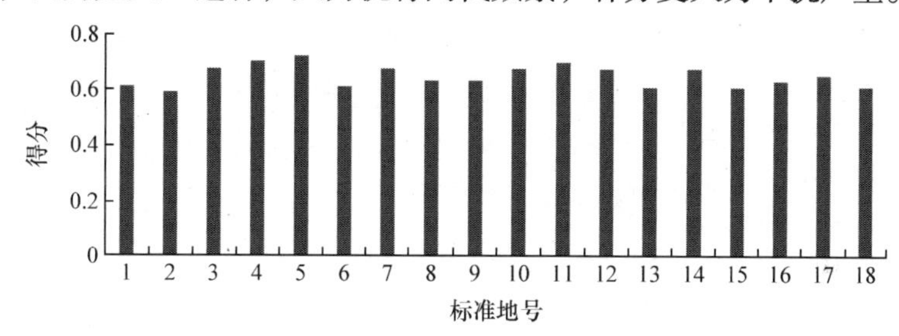

图 7.8　18 块标准地森林群落抵抗力指标得分

5. 低质低效林指标评价模型的构建及评价　低质低效林评价根据低质低效林的评价指标来衡量。通过计算低质低效林评价体系的 14 个指标的评价得分和各指标相应权重间的乘积，得到各二级指标评价值，最后将其相加，得到最终评价得分。根据指标权重的确定，得到低质低效林评价模型为

$$\mathrm{RI}=\sum_{k=1}^{4}a_k b_k=0.5423\times b_1+0.2333\times b_2+0.1397\times b_3+0.0847\times b_4 \tag{7.5}$$

式中，RI 为低质低效林评价综合指数；a_k 为各指标相应的权重；b_1、b_2、b_3、b_4 分别为林分质量、林分立地条件、林分生态功能和森林群落抵抗力 4 个指标的评价得分。

由图 7.9 可知，福寿国有林场低质低效林得分一般在 5～7 分，9 号和 11 号标准地的得分最低，只有 2.5 分，主要原因是林分质量和林分立地条件过差，导致总体评分偏低。

根据低质低效林评价指数大小来衡量福寿国有林场低质低效林整体水平，因此将低质低效林划分为轻度低质低效林、中度低质低效林、重度低质低效林和严重低质低效林 4 个等级。根据 18 块标准地 RI 的计算结果（表 7.15），属于重度低质低效林的样地有 6 个，中度低质低效林有 12 个，严重低质低效林和轻度低质低效林的样地为 0。结果表明，福寿国有林场 12 年生的 18 块低质低效林标准地中林分质量、林分生态功能及立地条件

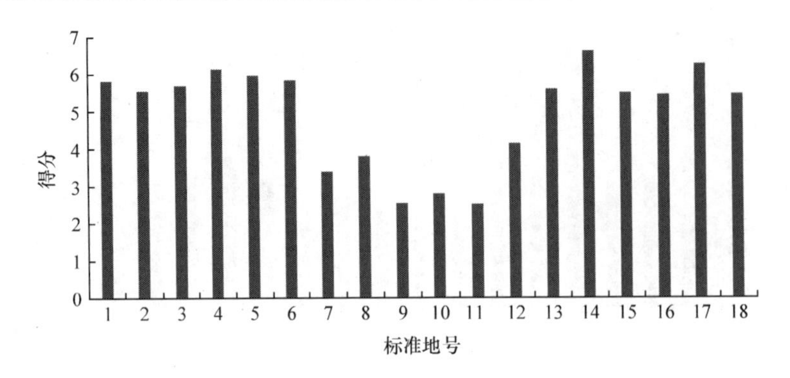

图 7.9　福寿国有林场低质低效林评价得分

严重偏低，该区域林分急需改造，这是由杉木残次林所处的环境及该研究区为杉木人工林等各种原因相互影响导致的。

表 7.15　福寿国有林场低质低效林评价等级

低质低效林等级	样地个数	百分比/%
严重低质低效林(RI<2.5)	0	0
重度低质低效林(2.5≤RI<5)	6	33.3
中度低质低效林(5≤RI<7.5)	12	66.7
轻度低质低效林(7.5≤RI<10)	0	0

通过对杉木低质低效纯林、杉木残次林、马尾松低质低效纯林的标准地进行调查，因为标准地选择的随机性，可以得出三种低质低效林各指标的等级，所以每种林分类型内的 6 块标准地各指标的平均值可以代表三种林分类型的指标等级，具体情况见表 7.16。同样，三种林分类型内标准地得分的平均值也可以代表当前林分类型的低质低效等级(表 7.16)。由表 7.16 可知，杉木低质低效纯林和马尾松低质低效纯林处于中度低质低效等级，杉木残次林处于重度低质低效等级。

表 7.16　福寿国有林场低质低效林评价得分

林分类型	林分质量指标得分	林分立地条件指标得分	林分生态功能指标得分	森林群落抵抗力指标得分	低质低效林评价得分	评价等级
杉木低质低效纯林	3.01	1.66	0.51	0.65	5.83	中度低质低效
杉木残次林	1.06	0.95	0.53	0.67	3.21	重度低质低效
马尾松低质低效纯林	3.08	1.67	0.42	0.64	5.81	中度低质低效

依据标准地内 14 个二级指标的平均得分，可以得到三种林分类型在评价指标体系中得分偏低的指标，对于低质低效林的改造有着重大指导意义。

7.5　低质低效林改造技术研究

7.5.1　低质低效林改造模式的选择

低质低效林改造是防止低质低效林的进一步退化，并使低质低效林的自然生态及林分质量逐步提高，通过适当的改造技术和措施，实现森林的可持续利用。对于低质低效林的改造应遵循以下原则：①对林分现有植被进行保护。虽然低质低效林现存林木为低质低效林木，但它们是在大自然的选择下存活下来的树种，可以适应当前生存环境，所以要保护好，并通过松土、施肥、抚育间伐等措施保证现有植被的良好生长。②坚持适地适树原则。对林地中的空地进行不规则补植及封育、保证林分的郁闭度，补植树种多为乡土树种、速生树种，主要以乔木补植为主，通过人与自然相结合的方法对低质低效林进行改造。③按照多林种、多品种和多龄级的方式对低质低效林进行改造。在同一片低质低效林中，可以用防护林、经济林或用材林等林种相结合的方式进行改造，在低质低效林中补植树种为多个品种及多个龄级，使森林群落向顶级森林群落发展，充分合理地利用森林空间，为森林永续利用创造条件。④科学合理地选择目标树。在低质低效林改造中，合理选择某一单一树种为目标树种，在改造过程中保证目标树密度，围绕目标树补植或培育其他混交树种。⑤适时对林地进行择伐。多数林分为生态公益与经济效益兼用的林分，在林木成才后进行适当的择伐是非常必要的。根据低质低效林评价指标体系划分的 4 个等级林分，对 4 个等级林分的林分特征进行总结，并提出具体改造模式，具体情况见表 7.17。

表 7.17　不同等级低质低效林的林分特征及改造模式

低质低效林评价等级	指标特征	改造模式
轻度低质低效林	低质低效林评价中单一指标偏低	择伐改造模式：林分林木生长状况稍差，对林分的改造不应大动干戈，对现有林分植被进行保护，对林分中的成熟木或生长状况较差的林木进行择伐，乔木层生物多样性偏低的林分适当进行乡土树种、速生树种或珍稀树种的补植
中度低质低效林	低质低效林评价中部分指标偏低	抚育改造模式：林分中目的树种散生，疏密不均，林木生长潜力差距较大，如图 7.10B 标准地 1 号 局部改造模式：林分中生长较好林木与生长较差林木的区域划分明显，对林分生长区域进行皆伐并重新进行树种补植，如图 7.10A 标准地 13 号 林分立地条件较差的林分对林分立地条件进行适当改善，根据乔木层树种多样性决定是否进行树种补植
重度低质低效林	低质低效林评价中绝大部分指标偏低，部分指标保持良好状态	全面改造模式：立地条件指标保持良好则说明违背了适地适树原则，生物多样性指标保持良好则表明立地因子可以保证灌草植被生长但无法满足乔木层树种正常生长，如图 7.11 标准地 7 号，伐除全部无培育前途的林木，根据林分立地条件程度决定是否对林分立地条件进行改善，并进行整枝及抚育，之后对林分进行乡土树种和速生树种补植

续表

低质低效林评价等级	指标特征	改造模式
严重低质低效林	低质低效林评价中所有指标偏低	全面改造模式和封禁管理模式：林分中林木全部无培养前途且立地条件差，对林分林木进行全面伐除，然后对林分立地条件进行全面改善，保证林分立地条件达到林分生长的最基本条件，之后选取多种适应的乡土树种对林地进行重新造林并进行病虫害防治，最后进行封山育林工作

图 7.10A 中林木基本呈带状分布，林木分布均匀，林木间竞争较少，但由于林木单一，林分结构简单，林木生长状况较差，对林分进行带状皆伐并进行乡土树种、珍稀

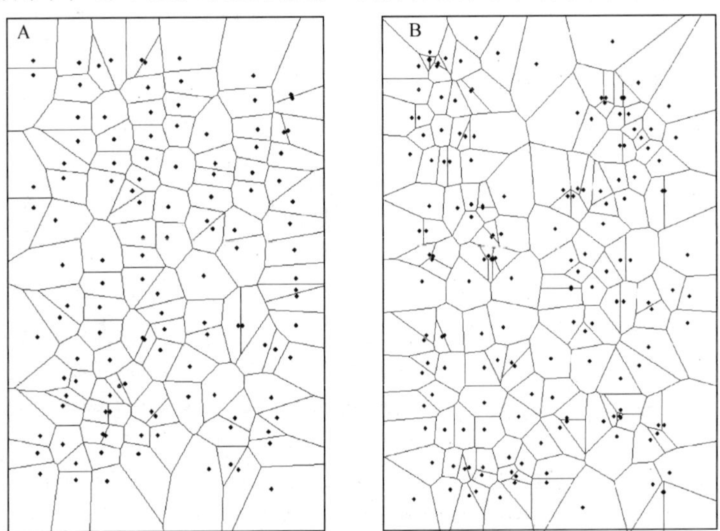

图 7.10　中度低质低效林标准地林木分布

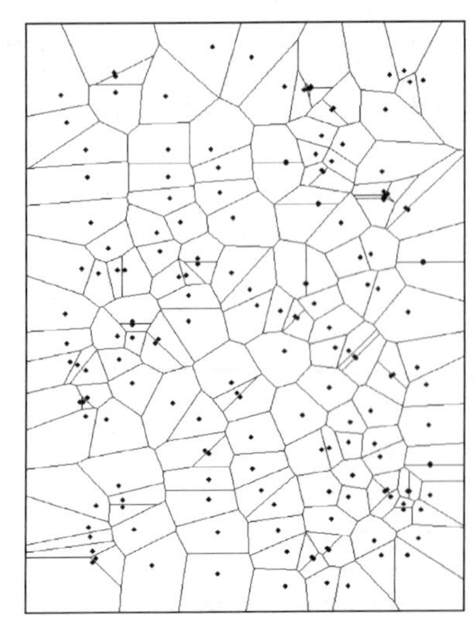

图 7.11　重度低质低效林标准地林木分布

树种或速生树种的补植，可以对林分进行有效改善；图 7.10B 中林木散生或呈团状分布，在某一区域林木密集，但部分区域林地出现大片空地，对林木密集区域进行带状皆伐可以有效减少林木间的竞争，使生长较好的林木能更好地进行生长发育，对林间空地进行补植可以使林分资源得到充分利用。

图 7.11 中林木分布杂乱无序，且林木生长状况很差，在标准地中，灌草极为丰富，除生物多样性指标之外，其余指标都明显偏低，林分立地条件不足以满足乔木层树种生长，对于此类林分保留个别生长较好的林木，对于其他无培育前途的林木全部伐除，并对立地条件进行改善，为之后的树种补植创造良好条件，保证补植树种的良好生长。

对于不同的低质低效林，根据其等级采取改造模

式的强度，充分利用人与自然相结合的方法进行改造，与此同时，保证人力资源的合理利用。

7.5.2　低质低效林具体改造措施研究

福寿国有林场低质低效林改造的目的是低质低效林林分质量及林分生态功能的整体提高，根据研究区现状，对不同低质低效林分根据其评价指标等级采取不同措施来针对各低质低效林分进行调整，最终通过合理经营，达到林分质量与林分生态功能整体提升的最终目的，根据林分类型总结出三种低质低效林分低评分指标，从而对低质低效林的成因进行分析，具体情况见表 7.18。

表 7.18　三种低质低效林低评分指标及其主要成因

林分类型	低评分指标	主要成因
杉木低质低效纯林	株数密度、坡度、水源涵养能力、水土保持能力	乔木层树种单一，杉木居多，株数密度除第 4 块标准地外都在 2000 株/hm^2 以上，坡度除第 4 块标准地外都在 20°及其以上，土质较紧导致水源涵养能力和水土保持能力较差
杉木残次林	林分平均高、林分平均胸径、林分郁闭度、株数密度、坡度、土壤厚度、有机质含量、林分生产力、林分固碳能力、水源涵养能力、水土保持能力	乔木层树种多为杉木，林木多为“小老头”树，林分郁闭度低，株数密度都在 2000 株/hm^2 以上，土壤多为黄棕壤，土壤较贫瘠，有一定数量的裸露岩石，土壤营养元素含量低，坡度除第 8 块标准地在 5°外，大多数标准地的坡度都在 25°以上，土壤不疏松，透气性较差，水源涵养能力和水土保持能力差，总体来看，立地条件较差
马尾松低质低效纯林	林分郁闭度、株数密度、坡度、物种多样性、水源涵养能力、水土保持能力	乔木层树种多为马尾松，树种单一，林木树冠面积小、株数密度都在 1000 株/hm^2 以上，坡度多在 20°～30°，物种多样性较低，土质紧密，水源涵养能力和水土保持能力较差

根据研究区实际情况多为人工纯林，建议采取引种适宜乡土树种，并使林分由低质低效纯林向混交生态公益林发展，这对于防止人工纯林的土壤酸化、改善生态小气候、提高土壤肥力、降低现有人工纯林病虫害的发生率、促进林分稳定性和材积生长有着极其重要的作用(Logan et al.，2003)。此外，纯林中容易发生树种吸收单一土壤养分元素，引入其他乡土树种特别是引入固氮阔叶树种，可以起到改良土壤、提高土壤有机碳含量的作用；追肥，则是根据林分土壤类型对林地土壤进行追肥，研究表明，南方丘陵低山区中红壤、黄壤、黄棕壤普遍缺 N、P，P 肥属长效肥料且不易散失，一般作基肥使用，N 肥是速效肥、易散失，宜作追肥使用，故我们在追肥中选择 N 肥(尿素)作追肥，追肥时间一般为雨季来临前，适宜时间为早春至初夏，使土壤中的养分供应与林木生长旺盛时期相适应。

福寿国有林场中度低质低效林为杉木低质低效纯林和马尾松低质低效纯林。两种林分类型低评分指标主要是株数密度及林分立地条件，此外乔木层树种也过于单一，根据研究区实际情况,对两种林分采取局部改造模式和抚育改造模式相结合的方式进行改造,改造时根据株数密度，对林分内生长密集区域进行采伐，控制采伐强度，尽量减少采伐对林分产生的干扰，考虑标准地内林木具体情况，参考成熟林的林分情况，考虑林木以后生长情况及间伐等因素，故确定 5m^2 内先保留 3 株林木，伐除生长不良、多萌株的、受害的、生长衰弱的林木，对于林分中的一些“小老头”林木必须挖掉，清除幼树基部萌发条，由于林分要向混交林方向调整，故尽量保留原有林分中的阔叶树，使林分的组成和结构得到改善。补植树种时，根据适地适树原则，并根据树种的生态学特征，从福寿国有林场周边选取生长状态良好的阔叶树种作为补植树种，选取鹅掌楸、观光木、栾树、深山含笑和南方红豆杉作为补植树种。其中鹅掌楸和南方红豆杉属于速生树种，能尽快完成对林分的改造，观光木、栾树和深山含笑属于顶级群落上层树种，对于林分结构的调整及林分质量的提高有着重要作用。

福寿国有林场重度低质低效林为杉木残次林。除生物多样性指标外，其余指标均处于低水平。根据研究区实际情况，对林分采取全面改造模式，伐除林分内全部无培养前途的林木，并对有营养不良表现的林木，如叶片发黄、绿中带紫等，进行追肥。有研究证实,不同施肥量对杉木生长的效应是每穴 200g>300g>100g,故追肥用量定为每穴 200g。采用挖环状沟施肥法，具体过程为，选择需要追肥的林木，挖环形追肥槽(离根部 15cm、深 15cm)，追肥(每穴 200g)，填土，将铲下的杂草盖在树兜周围，以保持土壤湿润，增加有机质。根据研究区实际情况，对杉木残次林选取枫香、云锦杜鹃作为补植树种，枫香和云锦杜鹃属于乡土树种，能较快适应残次林的立地条件。随着杉木人工林大面积的增加和纯林化程度的提高，杉木的病虫害较严重，如杉梢小卷蛾、杉木赤枯病、苗木立枯病、大蟋蟀等病虫害。这一点在杉木残次林标准地调查中也有体现，苗木立枯病重在预防，要适时清除苗圃中的病残体，对发生赤枯病的林木，选用浓度为 1%的波尔多液或者浓度为 70%的百菌清液进行喷洒，保证林分内林木的快速健康生长。

根据林分特性及低质低效林评价指标体系中评价指标得分情况，找出低质低效林的成因，根据低质低效林评价等级及成因对低质低效林进行改造，使低质低效林改造更具理论性和科学性。

7.6　小　　结

本研究以湖南省福寿国有林场低质低效林为研究对象，以标准地实测指标为主体，充分结合相关研究文献和专家组建议，筛选低质低效林评价指标，构建低质低效评价指标体系，为客观、科学地评价福寿国有林场低质低效林，将低质低效林评价指标体系所得出的评价等级与改造模式相结合，通过低评分评价指标及评价等级来对改造模式进行确定，以期为福寿国有林场低质低效林的林分改造提供理论基础和科技支撑。

第二部分　林分经营专家模拟系统

第8章 概　　论

8.1 研究的目的和意义

林分是指内部结构特征大体相同而又与四周相邻区域有明显区别的森林地段。所谓内部特征，是指林木的起源、林相、树种组成、年龄、立地质量、疏密度等。大片森林往往是由许多林分组成的。

森林经营是对现有森林进行科学培育以提高其产量和质量经营活动的总称。森林经营工作范围广，持续时间长，应在生态学的基础上，妥善处理林木生长与各生态因子的关系，以达到既能取得较大的经济效益，又能充分发挥森林的永续再生作用，还能使森林的多种效益得到持续增长的目的。显然，只有加强森林的科学经营管理，实现森林的可持续发展，才能使林业生产走上现代化。

林业生产任务的多样性、经营面积的辽阔性和生产周期的长期性决定了森林经营要求具有科学性和系统性。林分经营工作贯穿于森林培育的全过程。“三分造，七分管”的说法生动地表述了林分经营工作的重要意义。但在过去的经营管理过程中，森林经营只有分段的、局部的经营技术，而没有系统的、综合的总体技术体系。

森林生长数学模型是在揭示森林生长规律的基础之上，使用图解、数表、公式、计算机等工具模拟森林生长过程，从而客观描述、预测森林生长和产量的一种方法，既是林业工作者制定合理经营措施(诸如造林密度、造林技术、抚育间伐、林分改造等)的重要理论依据，又是评价和分析经营措施实施效果的重要手段。因此，研究和建立最优森林生长数学模型，对实现森林的科学经营、提高经营水平具有重要的意义。

林分经营的计算机模拟是近年来国内外林业研究的热点之一。在国外，由 STEMS 系统发展而来的 TWIGS 系统是美国公认的具有代表性的优秀经营模拟系统，但该模拟系统无优化经营措施的功能。在国内，以成子纯等研制的“马尾松经营体系模拟系统”为代表的森林经营模拟系统中，对林分的优化经营和进行预测的功能较弱，也缺少专家知识的支持。

人工神经网络方法适合研究林木个体潜在生长发育规律、林木间的相互作用关系，以及林分在不同的立地条件、不同的密度情况下的生长过程，模拟不同经营措施的效果，建立优化的林分经营模式；可以在林分经营专家子系统的支持下，研制出基于人工神经网络的林分经营专家模拟系统。本书在理论上研究我国南方主要用材树种杉木的潜在生长规律和相互作用的数量化规律，探讨人工神经网络系统在林木、林分动态模拟研究中的应用，研究林分经营专家系统的机理，开发基于人工神经网络的林分经营专家模拟系统原型，对科学地经营森林，提高林业生产决策的科学水平和林地单位面积的经济效益具有十分重要的实际意义和学术价值。

8.2 林分经营专家模拟系统研究现状

8.2.1 人工智能与专家系统

人工智能(artificial intelligence，AI)，是计算机科学一个重要的研究领域，研究的核心问题涉及搜索技术、推理技术、知识表示、机器学习与人工智能语言等方面。实用的人工智能称为知识工程，是人工智能的一个应用领域。知识工程运用人工智能的原理和方法，对需要专家知识才能解决的应用难题提供求解的手段。如何恰当运用专家知识的获取、表达和推理过程，是设计基于知识系统的重要技术问题。通常所说的专家系统、知识库系统、决策支持系统、模式识别都属于知识工程的研究范围。

Feigenbaum 认为："专家系统是一种智能的计算机程序，它运用知识和推理步骤来解决只有专家才能解决的复杂问题。"也就是说，专家系统提供了一种新型的程序设计方法，可以解决传统的程序设计方法难以解决的问题。专家系统的主要特点如下。

1)专家系统所要解决的是复杂且具有针对性的问题。对这些问题，往往缺乏精确的描述和严格的分析，没有确定的算法来解决，需要利用专家的知识，包括理论知识和实践知识。

2)专家系统突出体现了知识的价值。过去若要推广和应用专家的知识，通常是采取培训的方法，需要若干年的时间。专家系统大大减少了知识传授和应用的代价，使专家的知识迅速转变成社会的财富。

3)专家系统采用的是人工智能的方法和技术，如符号表示、符号推理、启发式搜索技术等，这就是专家系统与一般数据处理系统的不同之处。

专家系统是目前在人工智能应用方面最成熟的一个领域。第一个专家系统是由费根鲍于 1968 年主持研制成功的，称为 DENDRAL 化学分子结构分析专家系统。目前，专家系统广泛应用于诸多领域，如医疗、工业管理等。

1983 年，Hayes-Roth 等将适于专家系统处理的任务类型分为解释型、诊断型、调试型、维修型、教育型、预测型、规划型、设计型、监督型、控制型等 10 类；1985 年，Clancy 指出，无论专家系统完成何种性质的任务，就领域问题的基本操作而言，专家系统求解的问题无非是分类问题和构造问题两种。求解分类问题的专家系统称为分析型专家系统，广泛用于问题的解释、诊断和调试；求解构造问题的专家系统称为设计型专家系统，广泛用于规划、设计等目的。迄今为止，大部分专家系统都是分析型专家系统，求解的问题都是分类问题，在林业上应用的专家系统也主要属于分析型。

专家系统在资源管理中的应用也在迅速发展，目前可大致划分为农业、林业及其他领域。与其他领域相比，专家系统在林业资源管理中的应用不多，仍处于起步阶段，特别是在林分经营中的应用仍属空白。

诊断和咨询系统通常都是基于规则的系统，如马尾松毛虫综合治理专家系统就属于产生式规则系统，显示了很高的性能。

专家系统也可用于模型模拟。Saarenmaa 等采用面向对象的编程工具，成功地模拟林中蛾子间的相互作用，建立了一个模拟蛾子在林区行为及对林区影响的原型系统。

图像解译和模式识别也是专家系统在林业上的一个重要应用技术。利用专家系统进行图像分类中，徐冠华等建立的用于土地利用的图像判读专家系统，就是一个典型的实例。

8.2.2　人工神经网络

1. 人工神经网络简介

(1) 人工神经网络的起源　人工神经网络(artificial neural network，ANN)研究的先锋是美国心理学家 McCulloch 和数学家 Pitts，他们曾于 1943 年提出一种叫作“似脑机器”(mindlike machine)的思想，这种机器可由基于生物神经元特性的互连模型来制造，这就是神经学网络的概念。他们构造了一个表示大脑基本组成部分的神经元模型，对逻辑操作系统表现出通用性。随着大脑和计算机研究的进展，研究目标已从“似脑机器”变为“学习机器”。1949 年，心理学家 Hebb 提出了学习模型；1957 年，Rosenblatt 首次提出感知器，并设计了一个引人注目的结构；20 世纪 60 年代初期，关于学习系统的专用设计指南有 Widrow 等提出的 Adaline(adaptive linear element，即自适应线性元)及 Steinbuch 等提出的学习矩阵模型；到了 70 年代，Grossberg 等以生物学和心理学证据为基础，提出几种具有新颖特性的非线性动态系统结构。该系统的网络动力学由一阶微分方程建模，而网络结构为模式聚集算法的自组织神经实现。Kohonen 提出了基于神经元组织自己来调整的各种各样模式的思想；Werbos 开发出一种反向传播算法；Hopfield 在神经元交互作用的基础上引入一种递归型神经网络，即著名的 Hopfield 网络。80 年代中叶，作为一种前馈神经网络的学习算法，Parker 和 Rumelhart 等重新发现了反馈传播算法。如今，神经网络的应用已经越来越广泛。

(2) 人工神经网络的特点及应用　人工神经网络是由许多神经元互连在一起所组成的复杂网络系统。由于其基本思想基于的是现代神经学研究成果，因此能模拟人的若干基本功能。通过“学习”或“训练”的方式，神经网络具有并行分布的信息处理结构，并完成某一特定的工作。其最显著的特点是具有自学习能力，并在数据含有噪声、缺项或缺乏认知时能获得令人满意的结论，特别是具有在积累的工作实例中学习知识的能力，能尽可能多地把各种定性定量的影响因素作为变量加以输入，建立起各影响因素与结论之间的高非线性映像，采用自适应模式识别方法完成任务。在对内部规律不甚了解、不能用一组规则或方程进行描述的较复杂问题或对开放系统进行处理时极为有效。

按照神经元的连接方式，人工神经网络可分为两种：没有反馈的前向网络和相互结合型网络。前向网络是多层映像网络，每一层的神经元只接受来自前一层神经元的信号，信息的传播是单方向的，BP 神经网络就属于这类网络模型。在相互结合型的网络中，任意神经元之间都可能有连接，因此，输入信号要在网络中往返传播，从某一初态开始，经过若干变化，才能渐渐趋于某一稳定状态或进入周期震荡等其他状态，这方面的网络有 Hopfield 网络、自组织特征映像(SOM)网络等。

网络的学习能力体现在网络参数的调整上，分为有教师学习和无教师学习两种基本方式。有教师学习方式是网络根据教师给出的正确输入模式，校正网络的参数，使其输出接近于正确的模式。这类方式常采用梯度下降的学习方法，如 BP 算法。无教师学习方式是网络在没有教师直接指点下，通过竞争等方式自动调整网络参数的学习方法，如自适应共振网络。

神经网络是由许多神经元互连在一起所组成的神经结构。把神经元之间相互作用的关系进行数学模型化即可得到神经网络模型。目前已有几十种不同的神经网络模型，最具代表性的有感知器、反向传播 BP 神经网络、数据处理的分组方法（GMDH）网络、径向基函数（RBF）网络、双向联想记忆（BAM）、Hopfield 网络、Boltzmann 机、自适应共振网络（ART）、自组织特征映像网络等，实现函数近似（数字逼近映像）、数据聚类、模式识别、优化计算等功能。因此，人工神经网络广泛用于人工智能、自动控制、机器人、统计学、工程学等领域的信息处理中。

2. 人工神经网络的结构　　人工神经网络的结构是由基本处理单元及其互连方法决定的。

（1）神经元及其特性　人工神经网络的基本处理单元在神经网络中的作用与神经生理学中神经元的作用相似，因此，人工神经网络的基本处理单元往往被称为神经元。人工神经网络结构中的神经元模型模拟生物神经元，如图 8.1 所示。该神经元单元由多个输入（x_i）（i=1,2,⋯,n）和一个输出 y_j 组成。中间状态由输入信号的加权和与修正值表示，输出为

$$y_j(t) = f\left(\sum_{i=1}^{n} w_{ji}x_i - \theta_j\right) \tag{8.1}$$

式中，j 为神经元单元的偏置（阈值）；w_{ji} 为连接权系数（对于激发状态，w_{ji} 取正值，对于抑制状态，w_{ji} 取负值）；n 为输入信号数目；y_j 为神经元输出；t 为时间；θ_j 为隐层神经结点的阈值；$f()$ 为输出变换函数，也称为激发或激励函数，往往采用 0 和 1 二值函数或 S 型函数，如图 8.2 所示，这三种函数都是连续和非线性的。

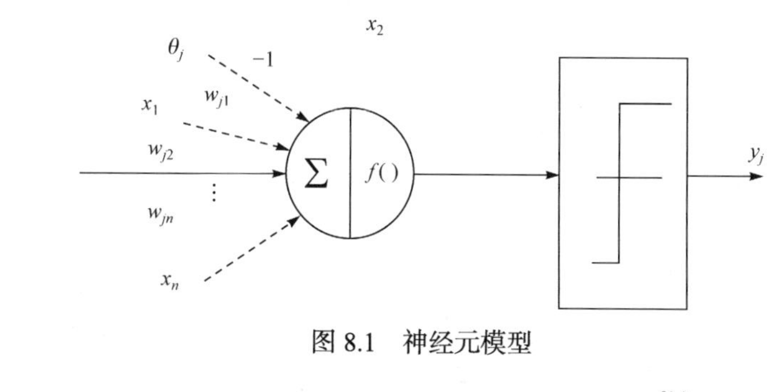

图 8.1　神经元模型

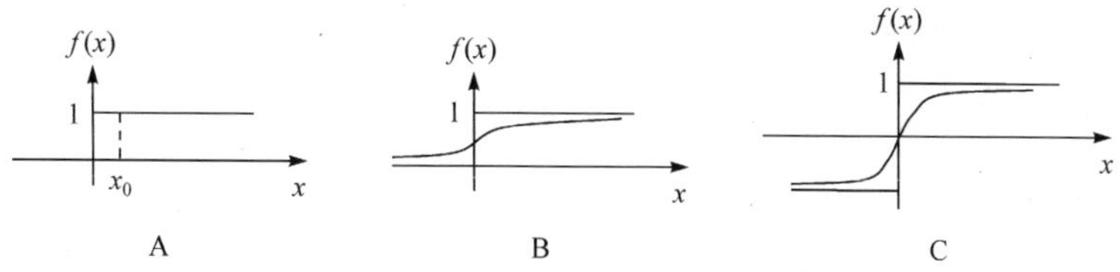

图 8.2　神经元中的变换（激发）函数

二值函数如 8.2A 所示，可由式(8.2)表示。

$$f(x)=\begin{cases}1, & x\geqslant x_0\\0, & x<x_0\end{cases}\tag{8.2}$$

一种常规的 S 型函数如图 8.2B 所示，可由式(8.3)表示。

$$f(x)=\frac{1}{1+\mathrm{e}^{-ax}},\quad 0<f(x)<1\tag{8.3}$$

常用双曲正切函数(图 8.2C)来取代常规 S 型函数，因为 S 型函数的输出均为正值，而双曲正切函数的输出值可为正或负。双曲正切函数如式(8.4)所示。

$$f(x)=\frac{1-\mathrm{e}^{-ax}}{1+\mathrm{e}^{-ax}},\qquad -1<f(x)<1\tag{8.4}$$

(2) 神经网络的基本类型

Ⅰ. 人工神经网络的基本特性。人工神经网络由神经元模型构成，这种由许多神经元组成的信息处理网络具有并行分布结构。每个神经元具有单一输出，能够与其他神经元连接并存在许多(多重)输出连接方法，每种连接方法对应一个连接权系数。严格地说，人工神经网络是一种具有下列特性的有向图。

1) 每个结点存在一个状态变量 x_i 及阈值 Q_j。

2) 从结点 i 至结点 j，存在一个连接权系数 w_{ji}。

3) 对于每个结点，定义一个变换函数 $f_j\left(x_i,w_{ji},\theta_j\right)$, $i\neq j$；一般，此函数取 $f_j\left(\sum_i w_{ji}x_i-\theta_j\right)$形式。

Ⅱ. 人工神经网络的基本结构。

1) 递归网络：在递归网络中，由多个神经元互连组成一个互连神经网络，如图 8.3 所示。有些神经元的输出被反馈至同层或前层神经元，信号能够从正向和反向流通，因此递归网络又叫反馈网络。Hopfield 网络、Elmman 网络和 Jordan 网络是最具代表性的递归网络。

图 8.3 中，v_i 表示结点的状态，x_i 为结点的输入(初始)值，x_i' 为收敛后的输出值，i=1,2,⋯,n。

2) 前馈网络：前馈网络具有递阶分层结构，由一些同层神经元间不存在互连的层级组成。从输入层至输出层的信号通过单向连接流通，神经元从一层连接至下一层，不存在同层神经元间的连接，如图 8.4 所示。图 8.4 中，实线为实际信号流通路径，虚线表示反向传播路径。常见的前馈网络有多层感知器(MLP)、学习矢量量化(LVQ)网络、小脑模型连接控制(CMAC)网络和数据处理方法(GMDH)网络等。

(3) 人工神经网络的主要学习算法　神经网络主要通过指导式(有师)学习算法和非指导式(无师)学习算法进行训练。常见算法中的强化学习算法也可归属于有师学习算法中的一种。

1) 有师学习算法：有师学习算法能够根据网络输出的期望值与实际值之差(对应于给定输入)来调整神经元间连接的强度或权。因此，有师学习算法需要有一个老师或导师来提供期望或目标输出信号，常见的算法有规则、广义规则或反向传播算法及学习矢量化(LVQ)算法等。

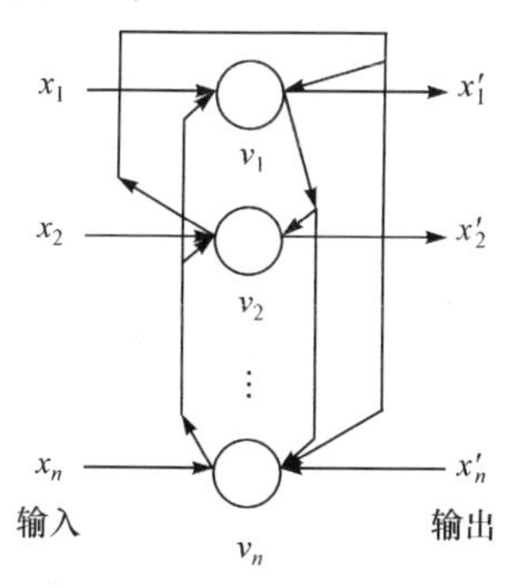

图 8.3　递归(反馈)网络

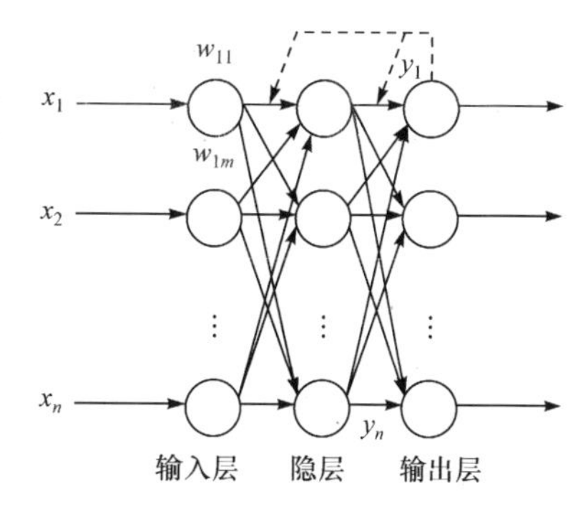

图 8.4　前馈(多层)网络

2)无师学习算法：无师学习算法不需要知道期望输出，在训练过程中，只要向神经网络提供输入模式，网络就能够自动地适应连接权，以便按相似特征对输入模式进行分组聚集。常见的无师学习算法包括 Kohonen 算法和 Carpenter-Grossberg 自适应共振理论(ART)等。

3)强化学习算法：作为有师学习算法的特例，强化学习算法不需要老师给出目标输出，而是采用“评论员”来评价给定输入相对应的神经网络输出的优度(质量因数)。遗传算法(Gas)是最常见的强化学习算法之一。

8.2.3　森林生长数学模型研究

森林生长数学模型包括单木生长数学模型和林分生长数学模型两大部分。由于单木生长是林分生长的基础，因此其数学模型与林分生长数学模型是不可分割的，其发展也是相辅相成的。

森林生长数学模型的研究历史不长，20 世纪 70 年代才成为当代森林科学经营的热门课题。森林生长数学模型的发展大致可分为两个阶段：20 世纪 60 年代以前，主要采用图解、数学方法，如 1917 年 Robinson 编制的第一个收获表，1918 年山本和藏提出的二元材积表公式；近 30 年来，由于对生物学规律研究的深入及数理统计和计算机的普及应用，森林生长数学模型的研究发展迅速，出现了数量繁多的分析方法，常见的数学模型分为以下两类。

(1)按模型构造原理分类　根据模型构造原理，森林生长模型分为单木距离从属模型、单木距离独立模型和林分距离独立模型 3 类。

1)单木距离从属模型：单木距离从属模型的基本思想是某一树木的竞争量与该树木的竞争圈和邻接木的竞争圈的重迭程度成比例。该类模型通常采用的竞争指标有：树冠竞争因子(CCF)(Larson，1968)、单木树冠率(CR)(Shifley and Brand，1984)、影响圈、生长空间指数(GSI)(Lin，1969)等。最具代表性的有 Hewnham 以花旗松林分为对象提出的与林木间距离有关的、以个体生长为基础的林分生长模型；Mitchell(1975)的花旗松预测系统；Daniels 等(1986)的 Loblellypine 预测系统。这类模型尽管形式不一，采用的竞争因子也不相同，但其模型构造原理是一致的。

2）单木距离独立模型：单木距离独立模型与单木距离从属模型的本质区别在于后者以个体间的竞争为基础，而前者则从林分水平的竞争状况出发，建立生长模型。其采用的林分水平竞争因子主要有林分断面积或相对断面积。此类模型可以是简单的回归式，也可以是非常复杂的随机过程模型。Alder（1979）在研究针叶人工林生长模型时，就采用相对断面积作为林分水平的竞争因子（q），即 $q=1-\dfrac{G}{G_{\max}}$（G 为现实林分断面积，$G_{\max}$ 为相应条件下最大断面积）。单木距离独立模型最典型的是理论分析模型和经验模型，其最大的优点是不需要林木位置图，缺点是预测精度存在局限。单木距离独立模型虽然结合了竞争因子，在一定程度上反映了林分所处的总体竞争水平，但忽视了林木的分布格局，不能反映林分内不同立木小生境条件的差异。在这类模型的研究中，最有代表性的数学模型是 Clutter 和 Jones（1980）的湿地松人工林生长模型，Martin 和 Ek（1983）、Botkin（1972）等分别利用这类模型模拟过不同林分的生长过程。

3）林分距离独立模型：这类模型以整个林分为单位，建立林分的生长量或收获量与反映林分生长潜力的因子（诸如立地指数、密度、年龄等）之间的关系。在经营目的的预测方面有较广的适应性，但不适合对单木的精度进行预测，常见的有“正常收获表”“西加云杉收获表”“可变密度收获表”等。

⑵ 按模型构造方法分类　按模型构造原理的分类方法考虑的是模型构造的依据及模型中所含变量的生物特征，而按模型构造方法的分类则注重建模时所采用的数学和计算方法，分成如下 5 类。

1）经验模型：经验模型是研究森林生长的一种最古老、最原始的方法，历史悠久、内容丰富。在 Clutter 的著作中介绍了许多这方面的文献和经验式，其中常见的有指数型、幂函数型、双曲线型、对数型和混和型等。经验模型有时候可以达到非常高的精度，但最大的缺点是存在预测界限，很大程度上受原始资料的制约，缺乏生物学依据，不能进行生长规律的分析。随着生长数学模型的发展和人们对生物学规律认识的深入，此类模型所起的作用越来越小，取而代之的是微分差分方程模型。

2）微分差分方程模型：从 20 世纪 60 年代起，许多学者从林学和生物学基础出发，用微分差分方程模拟林分和单木各指标的生长变化速率，进而获得林分或单木的累积生长模型。微分差分方程模型的最大优点是能够从生物学角度出发，模拟生物的生长规律，较好地满足了一些生物学假设，方程的参数也具有一定的生物学含义，适宜于对林分生长的全过程进行分析和研究，模型简单。在森林生长模拟中用得最多的微分差分方程模型有

Logistic 方程：
$$y=\frac{a}{1+\mathrm{e}^{b_1+b_2t}} \tag{8.5}$$

Mitscherlich 方程：
$$y=a\left(1-L\mathrm{e}^{-kt}\right) \tag{8.6}$$

Gompertz 方程：
$$y=a\mathrm{e}^{-b\mathrm{e}^{-kt}} \tag{8.7}$$

Lundgrist 方程：
$$y=a\mathrm{e}^{-bt^{c}} \tag{8.8}$$

Champman-Richardz 函数：$$y=a\left(1-Le^{-kt}\right)^{\frac{1}{1-m}} \tag{8.9}$$

式中，a 为树木生长的最大参数值；y 为收获量；b_1、b_2、L、c 分别为方程参数；k 为生长速率参数；t 为时间；b、m 为与初始值有关的参数。

Logistic 方程是比利时的 Verhurst（1838）在研究人口增长速度时提出的，由 Danwin 将其引入生物学，并于 21 世纪初应用于林分的生长。崔启武将该模型应用于研究森林永续利用，导出了理想的间伐模型。米用达彦、小出岳司同时用 Mitscherlich、Gompertz 和 Logistic 3 个方程模拟了白云杉直径的生长模型。近年来研究最多的是 Richards 模型（常称 Richards 函数），von Bertalanffy（1957）通过对动物生长进行研究认为：生长速度的合成作用与体重的 m 次方成比例，而分解作用则与体重自身成比例。

$$\frac{\mathrm{d}y}{\mathrm{d}t}=ay^m-ky \tag{8.10}$$

式（8.10）经 Richards（1959）研究认为：就植物而言，m 可以扩大，通过积分和变形可得到以上 Richards 模型。Beck 用该模型研究雪松的树高生长，并将参数 a、k、m 分别表示立地指数的函数，从而扩大了 Richards 函数的应用范围，得到了多形立地指数曲线。1985 年，王广兴在他的硕士学位论文中，利用 Richards 模型探讨了杉木立地指数表的综合数学模型，从而发展了 Richards 函数的应用；大隅真一从理论上导出了 Mitscherlich、Logistic 和 Gompertz 方程是 Richards 模型在不同 m 值条件下的特例，并将 Richards 模型划分为 M-型（开放系）和 L-型（闭锁系）（m>1），Gompertz 方程介于二者之间，推断出：Richards 模型不仅适用于对单木生长过程的模拟，也适用于对林分断面积和平均树高生长过程的模拟，且单木与林分相应生长因子之间的参数存在一定的关联性。此类模型的缺点是提供的信息量不大，如能与分布模型配合，构成较为理想的生长预测系统。

3）分布模型：分布模型以概率论为基础，从林分的结构入手，根据林分结构随年龄的变化预估林分的动态，因此能够提供林分生长因子的结构和分布规律，如株数按径阶的分布规律等。根据 Hgink 和 Moser 分布模型，分布模型若与其他类型的模型结合在一起，可预测林分的生长和产量。这样不仅能得到单株的林木信息，同时也能提供林分的预测值。Schumacher 和 Meyer 最早将正态分布用于描述同龄林的直径分布。Bhis 则首次提出对数正态分布，并认为可以应用于同龄纯林的直径分布。Clutter 和 Bennett（1965）、寇文正（1982）认为β分布不仅可以拟合正态、近似正态，也可以拟合反“J”型分布。Hafley 和 Schreuder（1977）、寇文正（1982）在用 SB 分布模拟林分直径分布时得出结论：SB 分布不论对同一林分的模拟，还是大地域的模拟，效果都比较好。目前主要应用的分布模型有：正态分布、对数正态分布、指数分布、β 分布、综合 γ 的分布、SB 分布、Cheiler-A 型分布、Person 分布、Weibull 分布等。

尽管每一种分布模型各有其特征，但可以按模型所含参数的多少归纳为二参数分布模型、三参数分布模型、四参数分布模型 3 类。模型参数少时，灵活性不大，但求解简单；反之，参数多则灵活性大，求解麻烦，且由于参数抽样误差也增加，实践中难以推广应用。Weibull 分布参数适中，是三参数分布模型中最佳的模型，灵活性大，求解参数简便，参数抽样误差较少，广泛地应用于林分结构的模拟。Bailey 和 Dell(1973)首次提出将 Weibull 分布用于直径分布，后来也有许多人用它来研究林分的生长预测。西泽正久在 Weibull 分布的 5 种参数求解方法的基础上，提出了一种新的更为精确简便的方法，并结合单木距离独立模型成功地实现了柳杉林分的生长预测。成子纯和王广兴(1986)用 Weibull 分布来模拟一块 30 年生的杉木人工林全株解析资料，再现了林分直径分布随时间变化的动态序列，证明了 Weibull 分布不仅能模拟林分各个时期的直径分布规律，其 3 个参数随时间的增长呈现规则变化，符合生物学特性。

4)随机过程和时间序列模型：林分是由许多树木组成的整体，林木和林分的生长受到来自自然界的和人为的许多随机因素的影响，表现在生长过程上是非确定的；同时，林木和林分的生长过程本身又是一个随时间而变化的动态序列。用随机过程(马尔可夫链)和时间序列分析理论来模拟林木和林分的生长，更能客观地反映生长的真实状况。从 20 世纪 60 年代起，一些学者开始用随机过程(马尔可夫链)和时间序列分析理论来模拟森林的生长过程，日本的铃木太七在 1959 年开始将随机过程的马尔可夫链理论应用于研究林分的林龄结构和林木直径的生长，提出了林龄状态结构转移方程、林龄转移矩阵、减反率和广义法正林等概念，Suzuki(1992)用马尔可夫链模拟过林分中径级结构随时间的转移过程，并预测了林分未来的直径分布和生长。张荷观(1988)用时间序列的自回归积分滑动平均模型(ARIMA 模型)来预测马尾松、小叶杨、白杨等树种的单株树高、直径和材积生长。周林生和潘存德(1989)用时间序列分析理论构造了林分矩阵序列预测模型。由于人们对随机过程与时间序列分析理论较为生疏，这类模型的应用受到一定限制，发展缓慢。随着人们对新学科的不断深入了解，这类模型必将得到快速发展。

5)决策性模型：决策性模型(线性规划、非线性规划、动态规划等)是一类新的模型。在森林的培育过程中，为了使林分的生长向着最优水平发展，须对其采取一系列的经营措施(造林设计、抚育间伐、林分改造等)，因此森林生长的过程，也是人们对它进行决策的过程。从本质上来讲，这类客观控制模型最大的优点是能够全面、系统、有目的地研究经营措施对林分生长的影响，追求单位时间单位面积的最大收获。例如，张运锋(1986)曾用动态规划方法探讨过油松人工林的最适密度；Rovres 用线性规划研究了森林的最佳永续利用；Brodie 和 Haight(1985)用动态规划分析了疏伐和轮伐的经济效益。总之，这类模型与随机过程和时间序列模型一样，也是一类很有发展前途的生长数学模型。

8.2.4　林分经营模拟系统

系统模拟是在建立数学逻辑模型的基础上，通过计算机实验，对系统按照一定作业规则(算法)，从一个状态变为另一个状态的动态行为进行描述和分析，以取得所需信息的过程，其实质就是一种数值实验。系统模拟在我国林业上得到了广泛应用，在森林资源模拟系统开发及林业结构调整应用方面取得了较好的成果。例如，顾凯平 2004 年利用系统动力学原理，采用 Dynamo 语言，对全国森林资源进行系统模拟，可预测到 2010 年以后全国森林的发展趋势，为我国林业中长期规划和决策提供了科学依据。

林业科学技术的不断发展，森林经营管理集约化程度的日益提高，特别是计算机技术在林业生产和经营中的应用，使得利用计算机构建森林生长模型和经营模型来指导森林经营管理成为一项重要的研究课题。

林分经营的计算机模拟是近年来国内外林业研究的热点之一，由 STEMS 系统发展而来的 TWIGS 系统是具有代表性的优秀经营模拟系统，在美国中部和湖区已得到广泛应用。TWIGS 系统以林木为最小研究单位，预测林分交替阶段时林木的生长与死亡，适应于纯林和混交林，能够对人为制订的经营措施进行预测，使森林管理人员、规划设计人员，乃至从未用过计算机的人员都能利用计算机来管理和培育现存的任一林分任一时刻的状态。但该模拟系统无优化经营措施的功能，目前还没有引入专家系统来填补模型中的知识空白。在国内，有洪伟等开发的“杉木人工林计算机辅助经营系统”、徐德应等建立的“杉木人工林经营计算机模型——CHIFIR”、成子纯等研制的“马尾松经营体系模拟系统”等。其中，成子纯的研究从理论上探讨了森林经营体系的指导思想和技术格局，将森林自然分类和经营分类系统地结合起来，将立地类型—生长类型—经营类型的系统划分构成经营模式，将森林经营体系的具体技术通过测树数表和经营数表表现出来，采用了计算机模拟模型，编写了通用的系统软件。但该系统对林分的优化经营和预测方向功能较弱，对混交林的经营缺乏有效的模拟，在利用林分生长模型描述林分各项测树因子的生长过程中多局限于单项因子的研究，使得在用 Richards 函数编制可变密度收获表时，各表之间相互矛盾，出现相互不兼容的情况。

就系统模拟角度而言，模拟系统是一种数值技术，缺乏符号处理和逻辑推理的功能；模拟模型的建立与确认非常困难与复杂，对输出结果的解释及其结论的推断，要求具有多学科的知识和能力，在系统模拟时有必要引入专家系统，使系统模拟更加完善。目前，在专家模拟系统的应用研究上，已经开发了许多领域的专家模拟系统。尤其是在辅助管理决策领域，黎志成教授等做了大量的工作，在 1992 年开发了生产计划管理专家模拟系统(ESSADPPM)原型，将专家模拟系统与面向对象方法相结合，开发了面向对象的生产作业计划专家模拟系统原型。但目前专家模拟系统在国内外林业中的应用研究仍属空白，需要后续继续研究。

第 9 章　稳健 BP 神经网络算法与林木生长模拟

9.1 引　　言

1969 年，Minsky 曾断言的多层神经网络不会有多大作为的观点，使人们对神经网络的研究延缓了 10 年之久，而 Rumelhart 等对前馈神经网络提出 BP 算法，并用此法解决异或(XOR)问题，从方法上肯定了 Minsky 的观点。另外，BP 算法为前馈神经网络提供了切实可行的学习算法，使将前馈神经网络应用于各方面成为可能，是 BP 算法的一大贡献。BP 神经网络用于非线性回归分析时，其最大优势是不需要对回归曲线进行假设便能够得到良好的结果，这是传统的统计方法所不具备的。但由于 BP 神经网络一般采用使误差平方和达到最小的算法，这实际上相当于统计学中的最小二乘法。统计问题都要受到随机因素的干扰，BP 神经网络也难于幸免。当随机误差具有较小的方差时，用最小二乘法进行回归，结果一般较好，特别是误差服从正态分布的情况，最小二乘法是最为理想的方法。但对很多林业调查数据，其误差往往不服从正态分布，有可能服从具有无限方差的分布，如帕累托(Pareto)分布，密度函数为 $f(e)=c(e-e_0)^{-\alpha-1}$，式中 c、e_0 和 α 都是常数，其中 c、e_0 和 $\alpha<2$ 时方差不存在；还有 t-分布，当自由度小于 2 时方差不存在。无限方差分布倾向于“厚尾”或“重尾”的分布规律，意味着大值或奇异值出现的频率较高。如果对这种奇异值与其他值做同样的处理，就混淆了真正的函数关系和随机误差，模拟结果将出现较大的偏差。本章对 BP 神经网络算法做了修改，使之适用于在随机误差方差很大的情况下进行分析，并称这种改进的 BP 神经网络算法为稳健 BP 算法，并将这种神经网络应用于林木生长模拟模型的非线性建模中。

9.2 BP 神经网络的稳健性及其改进算法

9.2.1 多层前馈神经网络模型

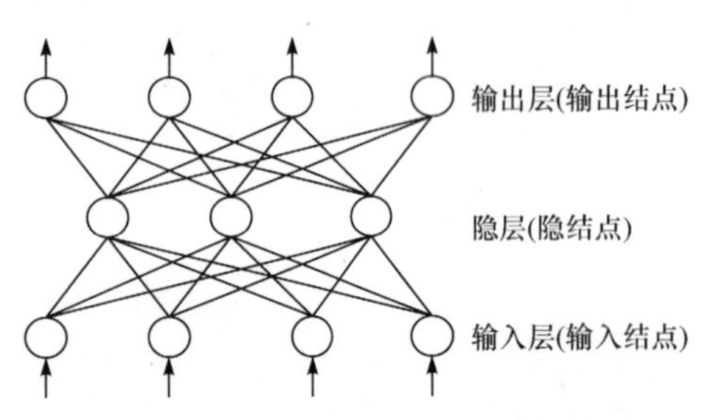

图 9.1　反向传播神经网络结构

多层前馈神经网络(back propagation，BP)也称为反向传播神经网络，是目前研究最多、应用最广泛的人工神经网络(ANN)模型，由 Rumelhart 等组成的 PDP(美国并行分布处理)小组于 1985 年提出。BP 神经网络由神经元构成，如图 9.1 所示。理论上已经证明，在一个三层的 BP 神经网络模型中，能够实现任意结点间的连续映像。

1. BP 神经网络模型的特点　BP 神经网络模型使用了最优化又最普遍的梯度下降算法，把一组样本的输入输出变成一个非线性优化问题，用迭代运算求解权，加入隐结点，使得优化问题的可调参数增加，从而逼近精确解。

BP 神经网络由输入层、输出层及隐层组成，允许有一个或多个隐层。在 BP 神经网络中，每一个结点也称为神经原(神经元)，位于输入层的神经元也称为输入结点(结点)，隐层的神经元称为隐结点，输出层的神经元称为输出结点。神经网络的每层由多个神经元组成，各层神经元仅与相邻层神经元之间有连接，同层内神经元之间无任何连接，且同层神经元之间无反馈连接。

运行时，输入信号先向前传播到隐结点，经过变换函数之后，把隐结点的输出信息传播到输出结点，经过输出结点的处理后再输出结果。结点的变换函数通常选取 Sigmoid 型函数。一般情况下，隐层采用 S 型对数或正切激活函数，输出层采用线性激活函数。

如果输入层有 n 个神经元，输出层有 m 个神经元，则神经网络变成了从 n 维欧氏平面到 m 维欧氏平面的映像。在确定了 BP 神经网络的结构后，利用输入输出样本集对其进行训练，也即通过调整 BP 神经网络中的连接权值、网络的规模(包括 n、m 和隐层结点数)，就可以使网络实现给定的输入输出映像关系，并且可以以任意精度逼近任何非线性函数。BP 神经网络通过对简单的非线性函数的复合来完成映像，用这种方法经过少数的几次复合就可以得到极为复杂的函数关系，进而可以表达复杂的物理现象，解决许多实际问题。

经过训练的 BP 神经网络，对于不是样本集中的输入也能给出合适的输出，这种性质称为泛化(generalization)功能，说明 BP 神经网络具有插值功能。

2. BP 神经网络学习算法　BP 神经网络采用误差反传学习算法，使用梯度搜索技术，实现网络的实际输出与期望输出的均方差最小化。在 BP 神经网络中，学习的过程是一种一边向后边传播一边修正权值的过程。

在 BP 神经网络中，学习过程由正向传播和反向传播组成。在正向传播过程中，输入信号从输入层经隐结点逐层处理，并传向输出层，每一层神经元的状态只影响到下一层神经元的状态。当在输出层不能得到期望的输出时，转入反向传播过程，将输出的误差值按原来的连接通路返回。通过修改各层神经元的权值，实现最小误差。得到合适的网络连接值后，便可对新样本进行非线性映像。

(1)信息的正向传递　假设有 L 层的 BP 神经网络，对于给定的 T 个样本，网络的期望输出为

$$T_d = [T_{d1}, T_{d2}, \cdots, T_{dt}]$$

当输入第 T 个样本时，对于网络中的第 $l(l=1, 2, \cdots, L-1)$ 层中第 j 个神经元的操作特性为

$$\mathrm{net}_{jt}^{(l)} = \sum_{i=1}^{n_{l-1}} W_{ij}^{(l)} O_{it}^{(l-1)} - \theta_j^l \tag{9.1}$$

$$O_{jp}^{(l)} = f_l\left[\mathrm{net}_{jp}^{(l)}\right] \tag{9.2}$$

式中，W_{ij} 为神经元 i 到神经元 j 的连接权值；n_{l-1} 为第 $l-1$ 层的结点数；$O_{it}^{(l-1)}$ 为神经元

j 的当前输入；$O_{jp}^{(l)}$ 为神经元 j 的输出；f_l 为非线性可微非递减函数，一般取为 S 型函数，即

$$f_l(x)=\frac{1}{1+\mathrm{e}^{-x}} \tag{9.3}$$

而对于输出层，则有

$$O_{jt}^{(L)}=f_L\left[\mathrm{net}_{jt}^{(L)}\right]=\sum_{i=1}^{n_{L-1}}W_{ij}^{(L)}O_{it}^{(L-1)}-\theta_j^L \tag{9.4}$$

(2) 数据修正　BP 神经网络在输出层得不到正确输出时，必须进行数据修正，包括对网络权值和阈值的修正。数据修正时一般采用梯度下降法进行迭代计算。

第 l 层的权系数迭代方程为

$$\begin{aligned}&W(k+1)=W(k)+\Delta tW(k+1)\\&W=\left\{w_{ij}\right\}\end{aligned} \tag{9.5}$$

式中，k 为迭代次数；$W(k+1)$、$W(k)$ 为权系数；W 为权重；t 为学习样本；w_{ij} 为神经元 i 到神经元 j 的连接权值。

设网络输出误差为

$$E_t=\frac{1}{2}\sum_j\left(Y_{jt}-o_{jt}\right)^2 \tag{9.6}$$

式中，E_t 为输出误差；Y_{jt} 为理想输出；o_{jt} 为实际输出值。

设 $E=\sum E_t$，为整个训练集中所有样本产生的输出误差之和，并令 $\Delta tw_{ij}\propto-\dfrac{\partial E_t}{\partial w_{ij}}$，

$$-\frac{\partial E_t}{\partial w_{ij}^{(l)}}=-\frac{\partial E_t}{\partial \mathrm{net}_{jt}^{(l)}}\frac{\partial \mathrm{net}_{jt}^{(l)}}{\partial w_{ij}^{(l)}}=-\frac{\partial E_t}{\partial \mathrm{net}_{jt}^{(l)}}O_{it}^{(l-1)} \tag{9.7}$$

令 $\delta_{tj}^{(l)}=-\dfrac{\partial E_t}{\partial \mathrm{net}_{jt}^{(l)}}$，则有

$$\Delta_t w_{ji}=\eta\delta_{tj}^{(l)}O_{it}^{(l-1)}$$

式中，η 为学习步长。

(3) 网络的训练过程　网络的训练过程如下。

Ⅰ. 网络初始化。用一组随机数对网络赋初始权值，设置学习步长、允许误差、网络结构（即网络层数 L 和每层结点数 n）。

Ⅱ. 学习样本。为网络提供一组学习样本。

Ⅲ. 循环。对每个学习样本 t 进行循环。

1) 逐层正向计算网络各结点的输入和输出。

2) 计算第 t 个样本输出的误差 E_t 和网络的总误差 E；

3) 当 E 小于允许误差 ε 或者达到指定的迭代次数时，学习过程结束。迭代完指定次数，总误差 E 达不到允许误差 ε 的范围时，须进行误差反向传播。

4）反向逐层计算网络各结点误差 δ_{tj}。根据偏微分法则，有

$$\delta_{tj}=-\frac{\partial E_t}{\partial \mathrm{net}_{tj}}=-\frac{\partial E_t}{\partial o_{tj}}\cdot\frac{\partial o_{tj}}{\partial \mathrm{net}_{tj}} \tag{9.8}$$

由式(9.2)，得

$$\frac{\partial o_{tj}}{\partial \mathrm{net}_{tj}}=f_j'\left(\mathrm{net}_{tj}\right) \tag{9.9}$$

在式(9.8)中：

若 j 为网络的输出神经元时，由 E_t 的定义可得

$$\frac{\partial E_t}{\partial o_{tj}}=-\left(Y_{tj}-o_{tj}\right) \tag{9.10}$$

式(9.8)可写成

$$\delta_{tj}=\left(Y_{tj}-o_{tj}\right)f_j'\left(\mathrm{net}_{tj}\right) \tag{9.11}$$

若 j 不是输出神经元，则有

$$\begin{aligned}\sum_k\frac{\partial E_t}{\partial \mathrm{net}_{tk}}\cdot\frac{\partial \mathrm{net}_{tk}}{\partial o_{tj}}&=\sum_k\frac{\partial E_t}{\partial \mathrm{net}_{tk}}\cdot\frac{\partial}{\partial o_{tj}}\sum_i w_{ik}o_{ti}\\&=\sum_k\frac{\partial E_t w_{kj}}{\partial \mathrm{net}_{tk}}\\&=-\sum_k\delta_{tk}w_{kj}\end{aligned}$$

将此结果，代入式(9.8)中，得

$$\delta_{tj}=f_j'\left(\mathrm{net}_{tj}\right)\sum_k\delta_{tk}w_{kj} \tag{9.12}$$

式(9.12)为所有与隐含神经元 u_j 相连的输出神经元 u_k 输出端的误差，这个过程也称为误差反向传播。

5）修正网络连接权值。

根据如下公式，可修正网络连接权值如下。

$$W_{ij}(k+1)=W_{ij}(k)+\eta\delta_{jp}^{(l)}O_{ip}^{(l-1)} \tag{9.13}$$

式中，k 为学习次数；η 为学习因子。

式(9.13)也称为权值修正公式。η 取值越大，每次权值的改变越剧烈，可能导致学习过程振荡。为了使学习因子取值足够大，又不产生振荡，通常在公式中采用附加动量法。

3. BP 算法的改进

(1)附加动量法　附加动量法在修正网络权值时，不仅考虑误差在梯度上的作用，而且考虑在误差曲面上变化趋势的影响。在没有附加动量时，网络可能陷入浅的局部极小值，加入附加动量后，有可能滑过这些极小值。

附加动量法是当信号进行传播时，在每一个权值(或阈值)的变化上，添加一项正比于前次权值(或阈值)变化量的附加值，并根据反向传播法来产生新的权值(或阈值)。

带有附加动量因子的权值和阈值调节公式为

$$\Delta w_{ij}(k+1)=(1-\mathrm{mc})\eta\delta_i p_j+\mathrm{mc}\Delta w_{ij}(k) \tag{9.14}$$

$$\Delta b_i(k+1)=(1-\mathrm{mc})\eta\delta_i+\mathrm{mc}\Delta b_i(k) \tag{9.15}$$

式中，k 为训练次数；mc 为动量因子，一般取 0.95 左右。

附加动量法的实质是通过一个动量因子来传递最后一次权值(或阈值)变化的影响。当动量因子取值为零时，权值(或阈值)的变化是根据梯度下降法产生的；当动量因子取值为 1 时，新的权值(或阈值)变化为最后一次权值(或阈值)的变化，梯度法产生的变化可被忽略。因此，当增加了动量项后，将促使权值的调节向着误差曲面底部的平均方向变化，当网络权值进入误差曲面底部的平坦区时，δ_i 可以忽略，$\Delta w_{ij}(k+1)\approx\Delta w_{ij}(k)$，防止了 $\Delta w_{ij}=0$ 的出现，有助于使网络从误差曲面的局部极小值中跳出。

根据附加动量法的设计原则，当修正的权值在误差中得到太大的增长结果时，应取消新的权值，以使动量作用停止下来，避免网络进入较大误差曲面；当新的误差变化率超过事先设定的最大误差变化率时，也应取消所计算的权值变化。最大误差变化率可以是任何大于或等于 1 的值，典型值为 1.04。在进行附加动量法的训练程序设计时，必须加进条件判断，以正确使用其权值修正公式。

训练程序设计中采用动量法的判断条件为

$$\mathrm{mc}=\begin{cases}0 & E(k)>E(k-1)\times 1.04\\ 0.95 & E(k)<E(k-1)\\ \mathrm{mc} & \text{其他}\end{cases}\text{，}E(k)\text{为第 }k\text{ 步误差平方和}$$

(2) 自适应学习速率　对于特定问题，要选择适当的学习速率不是一件容易的事情，通常凭经验或实验指定。有时训练初期功效较好的学习速率，也不见得对后来的训练合适。为了解决这个问题，人们自然想到在训练过程中自动调节学习速率的方法。通常调节学习速率的准则是：若权值的使用真正降低了误差函数，说明所选学习速率偏小，可以适当增加；反之，而产生了过调，应该减少学习速率的值。下式为自适应学习速率的调整公式。

$$\eta(k+1)=\begin{cases}1.05\eta(k) & E(k+1)<E(k)\\ 0.7\eta(k) & E(k+1)>1.04E(k)\\ \eta(k) & \text{其他}\end{cases}\text{，}E(k)\text{为第 }k\text{ 步误差平方和}$$

初始学习速率 $\eta(0)$ 的选取范围可根据经验或实验数据给出。

(3) 动量-自适应学习速率调整算法　当采用前述的动量法时，BP 算法可以找到全局最优解，而当采用自适应学习速率时，BP 算法可以缩短训练时间，这两种方法也可以用来训练神经网络，该方法称为动量-自适应学习速率调整算法。

9.2.2　网络的设计

(1) 网络的层数　理论上已证明：具有偏差和至少一个 S 型隐层及一个线性输出层的网络，能够逼近任何有理数。增加层数可以更进一步降低误差，提高精度，但同时也使网络复杂化，增加了网络权值的训练时间。误差精度的提高还可以通过增加神经元数目来获得，其训练效果比增加层数更容易观察和调整。因此，通常优先考虑增加隐含层中的神经元数。

(2) 隐层的神经元数　网络训练精度的提高，可以通过采用一个隐层，而增加神经元数目的方法来获得。在结构实现上，此方法要比增加隐层数简单得多。究竟选取多少隐层结点才比较合适，在理论上并没有一个明确的规定。具体设计时，比较实际的做法是通过对不同神经元数进行训练对比，适当地留有余量。

(3) 初始权值的选取　由于系统是非线性的，初始值对于学习是否达到局部最小、是否能够收敛及训练时间的长短关系很大。如果初始值太大，使得加权后的输入和 n 落在了 S 型激活函数的饱和区，导致其导数 $f'(n)$ 非常小。在计算权值修正公式中，$\delta \propto f'(n)$，当 $f'(n) \to 0$ 时，有 $\delta \to 0$，导致 $\Delta w_{ij} \to 0$，使得调节过程几乎停顿。一般情况下，希望经过初始加权后的每个神经元的输出值都接近于零，以保证每个神经元的权值都能够在各自的 S 型激活函数变化最大处进行调节。因此，一般取初始权值为(−1，1)的随机数。

(4) 学习速率　学习速率决定每一次循环训练中所产生的权值变化量。大的学习速率可能导致系统的不稳定；小的学习速率导致较长的训练时间，收敛速度慢，能保证网络的误差值不跳出误差表面的低谷并最终趋于最小误差值。在实际设计过程中，倾向于选取较小的学习速率，以保证系统的稳定性。学习速率在 0.01～0.8 选取。

9.2.3　稳健统计算法

假设有一统计回归模型为

$$Y = f(X, \beta) + e \tag{9.16}$$

式中，X，Y 为可观测变量；β 为未知参数；e 为随机误差项，函数形式 $f(\ )$ 为已知(通常呈线性)。

一般设 e 为有限方差。当 e 的方差很大时，观测值将出现奇异值。e 的方差很大或为无限方差的可能性，导致了新估计方法的发展，这些方法相对于最小平方法来说，给予奇异值的权值比较小，称为稳健估计。根据 1980 年由 Rupper 和 Caroll 提出的调整最小二乘法，在模型(9.16)中，假设有 T 个观测值。模型用观测值表达，也可以写为

$$Y_t = f(X_t, \beta) + e_t，\ t=1,2,\cdots,T \tag{9.17}$$

假定 α 之间相互独立，定义 θ 为样本回归分位 $(0<\theta<1)$，令

$$\hat{\beta}(\theta) = \min_{\beta}\left[\sum_{\{t|Y_t \geqslant f(X_t,\beta)\}} \theta \left|Y_t - f(X_t,\beta)\right| + \sum_{\{t|Y_t < f(X_t,\beta)\}} (1-\theta)\left|Y_t - f(X_t,\beta)\right|\right] \tag{9.18}$$

式(9.18)中，对于给定的θ，先计算 $\hat{\beta}(\theta)$ 和 $\hat{\beta}(1-\theta)$，其中 θ 是需要调整的比例 $(0<\theta<0.5)$，再去除满足 $Y_t - f\left[X_t, \hat{\beta}(\theta)\right] \leqslant 0$ 或 $Y_t - f\left[X_t, \hat{\beta}(1-\theta)\right] > 0$ 的观测值，对其余的观测值，应用最小二乘法估计参数β。设估计值为 $\hat{\beta}$，在适当的条件下，可证明：

$$\sqrt{T}\left(\hat{\beta}\beta\right)^{d} \to N\left[0, \sigma(\theta, f)\theta^{1}\right] \tag{9.19}$$

式中，$\sigma(\theta, f)$ 与 θ 和 f 的形式有关。

9.2.4　稳健 BP 神经网络算法

稳健 BP 神经网络算法是 BP 算法和稳健统计算法相结合的产物。

对于统计模型(9.16)，要求知道函数 f 的具体形式。采用神经网络算法，允许 f 为未知，同时也可将未知参数 β 也融入函数形式中。模型变为

$$Y = f\left(X\right) + e \tag{9.20}$$

该模型使神经网络具有广泛的通用性，特别是在函数形式无法确定的情况下，现有的非线性回归方法只有在大样本下才具有较好的性质，神经网络算法成功地避开了这个缺陷。

设在模型(9.20)中，X、Y 的观测值为 $(X_1,Y_1),(X_2,Y_2),\cdots,(X_t,Y_t)$，其中 $X_t(t=1,2,\cdots,T)$ 为 n 维变量。为了描述方便，假定 Y_t 是一维变量，设计一个 3 层 BP 神经网络来对模型(9.20)进行回归分析，如图 9.2 所示。

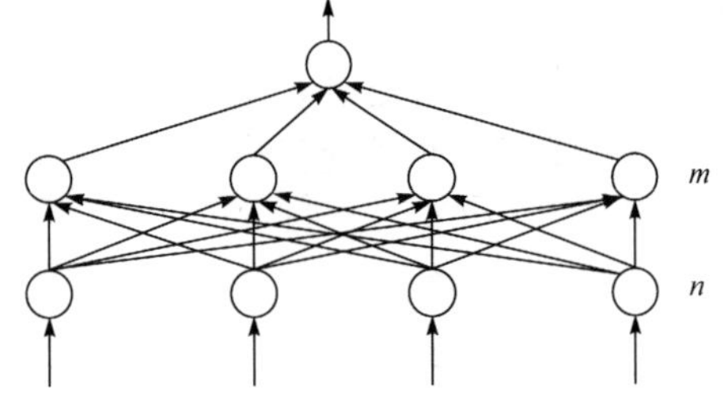

图 9.2　BP 神经网络模型

图 9.2 中，输入层 n 个结点对应于 n 维样本 X_t，隐层(中间层)有 m 个结点，输出层有 i 个结点，并且各结点均为 Sigmoid 型。输入观测值，对应的输出记为 $\hat{Y}_t$ ($\hat{Y}_t$ 为回归值)。算法如下。

第一步，输入观测值神经网络，得到相应的输出值，即为初步回归值。

第二步，确定数 $\alpha(\alpha>0)$，将初步回归值 $\hat{Y}_t$ 与 Y_t 比较，设满足 $|\hat{Y}_t - Y_t| < \alpha$ 的有 p 个样本，为书写方便，假设为前 p 个。

第三步，设定一个小正数 $k(0<k<1)$，对于原 BP 神经网络，使用新的误差平方和函数计算方差。

$$E = \frac{1}{2}\sum_{t=1}^{p}\left(Y_t - \hat{Y}_t\right)^2 + \frac{k}{2}\sum_{t=p+1}^{T}\left(Y_t - \hat{Y}_t\right)^2 \tag{9.21}$$

式(9.21)中，可能的异常点误差权值设计得比较小，大大降低了异常值误差带来的影响，便于模拟出真实的函数关系。

把观测值输入原 BP 神经网络，按新的 BP 神经网络算法重新学习，直到满意为止。

在新的误差平方函数下，设结点 i 的输出为 O_{it}，结点 j 的输入为 net_{jt}，结点 i、j 之间的权值记为 w_{ij}，则

$$\text{net}_{jt} = \sum_i w_{ij} \cdot O_{it} \tag{9.22}$$

定义

$$-E_{\text{t}} = \begin{cases} \frac{1}{2}\left(Y_t - \hat{Y}_t\right)^2 \\ \frac{k}{2}\left(Y_t - \hat{Y}_t\right)^2 \end{cases} \tag{9.23}$$

则

$$\frac{\partial E_t}{\partial w_{ij}}=\frac{\partial E_t}{\partial \mathrm{net}_{jt}}\cdot\frac{\partial \mathrm{net}_{jt}}{\partial w_{ij}}=\delta_{jt}\cdot O_{it} \tag{9.24}$$

其中，若 j 为输出结点，则

$$\delta_{jt}=\frac{\partial E_t}{\partial \hat{Y}_t}\cdot\frac{\partial \hat{Y}_t}{\partial \mathrm{net}_{jt}}=\begin{cases}-\left(Y_t-\hat{Y}_t\right)\cdot f'\left(\mathrm{net}_{jt}\right)\\ -k\left(Y_t-\hat{Y}_t\right)\cdot f'\left(\mathrm{net}_{jt}\right)\end{cases} \tag{9.25}$$

若 j 不是输出结点，则

$$\begin{cases}\delta_{jt}=f'\left(\mathrm{net}_{jt}\right)\cdot\sum\limits_{i}\delta_{it}\cdot w_{ij}\\ \dfrac{\partial E_t}{\partial w_{ij}}=\delta_{jt}\cdot O_{it}\end{cases} \tag{9.26}$$

此处 $f\left(x\right)=\dfrac{1}{1+\mathrm{e}^{-x}}$，即 Sigmoid 函数。

新的 BP 算法为

第一步：选定初始权值 w。

第二步：对 $t(t=1,2,\cdots,T)$，首先计算 O_{it}、net_{jt} 和（正向过程），再利用式(9.25)、式(9.26)计算 δ_{it}、δ_{jt}、$\dfrac{\partial E_t}{\partial w_{ij}}$（反向过程）。

第三步：根据式(9.27)修正权值

$$w'_{ij}=w_{ij}-\eta\frac{\partial E}{\partial w_{ij}} \tag{9.27}$$

式中，$\dfrac{\partial E}{\partial w_{ij}}=\sum\limits_{t=1}^{T}\dfrac{\partial E_t}{\partial w_{ij}}$，$\eta$ 为一个正的常数。

重复步骤二、三，直至收敛。

9.3　林木生长模拟

本章用湖南省会同县广坪乡杉木标准地平均木解析木资料为学习样本（学习样本数为 17；网络为 3 层前馈网，输入层有 1 个单元，隐层有 3 个单元，输出层有 1 个单元，学习速率为 0.6，最小误差阈值为 0.0027），采用常规 BP 算法和稳健 BP 算法进行比较，结果如图 9.3 所示。

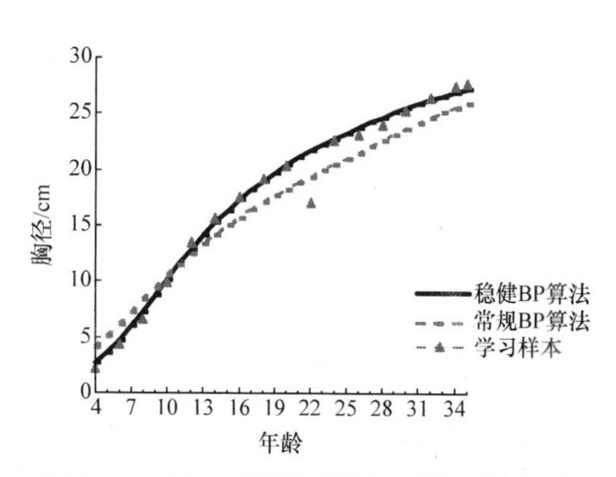

图 9.3　常规 BP 算法与稳健 BP 算法结果比较

由图 9.3 可以看出，在学习样本中有一个奇异点，使用常规 BP 算法时，曲线向奇异点偏移；使用稳健 BP 算法时，曲线更接近于实际。

9.4 小　结

BP 神经网络是一种反向传递并能修正误差的多层映像网络。当参数适当时，能够收敛到较小的均方差，是目前应用最广的网络模型之一。BP 神经网络采用误差反传学习算法，使用梯度搜索技术，实现网络的实际输出与期望输出的均方差最小化。网络的学习过程中，采用边向后边传播边修正权的方式。本章从理论上分析了在观测值出现奇异值的情况下 BP 算法的弱点，提出了改进的 BP 算法——稳健 BP 算法，通过实例分析发现稳健 BP 算法能较好地分辨出异常点，有效地消除过大的随机误差对回归函数的影响。稳健 BP 算法不但可靠而且实用，为建立各种非线性映射，特别是生物生长模型提供了一种有效方法。

第 10 章　BP 神经网络模型在立地质量评价中的应用

10.1 引　　言

立地是指森林和其他植物生产能力的所有生态因子的总和，包括气候、土壤和生物因子，是生态系统的一部分。林木的根固定于土壤之中，土壤对其生长的影响来自形成土壤的基础物质与下垫层的特性。林木的个体发育除受遗传因子决定外，还受气候、土壤及生物因子的制约。尽管立地因子对林木个体发育贡献巨大，但有主次之分，科学、实用的森林立地评价方法对于充分挖掘林地生产力，构成当地的最优经营方案有着极其重要的现实意义。

森林立地评价结果是充分利用土地生产力、科学造林、科学管理森林资源和制订营林规划所必备的参照依据。随着林业的发展、森林可持续经营等一系列新理念的提出，评定森林立地质量的标准也在不断变革，林分蓄积量、生长量或者收获量等因偏重于用单个因子，已无法作为这个多因素综合体的立地评价指标。近年来，多因素综合的立地质量评价方法越来越受到推崇，该方法将环境因子、植被法等因素各自分级，在此基础上利用已有的知识和经验进行立地质量评价分级。综合立地质量评价方法是一个典型的非线性问题，如何将其量化，尽可能减小人为影响的风险，是一个亟待解决的问题。本书拟采用 BP 神经网络模型，以湖南省攸县黄丰桥林场的情况为例，对该评价方法进行探讨。

10.2 黄丰桥林场自然概况

黄丰桥林场位于湖南攸县，介于东经 113°04′～113°43′、北纬 27°04′～27°06′。东北部与江西的莲花、萍乡交界，东南与茶陵接壤，西部与株洲、醴陵毗邻，以中低山为主。东部由海拔 800m 以上的中山构成丛叠山群，地势由东向西，由中山到低山再到丘陵递降；西部孤峰突起，地势由西向东，由中低山到丘陵陡降。境内最高海拔 1270m，最低海拔 115m，坡度一般为 20°～35°。

林场地处中亚热带季风湿润气候区，年平均气温 17.8℃，极端最低温度为−11.9℃，极端最高温度为 40℃，大于 10℃的活动积温平均为 5609.9℃。平均无霜期为 292d，平均日照为 1612h，年平均太阳辐射量为每平方厘米 107.25kcal（1cal=4.184J），年平均降水量 1410.8mm，其中春季占 40%，夏季占 32%，秋冬季占 28%，林木生长旺盛的 4～9 月，降水量占年降水量的 65%。

林区中，成土母岩以板页岩为主，石灰岩次之，还有少部分花岗岩和砂岩。土壤共有 2 个土类，3 个亚类，10 个土属。因海拔悬殊，气候随海拔的垂直升迁而变化，土壤呈垂直地带区域分布，一般呈酸性或微酸性。全场土地总面积 10 134.7hm^2，其中陆地面积 10 129.4hm^2，内陆水域 5.3hm^2。陆地面积中林地 9772.7hm^2，占总面积的 96.48%；非林地 244.9hm^2，占 2.42%；荒地 19.8hm^2，占 0.20%；难利用地区 92hm^2，占 0.90%。

10.3　原理与方法

10.3.1　立地因子的选择与等级划分

立地指数是立地中各因子对林木生长影响的总和。立地因子种类繁多，包括土壤、地形、地貌、动植物、气象气候等。根据经验，立地指数的大小主要与树种、海拔、坡向、坡度、坡位、地形地貌、土类、母岩、土壤厚度、腐殖质厚度等 10 个因子有直接影响，故本研究选择这些因子为参数，建立 BP 神经网络模型。

对各立地因子根据其变化范围，划分成不同的等级作为各立地因子的数量化值，将定性的立地因子转化为定量因子，便于模型的建立。为便于操作和与生产中的其他技术规程相统一，立地因子等级的划分标准参照湖南省资源调查规程进行，如树种划分为：1 杉木，2 马尾松，3 国外松(湿地松、火炬松)等 17 个树种组；土壤厚度划分为：1 薄(≤40cm)、2 中(41～80cm)、3 厚(>80cm)；腐殖质厚度：1 薄(<2cm)、2 中(2～4.9cm)、3 厚(≥5cm)；立地指数 SI 由小班调查数据中的林分优势树种、优势木平均高和林分平均年龄，对照湖南省的森林调查数据表求得，建立模型的原始数据见表 10.1 和表 10.2。

表 10.1　立地指数及立地因子数量化反应表

序号	树种	立地指数	海拔	坡向	坡度	坡位	地形地貌	土壤类型	母岩	土壤厚度	腐殖质厚度
…											
0116	2	18	4	3	2	3	1	2	4	2	2
…											

表 10.2　各主导因子及立地指数基本情况表

项目	树种(x_0)	立地指数(SI)	海拔级(x_1)	坡向(x_2)	坡度级(x_3)	坡位(x_4)	地形地貌(x_5)	土类(x_6)	母岩(x_7)	土壤厚度(x_8)	腐殖质厚度(x_9)
MAX	17	24	7	9	6	7	2	3	6	3	3
MIN	1	6	3	1	1	1	1	1	1	1	1
组距	1	2	1	1	1	1	1	1	1	1	1

10.3.2　立地指数 BP 模型设计

立地因子与各树种的立地指数间的函数关系可表示为

$$\mathrm{SI} = f(x_0, x_1, x_2, \cdots, x_k) \tag{10.1}$$

式中，SI 为立地指数；$x_0,x_1,x_2,\cdots,x_k$ 分别为立地因子。神经网络模型是一个理想的非线性模型，通过训练、学习，可以以任意的精度逼近实际值。

考虑到网络训练计算复杂度和立地分级的精度要求对网络计算结果的误差不是很高，设计一个三层 BP 神经网络模型，输入层以主导立地因子各类目作为输入，包括海拔、母质母岩、地形地貌、土类、土壤厚度、腐殖质厚度、坡向、坡度级、坡位等 9 个主导立地因子，而立地指数(SI)作为输出进行学习模拟，共计 10 个神经单元，隐层神经元数目为 20 个(经过多次实验测试，选择隐层数目为 20 较为理想)，以立地指数级输出时的十位和个位分别作为网络终端输出，输出时在程序中做整数化处理。该 BP 神经网络模型如图 10.1 所示。

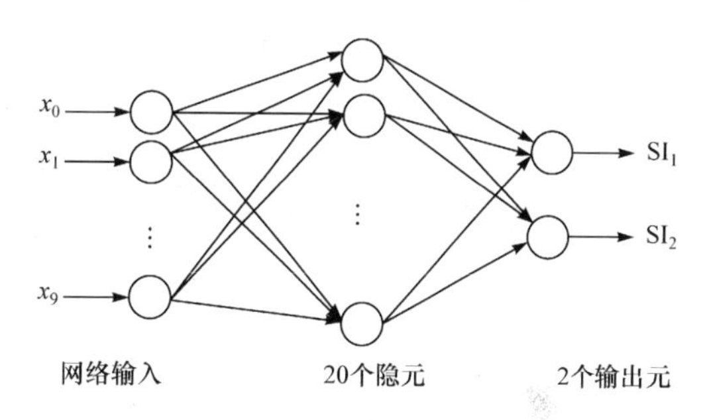

图 10.1　BP 神经网络模型

10.4　模型训练及其结果分析

10.4.1　模型训练

利用 MATLAB6.5 进行模型训练的具体步骤如下。

(1)数据分组　已知样本数 1024 个，从中随机抽取 1/4 作为确认，1/4 用于测试，1/2 用于训练网络。

(2)数据预处理　利用 MATLAB6.5 中提供的函数 prestd()，对初始数据进行规范化。

(3)建立网络　`net=newff(minmax(ptr),[202],{'logsig' 'purelin'},'trainlm').`

(4)使用 Levenberg-Marquardt 算法来训练网络

```
[net,tr] = trainlm(net,Pd,Tl,Ai,Q,TS,VV,TV).
```

(5)使用下面的代码得到训练过程误差

```
Plot (tr.epoch, tr.perf,'r', tr.epoch,tr.vperf,': g', tr.epoch, tr.tperf,'-. b');
legend('Training','Corroboration','Test',-1);
ylabel('Square Difference');
xlabel('Time').
```

显示结果如图 10.2 所示。

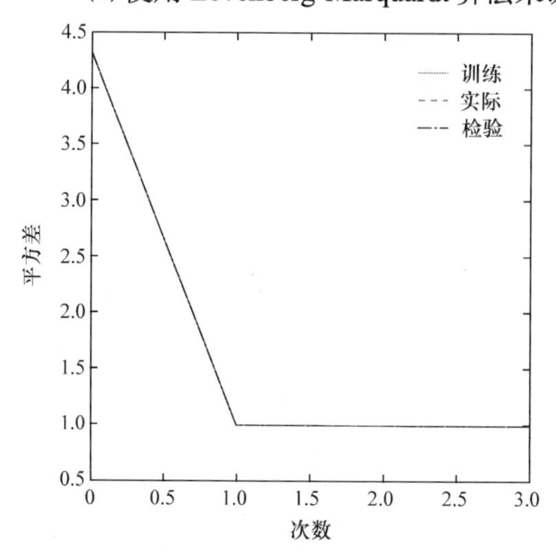

图 10.2　训练过程误差图

从图 10.2 中可以看出，数据拟合过程与预期结果一致。

10.4.2　网络的响应分析

将数据输入网络，对网络输出进行反规范化变换，得到了两组输出，对网络输出和相应的目标进行线性回归分析，结果分别如图 10.3（SI_1 处数据点）和图 10.4（SI_2 处数据点）所示。

由图 10.3 和图 10.4 的数据落点分析，图 10.3 中的数据点都落在了最适宜的实线上，对应值分别是 0、1、2，图 10.4 的数据点回归后也都落在了最适宜的实线上，对应值分别为 0、2、4、6、8，而立地指数分级的十位为 0、1、2，个位为 0、2、4、6、8，说明此网络回归的效果很好，达到了预期目的。

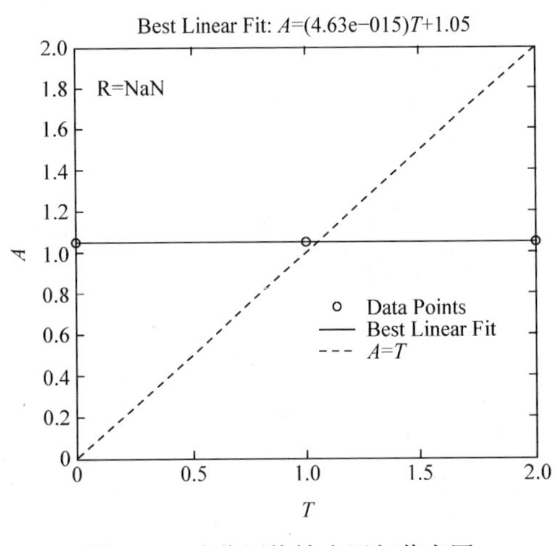

图 10.3　十位网络输出回归落点图

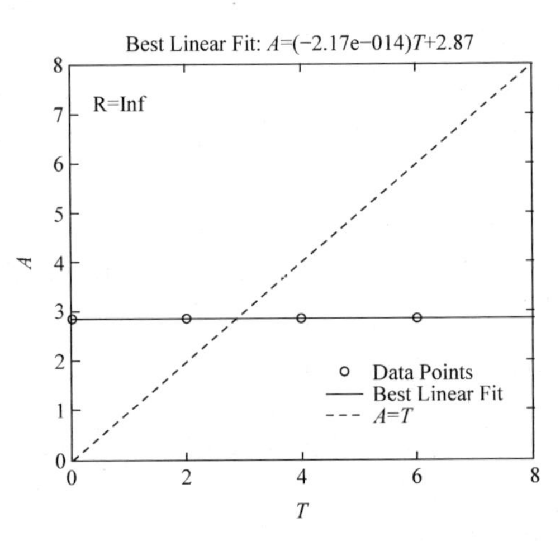

图 10.4　个位网络输出回归落点图

10.5　小　　结

BP 神经网络模型可以任意精度逼近非线性函数，具有良好的柔性和极强的适应性，在非线性领域研究中具有广泛的前景。

附：MATLAB6.5 中 trainlm()网络训练函数各参数如下。

```
[net,tr] = trainlm(net,Pd,Tl,Ai,Q,TS,VV,TV)
trainlm(NET,Pd,Tl,Ai,Q,TS,VV,TV)takes these inputs,
   NET - Neural network.
   Pd  - Delayed input vectors.
   Tl  - Layer target vectors.
   Ai  - Initial input delay conditions.
   Q   - Batch size.
   TS  - Time steps.
   VV  - Either empty matrix [] or structure of validation
vectors.
```

```
        TV  - Either empty matrix [] or structure of validation
vectors.
      and returns,
        NET - Trained network.
        TR  - Training record of various values over each epoch:
             TR.epoch - Epoch number.
             TR.perf - Training performance.
             TR.vperf - Validation performance.
             TR.tperf - Test performance.
             TR.mu - Adaptive mu value.
```

第 11 章　基于神经网络的林分潜在生长模型与竞争生长模型

11.1　引　　言

森林生长数学模型包括了单木生长数学模型和林分生长数学模型两大部分。单木生长模型是以林分中各单株林木与其相邻木之间的竞争关系为基础，描述单株木生长过程的模型。这类模型与全林分生长模型或直径分布模型的主要区别是：全林分生长模型或直径分布模型的预测变量是林分或径阶统计量，而单木生长模型中至少有些预测变量是单株树木的统计量。利用单木生长模型，可以直接判定单株木的生长状况和生长潜力，判定采用林分密度控制措施后的各保留木的生长状况，这些信息对于林分的集约经营具有重要价值。单木生长模型以林分中林木个体作为研究对象，可进行同龄林、异龄林、混交林及不同经营措施下林木生长变化趋势研究，便于掌握林分、林木的详细生长信息，因此，在森林优化经营中具有特殊的意义。按照是否需要林木的位置信息，单木生长模型可分为与距离有关的单木生长模型和与距离无关的单木生长模型两大类。林分生长模型是指一个或一组数学函数，用来描述所计测的树木因子、林分状态和立地条件等变量与林分现有生长量之间的关系。由于单木生长是林分生长的基础，因此单木生长数学模型与林分生长数学模型是不可分割的，其发展也是相辅相成的。

以竞争指数为自变量，以林木的生长(一般指胸径的生长)为因变量，可建立单木的竞争模型。竞争指数是指某一林木因子受周围竞争木的影响而承受的竞争压力数量。林木竞争指数的提出者 Staebler 认为每株树都有一个影响圈，其大小是林木大小的函数，且影响圈与邻近树木的影响圈的重叠程度是竞争强度的一个指标。影响圈的半径被定义为林木胸径的线性函数，影响圈面积的重叠被定义为线性重叠。多年来，竞争指数的概念一直直接或间接地影响着后来出现的许多竞争指数。竞争指数构造的好坏直接影响到模型的性能及使用效果，因此构造合适的竞争指标是建立单木生长模型的关键。

早在 20 世纪 60 年代，国外就已开展了以林木间的生长竞争关系为基础，选用适宜的竞争指标建立单木生长模型，模拟林分生长和评价经营措施的研究工作，并得到较快发展。我国从 20 世纪 80 年代才开始对北方的一些树种的单木生长模型进行研究，但对南方主要用材速生树种之一的杉木研究极少。

本章在第 9 章介绍的 BP 模型改进算法的基础上，研究杉木人工林单木生长数学模型，试图采用人工神经网络方法寻找林分潜在直径生长与林木竞争生长的规律，将林分竞争规律与潜在生长结合起来，预测现实林木直径生长量。

11.2　杉木人工林单木直径潜在生长模型

林分中任意单株树木，由于其竞争能力大小不同，其生长过程也不相同，因此不能用林分平均木的生长过程来代替任意单木的生长过程，必须引入竞争指标，建立单木竞争生长模型。

常用于建立单木竞争生长模型的方法有生长分析法、经验方程法、变量代换法及生长量修正法，其中生长量修正法构造的单木模型结构清晰，只要正确选择自由树和竞争指标，就可取得良好的预测结果。因此，该法是单木生长模型建模中最常用的方法。生长量修正法建立单木模型的基本思想是：①建立自由树(或林分中无竞争压力的优势木)的生长方程，确定林木的潜在生长量；②选择合适的单木竞争指标计算每株林木所受的竞争压力或所具有的竞争能力；③利用单木竞争指标所表示的修正函数，对潜在生长量进行修正或调整，得到林木的实际生长量预估值。

本章以湖南杉木人工林为对象，以 von Bertalanffy 生长理论为指导，采用生长量修正法，以绝对优势木的生长过程代替疏开木的生长过程，建立与距离无关的单木潜在生长模型；以相对植距和相对优势度指标为自变量，建立单木竞争指数函数，从而建立湖南杉木人工林的单木竞争生长模型。

11.2.1　基于 von Bertalanffy 生长理论的潜在生长模型

单木直径生长遵从 von Bertalanffy 生长理论，即

$$\frac{\mathrm{d}D}{\mathrm{d}t}=F(\mathrm{CI})\cdot\frac{\mathrm{d}D_0}{\mathrm{d}t} \tag{11.1}$$

式中，$\frac{\mathrm{d}D}{\mathrm{d}t}$ 为单木直径竞争连年生长量；$\frac{\mathrm{d}D_0}{\mathrm{d}t}$ 为单木直径潜在连年生长量；$F(\mathrm{CI})$ 为修正函数。

由 von Bertalanffy 生长函数，得

$$\frac{\mathrm{d}D}{\mathrm{d}t}=k\left(b_1D^{b_2}-b_3D\right) \tag{11.2}$$

式中，$\frac{\mathrm{d}D}{\mathrm{d}t}$ 为单木直径的竞争生长量；k 为单木直径潜在生长量与竞争生长量的转换系数，反映了单木在林分中竞争能力的大小，可以将参数 k 看作是竞争指数 CI 的函数，记为 $F(\mathrm{CI})$；$\left(b_1D^{b_2}-b_3D\right)$ 为单木直径的潜在生长量，记为 $\frac{\mathrm{d}D_0}{\mathrm{d}t}$。

因为 b_1、b_2、b_3 是林木的合成代谢率和分解代谢率与直径间的异速生长关系和比例关系的常数，受林分密度的影响较小，仅与树种和立地条件相关，可将单木直径的潜在生长模型写为

$$\frac{\mathrm{d}D_0}{\mathrm{d}t}=a_1\mathrm{SI}^{a_2}D^{a_3}-a_4\mathrm{SI}^{a_5}D \tag{11.3}$$

式中，$\frac{\mathrm{d}D_0}{\mathrm{d}t}$ 为单木直径的连年生长量；SI 为林分立地指数；D 为单木实际直径；a_1～a_5 为待定参数。

以 174 株林缘木(作为疏开木)为对象，利用式(11.3)进行拟合，得出湖南杉木人工林单木直径潜在生长模型为

$$\frac{\mathrm{d}D_0}{\mathrm{d}t}=0.132778\mathrm{SI}^{0.88556}D^{0.23020}-0.0158\mathrm{SI}^{0.78315}D \tag{11.4}$$

相关系数 R=0.91023，标准差 S=0.23576。

11.2.2　基于人工神经网络的林木潜在生长模型

人工神经网络是在对大脑生理进行研究的基础上，用模拟生物神经元的某些基本功能元件(即人工神经元)，按不同的联结方式组成的一个网络，是模仿大脑神经网络结构和功能建立的一种信息处理系统。这种模拟方式可以用在视觉模仿、函数逼近、模式识别、分类和数据压缩等诸多领域，是近年来人工智能计算的一个重要学科分支。早在 20 世纪 40 年代初，心理学家 McCulloch 和数学家 Pitts 就提出了人工神经网络的第一个数学模型，标志着神经网络研究的开始。在众多的网络模型中，尤其是基于误差反向传播算法的多层前馈网络(BP 神经网络)中，可以任意精度逼近任意的连续函数，广泛应用于非线性建模、函数逼近、模式分类等方面。BP 神经网络由输入层、隐层和输出层构成，结点的激活函数为逻辑函数。自从 1982 年提出神经网络的 Hopfield 计算模型及 1985 年提出多层前馈网络的误差反传训练算法以来，神经网络进入了第二次发展高潮，在众多工程领域得到了广泛应用，取得了令人瞩目的成就。

林木的潜在生长量是林分内的树木在无竞争和无外界压力干扰的条件下，个体生长所能达到的最大值。潜在生长函数是将林木潜在生长量作为年龄和立地函数来构造的。林分内的绝大多数林木由于互相竞争，林木的实际生长量小于潜在生长量。构造潜在生长量函数的目的在于确定林木实际生长曲线的上限，一般根据林分中能够“自由生长”的疏开木(也称为自由树)的生长数据而建立。疏开木(自由树)是指林分中不受周围林木影响，能够充分生长的林木。这样的树木具有最大、最有效的生长空间，其生长量达到最大。因此，疏开木在给定立地条件下的不同生长阶段上都具有最大生长量。但由于衡量疏开木的标准非常严格，在现实林分中很难找到，实际工作中所选择的“疏开木”并非严格意义上的疏开木，致使应用疏开木建立潜在生长函数模型时受到限制。林分内的优势木由于占据着充分的生长空间，树冠发育充分，几乎不受相邻木竞争的影响，在所处的立地条件下基本能够按照树种固有的生物生长规律增长，且与林分密度无关，故在林木生长模拟中，通常用来代替同等立地下的疏开木。

由式(11.5)可知，林木潜在生长量只是与林木直径、立地条件有关，即林木潜在生长量是林木直径和立地指数的函数。

$$\frac{dD_0}{dt} = f(D, SI) \tag{11.5}$$

现设计一个 3 层 BP 神经网络，输入层有 2 个神经元，隐层有 3 个神经元，输出层有 1 个神经元，如图 11.1 所示。

采用改进 BP 算法，设学习速率为 0.6，最小误差阈值为 0.0027，经过 1500 次学习，网络权重与阈值如下。

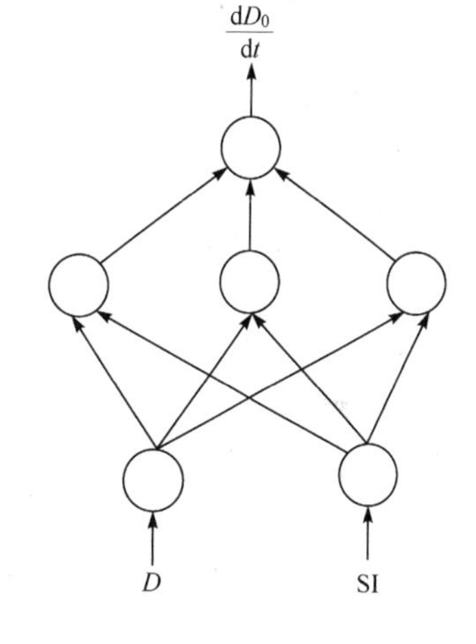

图 11.1　BP 神经网络模型结构图

```
D
FROM:         6.37        -2.00        -4.23
CONTRIBTION:              12.6
SI
FROM:        -1.40         4.09        -1.99
CONTRIBUTION:              7.5

Hidden node # 1
BIAS:        -3.26
TO  :         6.37        -1.40
FROM:        -2.30

Hidden node # 2
BIAS :     -4.13
TO  :      -2.00      4.09
FROM:      2.49

Hidden node # 3
BIAS :     0.28
TO  :      -4.23      -1.99
FROM:      -2.72
dD0/dt
BIAS :     0.64
TO  :      -2.30      2.49       -2.72
```

相关系数为 R=0.913838，标准差 S=0.158251。

11.2.3　结果比较分析

由以上两个林木潜在生长模型的比较可以看出，人工神经网络模型的相关系数高于数学模型，且标准差低于数学模型。

另外，从未曾参加建模的样本中，按每一立地指数级随机抽取一个样本，采用两个模型进行对比计算，结果见表 11.1。

表 11.1 林木潜在生长数学模型与人工神经网络模型结果的比较

直径/cm	立地指数	实际生长量/(cm/年)	ANN 模型		数学模型	
			生长量	差的平方	生长量	差的平方
7.4	8	0.619	0.906 669	0.082 753	0.936 549	0.100 837
7.4	10	1.027	1.044 570	0.000 309	1.157 573	0.017 049
17.9	12	0.499	0.499 550	3.02E–07	0.885 257	0.149 194
12.0	14	0.971	0.976 943	3.53E–05	1.413 031	0.195 392
6.2	16	1.456	1.470 180	0.000 201	1.824 669	0.135 917
19.9	18	0.493	0.547 534	0.002 974	1.212 453	0.517 613
19.1	20	0.654	0.656 819	7.95E–06	1.441 400	0.619 999
13.9	22	1.378	1.385 800	6.08E–05	2.068 923	0.477 375

由表 11.1 可以看出，人工神经网络模型的计算结果均优于数学模型的结果。

11.3 杉木人工林单木竞争生长模型

11.3.1 修正函数的建立

生长量修正法就是由潜在生长量乘以修正系数得到各单木的实际生长量。通常修正系数由反映林分内林木拥挤程度的林分密度指标和单木在林分中的竞争能力的单木竞争指标两部分构成。

(1) 林分密度指标的选择　林分密度说明林木对其所占有空间的利用程度，是影响林分生长和木材数量、质量的重要因子。Daniels (1979) 曾指出："林分密度是评定某一立地生产力的，仅次于立地质量的第二因子。" 森林经营管理最基本的任务之一，就是在森林的整个生产过程中，通过人为的干预，使林木处于最佳密度条件下生长，以便提供最多的木材产量或发挥最大的生态效益。因此，控制和调整林分密度，如何确切地反映林木的拥挤程度成为森林经营者和研究者共同关心的问题。目前，已有许多林业研究者从不同的角度提出了很多林分密度指标，如疏密度、立木度、林分密度指数、冠积竞争因子等。进入 20 世纪 60 年代后，一些林业研究者从竞争理论出发提出了单木竞争指标，并区分为与距离有关的单木竞争指标（如 Opie 的单木竞争指标）和与距离无关的单木竞争指标（如 Hegyi、Arhey 等的单木竞争指标）。

相对植距 (RS) 是指林木平均距离与优势木高之比，是林分密度的一种量化指标。

对于人工林，则可采用平方植距来表示相对植距，即

$$\mathrm{RS}=\left(10000/N\right)^{0.5}\Big/H_0 \tag{11.6}$$

式中，RS 为相对植距；N 为林分密度；H_0 为林分优势木高。

(2) 单木竞争指标的选择　竞争指标是将林木与其邻近木的竞争强度定量化的数学表达式。选择一个适宜的竞争指标对林分竞争生长模型的建立起着至关重要的作用。竞

争指标优劣的衡量标准是：竞争指标的构造具有一定的生理和生态学依据，对竞争状态的变化反应灵敏，具有适时可测性或可估性，能准确地说明生长的变差且构成因子容易测量，计算简单。从理论上说，一个好的竞争指标不但要反映出林木之间所有的竞争信息(即包括全部竞争木)，还要排除一切干扰信息(即排除每一株非竞争木)。实践中，由于研究目的和应用环境的差异，实际上竞争指标的选择很难完全满足以上要求。

竞争指标数量繁多，形式各异。根据是否含有对象木与竞争木之间相对位置的信息(距离)，可分为与距离有关的竞争指标和与距离无关的竞争指标两种类型。在与距离有关的单木竞争指标类型中，由于林木之间的距离测定工作量大，在森林调查中，一般都不测定树木之间的距离。因此，与距离有关的竞争指标在理论研究中有意义，而在实际工作中却难以应用。研究实践表明，就模拟单株林木的生长来说，与距离有关的单木竞争指标并不比与距离无关的单木竞争指标有明显的优越性。与距离无关的单木竞争指标具有测算方法简单、易于应用的优点。本书选择与距离无关的竞争指标建立福建省人工林单株木生长模型。

与距离无关的竞争指标包括各种林分密度测度和林分内林木大小，不要求详细的林木定位信息。对于同一密度的林分，树木的竞争能力一般由树木自身状态和所处局部环境来反映，林木竞争能力的强弱可以通过其自身竞争条件来衡量，与林木各因子(如胸径、树高、树冠等变量)直接相关。同一密度的林分中，林木所处的竞争地位或具有的竞争能力因林木的大小而异。一般来说，大树比小树具有更强的生长空间占有和利用能力，竞争能力大，生长量也更大。

本书采用相对优势度作为指标来描述单木竞争能力的大小。相对优势度(RD)定义为

$$\mathrm{RD}=\frac{D}{D_0} \tag{11.7}$$

式中，RD 为单木相对优势度；D 为单木的实际直径；D_0 为林分优势木直径。

(3)修正函数的组建

根据修正函数与 RS、RD 的相关关系，可将修正函数的形式确定为

$$F(\mathrm{CI})=G(\mathrm{RS},\mathrm{RD}) \tag{11.8}$$

式中，F(CI)为单木的修正函数；RS 为单木的相对植距；RD 为单木的相对优势度。

11.3.2 基于人工神经网络的杉木人工林单木直径竞争生长模型

将式(11.5)和式(11.8)代入式(11.1)，得

$$\frac{\mathrm{d}D}{\mathrm{d}t}=g(\mathrm{RS},\mathrm{RD})\cdot f(D,\mathrm{SI}) \tag{11.9}$$

即

$$\frac{\mathrm{d}D}{\mathrm{d}t}=h(D,\mathrm{SI},\mathrm{RD},\mathrm{RS}) \tag{11.10}$$

现设计一个 3 层 BP 神经网络，第一层为输入层，有 4 个神经元；第二层为隐层，有 4 个神经元；第三层为输出层，有 1 个神经元(图 11.2)。

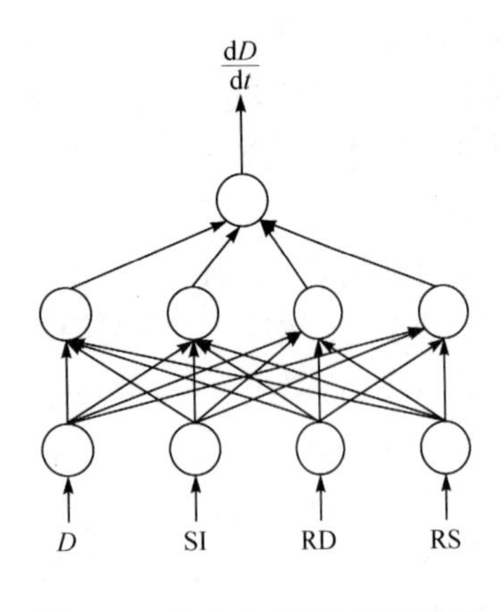

图 11.2　单木生长 BP 神经网络模型拓扑结构

采用改进 BP 算法，设学习速率为 0.6，最小误差阈值为 0.0027，经过 1500 次学习，网络权重与阈值如下。

```
RS
FROM:     4.09    -0.57       6.23    2.63
CONTRIBUTION:   13.5
RD
FROM:     -5.35   -1.12       0.89    3.48
CONTRIBUTION: 10.8

S
FROM:  -0.41     -0.40       7.46    11.9
CONTRIBUTION: 20.1
D
FROM:     -2.63    -1.85     -9.63    -20.0
CONTRIBUTION: 34.1

Hidden node # 1
BIAS:     -0.02
TO  :     4.09   -5.35      -0.41    -2.63
FROM: 1.06

Hidden node # 2
BIAS:     -1.20
TO  :     -0.57    -1.12     -0.40    -1.85
FROM:     -1.45

Hidden node # 3
BIAS:     -4.99
TO  :     6.23   0.89      7.46      -9.63
FROM: 1.27

Hidden node # 4
BIAS:     2.54
TO  :     2.63   3.48      11.9      -20.0
FROM: 1.30

dD/dt
BIAS:     -1.26
TO  :     1.06   -1.45       1.27    1.30
```

11.3.3　结果分析

(1) 网络模型建模精度　单木生长 BP 神经网络模型的相关系数 R 为 0.846719，标准差 S 为 0.109355。

(2) 网络模型实用性检验　从未参加回归计算的 4 块标准地中随机抽取 61 株样木，进行成对数据比较的假设检验。

$$
\begin{aligned}
&X_i = \Delta D_i^1 - \Delta D_i^2 \\
&X_0 = \left(X_1 + X_2 + \cdots + X_N\right)/N \\
&S^2 = \left[\left(X_1 - X_0\right)^2 + \left(X_2 - X_0\right)^2 + \cdots + \left(X_N - X_0\right)^2\right]\Big/N \\
&t = X_0\sqrt{N-1}/S
\end{aligned}
\tag{11.11}
$$

式中，ΔD_i^1 为直径生长量的实际值；ΔD_i^2 为直径生长量的预测值；N 为 61；X_i 为直径生长量实际值与预测值的误差。

计算得出 t 的绝对值为 1.8523，查表得 $t_{0.05}(60) = 2.000$，因此，直径连年生长量的实际值和预测值无显著差异。

利用未参加建模拟合回归的 4 块固定标准地材料，从每块标准地内随机选取 3 株作为样本，对人工神经网络单木直径竞争生长模型进行检验，结果见表 11.2。

表 11.2　杉木人工林单木生长量的预估检验

样本号	生长量实测值/(cm/年)	生长量预估值/(cm/年)	相对误差	精度
1-1	0.45	0.416	0.075	92.4
1-2	0.22	0.207	0.059	94.1
1-3	0.15	0.132	0.120	88.0
2-1	0.55	0.538	0.022	97.8
2-2	0.37	0.354	0.043	95.6
2-3	0.29	0.301	–0.038	96.2
3-1	0.33	0.311	0.058	94.2
3-2	0.45	0.473	–0.051	94.8
3-3	0.18	0.207	–0.150	85.0
4-1	0.67	0.704	–0.051	94.9
4-2	0.15	0.168	–0.120	88.0
4-3	0.50	0.353	–0.070	93.0

通过上述 12 株样本的对比分析，可以认为人工神经网络单木直径竞争生长模型的预估精度较高，能满足林业生产的需要。

11.4　小　　结

人工神经网络是一类基于生理学的智能仿生模型，是由大量处理单元组成的非线性自适应动态系统，具有良好的自适应性、自组织性及很强的学习、联想、容错和抗干扰能力。本书在 von Bertalanffy 生长理论的基础上，建立了基于人工神经网络的单木直径潜在生长模型和竞争生长模型，利用相对植距和相对优势度构造修正函数，适用于人工林的单木直径竞争生长分析。该模型应用方便，解决了林木生长量建模难的问题。人工神经网络在林分生长模拟方面具有很强的优势，能处理极其复杂的问题。本实践开辟了将人工神经网络模型用于林木生长模拟的新的应用领域。

第 12 章　林分密度理论与林分密度分布模型

12.1　引　　言

林分密度是指单位面积上林木的株数。早期主要借用植物或动物学中的密度概念，即单位面积上的个体数量来描述。例如，美国林业协会于 1950 年编写的《美国林业词典》中将林分密度定义为单位面积上(1 英亩[①])通过林分测定得到或可表达的反映立木疏密程度的数量指标，主要指单位面积林木株数、胸高断面积和林木材积，不包括后来出现的各种竞争程度、面积占有度、林分郁闭度等相对指标。1982 年，Clutter 和 Davis 指出林分密度是林分树木统计计量的直接函数，如断面积、每英亩株数、树冠竞争因子或各种其他密度指数。林分密度实际是林分的一个可测量属性，但并不是一个简单的数字概念，还涉及林分生长与发育全过程中生理变化及生态环境变化，这些变化对林木生长发育有着极大的影响。

从目前各国对林分密度研究进展来看，林分密度不仅是数量指标，还包括了质量指标，如光合作用、生物量、干形、出材率、经济材种等。由此可见，林分密度既能说明林木对其所占空间的利用程度，又是影响林分生长和产品产量、品质的重要因子。林分密度是林分特征的标志，能评定、反映和说明林分内林木对其所占空间(包括地上、地下营养和生态空间等)的利用程度。林分密度既可以用绝对指标，也可以用相对指标来进行描述，还可包括反映林分平均水平的指标，或是反映林分内局部地块或点竞争、疏密程度的点密度指标。

林分密度是形成群体结构的最主要因素之一。研究林分密度的意义在于充分了解由各种密度所形成的群体及组成该群体的个体之间的相互作用规律，从而在整个林分生长发育过程中能够通过人为措施形成合理的群体结构，既能使个体有充分发育的条件，又能最大限度地利用空间，使整个林分获得最高产量，并培育优良干形，提高出材率和木材品质等，从而获得最高经济效益或发挥森林最大的防护效能。

Daniels(1979)等认为：“林分密度是评定某一立地生产力的、仅次于立地质量的第二重要因子。其所以成为重要因子，乃由于林分密度是林业工作者能够用以干预林分生长发育的主要因子。”他们还认为，“造林学家们通过调节林分密度，可以影响更新期树种的确定和林分生长发育期中改善树干品质、直径生长率、蓄积量、平均生长量。”

从实践得知，通过从树种和立地条件选择的角度来提高立地指数的潜力并不大；通过加大营林投入的方法，投入产出比太低，如平均提高立地指数 0.5(这样会花费大量的劳力和资金)，仅能提高平均单产 3%，因此，营林工作的重点应放在密度控制上。

---

① 1 英亩=0.404 856hm^2

12.2　林分密度理论

由于在造林或森林经营活动中都涉及林分密度，对林分密度的研究起步较早，但都只限于对现有林分的实测或计算，且确定林分密度时多凭个人实践经验，难免存在局限性。自从 Reineke(1933)提出林分密度竞争效应以来，林分密度研究才进入理论研究阶段，从此以后各国林学家相继提出了一系列研究林分密度及其表示的方法。

12.2.1　Reineke 关于林分密度与直径的关系及数学模型

Reineke 提出的林分密度与平均直径的关系为林分密度理论奠定了基础，但由于当时生产力水平低下，该理论并未在实践中得到广泛应用。直到"林分竞争密度理论"出现并发展到一个新阶段后，Reineke 理论才发挥巨大作用，为编制林分间伐表、断面积、蓄积标准表、林分密度控制图等奠定了坚实的理论基础。

Reineke 认为：在没有间伐过的非常密集的林分里，随着林分生长，林木相互竞争愈来愈剧烈，竞争结果是劣势木枯死，在充分密集林分里，密度与直径的关系为

$$N=aD^{-b} \tag{12.1}$$

或

$$\log N=\log a-b\log D \tag{12.2}$$

式中，N 为单位面积株数；D 为林分平均直径；a、b 为待定参数。

Reineke 在对 14 个树种研究分析后，得出如下经验方程。

$$\log N=-1.605\log D+K \tag{12.3}$$

式中，K 为因树种而变的常数。

Reineke 称式(12.3)为基准线，表示各树种对应某平均直径的最大株数，与地位级、年龄无关。

12.2.2　林分密度与产量理论

吉良等以林木为对象，进行了密度与单位面积产量方面的研究；扇田正二、四手井纲英、坂口等也做过调查，认为草本植物密度理论中的单位面积产量(Y)、平均个体质量(m)与密度(N)的关系为

$$m=KN^{-a} \tag{12.4}$$

$$Y=KN^{(1-a)} \tag{12.5}$$

$$1/m=A+BN \tag{12.6}$$

$$1/Y=A+B/N \tag{12.7}$$

式中，K、a、A、B 都为随时间而变化的常数。

式(12.4)～式(12.7)适用于大部分树种密度与材积之间的关系。

(1)林分密度与平均单株材积的关系　平均单株材积随密度的减小而增大，密度与平

均单株材积的关系式为

$$1/V=aN+b \tag{12.8}$$

式中，V 为平均单株材积（m^3/株）；N 为单位面积株数（株/hm^2）；a、b 为随时间（或生长阶段）而变化的常数。

式（12.8）称为竞争密度效应倒数式。

（2）林分密度与单位面积产量的关系　立地条件相同的林分中，在林分未充分郁闭前，产量随密度的增加而上升；达到充分郁闭阶段时，产量不因立木密度的增加而出现明显的差异；至成熟林阶段时，不同密度林分的产量非常接近。密度与单位面积产量（Y）之间的关系式为

$$1/Y=a+b/N \tag{12.9}$$

式（12.9）称为产量密度效应倒数式。

式（12.8）和式（12.9）也称为密度法则，不仅适用于整株林木的鲜重和干重，也适用于枝、干、根、叶等各部分的材积。

（3）最大密度线　从理论上说，林分密度愈大，单位面积产量愈高，平均单株材积愈小。但在实践中不可能无限制增加密度，使个体无限缩小，因为林木各个生长阶段的密度均有其上限，超出此上限后，林木相互之间的激烈竞争将导致劣势木枯死，从而实现自然稀疏。林木各生长阶段的最大密度和与该密度相适应的平均单株材积的关系式为

$$Y=KN^{-(3/2)} \tag{12.10}$$

这是在高等绿色植物中广泛存在的基本规律，称为二分之三乘则，说明了平均个体能够长成最大个体时的最大密度，因此也称为最大密度线。

以上竞争密度规律、产量密度规律和最大密度线规律是研究、编制林分密度控制图和建立林分生长模型的理论基础。

12.3　林分密度的基本形式

林分密度指标是具体衡量、评定林分密度的尺度。选取适当的指标是林分密度研究的前提。由于目的、用途不同，林分密度所选用的因子、计测方法、表示形式也各不相同。因此，用来反映或说明林分密度的指标也很多，如单位面积株数、立木度、最大株数比、断面积、蓄积量、疏密度、最大密度、经济密度、适宜经营密度、密度指数、树木断面积比、树冠竞争因子、树冠投影面积、树冠表面积、郁闭度等。

理想林分密度指标因子的选取，研究学者各有侧重。例如，C. A. Bickford 等于 1957 年提出该因子在选择时应便于应用、便于与材积生长相联系；S. H. Spur 于 1952 年提出该因子应与林分年龄和其他特征无关，也与生境质量无关；1983 年，J. L. Cutter 认为该因子应具有生物学意义，且与林分生长和收获等高度相关；T. W. Danie 于 1979 年提出其应该是测定方法简便，不随经营目的而改变，在整个林分的各个发育阶段，测定方法便于前后一致。具有这些全部性能的指标较少，实际运用时一般只能根据研究或使用目的和具体环境而有所侧重。

综合各时期提出的指标，林分密度指标可分为两大类：一类是以整个林分为对象的平均林分密度指标；另一类是反映局部地块或个体树木空间利用情况的点密度指标。

平均林分密度指标包括用单位面积上株数(N)、胸高断面积(G)和林分材积(V)表示的早期指标，这些指标曾较广泛地应用于林分生长收获预估和密度管理中；后来，基于林分的极端状态——最大密度林分和处于孤立状态的林木及最符合经营目的的理想状态林分，又提出了不少的林分密度指标，如 L. H. Reineke 在 1933 年根据最大密度林分的平均直径与林分株数的关系，提出 T 林分密度指数(SDI)的概念：H. H. Chisman 和 F. X. Sehumaeher 在 1940 年提出了树木占有度的概念；J. E. Krajicek 等于 1961 年根据既定直径树木树冠的水平投影面积与相同直径的疏开生长林木最大树冠面积之比，提出适用于同龄林及异龄林的树冠竞争因子(CCF)指标，该指标不受年龄、立地关系的显著影响，A. R. Stage 于 1973 年在生长量和收获预估中，已开始使用该指标；T. J. Drew 和 J. W. Flewelhng 于 1979 年提出了一种与 SDI 相似的新林分密度指数概念，认为天然林中平均木最大的蓄积值和株数之间有固定的关系，并利用这个关系定义了相对林分密度，将密度与林分直径、树高、断面积、材积及其生长联系起来，能够方便地得到林分密度管理图。H. M. Hart 于 1928 年用树木之间的平均距离与优势木平均高度的比作为林分密度的一个指标。平均林分密度指标反映林分密度的总体水平，未考虑树木的空间分布和大小分化差异，通常仅适用于分布比较均匀、树木大小比较接近的人工同龄林。

点密度是反映对象木受周围一定范围内竞争木的竞争或被压程度的标志。点密度指标不仅考虑了林木个体的大小、空间配置，还考虑到小生境内林木所受到的竞争压力，从而将林分密度研究从林分水平进入单木竞争水平。20 世纪 60 年代，自 H. Spurr 在 1962 年首次提出估计点密度的角规测定法以来，这类指标大量用于林分单木模型的研究中(Newham and Smith，1964；Ople，1968；Arney，1973；Ek and Monserud，1974；Szondy et al.，1974；Bella，1971；Lin，1969；邵国凡，1985；韩兴吉，1985；袁小梅和王久丽，1992；励龙昌，1988；张少昂，1986)。点密度指标的分类，主要是根据指标中是否考虑了对象木与竞争木的距离即竞争圈大小的确定，分为与距离有关和与距离无关的指标，关玉秀和张守攻(1992)提出了一种新的分类系统，根据构造中使用的测树信息情况将点密度指标分为非完备型和完备型两大类，并对各类中的各个指标进行了评价，如 Lemoon 和 Sohumaoher 于 1962 年提出的无边界林地胸高断面积竞争指标；Bella 于 1971 年提出的重叠指数(CIO)；Arney 于 1973 年提出的竞争压力指数(CSI)；Lin 于 1969 年提出的生长空间指数(GSI)；Hegyi 于 1974 年提出的简单竞争指数(CI)；Hatch 于 1975 年提出的生长势(ECSA)指数和多种直接以对象木状态的绝对或相对值表示的与距离无关的指标；邵国凡(1989)、关玉秀(1987)、张守攻等(1993)有关于这方面的综述。

尽管林分密度的指标很多，但最常用的是株数密度、密度指数、疏密度等指标。

12.3.1 株数密度

单位面积上的活立木株数称株数密度或密度，常用每公顷上的林木株数(株/hm^2)表示。株数密度是一个应用最为普遍的密度指标，单位面积株数的多少可直接反映出林分中每株林木平均占有林地面积的大小。例如，5000 株/hm^2 意味着每株林木平均占地有 2m^2。株数密度作为密度指标具有直观、简单易行的特点，广泛用于反映人工林密度。在实际生产中，株数密度是造林、抚育间伐、森林经营和森林调查设计中最常用的指标。但由于株数密度考虑了林分中个体的多少，没考虑个体的大小及其空间格局(林木在林地上的分布)，该密度指标仅适用于林木分布比较均匀、林木直径差异不大的初植人工林，因此，该密度指标常作为人工林初植时的林分密度。

12.3.2　林分密度指数

林分密度指数是 Reineke 提出的密度指标。Reineke 认为，对于完满立木度林分，若 D_0 为标准直径，近似等于常数。同一树种、同一经营历史的林分，具有完满立木度时，相同平均直径时应具有基本一样的林木株数。直径为 D、株数为 N 的现实林分密度指数为

$$S = N\left(D/D_0\right)^{\beta} \tag{12.11}$$

式中，S 为密度指数(株/hm^2)；β 为待定参数。

密度指数是由现实林分的株数换算到标准平均直径(也称比较直径)时所具有的单位面积林木株数，是对应于标准直径带有相对概念的一种密度指标，是直径与株数的综合尺度，不仅能表示单位面积株数的多少，也反映了林木的大小。因此，林分密度指数被认为是一种适用性较广的密度指标。对同一树种的不同林分来说，最大密度线比较稳定，为以林分密度指数作为比较同一树种不同林分密度的指标奠定了基础。但是，在林分的初期生长(未郁闭)阶段，林分的密度指数是不稳定的。另外，由于天然林中林木空间格局不均匀，林分平均直径与林木株数之间的关系不稳定，也不宜采用林分密度指数作为密度指标。相对而言，林分密度指数宜作为人工林的密度指标。

12.3.3　林分疏密度

单位面积林木胸高断面积的绝对值称为林分的绝对疏密度。现实林分断面积与标准林分相应的平均树高断面积之比，以十分法表示，称为相对疏密度，即常称的林分疏密度，是林分上最常用的密度指标之一。

$$P=G/G_{1.0} \tag{12.12}$$

式中，P 为林分疏密度；G 为林分断面积(m^2/hm^2)；$G_{1.0}$ 为疏密度为 1.0 时的断面积(m^2/hm^2)。

疏密度的大小说明了林木对所占林地面积的利用程度和立木蓄积量的多少。林分疏密度是一个相对密度指标，是东欧、苏联和我国最常采用的林分密度指标之一。

一般认为，当林分的疏密度达到 0.9 时，应对林分进行间伐，经营合理的林分，其疏密度不应低于 0.7。

根据疏密度指标，标准林分可理解为“某一树种在一定年龄、一定立地条件下最充分利用所占有空间的林分”，疏密度为 1.0。在实际应用中，确定疏密度时是根据现实林

分的平均高由标准表查得标准林分的每公顷胸高断面积，利用式(12.12)即可求出该林分的疏密度。

疏密度作为相对的林分密度指标，较直观地反映了林分的疏密程度，受林分年龄和立地条件的影响较小。但是，由于确定林分疏密度时，需要使用标准表，因此标准表的质量成为疏密度指标反映现实林分密度准确程度的关键。

12.3.4　林分郁闭度

树冠的投影面积与林地面积之比称为郁闭度。林分郁闭度反映了树冠的闭锁程度和树木利用空间的程度。

由于林冠垂直投影面积是一个难以准确测定的因子，因此，郁闭度的测定比较困难，在实际工作中，多采用样点法测定：于样点内机械设置 100 个样点，在每个样点上分别垂直仰视树冠，判断样点是否为树冠覆盖，统计被覆盖的点数与样点总数之比，即可计算出郁闭度。由于郁闭度采用样点法估算，其方法简单、概念直观，且由于郁闭度与疏密度之间存在着一定的关系，在营林工作中，常采用郁闭度作为林分密度指标。一般认为，对郁闭度达到 0.9 以上的林分应进行间伐，合理经营的林分，其郁闭度不应小于 0.6。

12.3.5　林分密度分布模型

人工同龄林中，由于林木间的相互竞争，林木直径随着年龄的增大而产生分化，研究者专门研究了林分中的林木株数按径阶的分布规律及该分布规律随时间的变化情况，并提出了林分树高分布模型。

林分结构规律是指林分内部特征因子(如直径、树高等)的分布状况，是编制森林经营数表、设计经营技术及进行林分调查的理论基础。但由于林分结构规律十分复杂，目前研究多以同龄纯林的直径分布为主，对树高分布规律的探讨较为少见。

同龄纯林的直径分布近似于正态分布，多用 Weibull 分布函数来描述杉木人工林的直径分布规律。同龄纯林中，树高一般呈现为非对称的单峰山状曲线，直径与树高的相关曲线模型可表示为 $H=aD^b$，可通过直径分布的 Weibull 函数推导出树高分布的数学模型。

12.3.6　杉木人工林直径分布模型

直径分布规律是林分结构规律最基本的内容，对其研究的报道也较为多见。大量的研究表明，描述同龄纯林的直径分布规律以 Weibull 分布函数较好。

(1) 杉木人工林直径分布的 Weibull 函数　Weibull 分布密度函数为

$$f(x)=\frac{c}{b}\left(\frac{x-a}{b}\right)^{c-1}\exp\left(-\left(\frac{x-a}{b}\right)^{c}\right) \tag{12.13}$$

$$x>a,b>0,c>0$$

式中，a 为位置参数；b 为尺度参数；c 为形状参数。

当 Weibull 分布形状参数 c =1～3.6 时，为单峰左偏山状分布；当 c<1 时，为倒“J”型分布；当 c=1 时，为指数分布；当 c =2 时，为 x^2 分布，即 Rayleigh 分布；当 c=3.6 时，

为近似正态分布；当 $c \to \infty$时，变为单点分布。由于这些性质，Weibull 分布函数在拟合林分直径分布规律时，具有很强的灵活性和实用性，因而在国内外被广泛采用，取得了很好的效果。

通过对式(12.13)求积分，得出 Weibull 分布函数为

$$F(x) = \exp \frac{x^c}{b} \tag{12.14}$$

若已知直径分布的密度函数为 $f(x)$，则林分各径阶的理论株数为

$$n_i = NWf(d_i) \tag{12.15}$$

式中，n_i为第 i 径阶的理论株数；N 为林分的总株数；W 为径阶距；d_i为第 i 径阶的中值。

(2) Weibull 分布密度函数的参数求解　对已知林分直径的样地，其 Weibull 分布密度函数的参数求解主要有 4 种方法：最大似然估计法、百分位数法、线性求解法和近似估计法。本研究采用西泽正久的近似求解方法来计算参数 a、b、c。

由于 Weibull 分布函数的一阶原点矩为林分算术平均胸径 $\overline{D}$，二阶原点矩为林分平均直径 D_g 的平方，即

$$\begin{aligned} D &= a + b\Gamma(1+1/c) \\ D_g^2 &= b^2\Gamma(1+2/c) + 2ab\Gamma(1+1/c) + a^2 \end{aligned} \tag{12.16}$$

式中，位置参数 a 一般定义为林分中最小林木直径，这样只要给定林分算术平均胸径和平方平均胸径，通过式(12.13)反复迭代，即可求得尺度参数 b 和形状参数 c。

(3) Weibull 分布密度函数参数的预估模型　上述 Weibull 参数求解是建立在已知林分直径分布规律上的。为了更好地模拟未知林分的直径分布情况，有必要根据林分的其他因子对参数进行预测。Weibull 分布函数的三个参数与林分特征因子之间存在着密切关系，利用 135 块样地的参数 a、b、c 与相关的林分特征因子，采用多元回归分析方法建立回归关系式，即可得到 Weibull 分布参数的预估方程。

利用 135 块样地的参数 a、b、c 与林分平均直径、平均高、株数密度、立地指数进行回归拟合，结果为

$$\begin{aligned} a &= 5.2309 D_g^{0.4536} H_g^{-0.0984} N^{-0.1911} \mathrm{SI}^{-0.1816}, R = 0.9034 \\ b &= 0.3066 D_g^{0.9952} H_g^{-0.1206} N^{-0.0125} \mathrm{SI}^{0.8477}, R = 0.9293 \\ c &= 6.8324 D_g^{0.0820} H_g^{-0.0148} N^{-0.3274} \mathrm{SI}^{0.0861}, R = 0.9335 \end{aligned} \tag{12.17}$$

式中，D_g 为林分平均直径；H_g 为林分平均高；N 为林分株数密度；SI 为立地指数；R 为相关系数。

式(12.15)～式(12.17)构成了湖南杉木人工林的直径分布模型。

12.3.7　杉木人工林的树高分布模型

(1) 杉木人工林树高与直径的相关模型　徐德应和刘景芳(1993)通过比较分析 4 种传统的树高曲线经验模型，以及以柱体屈曲理论为依据的树高曲线理论模型，得出湖南省会同县杉木人工林的树高与直径的最优相关模型为

$$H = aD^{2/3} \tag{12.18}$$

式中，H 为树高；D 为直径；a 为待定系数。

同时考虑到不同立地条件的林分，其参数 a 的值是变化的，可将式(12.18)修正为

$$H = a_1\mathrm{SI}^{a_2}D^{2/3} \tag{12.19}$$

式中，H 为树高；D 为直径；SI 为立地指数；a_1 和 a_2 为待定参数。

利用 135 块样地资料对式(12.19)进行回归拟合，结果为

$$H = 0.4921\mathrm{SI}^{0.5809}D^{2/3} \tag{12.20}$$

相关系数 R=0.9734。

(2)杉木人工林的树高分布模型　在理论上，若树高与直径之间存在 $H=mD^n$ 的关系，当林分直径分布服从 Weibull 分布时，林分树高也应服从 Weibull 分布，即如果 D 服从 Weibull 分布，就有直径分布的密度函数：

$$f(D)=\frac{c}{b}\left(\frac{D}{b}\right)^{c-1}\exp\left(-\left(\frac{D}{b}\right)^{c}\right) \tag{12.21}$$

若存在 $H=mD^n$，通过对式(12.21)积分，有

$$F(H)=1-\exp[-(H/B)c] \tag{12.22}$$

且存在：$B=mb^n$；$C=c/n$。

对于杉木人工林而言，m=0.4921，SI=0.5309，n=2/3，结合式(12.20)～式(12.22)有

$$\begin{aligned}B &= 0.2237D_{\mathrm{g}}^{0.6685}H_{\mathrm{g}}^{-0.0804}N^{-0.0088}\mathrm{SI}^{0.7627}\\ C &= 10.2486D_{\mathrm{g}}^{0.082}H_{\mathrm{g}}^{-0.0148}N^{-0.8274}\mathrm{SI}^{0.0861}\end{aligned} \tag{12.23}$$

式(12.23)为树高的分布函数，式(12.20)和式(12.23)组成了湖南杉木人工林的树高分布模型。

12.3.8　杉木人工林树高分布模型的检验

(1)树高分布模型参数 B、C 的检验　树高分布模型的拟合精度取决于参数 B、C 的预估精度，因此首先必须对参数 B、C 进行预估精度分析和假设检验。将利用最大似然估算法计算出的 35 块检验样地的树高分布函数参数 B、C 作为实际值，利用式(12.23)的计算结果作为参数 B、C 的理论值，进行对比检验。

1)参数 B、C 的预估精度：假设参数 B、C 的实际值为 x_i，理论值为 y_i，i=1,2,⋯,35。

$$\begin{aligned}\overline{Y} &= \frac{\sum_{i=1}^{35} y_i}{35}\\ S &= \sqrt{\frac{\sum_{i=1}^{35}\left(x_i - y_i\right)^2}{34}}\\ e &= \frac{t_{0.05}(34)S}{\overline{Y}\sqrt{35}}\\ p &= 1 - e\end{aligned} \tag{12.24}$$

式中，S 为标准差；e 为相对误差；p 为精度。

通过 35 块全林测高样地的计算得出：参数 B 的精度为 96.48%；参数 C 的精度为 95.36%。因此可以认为这种推导方法能保证精度。

2) 参数 B、C 的成对数据比较假设检验：假设参数 B、C 的实际值为 x_i，理论值为 y_i，n=35，有

$$
\begin{aligned}
k_i &= x_i - y_i \\
k_0 &= \frac{\sum_{i=1}^{35} k_i}{35} \\
S^2 &= \frac{\sum_{i=1}^{35} (k_i - k_0)^2}{35} \\
t &= k_0 \frac{\sqrt{n-1}}{S}
\end{aligned}
\tag{12.25}
$$

通过对 35 块全林测高样地资料的计算，结果分别为：参数 B 的 t 值为−1.9483，参数 C 的 t 值为−1.6952，查数理统计表得 $t_{0.05}(34)$=2.02，则对参数 B 和 C 均有 $|t| < t_{0.05}(n-1)$，所以可以认为这种推导方法得出的分布模型，其参数理论值与实际值无显著差异。

(2) 树高分布模型的拟合效果　为了进一步说明这种推导方法的可行性，随机抽取 5 块全林测高的样地资料进行树高分布拟合效果分析，结果见表 12.1。

表 12.1　树高分布模型的拟合效果

样地号		树高级/m									株数合计
		4	6	8	10	12	14	16	18	20	
1	实际株数	3	17	30	42	19	12	7	2	1	133
	理论株数	3	18	31	40	20	12	6	2	1	133
2	实际株数	7	26	32	40	16	11	5	2		139
	理论株数	8	26	31	42	15	10	6	1		139
3	实际株数	4	12	24	31	34	21	8	5	1	140
	理论株数	3	12	25	30	33	21	9	6	1	140
4	实际株数	18	35	59	30	19	12	7	3		183
	理论株数	17	35	60	31	18	11	8	3		183
5	实际株数	3	17	33	42	15	7	3	2		122
	理论株数	4	18	31	43	15	6	4	1		122

由表 12.1 可以看出，树高分布理论株数与实际株数比较接近，拟合效果较好。两者不相等是正常的，因为 Weibull 分布函数参数的解均为近似值，同时理论上树高曲线方程的相关指数为 1.0，所以拟合的理论株数仅为实际株数的近似值。

综合上述 3 个方面的检验论证，用直径分布模型结合树高曲线模型推导出树高分布模型的方法，对于同龄纯林是可行的，且精度高，简便实用。

用 Weibull 分布函数来模拟会同杉木人工林的分布规律，效果很好，其 3 个参数可用林分平均直径、平均高、林分密度和立地指数 4 个因子进行预测。

用直径分布的 Weibull 分布函数，结合树高与直径的相关关系模型可以推导出树高分布的 Weibull 分布函数，方法简单，拟合效果好，但拟合精度取决于树高与直径相关模型和直径分布模型的精度。

12.4　杉木人工林最佳经营密度的确定

12.4.1　现行确定林分经营密度的方法

最佳经营密度一直是林业科学研究希望寻求和得到解决的问题，关于最佳经营密度的概念目前还没有一致的结论，一般指生产力最高林分的密度，而且必须与经营目的、栽植密度及之后的抚育方式、林分的整个生长发育过程联系起来。不同树种的生物学特性和不同的立地生态特性都影响着最佳密度的确定，因此最佳密度并非一个确定值，而是一个具有一定范围的区间值，称最佳密度上下限。Daniels 等(1986)认为，在短伐期的用材林内，对许多中度耐阴树种来说，只要疏伐后的断面积不越出最佳立木度上下限，生长量几乎是常数，因此最佳密度在森林中是有弹性的，在相应的密度控制时，也往往具有最高和最低疏伐强度约束内的灵活选择性。另外，最佳密度必须结合林分整个生长发育过程，与主伐年龄等相联系，如果以离散的各个阶段来描述，则最佳密度不一定是某个阶段的最佳状态，而是着眼于整体目标的最适密度序列，因此密度问题实际上可以看成是最优控制问题，即寻求一种密度控制规律，使林分生长系统在其作用下，从某一初始状态(如株数、断面积、材积)转移到某个要求的终端状态(如最后主伐时的状态)，并保证生长最快、材质最佳、收获或收益等最大，通过收获与生长关系、生长与密度关系及生长、密度与时间关系等建立性能指标函数，然后按数值或泛函求解法得到满意的结果。

如何确定林分的合理经营密度，有许多文章进行过论述，大体可分为下面两类。

(1) 密度试验的方法　密度试验是在相同的立地条件下，选择不同年龄、不同密度的标准地进行定期观测，或进行不同间伐强度的对比试验，以确定各年龄时期的最适密度，目的是“保持林分的连年生长量最大”。例如，苏联 H. H. 斯瓦济夫在他所著的《林分生产力的数学模型和森林利用理论》一书中，采用具有最大连年生长量的标准地作为设计最优疏密度和蓄积量的依据。

进行密度试验时，如果采用固定标准地的方法，要求标准地数量多，观测时间长，其工作量很大。迄今为止，尚未见到比较全面系统的试验结果。但采用临时标准地的方法，却人为割断了林分的连续生长过程，结果的真实性将因立地条件的微小差异而被歪曲，因此疏伐策略很难保证株数的变化连续合理。

(2) 根据林木个体空间大小确定单位面积上的株数　根据林木个体空间大小确定单位面积上株数的理论依据是：林木个体越大，需要的营养空间也越大，因此单位面积上的株数宜相应减少。林分密度有两种确定方法：①根据树冠冠幅的大小来确定，即根据胸径与冠幅的大小来确定各种平均直径的单位面积株数；②根据平均直径与株数的关系来确定，即林分密度指数的方法。

12.4.2　控制理论在林分密度管理中的应用

确定林分适宜经营密度是科学经营人工林的关键技术之一，在理论和生产实践中均十分重要。目前确定林分适宜经营密度的方法主要有：密度试验法；根据林木个体空间大小确定密度法；利用控制理论确定林分密度法；动态规划法等。动态规划 (dynamic programming，DP) 是解决多阶段最优决策问题的有效方法，目前在林分密度优化研究中已经比较成熟。Arimizu 在 1958 年利用 DP 方法研究了商用林分的中间利用 (疏伐) 调整问题；Amidon 和 Akin 在 1968 年认为密度问题满足构成 DP 模型的条件，提出使用该方法解决密度控制问题，且比较了 DP 方法和边际分析法后，认为 DP 方法更为适用；Brodie 等于 1978 年、1979 年建立了解决疏伐问题的三维状态模型，早期在这些方面的研究全部是离散阶段、离散状态的优化问题，尽管对疏伐的多阶段决策有一定作用，但这些研究中的目标函数求解递推描述不明确，导致理解上有困难；且多数缺乏生长模型，因而缺乏直接与诸如林分密度、平均胸径等决策变量相结合的目标函数。生长模型中仅考虑年龄作为变量，不能反映疏伐后引起的直径或林分其他特征的变化，DP 研究中逐渐克服了这些不足，模型有了一些改进。Chen 等于 1980 年推导出了一个离散阶段状态连续求解最适保留断面积的 DP 模型；Ritters 等于 1982 年运用 DP 方法求出了西黄松木材和饲料两种关联产品 (timber-forage joint production) 的最优疏伐和主伐策略；Kao 于 1982 年建立了解决密度问题的概率动态规划模型，可在不同风险系数下求出最优密度；Mattin 和 Ek 于 1982 年将树木个体生长模型与 DP 方法相结合，求出了美国赤松的疏伐和主伐策略；Haight 于 1985 年用与距离无关的单木模型与 DP 方法相结合，确定了最优的主伐措施和主伐年龄。通过这些研究，产生了生长模型，包括简单的全林分模型或复杂的单木模型，大大丰富了 DP 在密度优化中的应用。

由于动态规划方法在理论上的优越性，不管林分现实密度状况如何，都可以得到从当前至主伐期的最优林分密度经营路线，所以该方法非常适合用来解决杉木人工林经营密度问题。

1. 杉木人工林适宜经营密度模型的组建

(1) 林分密度二次效应模型　由于二次效应模型在动态规划中的寻优过程中具有良好的数学性质，本书以该模型作为基础模型，即

$$M = b_1 H_t^{b_2} N - b_3 H_t^{b_4} N^2 \tag{12.26}$$

式中，M 为林分单位面积蓄积量 (m^3/hm^2)；H_t 为林分优势木的平均高 (m)；N 为林分株数密度 (株/hm^2)；b_1、b_2、b_3、b_4 分别为待定参数。

利用 115 块杉木人工林样地对式 (12.26) 进行拟合，结果为：b_1=0.0002701；b_2=

2.8358635；b_3=5.9875 × 10^{-9}；b_4=3.614917112；相关系数 R=0.8839。

(2) 杉木人工林林分平均优势高模型　根据邱学清等(1992)提出的模型有

$$H_t = \mathrm{SI} \cdot \exp\left(\frac{b}{t} - \frac{b}{20}\right) \tag{12.27}$$

式中，H_t为林分平均优势高(m)；SI 为立地指数；t 为林分年龄；b= −12.17515。

(3) 杉木人工林适宜经营密度模型　以立木密度 N 作为控制变量，以林分蓄积量作为状态变量，林分密度控制的决策过程状态转移方程为

$$N_{i+1} = N_i - n_i \tag{12.28}$$

$$M_{i+1} = M_i - V_i + \Delta M_{i,i+1} \tag{12.29}$$

$$i=1,2,3,\cdots,j$$

式中，N_i、N_{i+1}分别为第 i 次采伐前、后的立木密度(株/hm²)；n_i为第 i 次采伐的株数(株/hm²)；V_i 为第 i 次采伐的材积(m³/hm²)；M_i、M_{i+1} 分别为第 i 次和第 i+1 次采伐前的蓄积量(m³/hm²)；$\Delta M_{i,i+1}$ 为第 i 次采伐至第 i+1 次采伐之间的林分蓄积增量(m³/hm²)，第 j 次为主伐。

边界条件：

$(N_1, M_1) = (N_0, M_0)$

$(N_{j+1}, M_{j+1}) = (0,0)$

性能指标函数：

$$T = R_1 + R_2 + \cdots + R_j = \sum_{i=1}^{j} R_i \tag{12.30}$$

式中，R_i 为第 i 次的采伐量(m³/hm²)。

最优林分密度控制，就是要寻找最优控制序列$\left(N_1', N_2', \cdots, N_j'\right)$，使林分生长系统在其作用下，从初始状态运行到终点状态，实现性能指标 T 取得最大值，即

$$T' = \max\left(\sum_{i=1}^{j} R_i\right) \tag{12.31}$$

式中，R_i 为第 i 次的采伐量。

用动态规划方法求解式(12.31)，可以导出林分最优经营密度模型。在 j 次决策中的第 i 次有

$$N_i' = b_1\left(H_{i+1}^{b_2} - H_i^{b_2}\right) / 2b_3\left(H_{i+1}^{b_4} - H_i^{b_4}\right) \tag{12.32}$$

式中，N_i'为第 i 次采伐前的立木密度(株/hm²)；H_i 为林分平均优势高。

式(12.32)就是以林分密度二次效应蓄积收获模型为基础的动态规划林分经营密度模型。

2. 杉木人工林适宜经营密度的确定

(1) 杉木人工林间伐开始期和间隔期　杉木人工林的间伐技术指标见表 12.2。

表 12.2　杉木人工林间伐技术指标表

立地条件类型	间伐开始期	间隔期/年	次数	主伐年龄/年
差　$S_i \in [6,12]$	—	—	—	—
中　$S_i \in [14,18]$	第 8 年	4	3 次	21
好　$S_i \in [20,\infty]$	第 6 年	4	3 次	25

(2) 杉木人工林平均优势高的计算　根据式(12.27)，可计算出杉木人工林不同年龄阶段的林分平均优势高，结果见表 12.3。

表 12.3　杉木人工林平均优势高　（单位：m）

S_i	年龄								
	6	8	10	12	14	16	18	21	25
14		5.62		9.33		12.02		14.41	
16		6.42		10.66		13.74		16.47	
18		7.22		11.99		15.45		18.53	
20	4.83		10.88		15.41				22.59
22	5.32		11.97		16.95				24.85
24	5.79		13.06		18.49				27.11

(3) 杉木人工林适宜经营密度的计算　将式(12.26)中的模型参数 b_1、b_2、b_3、b_4 和杉木人工林不同年龄阶段的林分平均优势高代入式(12.32)中，可得到杉木人工林的适宜经营密度，见表 12.4。

表 12.4　杉木人工林的适宜经营密度　（单位：株/hm^2）

S_i	年龄					
	6	8	10	12	14	16
14		3591		2775		2357
16		3237		2501		2125
18		2954		2282		1938
20	3337		2345		1755	
22	3096		2177		1630	
24	2894		2035		1532	

12.5　小　结

本章对林分密度理论进行了系统论述，建立了杉木人工林直径分布模型和树高分布模型，提出了林分密度优化方法。结果表明：对于任意的间伐开始期、间伐间隔期均可由式(12.26)、式(12.27)、式(12.32)所组成的模型计算出任一杉木人工林的最优密度策略；由模型推出，随着林分年龄的增大，保留立木密度越来越小；立地指数越大，保留立木密度越小。

第 13 章　基于神经网络的林分全林整体生长模型

13.1　引　　言

如何科学地经营好森林是一个重大的理论与实践问题，森林资源监测技术是做好森林资源科学经营决策的前提。在森林资源基本要素组成中，林木个体与林木的集合体是一个生长周期长、影响因子多且相互关联、结构十分复杂的生物系统，在正确进行森林经营决策之前，必须掌握林木个体和林分的结构与动态变化规律及预测林木与林分对即将实施措施的反应。因此，利用林分生长收获模型预测林分生长收获量的方法已成为森林经营和管理的重要手段。

森林生长建模是林业信息化的核心与基础技术之一，在林业生产实践中，林木生长和收获模型具有多种用途：模型的预估结果为森林管理决策提供林木资源方面的依据；通过生长模型和经营模型实现资源数据的更新；对各种育林措施的影响和效应进行评价；为采伐计划提供基础数据。随着林业体制改革不断深化，产权交易日益频繁，森林资源资产评估也逐渐成为一种经常性的工作，使得林分生长和收获模型对于林木资产评估具有越来越重要的作用。近期，国际林业研究组织联盟每两年召开一次关于森林生长模型和模拟的专业会议，强调通过模型分析林分对经营措施的反映，分析在林分生长不同阶段的经营措施以取得较好的营林效果。随着计算机技术的发展，利用模型和模拟技术，分析和研究林木、林分生长及其与相关因子的变化规律，为森林经营和森林资源资产评估等提供理论依据，在指导林业生产中具有越来越重要的意义。

迄今为止，林业工作者已建立了许多林木、林分生长收获预估模型以满足不同需要。就目前而言，对林木与林分的生长与经营预测，国内外普遍采用数学模型间接预测方法。这类模型种类繁多，形式多样，如单木生长模型有柯列尔、舒马切尔等众多经验模型，又有 logistic 方程、Mitscherlich 方程和 Richards 方程等具有生物学意义的理论模型。随着运筹学、系统工程、模拟技术、统计技术、控制论、生态学等多学科的交叉与渗透，数学模型如人工神经网络模型、灰色 GM(1,1) 模型、组合预测模型等层出不穷，有许多研究方向。自 20 世纪 60 年代以来，随着数理统计知识和计算机技术的发展，数学模型得到迅速发展，并在森林多资源清查和生长预测中有着许多成功案例，现已成为美国、德国一些先进国家森林资源监测的重要手段。在我国，尽管该研究起步较晚，但经许多学者的努力，取得了许多研究成果。例如，唐守正院士主持的“林分动态模型及模拟技术研究”，提出了全林整体生长模型的概念及模型相容性原理，成为林分生长模型的基础理论。

利用林分生长模型，描述林分各因子的生长过程，已经成为近代林业研究工作的一个重要方法。早期的工作多局限于对单项因子的研究，近年来，一些研究工作者开始考虑多因子的综合描述。

对于一个林分，影响其生长的主要因素归纳起来，可以有林分生长发育阶段、林分生长潜力(环境因素的综合)及林分对林地的利用程度等 3 个综合因子，也就是林分的年龄、林分立地和林分密度因子。如何将林分各主要因子进行综合描述，构造出林分全林整体生长模型，是本章研究的主要内容。

13.2　林分生长数学模型的选定原则

生长模型的选择是建立林分生长与收获模型的基础，要建立林分生长与收获模型，首先就要进行生长模型的选择。大量研究表明，理想的生长模型必须满足以下 3 个主要条件：能够较准确地反映树高、胸径和蓄积量的生长规律；必须在拟合过程中有较高的相关系数和较少的参数；符合生物学特性。

最优林分生长数学模型是指在一定条件下，既能最好地反映林分生长规律和生物学特性，又能精确地用于预测，尽可能多地提供信息的数学模型。建立林分生长数学模型的目的是进行生长预测和编制生长过程表，为生长和经营服务。在建立模型时必须遵循以下 3 个原则。

1. *规范性原则*　规范性原则包含两个方面的内容。一方面是对用于建模的林分对象的规范要求。从理论上讲，建立林分生长数学模型所采用的林分必须是疏密度(P)为 1.0 的标准林分，由于这种标准林分在现实森林中存在的数量较少，经营上达到这种状态的林分也极少，建模时可以以现实林分中存在较多的优质林分作为基础，采用合理的方法提高到最大蓄积量水平。所谓优质林分，是指生长正常、林分结构合理、未经人为破坏和严重自然灾害、疏密度大于 0.7，与标准林分($P=1.0$)相近的林分。优质林分所反映的生长规律与标准林分相同或相似，差异较小，因而建模结果的误差也较小。

规范性原则的另一方面是用于建模资料的系统配套，用作建立林分生长因子数学模型的标准地资料要全面准确，一一对应，相互协调，以使不同的林分因子模型与模型之间具有连贯性，避免利用模型预测时因资料不一致而可能出现的矛盾。

2. *确切性原则*　确切性原则是指林分生长最优数学模型必须确切地反映林分的自然规律。数学模型选优的指标很多，如相关系数、剩余标准差、均方拟合误差等，这些指标从某些方面说明了模型对林分生长反映的准确程度，但是如果只单纯追求这些指标的高低，不考虑模型反映的规律是否与林学原理相符，所选出的模型不一定是真正的最优数学模型。因此，林分生长最优数学模型既要精度高，又要符合林学原理，将数学方法和专业解释紧密地结合起来，以数学方法为手段，以专业的逻辑分析为基础。

3. *实用性原则*　实用性原则包含两个内容：一是建模资料的实用性；二是选出的模型的实用性。要求在能够反映林分生长规律的前提下，尽可能选出形式简单、求解容易、应用方便的模型作为林分生长的数学模型，简化各生长收获模型在实际中的应用过程，更好地将生长模型的理论研究与实际生产联系起来，将科研成果转化为生产力。

13.3 林分生长模型的构思

影响林分生长的主要因素是林分的立地、密度和年龄。早期对林分生长模型的研究工作多限于单项因子，用这种方法制表易造成各表之间相互矛盾。本研究提出基于人工神经网络的全林整体模型的构思。

在全林整体模型中，应包括 4 个统计关系：①断面积(G)和立地指数(SI)、密度指数(S)、年龄(t)的关系。②优势木平均高(H_u)和立地指数、年龄的关系。③优势高和平均高(HP)的关系。④形高(FH)和平均高的关系。基本函数关系如下。

$$G=\frac{\pi}{40000} \tag{13.1}$$

$$S=N\left(\frac{D}{D_0}\right)^{\beta} \tag{13.2}$$

$$M=\mathrm{FH}\cdot G \tag{13.3}$$

式中，D 为林分平均直径；N 为株数；D_0 为密度指数的基准直径，取 D_0=20cm；β为完满立木度林分自然稀疏系数；M 为蓄积量。

13.4 模型系统的构造

13.4.1 立地指数

立地指数是指树种立地生长力的指标。在林地上，不管是有林地还是宜林地，立地性能相同的地段一定具有相同的作用于森林植物群落的综合环境。只有具有在相同综合环境中生长发育起来的同树种同起源的森林，才具有相同的生长发育过程。“立地”不仅指土地因子，也包含森林植物的其他生存空间环境因子。因此，立地质量应理解为广义的生态学肥力等级，是立地的气候肥力和土壤肥力的综合表现。立地质量对森林的作用和影响，表现在其适应性和适宜程度两个方面。不同的树种，由于生物学和生态学特征不同，对同一立地环境会有不同的适应性反应和适宜程度。因此，对不同的树种，其立地质量也有优劣之分。所谓立地质量的优劣，多是相对同一树种而言。评价立地质量的方法有很多，立地指数表法是当前世界上应用广泛，也是比较先进的评定有林地生长力的技术方法。传统的立地指数表的编制采用导向曲线法。

1. 导向曲线法　立地指数是林分优势木平均高在标准年龄时的值。杉木人工林的标准年龄一般取 20 年。

导向曲线法是基于一点法原则发展起来的，首先需要选择一种合适的导向曲线模型，目前较好的模型是一种多项式复合模型，即

$$H_{\mathrm{u}}=a_0+a_1t+a_2t^2+a_3t^3+\frac{a_4}{t}+a_5\ln t \tag{13.4}$$

式中，H_u 为林分优势木平均高；t 为林分年龄；a_0～a_5 为待定参数。

将导向曲线展开成立地指数表，其展开导向曲线公式如下。

$$H_{ij}=H_{ik}\pm\left[\left(H_{oj}-H_{ok}\right)S_{Ai}/S_{Ao}\right] \tag{13.5}$$

式中，H_{ij} 为第 j 指数级、第 i 龄级的树高值；H_{ik} 为导向曲线上第 i 个龄级的树高；H_{ok} 为导向曲线上标准年龄时的树高(取杉木的标准年龄为 20 年)；H_{oj} 为 j 指数级标准年龄时的树高，即该级的指数；S_{Ao} 为标准年龄组的树高标准差；S_{Ai} 为各龄组的树高标准差。

2. 用 BP 神经网络模型模拟优势木平均高(H_u)和立地指数、年龄的关系　导向曲线法所得的立地指数不便于用计算机描述，而立地指数导向曲线本质上就是林分优势木平均高、年龄和立地指数之间的函数关系，即

$$H_u=f\left(\mathrm{SI},t\right) \tag{13.6}$$

式中，H_u 为林分优势木平均高；SI 为立地指数；t 为林分年龄。

可构造 BP 神经网络模型，拓扑结构图见图 13.1。

其网络权重与阈值如下：

```
SI
FROM :   -3.88   -3.04    2.17
CONTRIBTION :   9.1
T
FROM :   -2.22   -0.92   -5.06
CONTRIBTION :   8.2
Hidden node # 1
BIAS :    4.61
TO  :    -3.88   -2.22
FROM :   -2.66
Hidden node # 2
BIAS :    -0.42
TO  :    -3.04   -0.92
FROM :   -2.36
Hidden node # 3
BIAS :    -1.09
TO  :    2.17   -5.06
FROM :   -2.82
H
BIAS :    2.35
TO  :    -2.66   -2.36   -2.82
```

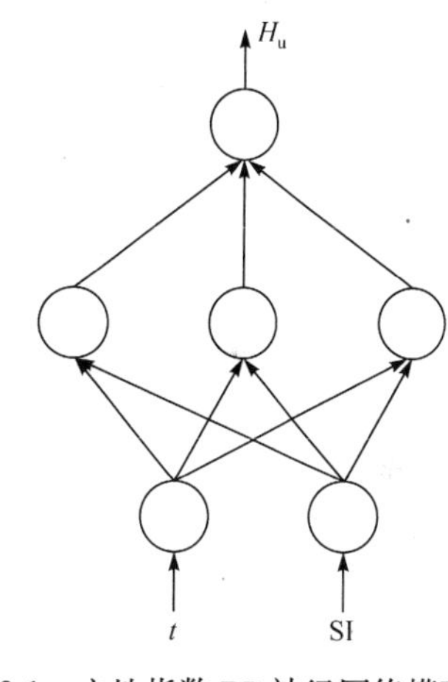

图 13.1　立地指数 BP 神经网络模型拓扑结构

该 BP 神经网络模型，可为全林整体林分生长模型提供林分优势木平均高和立地指数之间的关系，是全林整体林分生长模型的基础。

13.4.2 密度指数

林分密度指数是 Reineke 提出的密度指标。对于完满立木度林分，若为标准直径，则近似于常数。对于一个直径为 D 、株数为 N 的现实林分，Reineke 定义的密度指数为

$$S = N\left(D/D_0\right)^{\beta} \tag{13.7}$$

式中，S 为密度指数(株/hm²)；β 为待定参数。

为反映 Reineke 所定义条件下的直径与密度关系，应选取标准地。但因为调查或搜集的不都是“充分密集”的标准地，根据相关文献，给出标准地选取原理与方法如下。

林分自然稀疏过程中，随着株数的减少，林分蓄积量(或平均直径)不断上升。在用株数与直径建立的直角坐标系中，各点(标准地)的原点距为株数与直径平方和的 1/2 次方。通常株数较大或很大，直径值较小，应将数据标准化，即用株数与直径被其相应的极值相除。因此，原点距定义为

$$L = \sqrt{\left(N/N_m\right)^2 + \left(D/D_m\right)^2} \tag{13.8}$$

式中，L 为各标准地至原点距；N 为林分密度(株/hm²)；D 为林分平均直径(cm)。取株数极值 N_m=6200 株，胸径极值 D_m=25cm。计算各建模标准地的 L 值，并按 L 值由大至小排列，选取前 30 块标准地，求解下述关系。

$$N = aD^{-\beta} \tag{13.9}$$

式中，a、β 为待定参数，得

$$N = 114438.2D^{-1.38273} \tag{13.10}$$

相关系数为 0.994。完满立木度林分的密度指数 S_f =1820 株/hm²。

将 β 值代入式(13.7)即可求解各标准地的密度指数

$$S = N\left(D/D_0\right)^{1.38273} \tag{13.11}$$

式中，S 为密度指数(株/hm²)；D_0 为标准直径(cm)，取为 20cm。

13.4.3 平均高与优势高、形高模型

在研究林分生长过程时，有时需要用林分平均高($H_{\rm p}$)来估计优势木平均高($H_{\rm u}$)，有时需要用优势木平均高来估计林分平均高。在合理的林分密度范围内，林分平均高和优势高呈线性关系，并由于两者均有较大的误差，根据相关文献采用对偶回归的方法建立二者之间的关系[式(13.12)]。

$$H_{\rm u} = a + bH_{\rm p} \tag{13.12}$$

式中，a、b 为待定参数。

设 $\left(x_i, y_i\right)$ 为某一个被观测林分的真实平均高 H_{pi} 和真实优势高 H_{ui} 的观测值，a、b 的估计公式为

$$\hat{b}=\sqrt{\frac{S_{yy}}{S_{xx}}}$$

$$\hat{a}=\overline{y}-\hat{b}\overline{x}$$

式中，$\overline{x}=\sum x_i/n$；$\overline{y}=\sum y_i/n$；$S_{xx}=\sum(x_i-\overline{x})^2$；$S_{yy}=\sum(y_i-\overline{y})^2$。

优势木平均高(H_{u})与林分平均高(H_{p})的关系为

$$H_{\mathrm{u}}=1.600983+1.12819H_{\mathrm{p}} \tag{13.13}$$

相关系数为 0.974 98。

根据湖南省测树用表，得到湖南杉木形高公式为

$$\mathrm{FH}=\left[0.45536+1.08604/(H+2)\right]H \tag{13.14}$$

13.4.4　断面积生长模型

断面积生长模型是整个模型系统中最重要的一个。由立地指数(SI)、密度指数(S)和林分年龄(t)描述的断面积生长模型为

$$G=f(\mathrm{SI},S,t) \tag{13.15}$$

根据相关文献，断面积生长模型为

$$G=b_1\mathrm{SI}^{b_2}\left\{1-\exp\left[-b_4S^{b_5}(t-t_0)\right]\right\}^{b_3} \tag{13.16}$$

式中，b_1、b_2、b_3、b_4、b_5为待定正常数；t_0为平均树高达到胸高的年龄。根据会同杉木解析木资料，取 t_0=2.5 年，S 按千分之密度指数计算。作为林分的生长模型，参数必须满足限制条件：

$$b_3\cdot b_5<1 \tag{13.17}$$

待定参数的估计方法采用改进的 Gauss-Newton 迭代法，并使用 SAS 软件进行参数求解，方法如下。

求式(13.16)中各参数的偏导数为

$$\frac{\mathrm{d}G}{\mathrm{d}b_1}=\mathrm{SI}^{b_2}\left\{1-\exp\left[-b_4S^{b_5}(t-t_0)\right]\right\}^{b_3};$$

$$\frac{\mathrm{d}G}{\mathrm{d}b_2}=b_1\mathrm{SI}^{b_2}\left\{1-\exp\left[-b_4S^{b_5}(t-t_0)\right]\right\}^{b_3}\ln\mathrm{SI};$$

$$\frac{\mathrm{d}G}{\mathrm{d}b_3}=b_1\mathrm{SI}^{b_2}\left\{1-\exp\left[-b_4S^{b_5}(t-t_0)\right]\right\}^{b_3}\ln\left\{1-\exp\left[-b_4S^{b_3}(t-t_0)\right]\right\};$$

$$\frac{\mathrm{d}G}{\mathrm{d}b_4}=b_1b_3\mathrm{SI}^{b_2}S^{b_5}(t-t_0)\left\{1-\exp\left[-b_4S^{b_3}(t-t_0)\right]\right\}\exp\left[-b_4S^{b_5}(t-t_0)\right];$$

$$\frac{\mathrm{d}G}{\mathrm{d}b_5}=b_1b_3b_5\mathrm{SI}^{b_2}S^{b_5}(t-t_0)\left\{1-\exp\left[-b_4S^{b_5}(t-t_0)\right]\right\}^{b_3-1}\ln S\exp\left[-b_4S^{b_5}(t-t_0)\right]$$

各参数的初值取为b_1=15～25、b_2=0.1～1.0、b_3=0.1～1.0、b_4=0.001～0.01、b_5=1～10。使用 SAS 的非线性回归过程求得的参数估计值见表 13.1。

表 13.1　断面积生长模型参数

b_1	b_2	b_3	b_4	b_5	相关系数	均方差	F
20.436168	0.304238	0.201856	0.002865	4.928250	0.9898	1.2156	2.6425

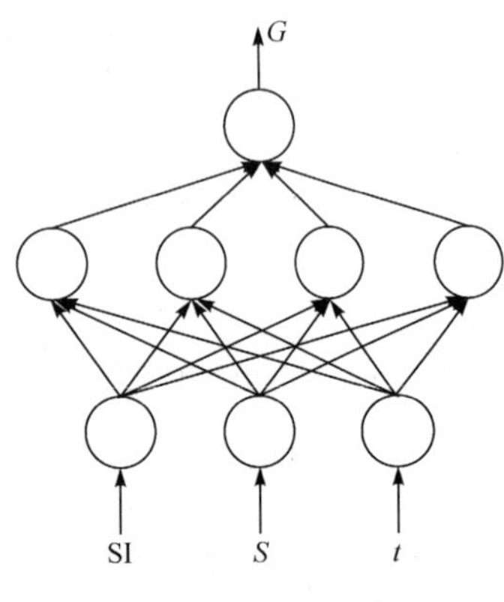

图 13.2　林分断面积生长 BP 神经网络模型拓扑结构

现设计一个 3 层 BP 神经网络：第一层为输入层，有 3 个神经元；第二层为隐层，有 4 个神经元；第三层为输出层，有 1 个神经元。其拓扑结构见图 13.2。

采用改进 BP 算法，设学习速率为 0.6，最小误差阈值为 0.0007，经过 71750 次学习，其网络权重与阈值如下。

```
SI
FROM : 1.55   1.00  0.14  1.43
CONTRIBUTION :    4.1
S
FROM : -2.71  2.30  -1.97  1.97
CONTRIBUTION :    8.9
T
FROM :   -1.58   -0.11   -0.97    0.34
CONTRIBUTION :    3.0
Hidden node # 1
BIAS :   -0.13
TO  :    1.55   -2.71   -1.58
FROM :  -2.44
Hidden node # 2
BIAS :   -1.39
TO  :    1.00    2.30   -0.11
FROM :   2.08
Hidden node # 3
BIAS :   -0.17
TO  :    0.14   -1.97   -0.97
FROM :  -1.68
Hidden node # 4
BIAS :   -3.21
TO  :    1.43    1.97    0.34
FROM :   2.88
G
BIAS :   -0.90
TO  :   -2.44    2.08   -1.68    2.88
```

13.4.5　派生模型

由以上全林整体模型可导出其他林分平均因子的估计值。

以密度指数(S)和断面积(G)模型为基础，导出直径(D)和株数(N)分别与 S 和 G 的函数关系。

直径：由式(13.1)和式(13.2)，可得

$$D=\left(\frac{40000}{\pi D_0^{\ \beta}}\right)^{\frac{1}{2-\beta}}G^{\frac{1}{2-\beta}}S^{\frac{1}{2-\beta}} \tag{13.18}$$

杉木直径公式为

$$D=5440.24G^{1.62}S^{1.62} \tag{13.19}$$

株数：把式(13.18)代入公式 $N=\dfrac{40000G}{\pi D^2}$，得

$$N=\left(\frac{\pi D_0^{\ 2}}{40000}\right)^{\frac{\beta}{2-\beta}}G^{\frac{-\beta}{2-\beta}}S^{\frac{2}{2-\beta}} \tag{13.20}$$

杉木株数公式为

$$N=0.00043G^{-2.24}S^{3.24} \tag{13.21}$$

13.4.6　模型验证

断面积生长模型是全林整体生长模型系统的核心，本书只对该模型进行验证。验证方法如下。

设 G 为断面积实测值，$\hat{G}$ 为断面积生长模型理论值，建立直线回归方程。

$$G=a+b\hat{G} \tag{13.22}$$

式中，若 a=0，b=1，则 $G=\hat{G}$,说明模型的拟合精度为 100%，模型无系统误差，是理想模型。可见，a 越趋于 0，b 越趋于 1，模型的精度就越高。为此可先作假设 H_0：a=0，b=1，检验该假设是否成立，若假设成立，表明所建方程无系统误差。一般来说，a 不会正好等于 0，b 也不会正好等于 1，有必要进行 F 检验：

$$\begin{aligned}\text{统计量}F&=\frac{\frac{1}{2}\left[N(a-0)^2+2(a-1)(b-1)\sum\hat{G}_i+(b-1)^2\sum\hat{G}_i^{\ 2}\right]}{\frac{1}{N-1}\sum\left[G_i-(a+bG_i)\right]^2}\\&=\frac{\frac{1}{2}\left[\left(a\sum G_i+b\sum G_i\hat{G}_i\right)-\left(2\sum G_i\hat{G}_i-\sum\hat{G}_i^{\ 2}\right)\right]}{\frac{1}{N-2}\left[\sum G_i^2-\left(a\sum G_i+b\sum\hat{G}_i^{\ 2}\right)\right]}\end{aligned} \tag{13.23}$$

式(13.23)服从自由度 f_1=2，f_2=N−2 的 F 分布，求得 F 的临界值为 0.05。在 95%的可靠性下，当 $F>F(0.05)$时，可推翻原假设，说明该模型存在系统偏差；当 $F\leqslant F(0.05)$时，则接受原假设，说明该模型不存在系统偏差。

如果通过检查，则认为该模型是实用的，否则要进一步估计系统误差的大小。用此检验方法得到的断面积生长模型检验结果见表 13.2。

表 13.2　断面积生长模型检验结果

a	b	F	相关系数	均方差	样地数
0.3548936	0.9879567	0.5646789	0.9978148	0.030037	35

该模型在$\alpha = 5\%$的可靠性水平上通过检验。其结果优于断面积生长模型[式(13.16)]。

13.4.7　林分的自然生长模型和人为控制密度生长过程

在林分生长过程中，密度指数(或株数、直径)将发生变化，故上述全林整体模型只是描述了林分各变量之间的关系，不能直接刻画林分的生长过程，只有说明密度变化的规律才能完整地说明林分的生长过程。

1. 完满立木度林分自然生长　　Reineke 提出密度指数的基本前提是为完满立木度林分；ND^{β}近似等于常数，与年龄、立地无关，也就是若 $N_f(t)$、$D_f(t)$ 为某个完满立木度林分的株数与直径，则有

$$S_f = N_f(t)\left[D_f(t)/D_0\right]^{\beta} \tag{13.24}$$

几乎为常数。对于湖南杉木林，S_f 等于 1820 株/hm^2。由于 S_f 是不变值，将 S_f 代入断面积生长模型(BP 模型)、式(13.19)与式(13.21)就得到完满立木度林分在不同立地条件下的断面积、直径和株数的生长过程，也相当于饱满密度林分的生长过程。

2. 一般林分的自然生长　　对于不受人为干扰的人工林，其生长过程主要受初植密度的影响(在立地固定时)，其理论公式推理如下。

将式(13.24)两端取对数后再微分，得

$$\frac{dN_f(t)}{N_f(t)} = -\beta\frac{dD_f(t)}{D_f(t)} \tag{13.25}$$

再将式(13.25)改写为 $d\ln N_f(t) = -\beta d\ln D_f(t)$，为图 13.3 中实斜线(完满密度林分)的微分方程。图 13.3 中虚线表示等密度指数线，实曲线表示一般林分 $\ln N-\ln D$ 的自然变化。推广式(13.25)，将此过程写为

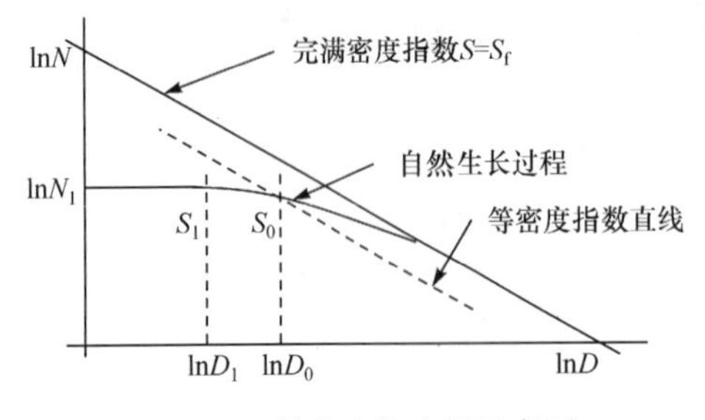

图 13.3　林分自然生长示意图

$$\frac{d\ln N(t)}{d\ln D(t)} = -\beta\left(\frac{S(t)}{S_f}\right)^{\gamma} \tag{13.26}$$

满足初始条件 $D(t) = D_1$ 时，$N(t) = N_1$。容易验证此方程的解为

$$\ln N(t) = \ln S_f + \beta\ln D_0 - \frac{1}{\gamma}\ln\left[D(t)^{\gamma\beta} + \delta_0\right] \tag{13.27}$$

其中：

$$\delta_0 = \left(S_{\mathrm{f}} D_0{}^{\beta} / N_1\right)^{\gamma} - D_1{}^{\beta} \tag{13.28}$$

式(13.27)、式(13.28)描述了株数依直径变化的规律，其中，δ_0 由林分的初始状态决定，γ 可由固定样地两次测定数据估计，湖南省杉木人工林的γ=2.5。将式(13.27)与式(13.19)联立，消去变量 $D(t)$，得到一般林分在不同初始条件$[D(t)=D_1, N(t)=N_1]$下的株数自然保留规律。

有了株数变化规律及整体模型，就可以得到不同初始密度人工林的自然生长过程。

3. 人为控制密度生长过程　人工林经营的目的是通过人为各项营林措施，使林分达到预期的目的。整体林分生长模型和自然生长曲线[式(13.27)]为理论分析人为控制密度的效应提供了有力工具。

(1)等株数生长曲线　由于林分存在自然枯损，等株数生长只是一种理想情况。为了利用整体模型构造等株数曲线，先建立密度指数与株数、年龄、立地指数之间的关系，将式(13.15)代入式(13.18)可得 N=$N(S, \mathrm{SI}, t)$，由此可知

$$S = S(N, \mathrm{SI}, t) \tag{13.29}$$

设计一 3 层 BP 神经网络：第一层为输入层，有 3 个神经元；第二层为隐层，有 4 个神经元；第三层为输出层，有 1 个神经元。其拓扑结构见图 13.4。

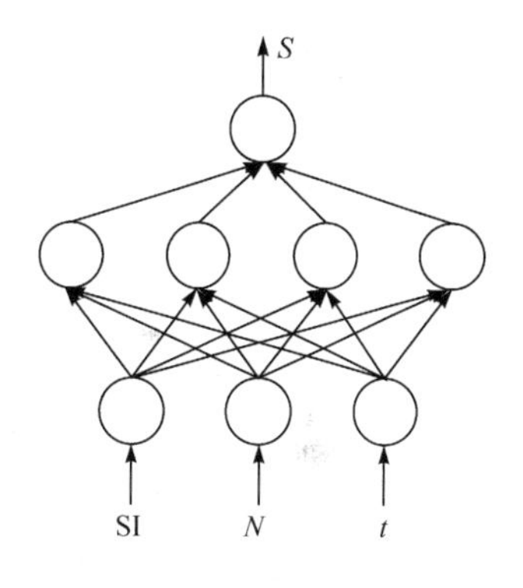

图 13.4　林分密度指数 BP 神经网络模型拓扑结构

网络权重与阈值如下：

```
t
FROM : -16.7  -1.22  -1.70  -1.67
CONTRIBUTION:    21.3
SI
FROM : -0.82  -0.86  -2.33  -1.54
CONTRIBUTION :    5.6
N
FROM :    -0.81    -32.1    -9.72    -16.4
CONTRIBUTION :    59.1
Hidden node # 1
BIAS :     1.71
TO  :    -16.7    -0.82    -0.81
FROM :     -2.46
Hidden node # 2
BIAS :     1.52
TO  :    -1.22    -0.86    -32.1
FROM :  -4.56
Hidden node # 3
BIAS :     6.66
TO  :    -1.70    -2.33    -9.72
```

```
FROM :   -2.55
Hidden node # 4
BIAS :     4.85
TO   :   -1.67    -1.54    -16.4
FROM :   -2.07
S
BIAS :     3.80
TO   :     -2.46     -4.56     -2.55     -2.07
```

将式(13.27)代入式(13.15)，可得到等株数时 G 随时间的变化。由于在间伐后的最初几年中林分很少发生枯损，因此等株数曲线可以用于林分在间伐间隔期内株数不变的情况下林分生长过程的分析。

(2)含间伐的生长曲线(过程)　人工经营的林分实际生长过程，既不是自然生长，也不是等株数生长，而是要进行几次间伐。上述整体模型为模拟这种受人为干扰的林分提供了手段。根据相关文献所提供的理论，在适度间伐后很少枯损，可以分段为自然生长，因此等株数生长可以模拟出整个林分的生长过程。

13.4.8　应用实例

以立地指数 18 为例，首先用式(13.13)解出各优势木的平均树高；根据式(13.15)、式(13.20)、式(13.19)解出林分胸高断面积、株数和林分平均胸径；形高由式(13.14)确定；林分蓄积量根据式(13.3)确定。湖南省杉木可变密度收获表见表 13.3。

表 13.3　湖南省杉木可变密度收获表

密度指数/(株/hm²)	年龄	断面积/(m²/hm²)	平均高/m	平均胸径/cm	蓄积量/(m³/hm²)	连年生长量/[m³/(hm²·年)]	平均生长量/[m³/(hm²·年)]	株数密度/(株/hm²)
500	5	9.14	8.5	8.3	43.3		8.65	1683
	10	11.40	12.2	11.9	73.9	6.13	7.39	1024
	15	12.64	13.7	14.0	90.9	3.40	6.06	813
	20	13.53	14.5	15.7	102.5	2.31	5.12	698
	25	14.23	15.1	17.0	111.2	1.75	4.45	623
	30	14.82	15.4	18.1	118.2	1.40	3.94	569
	35	15.33	15.7	19.2	124.1	1.17	3.55	528
1000	5	18.19	8.5	8.2	86.2		17.24	3399
	10	22.68	12.2	11.8	147.0	12.16	14.70	2074
	15	25.11	13.7	13.9	180.5	6.71	12.04	1652
	20	26.83	14.5	15.4	203.2	4.54	10.16	1423
	25	28.19	15.1	16.7	220.2	3.40	8.81	1274
	30	29.31	15.4	17.8	233.8	2.71	7.79	1168
	35	30.27	15.7	18.8	245.1	2.25	7.00	1086

续表

密度指数/(株/hm²)	年龄	断面积/(m^2/hm^2)	平均高/m	平均胸径/cm	蓄积量/(m^3/hm^2)	连年生长量/[m^3/(hm^2 · 年)]	平均生长量/[m^3/(hm^2 · 年)]	株数密度/(株/hm²)
1500	5	27.11	8.5	8.1	128.4		25.68	5175
	10	33.49	12.2	11.5	217.0	17.73	21.70	3224
	15	36.74	13.7	13.3	264.2	9.43	17.61	2619
	20	38.92	14.5	14.6	294.8	6.12	14.74	2302
	25	40.54	15.1	15.6	316.7	4.39	12.67	2101
	30	41.80	15.4	16.4	333.4	3.34	11.11	1961
	35	42.82	15.7	17.1	346.7	2.64	9.90	1858
2000	5	35.50	8.5	7.9	168.2		33.63	7183
	10	42.53	12.2	10.6	275.7	21.50	27.57	4794
	15	45.39	13.7	11.8	326.4	10.14	21.76	4144
	20	46.91	14.5	12.4	355.2	5.78	17.76	3849
	25	47.79	15.1	12.8	373.4	3.62	14.93	3692
	30	48.32	15.4	13.1	385.5	2.42	12.85	3601
	35	48.66	15.7	13.2	393.9	1.69	11.25	3546

13.5　小　　结

本章提出了林分全林整体生长模型的构思，建立了基于人工神经网络的杉木人工林分全林整体模型，导出了两个派生模型，提出了林分的自然生长模型和人为控制密度的生长过程。该模型能使人工林林分的几个主要指标统一由年龄、密度指数和立地指数来描述，由该模型编制的各种林业用表相互兼容，解决了传统模拟方法制表时各表间数据相互矛盾的现象，为科学经营森林提供了可靠依据，并为林分经营专家模拟系统的研究打下了基础。检验结果表明，杉木全林整体生长模型可以满足林业生产和科研精度的要求。

第 14 章　杉木人工林林分经营专家系统研究

14.1　引　　言

杉木(*Cunninghamia lanceolata*)是我国南方的主要造林树种，也是最重要的商品用材树种，用途广泛，具有 1000 多年的栽培历史，在长江流域、秦岭以南地区栽培极广。自 1949 年以来，杉木人工林造林面积累计在 760 万 hm^2 以上。随着杉木造林面积和栽培区域的不断扩大，出现了经营方法和栽培措施不当等问题。只有通过合理的经营措施，才能实现理想的经营目标。具体的经营措施和经营目标的确定是科学地经营杉木林中最困难的环节。随着林业生产的科学化，杉木人工林经营管理集约化程度也日益增加，使利用计算机构造林分生长模型和经营模型来指导杉木经营管理成为一项重要的技术措施。从 20 世纪 80 年代以来，国内专家在这一方面做了大量的研究工作，开发出了不少杉木人工林的经营管理模拟系统，取得了许多有益的成果。

就杉木人工林林分经营计算机模拟模型的结构化特点看，可以分为结构化模型和非结构化模型。结构化模型是指可以用一定的统计分析模型和概念模型表示的模型。如前几章所研究的单木生长模型、林分全林整体生长模型和林分密度优化模型等。非结构化模型是指那些很难用一般的数学模型来表达的模型，如在林分经营中造林设计、抚育间伐、林分改造等方面的技术和知识，是在林学等理论的指导下，经过科学研究和长期生产实践的总结，即知识或经验规律。这些知识和经验在生产中行之有效，传统的方法及其他的数学手段就显得无能为力，只有借助于人工智能技术——专家系统(ES)来解决。

专家系统是在知识的水平上处理非结构化问题，是一种基于知识的计算机系统，能模拟专门领域的专家求解问题的能力，对复杂问题做出专家水平的结论。所以，专家系统在诸如林分经营决策等复杂性和问题的非结构化较强的领域中，具有重要的理论研究价值和实用价值。

本研究在事务处理专家系统(GURU)的支持下研制出了杉木人工林林分经营专家系统(chines fir planting stand management expert system，CFPSMES)。

14.2　专家系统及其开发工具

计算机从数据处理发展到信息处理，引起了信息革命，已给人类的生产和生活带来了深刻的变化。作为信息科学的一个重要分支——人工智能(artificial intelligence，AI)已从以往的象牙塔中进入广泛的应用领域。AI 技术发展初期，其研究的中心问题是探索普遍的思维规律，专家系统(expert system，ES)的引入，使 AI 的研究形成了一个独立的学科——知识工程(knowledge engineering，KE)。正是专家系统的应用与发展，改变了传统的工具与自然的关系，使人类使用的工具带上了“智能化”的色彩。

专家系统从 20 世纪 60 年代开始至今，在各方面的应用已取得了显著的成果，并在科学研究和国民经济的各个领域中发挥着愈来愈大的作用，许多著名的专家系统在解决问题的能力上已接近人类专家的水平，随着一些著名的专家系统的应用，出现了一批建造专家系统的工具，如 GURU、PC-PLUS、知识工程环境(KEE)、VP-EXPERT、自动超声波工具(ART)和 M.1 等。用专家系统工具开发专家系统，改变了传统的“手工业、小生产”的开发方式，可提高专家系统的开发效率，缩短研制周期，在很大程度上驱散了通常环绕着专家系统问题的神秘而令人困惑的气氛，使开发者不必把精力花在陌生的人工智能语言[如计算机程序设计语言(LISP)、逻辑程序设计语言(PROLOG)、OPS5 等]上，而把主要精力放在知识的获取与表达上。这样的开发工具意味着专家系统的开发不再是长期的、代价高昂的和高人一等的活动了。

专家系统(expert system)是具有大量专门领域知识(domain knowledge)与经验的计算机程序系统，可以在人类专家的水平上解决某一专业而复杂的领域问题。专家系统从专家那里获取知识，以一定的方式(如产生式规则、语义网络、谓词逻辑等)进行表达，并进行储存、管理、维护和利用这些专业知识与事实进行推理，得出用户所需的结论，以解决现实世界中的复杂问题。因此，专家系统是知识信息处理系统，与数据处理系统相比，无疑是信息科学和计算机技术的一个飞跃。

专家系统是人工智能的一个分支，也是目前唯一进入商品领域的人工智能研究领域。正是专家系统技术的发展与应用，使人工智能在科学研究走向实际应用方面取得了重大的突破。

专家系统的发展主要有三个方面的原因：首先，许多复杂的领域问题(诸如诊断、设计问题)不能由单一的算法(algorithms)来解决，不得不借助于以模拟人类问题求解思维为主要特征的 AI 技术方法。其次，与人类专家(human expert)不同，专家系统不会生病、度假或辞职，更不会开小差或遇到问题时借口躲避起来；专家系统一旦被建立起来，容易复制普及，因此专家系统可将专家知识进行形式化和计算机化，使人类专家的宝贵经验和知识不受时间和地点的限制，得到永久和广泛的应用。最后，通过专家系统技术可以汇集、综合和扩充特定领域内多个专家的知识，迅速而准确地解决复杂的领域问题。

专家系统主要包括以下 4 个方面，即用户接口(user interface)、推理机(inference engine)、知识库(knowledge base)和数据库(date base)。当咨询时，用户提出一个问题，然后通过用户接口与系统对话。对话可发生在推理时，也可发生在推理完成后。专家系统的推理机是实际执行解决所需要推理的问题的处理软件。在推理时，它利用知识库中的知识和经验，并从用户或数据库中获取初始数据。问题解决之后，推理机向用户报告所获得的值并解释推理过程。其结构见图 14.1。

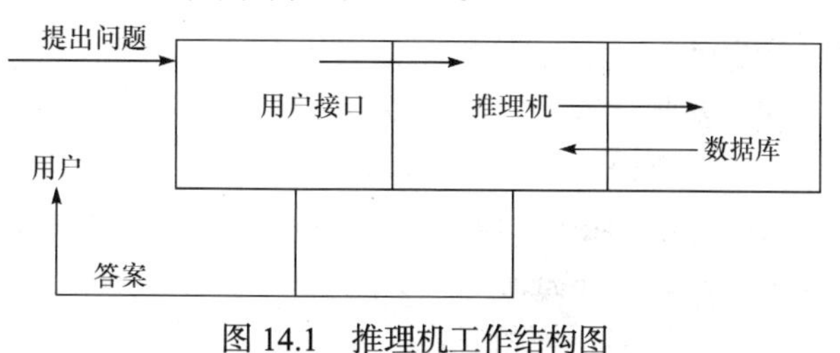

图 14.1　推理机工作结构图

人工智能在从象牙塔走向现实世界的过程中，得力于专家系统的开发与应用，并取得了令人信服的效果，AI 的研究从探索普遍的思维规律转向以知识为中心的专家系统技术，不是理论推导的结果，而是由于许多成功的专家系统的示范作用，展示了专家系统的巨大潜力和广阔的应用前景。但是，毋庸置疑，当今计算机应用的两大主流仍是事务处理和工业过程控制。专家系统要想在应用方面获得新的成功，更广泛地为计算机人员所乐于接受，必须汇入主流中。近年来，在事务处理和工业控制方面使用专家系统（或基于知识的系统）技术已在国外逐步展开，并出现了一些开发工具。集成式事务处理专家系统开发工具 GURU 就是一个成功的实例，以这种集成式（integration）的开发工具 GURU 为手段，事务处理各个层次、各个领域的专家自己就可以快速地开发所需的专家系统，这样，专家系统的应用范围一下子就开阔了许多倍，而事务处理的水平也将由基于记录保存和检索上升到基于知识的更高阶段。因此，GURU 确实是人工智能应用的一个新突破。专家系统虽然是一门新兴的学科，但其发展相当迅速，其理论与应用不是本书可以穷尽的。

14.3　主 要 内 容

本系统中所指的林分经营包括林分抚育间伐、林分改造、主伐方式等三个部分的内容。

1. *林分抚育间伐*　林分抚育间伐是指从幼林郁闭起至主伐利用前一个龄级止的时间内，对森林定期重复地伐除部分林木，为保留林木创造良好的生长环境，并使采伐木得到充分利用的一种森林抚育措施。林分抚育间伐既是培育森林的重要措施，又是早期获得木材的重要手段，具有双重意义。

2. *林分改造*　所谓林分改造就是对在树种组成、林相、郁闭度与起源等方面不符合经营要求的那些产量低、经济价值低的林分进行改造的综合营林措施。通过林分改造，使其转变为能生产大量优质用材和其他多种林特产品，并能发挥多种有益效能的高效优质林分。

自 1949 年以来，我国的造林事业有了很大的发展，南方许多省区已消灭了荒山，人工林已逐渐成林。由于密度小或树种组成不合理、经济价值低、产量低，不能充分地发挥林地的生产潜力，不能较好地发挥防护作用，没有培养前途的这些林分称为“低效林分”。对于低效林分，必须加以改造，以提高其产值及森林利用率。

低效林分的改造已成为中国森林经营工作中的一项重要任务，也是科研工作中的重要研究课题。

3. *主伐方式*　主伐方式（方法）是指在预定的采伐地段上（时、空），根据森林更新要求，按照一定的方式配置伐区（带状或小块状），并在规定年限内，完成采伐更新任务的整个过程。

主伐方式是更新的一部分。由于更新方式的不同，主伐方式也具有多样性，主要分为皆伐作业法、渐伐作业法、择伐作业法等三类。

14.4　CFPSMES 原型

14.4.1　系统构成

该专家系统由知识库、综合数据库、推理机三大部分构成，见图 14.2。

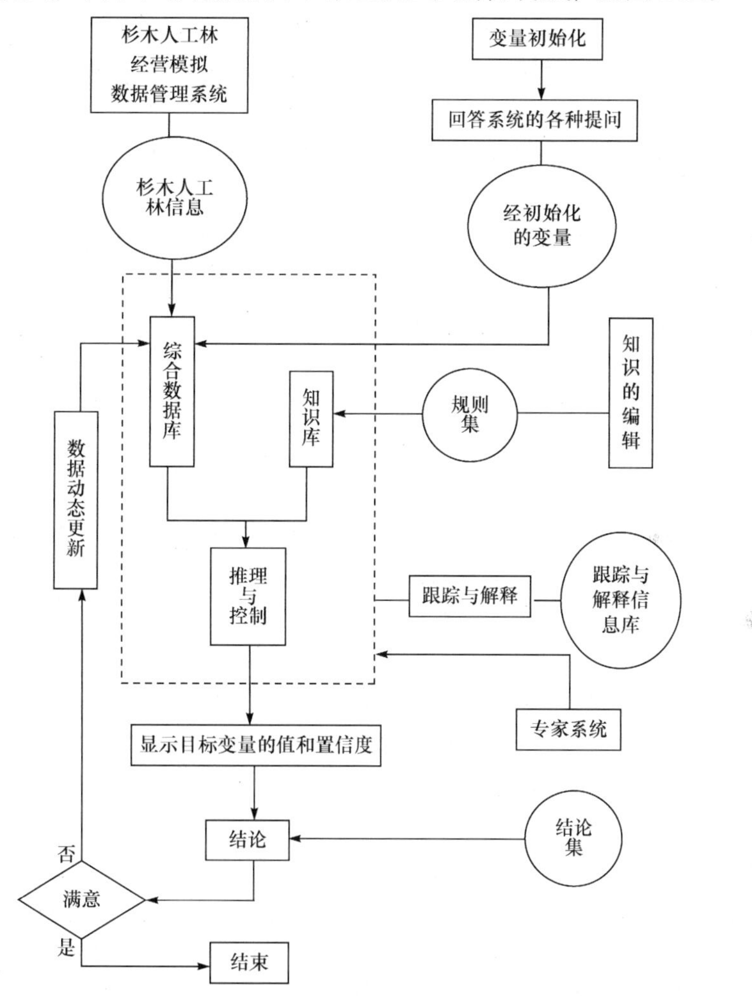

图 14.2　杉木人工林林分经营专家系统的结构

1) 驱动数据。CFPSMES 输入的驱动数据是把“湖南省杉木人工林数据管理子系统”再生的有关杉木林的数据进行处理，自动转入综合数据库进行管理，这些输入的数据可能代表优良杉木林分，也可能代表杉木低效林分。用户具体咨询专家系统时，可由用户通过人机会话方式输入，CFPSMES 必须知道咨询对象的具体信息，并纳入综合数据库中进行管理。

2) 知识库。知识库由产生式规则和自定义过程构成。多条功能相同的规则构成 1 个规则集，每个规则集和它相关的自定义过程、初始化部分与完成序列部分构成 1 个知识子模块，各知识子模块一起构成知识库。知识库呈树状层次结构。

3) 综合数据库。综合数据库中存放有关杉木人工林信息和相应分析判断的方法和经验，以及推理过程中系统的各项参数。专家系统要真正地模拟人类杰出专家，就必须在规则集中完成事务处理的操作，然后继续推理。所以专家系统在咨询过程中，可能要求用户给出某个变量的值，若该值已存放在数据库中，专家系统可在规则集中直接查询数据库，以节省用户查阅资料或单独查询数据库的麻烦。另外，规则集中大量规则咨询结果的存放及大量咨询的存贮问题，也可通过被集成系统中的数据库管理系统方便地加以解决。

4) 推理和控制。推理和控制实现对领域中专家分析判断杉木人工林经营决策的过程模拟，包括林分生长模拟的经济效益分析评价。

5) 过程解释与跟踪。在 CFPSMES 的咨询过程中，推理机可能要求用户给出某种输入。用户回答之前，可以知道系统为什么要给出这个值；在咨询结束时，用户也可知道结论的由来等信息。这种方式大大增强了系统的透明度和结论的可理解性。

6) 数据的动态更新。CFPSMES 在咨询结束时，若用户不满足所得结论或需要知道更多的信息，CFPSMES 将自动更新杉木人工林的输入数据，再次自动进入系统咨询。

14.4.2 知识的获取和表示

1. 知识的获取　领域知识的获取是开发 CFPSMES 最困难而且也是最关键的环节。设计者在开发杉木人工林专家系统时，一方面采集了已有的书本文献知识，对这些知识进行分析加工；另一方面将专家系统的结构设计成不断扩展的开放系统，为系统扩展创造友好的界面环境，将使用者的经验作为新的杉木人工林经营管理知识吸收到 CFPSMES 中去，使得本专家系统在使用过程中得到进一步完善。

本 CFPSMES 的知识主要来自林业经营管理方面的人类专家、书本和文献及使用者。林分经营专家知识结构如下。

(1) 造林技术设计知识　对于无林地或采伐迹地，按照所在地林种与树种布局、工农业生产对杉木不同材种要求，提出不同的造林技术设计方案。

1) 立地类型选择。不同的立地条件类型，林分生长表现出明显的差异性。以现实林分为例，30 年生时的完满林分，

SI=10 时，$D_{1.3}$=10.8cm，H=7.9m，M=175.4m^3/hm^2；

SI=12 时，$D_{1.3}$=11.8cm，H=9.8m，M=222.1m^3/hm^2；

SI=14 时，$D_{1.3}$=12.8cm，H=11.7m，M=270.9m^3/hm^2；

SI=16 时，$D_{1.3}$=13.6cm，H=13.5m，M=321.4m^3/hm^2；

SI=18 时，$D_{1.3}$=14.5cm，H=15.4m，M=373.7m^3/hm^2；

SI=20 时，$D_{1.3}$=15.2cm，H=17.3m，M=427.7m^3/hm^2；

SI=22 时，$D_{1.3}$=16.0cm，H=19.2m，M=483.2m^3/hm^2。

其中，SI 为立地指数；D_{ij} 为胸径；M 为蓄积量；H 为树高。

由现实林分的平均胸径和林分蓄积量得知，不同立地类型应有不同的培育目标和方

向。当 SI≤12 时，不宜造杉木林，否则，只能培育出中小径材；当 14≤SI≤18 时，可培育出大中径材；当 SI>18 时，可生产出大径材。

2) 密度配置。林木栽植时，密度可由培育方向决定。如果小径材销路好，交通运输条件也好，可考虑适当密植。

从发展的角度来看，由于林木育种技术的进步，良种纯度愈来愈高，无性系造林技术的使用使林木生长速度大大加快，经营强度不断提高。为了降低成本，总的林分密度管理要倾向于稀。好的立地条件 (SI>18) 的初植密度接近于主伐密度，可生产大径材：1200～1500 株/hm^2；生产中径材：1500～1800 株/hm^2。14≤SI≤18 的立地，1500～2100 株/hm^2。

3) 整地方式的选择。细致整地是提高造林成活率的关键环节。在坡度平缓的地段，林地实施全面清理和全垦整地；10°～20°的坡，带状清理，带状整地；大于 20°的地段，不清理林地，挖大穴 (70cm × 70cm × 40cm) 或中穴 (50cm × 50cm × 40cm)。

4) 种苗选择。林木遗传品质、立地性能和抚育管理是获得最佳造林效果的要素。良种壮苗具有良好的遗传品质，是林木速生丰产优质的潜在因素。杉木的优良家系、无性系，经过杉木专家的不断培育、筛选，已在生产上较为广泛应用。因此，各地应根据当地的实际情况，使用最优良的家系或无性系，真正做到适地适家系、适无性系。

5) 地力维护。施肥是改善人工林营养状况和增加土壤肥力的主要措施。多代杉木人工林连栽引起地力衰退、理化性状变坏的问题已引起人们的重视。

(2) 幼林抚育管理知识　杉木人工幼林抚育管理，是从造林后至郁闭前这一时期所进行的抚育管理技术的总称，包括土壤管理技术、林木抚育技术和幼林保护。

抚育一般进行 2～3 年，每年 2 次，第 1 次在 6 月前后，实行锄抚；第 2 次在 9 月前后，可实行刀抚。两次抚育均可结合埋青。

为了使营养物质得到充分利用，一般在造林后 1～2 年的时间，将多余的杉木萌蘖条除掉。

松土除草是杉木幼林抚育措施中最主要的一项技术，其方式可与整地方式相适应。但对于用大穴或中穴整地的地块，应扩穴或进行局部抚育。地势平坦的地方，可进行机械化抚育。

除草可使用除草剂。其成本低、效果好、劳动生产率高。

追肥一般使用速效肥，与松土同时进行，施肥量视立地条件而定。杉木产区的经验表明，化学肥料每株的施用水平为尿素、过磷酸钙、氯化钾各 150g，效果显著，施肥方式可采用沟施的方法。

杉农作物 (药材) 间种，宜选用低矮耐阴作物 (如豆类、花生等) 或草本药材。

开展幼林保护。幼林保护是人工林抚育管理工作中的一项重要内容，通常包括火灾、病虫及人畜破坏等人为或自然灾害的预防与防治。

(3) 中幼林抚育间伐技术知识　从杉木的密度与间伐试验得出，密度对树高生长影响不明显，直径生长随密度增加而减少，单株材积随密度降低而增大，冠幅随密度增加而下降，自然整枝高度随密度增加而提高，径高比随密度增加而减小。大密度经营，干形通直且整枝性能良好。密度对规格材出材量有明显影响，密度小的规格材的径级也提高，并可增加出材量。

杉木人工林密度管理技术实行了优化管理，研制出了杉木优化密度控制模型。由此，对不同立地条件类型、不同初植密度的杉木人工林的间伐开始期、间伐次数、间伐强度、培育周期及培育目标进行定量分析，优化组合，使之达到出材量高、经济效益高的目的。

在间伐方法上，由过去的只施行下层疏伐，到目前出现了利用林木边缘效应原理的机械疏伐。这种疏伐方法工艺简单、作业方便、成本低、安全可靠。

(4) 杉木主伐与更新知识　对成熟林分进行的采伐称森林主伐。合理采伐的重要原则是，实现对森林的永续利用。

在我国南方，杉木的采伐一般为小面积块状皆伐，通过用人工更新或天然萌芽更新恢复森林。

杉木主伐年龄由生产材种规格而定。在杉木中心产区，以培育大径材(平均胸径在24cm以上)为目标，按经验选择，主伐年龄为35年左右，内在收益率为10.1%；而按优化密度管理技术，主伐年龄为21年，内在收益率为16.6%。

(5) 杉木低产低效林分改造技术知识　杉木低产低效林被形象地称为“小老头林”。形成“小老头林”的原因大致有如下几种：①没有严格遵循适地适树的原则，造成地力、物力、人力的浪费；②种子质量不佳，苗木质量差，使得造林成活率低，生长速度缓慢；③造林后抚育工作未及时进行，甚至只造林不抚育；④造林施工粗放，使得成活率与保存率均低；⑤人畜破坏，管护不善；⑥在地力衰退的多代杉木林地连栽。

改造技术措施：由于杉木“小老头林”形成原因的复杂性，在具体进行改造时，往往不能采用单一的技术措施，而必须是多种营林措施的综合运用。

1) 对于适地适树做得不够，或使用低劣种子、苗木的造林地，可选用一些优良家系或优良无性系重新造林，或者更换树种，选用生产力较高的乡土树种，实行集约经营。

2) 对施工粗放、抚育不及时的林分，应加强幼林、中林的抚育，进行有效的林地管理以弥补施工粗放的不足，给幼林提供一个良好的生长环境。

3) 对于管护不善、人畜破坏的林分，视其立地的优劣、破坏的程度，选用适宜的改造补救措施：①立地质量高、破坏程度轻的，可选用超级苗补植，并严格实行集约经营；②立地质量高、破坏程度重的，可引进其他树种，使之形成混交林；③立地质量一般、破坏程度重的，选择适宜树种，重新造林。

4) 对于多代杉木连栽地形成的低产低效林分，视林分年龄而采取相应的技术改造措施：①2～3年生时，引进能改善立地的阔叶树种，使之形成混交林；②对于中幼林，进行林地施肥，实行集约经营；③成林，可适当提前主伐，主伐后更换树种造林。

由以上知识，设计成一树状结构，见图14.3。

2. 知识的表示　知识的表示是对客观世界的一种模型描述，是知识的符号化和形式化过程。知识的表示方法很多，有产生式规则表示法、语义网络表示法、框架表示法、逻辑表示法，还有状态图、特征表、剧本等表示法。本CFPSMES是在GURU的支持下，以自定义过程和规则表示知识。

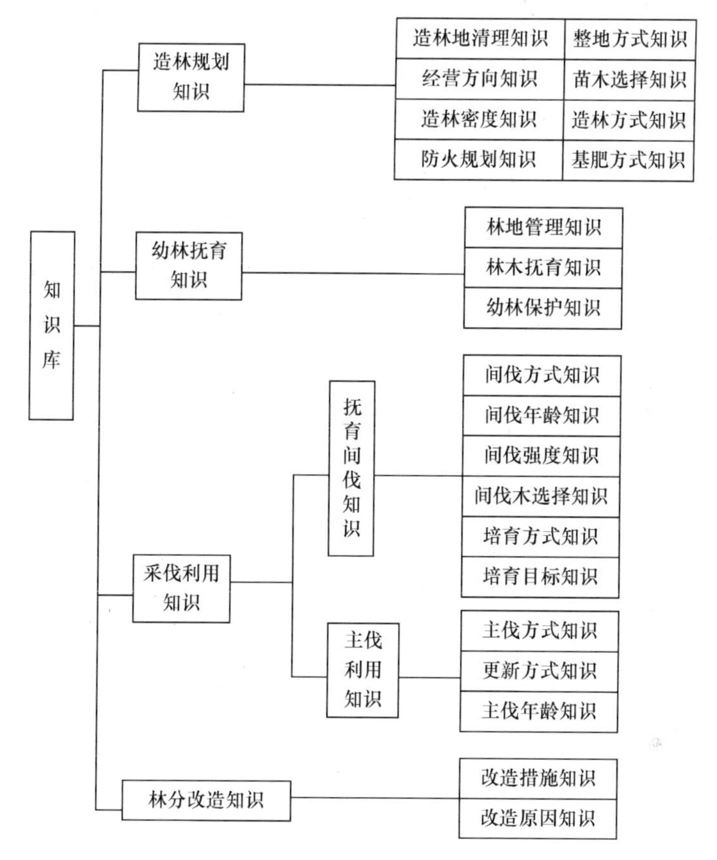

图 14.3　CFPSMES 的知识库中各子模块

(1) GURU 规则集的结构　在 GURU 中，知识的最终计算机化形式是规则集 (Rule Set) 和规则 (Rule)。

规则是推理的基本单元 (Basic Component)，一条规则就是一段推理知识，用于告诉推理机在什么情况下应该做什么。规则的最简单形式由前提 (Premise) 和结论 (Conclusion) 组成，即

```
IF condition is true THEN take action
Premise              Conclusion
```

推理过程中，如果推理机发现该规则的条件满足，该规则即被激活，即执行 THEN 后的动作 (Action)；如果规则的条件不满足，规则 THEN 后的功能将不被执行。换句话说，如果规则的前提为真，那么该规则的结论是有效的。

规则集 (Rule set) 是解决某一领域问题的规则集合，在专家系统中，规则集形成“专家”，专家系统就是通过规则集中的规则来存储专家知识。在 GURU 中，每一条规则必须指定一个少于 8 个字符的规则名 (Rule name)，每一个规则集同样需要一个少于 8 个字符的规则集名。在建立规则集时，还必须指定一个目标变量。GURU 在推理过程中，通过规则集来决定该目标变量的值。因此，规则集的两个基本组成单元是：目标

变量和规则。

一般的规则集应由以下 8 个部分组成：Access section（保密通道号部分）、Completion section（完成部分）、End section（结束部分）、Goal section（目标部分）、Initializations（初始化部分）、Rule sections（规则部分）、Variable sections（变量描述部分）、Window section（解释、跟踪窗口部分）。

以上各部分中，除了 End section 应放在规则集文件的最后一行外，其余各部分的次序是自由的。在一个规则集中，规则集的 Rule sections（规则部分）和 Variable sections（变量描述部分）可以有多个规则子句和多个变量表述子句，但必须集中放在一起。

1) Access section（保密通道号部分）：用来控制用户对编译过的规则集的咨询权，语法格式是

```
Access: rcodes
```

这里，rcodes（Read codes）是该规则集的一系列咨询通道号，由字母 A～P 中任一个或多个组成，每一个字母代表一个咨询权，只有那些用户阅读通道号（由 GPASS.IGU 决定）与该通道号有至少一个相同字符的用户方能咨询该规则集。用户读/写权（Read/Write access code）由 USRMAN 命令设置，并存入 GPASS.IGU 文件中。读/写权也是由 A～P 的字母组合而成，每一个字母代表一种读（或写）权，只有那些用户阅读法权与规则集的保密通道号至少有一个相同的用户才有权咨询规则集。

2) Completion section（完成部分）：规则集的可选择项，由引导词 DO 开头，其中可包含一个或多个语句，其语法是

```
DO: Statement
    Statement
     ⋮
```

每一个语句（Statement）可以是任何 GURU 命令，用来输出咨询结果。在咨询过程中，只有当规则集推理结束后才执行该部分。如果要输出某一规则动作的结果，则应该用规则的 Finish 子句。

3) End section（结束部分）：规则集由 END 符号结束。咨询完毕后，按下 ENTER 键，系统将调用 END 子句，从咨询状态返回到咨询前的状态。END 语句必须放在规则集最后一行的行首，其命令格式为

```
END:
```

4) Goal section（目标部分）：以引导符 Goal 开头，没有可选项子句，其语法格式是

```
GOAL: gvar
```

咨询时，gvar 变量作为规则集的隐含目标，即如果咨询时，没有指定待咨询的变量，则该变量为咨询目标；如果咨询时另指定了咨询的目标：

```
CONSULT TO SEEK newgoal
```

则 gvar 变量将被忽视，指定的变量（newgoal）将作为咨询的目标变量。

当前目标变量的名字被存入公用变量#GOAL 中，可通过访问#GOAL 来获取当前目标变量的值。

5) Initializations（初始化部分）：由引导词 Iintial 开头，可由一个或多个 GURU 命令组成，其语法格式是

```
INITIAL: Statement
         Statement
         ⋮
```

每个 Statement 可以是任何合法的 GURU 命令。初始化部分的功能主要是设置咨询环境和为工作变量赋初值。在咨询时，推理机在规则推理之前首先执行初始化部分的命令，再进行规则推理；如果咨询时，使用 CONSULT DIRECT 启动命令，则 GURU 的推理机会自动跳过初始化部分，直接进行规则推理。

初始化系列举例如下。

```
INITIAL:
      INGROWTH=UNKNOWN; AMOUNT= UNKNOWN
      ENOUGHS= UNKNOWN; ENOUGHB= UNKNOWN
      STARGE= UNKNOWN; SAVINGS= UNKNOWN
      BLUECHIP= UNKNOWN; BTARGET= UNKNOWN
      AGE= UNKNOWN
      AT 2, 1    INPUT AGE USING"dd"WITH \
                "What is your age? "
      AT 4, 1    INPUT SAVING USING"$ddd, ddd. dd" WITH \
                "How much do you have in saving? "
      AT 6, 1    INPUT BLUECHIP USING"$ddd, ddd. dd" WITH \
                "How much do you already have invested"\
                "in bluechip stocks? "
      AT 8, 1    INPUT AMOUNT USING"$ddd, ddd. dd"\
                WITH "How much do you want to"\
                "invest in growth stocks? "
      CLEAR
```

当一个规则集要被多次咨询时，为了使上一次的咨询结果不致影响下一次的咨询，你应在规则集初始序列中用 Varname= UNKNOWN 语句对每一个工作变量进行初始化。

在初始化序列中，还可以用 LOCAL 命令定义任何规则集变量（即在 IF、THEN、NEEDS 或 CHANGES 子句中出现的 GURU 变量）为局部变量（Local Variable），使这些变量只在该规则集的咨询过程中起作用，对其他规则集和过程模块均无效。定义局部变量的正确方法如下。

```
INITIAL:
      GOALBAL=UNKNOWN
      VAR1= UNKNOWN
      VAR3= UNKNOWN
```

```
LOCAL=VAR2, VAR4
VAR2= UNKNOWN; VAR4= UNKNOWN
```

这个初始化序列中，定义了 GOALVAR、VAR1、VAR3 为全局变量，VAR2、VAR4 为规则集局部变量。

6) Rule sections (规则部分)：由一个或多个相互关联的规则段(Rule section)组成，每个规则段描述一个完整的规则。规则段由前导词 RULE 开头，段内由各规则子句组成。各规则子句在规则段中的次序是任意，分别如下。

CAP：在一次查询过程中，规则可以被激活的最大次数。如果规则集中没有设置 CAP 值，则取环境变量 E.CAP 的值，其隐含值为 E.CAP=1。

CHANGES：与规则的动作子句 THEN 相关，包含改变变量值的命令及被改变的变量数，其值是一个变量表。如果子句没省略，则在反向推理过程中，结论动作中直接包含要改变的变量都会被考虑。但是，如果规则结论没有直接明确指出要改的变量，则必须在 CHANGES 子句中包含被改变的变量名表，这样在反向推理过程中，推理机通过执行 THEN 中的动作，按 CHANGES 中的变量表依次获得它们的值。

COMMENT：用来对规则的作用及其他内容进行说明。对规则集的使用者而言，说明文字是不可见的，只有在规则集被编辑时才可以显示出来，以便开发者对比较复杂的专家系统进行维护。

COST：指出激活该规则的相应代价(成本)，被用来引导推理过程。如果子句被省略，取隐含值 50。

NEEDS：由规则前提中有关变量名组成的变量表。NEEDS 中的变量是前提测试时所需变量的集合，除前提中直接出现的变量外，还应包括其他间接指定的未知变量名。例如，如果前提中有包括一个变量的宏定义，则该变量应出现在 NEEDS 变量表中；如果前提中有一个直接指定的数组，则该数组中每一个元素应在 NEEDS 子句中清楚地指定。如果规则前提中没有 NEEDS 子句，推理机将按变量在 IF 子句中的自然次序依次寻找前提条件中未知变量的值。合理地使用 NEEDS 子句可提高咨询速度。

PRIORITY：即在规则集中，某一规则对其他规则的相关优先程度。在咨询过程的引导推理过程中，如果环境变量 E.SOED 中包含有字符“P”(PRIORITY)，推理机将按候选规则的 PRIORITY 值的大小选择下一条规则；如果这个子句被省略，PRIORITY 取隐含值 50。

READY：指定一个准备动作序列(预动作序列)。一旦规则被考虑，在测试前提条件之前先执行该动作系列。READY 子句的每一个命令语句可以是任何 GURU 命令，如果 READY 子句后跟 ONCE 命令，则在咨询过程中，预动作系列只执行一次，即该规则第一次考虑时执行，下次扫描规则集考虑该规则时不执行此预动作系列。

REASON：REASON 子句包含了解释文本 rtext (Reason Text)。咨询过程中或咨询完成后，GURU 通过显示 rtext 向用户解释怎样应用该规则得到咨询结果。除了字符串文本(Literal Text)外，REASON 子句中还可以包含非字符变量(non-Literal Variable)和表达式(Expression)。

RULE：RULE 是规则的引导词，其后的 rname (Rule name) 指定该规则的规则名最大长度为 8 个字符，不能用 GURU 命令的关键字作为规则名。

TEST：指定规则前提中未知变量的测试策略，其值 tcode 可以是 S (Strict)、P (Patient)、E (Eager) 和 R (Responsive)。如果该子句被省略，GURU 将使用环境变量 E.TRYP 指定的测试策略，隐含值 E.TRYP=“S”。

THEN：指定当前提条件 (IF 子句) 的值为 TURE 时，推理机要执行的动作系列，动作系列中的每个语句 tstatement (Then Statement) 可以是任何合法的 GURU 命令。THEN 子句是规则的基本组成部分，是必需的。

下面是规则集中一条完整规则的例子。

```
RULE: Rule080
        COMMENT: This rule is used to see if there is enough in
savings to
                   invest in growth stocks.
         READY: USE STABLE;
                OBTAIN SGOAL FOR AGE=40
                STARGET=STABLE.SGOAL
        FINISH: FINISH STABLE
           CAP: 2
       PRORITY: 80
          COST: 70
            IF: SAVINGS>=STARGET
          THEN: ENOUGHS=TURE
         NEEDS: SAVINGS
          TEST: P
       CHANGES: ENOUGHS
        REASON: When savings are greater than 'STAERGET USING
   "$ddd, dd. dd" ', theratio ofactivalto expected savings
   in adequate to invest in growth stocks.
```

7) Variable sections (变量描述部分)：规则集中可包含一个或多个变量描述段 (Variable section)，每一个变量描述段用来对前提条件中未知工作变量的特征及其寻找策略进行描述。一个完整的变量描述段有 8 个可选择项子句，具体描述如下。

FIND：包含一个或多个语句，用来设置变量的值。每个语句可以是任何合法的 GURU 命令。在推理过程中，当某一变量的值未知时，FIND 语句被执行以寻找未知变量的值，是否运行和什么时候运行这些语句由 WHEN 子句或环境变量 E.WHN 决定。

LABEL：对变量进行描述的文本。如果变量没有 FIND 子句和 VALUES 子句，咨询过程中 ltext (label text) 将显示用户输入该未知变量值隐含提示。当用户询问怎样 (HOW) 获得与变量 Wvar 有关的结论或为什么要询问用户 (WHY) 时，GURU 即向用户显示该文本 ltext 的内容。如果 LABEL 子句省略，变量名将就作为 ltext 的值来使用。

LIMIT：指定工作变量 Wvar(Working Variable) 可同时取值的个数，即模糊变量(Fuzzy Variable) 取值的最大个数。如果事先未加以指定，则取环境变量 E.NVMV 的值，E.NVMV 的隐含值是 4。

MIX：参数 mcode (Mix code) 是混合链推理状态控制字符，mcode 的值是 N(Normal) 或 R(Rigor)。

RIGOR：推理严密性控制字符 rcode (Rigor code) 的值为 A(Absolute：绝对严密性)、M(Minimal：最小严密性) 或 C(Considerate：中等严密性)。

TYPE：TYPE 子句是由两个字符组成的控制字符 tcode (Type Code)，决定咨询期间该变量可信度 CF(Certainly factor) 的计算方法，GURU 共提供了 16 种算法。

VALUES：VALUES 子句的主要作用是帮助开发者迅速地开发出系统原型(prototype)，并进行不同条件下的测试。VALUES 子句中可包含 20 个有效变量值串 vstr(Value string)，其中一个或多个值串可作为该变量的值，每个值串各占一行。执行该子句时，GURU 向用户显示一个值菜单(Values menu)，其中包含所设置的所有值串 vstr，光标定位在第一个值串上。也可用光标键选择其他值串作为该变量 Wvar 的值。如果变量描述中有 FIND 子句，GURU 将忽视 VALUES 子句，仅运行 FIND 子句来寻找未知变量 Wvar 的值。

VARIABLE：其参数 Wvar 是被描述的变量名。在这里，域变量名即"表名. 字段名"不能作为被描述的变量名，即不能对域变量进行描述。每一个描述部分必须由 VARIABLE 子句开头。

WHEN：WHEN 子句的值 wcode (When code) 是 F(First)、L(Last)、N(Never) 之一，用于控制推理过程中是否执行 FIND 子句来寻找该未知变量 Wvar 的值及执行时间。如果变量描述中 WHEN 子句被省略，则环境变量 E.WHN 控制 FIND 子句的执行。E.WHN 隐含值是 E.WHN= "L"，如果 FIND 子句被省略，WHEN 子句也将不起作用。

下面是一个规则中几个变量描述语句的实例。

```
VARIABLE: AMOUNT
FIND: INPUT AMOUNT WITH \
        "How do you want to invest in growth stocks?"
VARIABLE: AGE
LABEL: Age of 'EMPIFO.NAME' as of '#DATE USING "dd/dd/dd" '
FIND: INPUT AGE USING "dd" WITH "what is your age?"
VARIABLE: BLUECHIP
VALUES: 500
        1000
        2500
        5000
        10000
        200000
        800000
```

```
TYPE: PM
LIMIT: 6
RIGOR: C
MIX: R
VARIABLE: SAVING
LABEL: Savings Estimate
FIND: AT 15,2   OUTPUT "A graph appears as a basis for" \
      "estimating savings: "
      PLOT LABEL % PIE FROM #B7 TO #C14
      INPUT SAVINGS WITH "How much do you have in saving?"
WHEN: F
```

8) "WHY" Window section(解释、跟踪窗口部分)：规则集中可选择项窗口描述部分由引导词 WINDOW 开头，可包含 6 个可选项子句。如果规则集中设置了窗口，则咨询期间的解释和跟踪信息(E.TRAC 或∧Y)都通过该窗口显示，反之则逐行显示。

窗口设置子句如下。

```
WINDOW:
ROW: rnum
COLUMN: cnum
WIDTH: wid
DEPTH: dep
PORG: fcode
BACG: bcode
```

规则集建立好后，在咨询前还必须用 COMPLIE 命令对规则集进行编译。编译命令的格式如下：

```
COMPLIE  rule  set
```

举例如下：

```
COMPLIE  invest
COMPLIE  "a:\\usr\\invest.rss"
```

(2)知识的表示

1)用自定义过程表示知识。自定义过程主要用于表示两类知识：一类是推理过程中专家系统要完成的各项动作及交互式人机界面的实现。在专家系统中，造林设计、幼林抚育、抚育间伐和主伐更新 4 类方案中共 39 个可能被采用的方案，可用 39 个自定义过程来表示。如小于 12 指数级的造林地可采取的最佳方案的自定义过程为

```
FORM AIM1
at 7,20 put "最佳方案"
at 7,30 put ": 进行造林设计"
at 9,8 put "1、林地清理方式"
```

```
at 10,12 put "①.坡度> 30度，不宜造杉木林"
at 11,12 put "②.坡度20--30度，带状清理杂灌，采用堆腐(草本)或集中堆烧(灌木)"
at 12,12 put "③.坡度<20度，全面清理，常规烧山"
at 13,12 put "                                                  "
at 14,8 put "2、整地方式"
at 15,12 put "①.坡度20--30度，带状中穴(50×50×40cm)整地"
at 16,12 put "②.坡度< 20 度，全面整地，深度40cm"
at 17,8 put "3、经营方向:  培育中小径材"
at 18,8 put "4、苗木选择:  适合于各地的优良家系，优良无性系苗，1年生一、二级苗"
at 19,8 put "5、造林密度:  222株/亩，2.0m×1.5m，以后进行一次间伐"
at 20,8 put "6、造林方式:  植苗造林"
at 21,8 put "7、基肥：主要用磷肥，100kg/亩，或 N:P:K=1:1:1，100kg/亩"
ENDFORM
```

另一类用于表示一些过程性知识和理论，如推理过程中各种算法的实现、驱动数据的生成等。这两类过程分别镶嵌于规则集的初始化部分、完成部分及规则的前提和结论中，实现推理和计算的相互交替求解。

对于CFPSMES的推理机来说，自定义过程是一种辅助推理。

2)用规则集表示知识。规则是专家系统推理的基本单元，每一条规则就是一小段推理知识，用于告诉推理机在不同情况下应执行何种经营措施。规则集最简单的形式是由前提(Premise)和结论(Conclusion)组成的。

即

```
IF: condiction is true      ....................Premise
THEN: take action           ....................Conclusion
```

除此以外，每条规则还可包括一些可选项，用于控制推理过程，对推理过程进行解释或获取规则中的变量值等。如可选项Reason用于解释为什么这些规则被激活；READY用于规则被激活前所执行的语句等。

在CFPSMES中，多条功能相近的规则构成规则集，规则集形成“专家”，CFPSMES通过规则集中的规则来存储专家知识。

例如，当专家系统从综合数据库中得知林分年龄为0，即为造林地时，告诉推理机最佳目标(best aim)应该为造林规划设计(aim1、aim2、aim3)中的一种。这一小段推理知识用规则来表示的方法为

```
RULE: GOALS1
IF: answ1 = 0
THEN: BESTAIM += {"AIM1" cf 40, "AIM2" cf 40, "AIM3" cf 40}
NEEDS: answ1
```

```
CHANGES: BESTAIM
REASON: 如果年龄为 0，则必须首先进行造林设计!
COMMENT: 首先考虑造林设计。
```

当专家系统从综合数据库中得知林分年龄为 1～6 年时，告诉推理机最佳目标应该为幼林抚育(aim4、aim5、aim6)中的一种。这一小段推理知识用规则来表示的方法为

```
RULE: GOALS2
IF: ANSW1<=6 and answ1 > 0
THEN: BESTAIM += {"AIM4" cf 41, "AIM5" cf 41, "AIM6" cf 41}
NEEDS: ANSW1
CHANGES: BESTAIM
REASON: 该林地为杉木幼林，以此为前提而进行设计。
```

14.4.3　推理和控制

规则集(Rule set)一旦建立后，所包含的推理知识即可被推理机(Inference Engine)所使用。在规则集中，每一个规则都是一个知识片段，用于告知推理机，当前提条件被满足时，应执行什么动作。推理机接收咨询后，使用规则进行推理以导出问题的解。知识推理涉及如下能力：选择哪些与特定问题有关的规则，确定一条规则的前提是否被满足，执行规则结论中说明的动作，以及遇到障碍时向用户提问以获取进一步的附加知识。

正向推理(forward chaining reason)有时称作“前向链”或“数据驱动”推理，是基于向前方式检查每个规则的思想，即首先检查规则的前提，只有在前提确定为真(TRUE)时，才激活(fire)该规则，执行其结论部分中的动作，否则将考虑另一条规则。在正向推理过程中，考虑一条规则的另一种情况是：规则的前提既不为真，也不为假，而是前提未知(即前提的值为 UNKNOWN)。反向推理(backward chaining reason)有时被称作“后向链”或“目标驱动”推理，是建立在逆向考虑规则的思想上，即先考察规则的结论，而不是规则的前提。

因此，对于给定的规则集，在环境变量相同的情况下，对同一指定目标，其咨询结果是相同的，推理方式不会影响咨询结论，仅会影响推理速度。一般来说，反向推理速度比正向推理要快，但有些规则可能未被考虑到，而正向推理可以考虑所有的规则。正向推理便于对规则集进行测试。对于那些目标变量不止一个或要考虑所有的变量，并且规则集较小的情况下，可选择正向推理。对于一个新建立的规则集，可能会出现用正向推理与反向推理得出的结论不一样的问题；或由正向推理能得出结论，反向推理却得不出目标变量值的情况，这时必须检查规则集中的规则，可能是由部分规则有错误或某些规则之间出现了相互矛盾的现象所导致。

基于向前方式检查每一个规则的思想，模拟领域专家经营杉木人工林的思路，可构造一个基于规则的数据驱动推理策略。即首先检查规则的前提，只有当前提确定为真时，

才激活该规则，执行其结论部分中的动作，否则去考虑另一条规则。当一条规则前提是未知时，则留给下一次扫描。推理机在推理过程中，可同时计算出变量及结论成立的可信程度——置信度。

CFPSMES 在咨询过程中，知识推理将选择与特定问题有关的规则；确定每一条规则的前提是否满足；执行规则结论中说明的动作及遇到障碍时向用户提问以获得进一步的附加知识。

若细分起来，无论是正向推理还是反向推理，每一种推理策略在实施时，都要解决许多次级的控制问题，主要包括推理严密性问题、规则的选择次序问题、前提求值策略及未知变量的获取策略等。

14.4.4　不精确信息处理方法

专家系统所要解决的是现实世界中的实际问题，而实际问题中常常带有不精确的和不完整的信息，一个专家系统必须具有接受和处理不精确信息的能力，此时一般使用模糊数学、概率统计和置信度计算等三种方法。GURU 在处理不精确信息时采用的是置信度计算法，并提供一套完整的关于不精确性的传播和组合及模糊变量的处理策略，通过开发者对有关的环境变量赋值的方法选择所需处理策略。

例如，假设 α、β 分别为两个成分的置信度，Jo(α、β)为其连接置信度，Co(α、β)为它们的确认置信度，则

$$\mathrm{Jo}(\alpha、\beta)=[\mathrm{Min}(\alpha、\beta)+(\alpha\cdot\beta)/100]/2$$

$$\mathrm{Co}(\alpha、\beta)=[\mathrm{Max}(\alpha、\beta)+(\alpha+\beta)-(\alpha\cdot\beta)/100]/2$$

对于杉木幼林，最佳目标为幼林抚育措施的三个目标（bestaim=aim4、aim5、aim6）的置信度为 41，当立地指数为 18 时，bestaim=aim6 的置信度为 40，其连接置信度为

$$\begin{aligned}\mathrm{Jo}(\alpha、\beta)&=[\mathrm{Min}(\alpha、\beta)+(\alpha\cdot\beta)/100]/2\\&=[40+(40\times41)/100]/2\\&=28.2\end{aligned}$$

确认置信度为

$$\begin{aligned}\mathrm{Co}(\alpha、\beta)&=[\mathrm{Max}(\alpha、\beta)+(\alpha+\beta)-(\alpha\cdot\beta)/100]/2\\&=[41+(41+40)-(41\cdot40)/100]/2\\&=52.8\end{aligned}$$

14.4.5　系统的实现

用专家系统开发工具 GURU 和 Foxpro 实现了上述系统，其知识库有 4 个知识模块，共由 22 个子模块组成，包含 90 多个规则、39 个自定义过程。系统的进一步优化，只需用编辑工具调整或添加相应规则集中的规则，再在 GURU 中进行编译即可实现。

14.5　小　　结

本章根据林分经营的特点，提出了林分经营专家系统的总体设计框架、知识获取和知识表达方式、推理机制及不精确信息处理方法，开发了林分经营专家系统原型。本系统可作为独立的专家咨询系统，也是林分经营专家模拟系统中一个重要的子系统。

第 15 章　人工神经网络林分经营专家模拟系统研究

15.1　引　　言

多年来，系统模拟在我国林业上得到了广泛应用，在森林资源模拟系统开发及林业结构调整应用方面取得了较好的成果。但系统模拟仍存在许多缺点，如缺乏符号处理和逻辑推理的功能，建模复杂，输出结果的解释与推断要求具备多学科的知识等，所以系统模拟有必要引入专家系统，使系统模拟更加完善。本章将阐述人工神经网络专家模拟系统构成原理，并提出人工神经网络林分经营专家模拟系统的设计思想、基本结构和功能。

15.2　人工神经网络与专家模拟系统构成原理

人工神经网络和专家模拟系统都是人工智能的组成部分，二者的共同目标是模拟人的思维过程，只是采用的方式不同。专家模拟系统将人脑看成一个黑箱，模拟人的思维过程，它明确地表示知识、进行有序的处理，而知识获取过程发生在系统之外。人工神经网络将人脑作为一个白箱，试图模拟人脑的结构和功能，实现信息的并行处理，它将信息隐含在结构中，学习过程发生在系统内部。

人工神经网络与专家模拟系统都试图模拟人脑智能，包括模式识别、语言处理、知识获取、联想记忆、归纳等，在这些领域均已取得了巨大成功。专家模拟系统技术和人工神经网络技术都是多门学科共同作用的结晶。专家模拟系统研究人员所从事的领域包括计算机科学、语言学、逻辑学、哲学、数学和工程技术领域。人工神经网络同样包括多种学科领域，如生物科学、心理学、计算机科学、物理学、工程技术、认知科学和神经科学等。

但是人工神经网络和专家模拟系统之间存在着较大的差异。专家模拟系统主要集中于模拟人类推理和逻辑过程，在人们如何做出行动和决策时，试图使机器具有类似人类的逻辑和推理能力，而人工神经网络倾向于通过了解人脑的内部作用机制而获得智能。二者在信息处理方式上是两种不同的模式。传统专家系统处理知识是采取串行方式，在产生式规则系统中，不管采取什么搜索策略，或采取什么方式表达知识，在同一时间只能处理知识库中的一条知识规则；而人工神经网络是由许多单个神经细胞模型连接而成的，具有很复杂的系统变化特性，信息处理对于神经元细胞而言是同时进行的，因而具有大规模的并行处理能力。对于专家模拟系统，存储知识的方式是显式的；而人工神经网络中，以结点间连接权的方式将知识以隐含方式存放在网络里。对于专家模拟系统，知识获取过程在系统外部，即从系统外获得知识，以符号代码形式存入系统中；而对于人工神经网络，学习过程发生在系统内部，并对网络系统的构造起重要作用。总之，二者是两种不同的信息处理方式，代表了人工智能的研究方向。

15.2.1　人工神经网络原理

人工神经网络系统的构造有两条途径，一是以全硬件方式实现，二是在计算机上以软件方式模拟实现。一般而言，以硬件方式实现的人工神经网络系统运行速度快，能够实现大规模问题的并行处理，但目前情况下，由于工艺复杂、投资大、通用性差等原因，没有得到广泛应用。因此，利用数字计算机模拟人工神经网络系统，不失为一个可行的方法。利用软件模拟技术，建造人工神经网络系统的软件模拟环境，通过该环境可以方便地输入、显示、修改和输出神经网络及其结果。

人工神经网络(artificial neural network，ANN)是人工智能的一个分支，是一种模仿人脑和神经网络系统的功能并进行简单模拟计算的形式，其最显著的特点是具有自学习能力，并在数据含有噪声、缺项或缺乏认知时能获得令人满意的结论，特别是可以从积累的工作实例中学习知识，尽可能多地把各种定性定量的影响因素作为变量加以输入，建立各影响因素与结论之间的高非线性映射，采用自适应模式识别方法完成预测工作。在对处理内部规律不甚了解、不能用一组规则或方程进行描述的较复杂问题或开放的系统中显得较为优越。在人工神经系统内部，以结点间连接权的方式将知识以隐含方式存放在网络当中，具有复杂的系统变化特性，信息处理与学习过程同时进行，因而具有大规模的并行处理能力。自 1943 年第一个 ANN 的原型产生以来，相继发展了约 30 个不同类型的 ANN，其中以反向传播反馈网络(back-propagation feed-forward network)最常用。ANN 的主要特征如下。

1. ANN 的结构　　ANN 是一种由许多小的处理单元(processing element，PE)，或叫作结点(node)结合在一起的并行计算方法。PE 通常由 3 个神经元(neuron)组成：输入层用来给网络输入数据，输出层是对输入数据产生的响应，居入中间的一层或多层叫作隐层。不同层中的 PE 部分或全部互相连接，并与对应结点的权重(weight)相关。结点的权重常常根据连接的强弱进行调整。

2. ANN 的运行　　在多层反向传播网络的算法中，经过网络传播的数据在输入层开始刺激输入的模式，直到在输出层产生一些激活输出。每一个 PE 或结点接收来自前一层的权重后输出。在前一层，总输入的结点(net_j)是权重输入的总和，即

$$\mathrm{net}_j = W_{ij} X_i \tag{15.1}$$

权重 W_{ij} 表示在结点 i 和 j 之间的权重值，X_i 表示来自结点 i 的输出。

对于给定的结点，其输出可用下列公式计算。

$$Y=f(\mathrm{net})=1/[1+\exp-(\mathrm{net}_j+b)] \tag{15.2}$$

参数 b 叫作偏差值，权重 W 是根据目标值与估算值之间的最小偏差来估算的。

3. 学习和训练　　学习(learning)和训练(training)是几乎所有神经网络的基础。训练是网络的学习过程，而学习是训练过程的最终结果。学习包括网络对权重进行系统的

改变，改进网络的操作和响应，使之能达到可以接受的标准。网络通过学习过程来不断调整相互连接的在不同层之间的权重，分配给连接输入和输出层间的神经元(neuron)。这种关系一旦确定，神经元就被分配给隐层，以便能找到非线性关系。训练的目的是寻找能产生最小偏差的权重，在训练过程中，根据预测的输出值 $Y(t)$与实际需要的输出值 $A(t)$之间的差值来估算平均平方根偏差值(mean squared error)。即有偏差 E 在时间 t 内可表示为

$$E(t)=0.5S[Y(t)-A(t)]^2 \tag{15.3}$$

学习算法(learning algorithm)不断改变与每个处理单元(PE)有关的权重(W)，以保证网络系统在目标输出和网络实际输出之间的误差达到最小，这种反向传播算法是训练多层感知网络(MLP)最直观的方法。

利用软件模拟技术创建的人工神经网络系统具有投资少、通用性强，可以方便地输入、显示、修改和输出神经网络及其结果等特点，目前主要应用于森林规划与管理、森林动态过程描述、森林自疏规律研究、水土流失等级划分、森林立地分类、森林自然灾害预测、森林蓄积量预测等方面。

15.2.2 专家模拟系统简介

1. 专家模拟系统的结构　一个完整的专家模拟系统由 6 个部分组成：知识库、数据库、推理机、知识库获取机制、解释机制和人机接口，见图 15.1。其中，知识库、数据库和推理机是大多数 EXS 的主要内容，知识库获取机制、解释机制和人机接口是所有 EXS 都期望有的 3 个模块，但并不一定会得到实现。

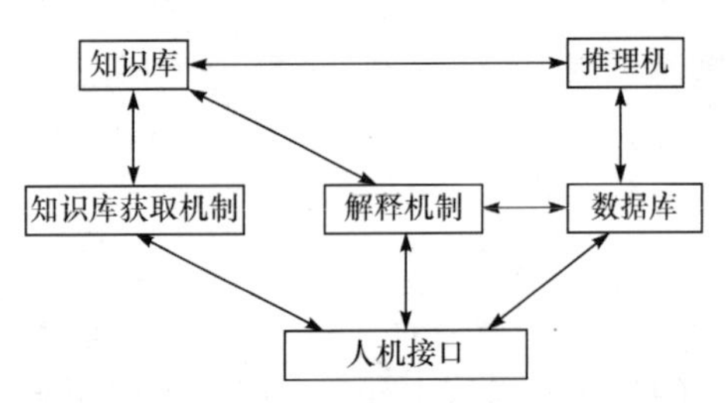

图 15.1　林分经营专家模拟系统总体结构图

知识库：存放领域专家知识，包括一些已知的事实和描述事实彼此间逻辑关系的规则及采取的动作。知识库是决定一个 EXS 性能是否优越的关键部分，对知识的分层处理有利于专家模拟系统(EXS)的保存和更新。

推理机：知识处理器，用于选择并驱动知识库内的规则，控制问题的解答顺序及策略，推导结论，推理机常用的控制策略有数据驱动的前向推理方式、目标驱动的逆向推理方式及两者相结合的混合推理方式，还有少数系统已用到元控制方式。

知识库获取机制：辅助专家和知识工程师建立知识库，通常是指通过知识编辑器，将领域知识依系统所规定的格式输入知识库。

2. 专家模拟系统的分类　从宏观应用的角度看，专家模拟系统大致可分为以下几类。

1) 经验型专家系统：经验型专家系统能使企业产生效益，其研制是当前最活跃的领域。目前经验型专家系统存在的主要困难是专家的知识如何描述、知识如何利用及寻找怎样的表示方法来建立知识库。

2) 工程型专家系统：表现为工程技术或工艺过程知识的成熟程度，有利于提高工作

效率，在实际工作中占据很大比例。

3）演绎型专家系统：模拟数学专家的思考方式，主要以“三段论”逻辑推理为主。

4）工具型专家系统：将若干个专家系统组成一个更大的专家系统或知识处理系统，描述这些专家系统之间的关系。此外，工具型专家系统还能够选择知识表示方式，采用适当方法实现特定的专家系统，提供描述的语言、策略、学习机制、知识库等，并创造良好的知识环境为研究专家系统提供条件。

5）操作型专家系统及与物理世界直接作用的专家系统：这类系统可以交换信息或有接口关系，可将能量、信号直接作用于外界，推动外界的运动。

6）探索型专家系统：主要任务是总结人们在发现规律时所用的启发规则，包括科学方法、创造心理学等方法及科学研究的美学原则等。探索型专家系统能运用人工智能探索更多的自然规律。研究出具有高水平、统一标准的专家系统，将其分散到应用的各个部分，以避免重复劳动，大大地减轻了或部分代替了专家的智力劳动。

3. 专家模拟系统的建立方法和步骤　建立 EXS 常用两种途径：一是知识工程师和领域专家通力协作，共同开发设计 EXS 的各部分；二是选择合乎要求的 EXS 工具研制实现 EXS。Weisstub（1986）指出：成功建立 EXS 的关键是从小开始，逐步扩大，直至建立一个可以检验的系统。在各个改进阶段里，都应当对系统进行经验式的验证。一个完整的 EXS 的开发过程大致需经历如下过程。

1）原始知识库的设计阶段：包括问题定义、概念化和问题的计算机表示。

2）原型发展和测试阶段：原型的选择至关重要，它必须包括对整个模型有代表性的知识样本，还应当包括简单到可以测试的子任务和推理。

3）知识库的改进和推广：一旦原型的推理达到了可以接受的水平，就可对原型加以扩充，以包括属于解释范围的更多不同的问题，然后用更复杂的实例去测试，直至达到要求。

另外，专家系统也存在一些不足之处，如专家系统的变量数值不能随时间变化、需要模拟运行，以获得某些结果或者检验专家系统所做出的结论等。因此，应当将专家系统和模拟系统有机结合起来，以更好地满足用户需求，开发出功能强大的更符合实际要求的专家模拟系统。

15.3　林分经营专家模拟系统的结构

本研究集成人工神经网络、专家系统、模拟技术和现代森林经营管理方法，以湖南省杉木人工林林分为研究对象，用专家系统开发工具 GURU、人工神经网络工具 Neuro Shell 及 C 语言等开发工具开发了一个人工神经网络林分经营专家模拟系统原型（ANNSMESS）。

本研究提出的林分经营专家模拟系统总体结构见图 15.2。

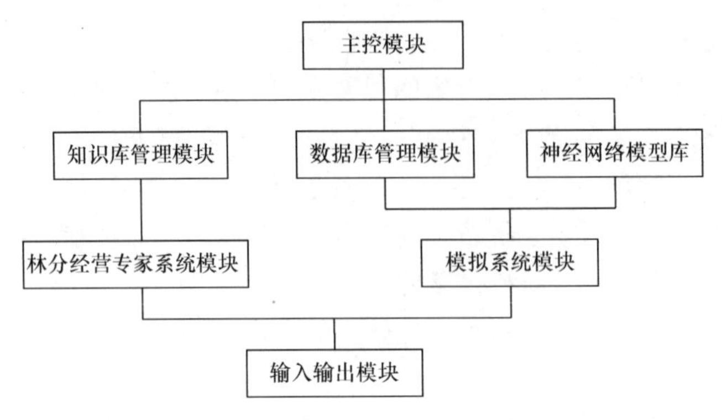

图 15.2　林分经营专家模拟系统总体结构图

15.3.1　主控模块

主控模块(main.ipf)是用 GURU 提供的过程设计语言实现的，其主要功能是对其他各模块进行管理。系统主控模块菜单如图 15.3 所示。

选择任意选项，即可运行相应的子模块。例如，将光标移至专家系统咨询菜单栏并回车，即可执行该模块。

15.3.2　数据库管理模块

数据库管理模块(main1.ipf)具有对原始数据的输入、修改、查询、打印和再生数据等功能，共由 6 个二级子模块构成，其中再生数据子模块主要为专家系统和模拟系统模块提供综合数据库，原始数据包括林分固定标准地数据、临时标准地数据和解析木数据。

选择“数据库管理模块”后，屏幕出现如图 15.4 所示菜单。

数据管理子系统
经营模拟子系统
专家系统咨询

图 15.3　系统主控模块菜单

返回主菜单
数据输入
数据修改
数据查询

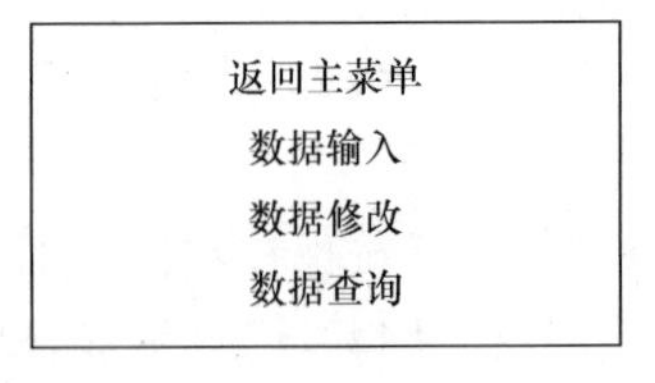

图 15.4　数据库管理模块菜单

以后的各项操作均采用弹出式菜单进行操作，非常简便。

15.3.3　知识库管理模块

知识库管理模块具有对专家系统实现的 4 个知识模块和模拟过程所需知识进行管理的功能，它主要由以下两部分组成：一部分是专家系统实现的 90 个规则构成的规则集及相应的推理机构；另一部分是模拟系统中神经网络提供的模型库。

15.3.4　林分经营专家系统模块

该子系统一方面是对模拟结果进行分析，为用户提供一种直观的结果，即用一种自然语言来描述模拟结果；另一方面是根据经营者的目的，提供一个或几个潜在的经营方案，这些方案都是从生物的、经济的和社会的角度来考虑，利用专家知识进行推理，寻找一个或几个较优的方案，作为经营者决策的依据。

15.3.5　模拟系统模块

模拟系统模块实现了利用人工神经网络提供的模型库对林分进行模拟并自动调用专家系统进行分析推理，其模拟和推理的全过程见图 15.5。

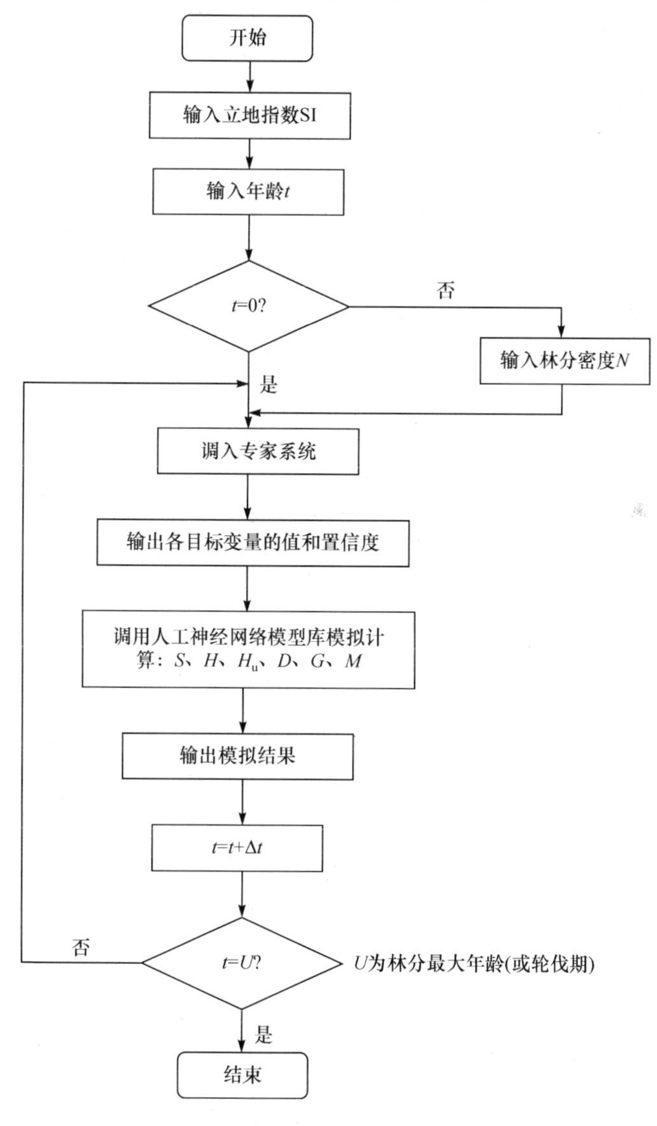

图 15.5　林分经营专家模拟系统功能流程图

15.3.6　输入输出模块

输入输出模块通过人机会话方式对系统输入数据，并具有显示或打印再生数据和模拟结果及专家系统得出的最佳经营方案的功能。用户可根据自己的需要进行选择。

15.4 案例研究

以 18 立地指数级的杉木人工林林分为例，用本系统进行模拟，其林分生长模拟结果见表 15.1。

表 15.1 18 立地指数级杉木人工林生长模拟结果表

年龄/年	断面积/(m^2/hm^2)	平均树高/m	平均胸径/cm	蓄积量/(m^3/hm^2)	株数密度/(株/hm^2)
1	0.000	0.630	0.000	0.0000	2505
2	0.000	1.181	0.000	0.0000	2505
3	8.322	1.850	4.885	11.3510	2505
4	10.387	2.643	6.996	18.9236	2505
5	11.515	3.561	8.267	26.6802	2505
6	13.990	4.589	9.217	39.8164	2505
7	12.838	5.700	10.020	43.6416	1879
8	15.287	6.855	10.684	60.5676	1879
9	17.927	8.010	11.265	80.9667	1879
10	20.479	9.124	11.782	103.3283	1879
11	22.737	10.164	12.248	125.8711	1879
12	24.633	11.109	12.673	147.2796	1879
13	18.934	11.949	13.178	120.6302	1315
14	19.981	12.682	13.566	134.1291	1315
15	20.889	13.314	13.931	146.3673	1315
16	21.697	13.856	14.276	157.4835	1315
17	22.436	14.317	14.604	167.6536	1315
18	23.130	14.710	14.915	177.0492	1315
19	23.794	15.045	15.212	185.8217	1315
20	24.440	15.331	15.496	194.0976	1315
21	25.075	15.576	15.767	201.9807	1315
22	25.705	15.786	16.026	209.5548	1315
23	26.331	15.969	16.274	216.8874	1315
24	26.958	16.128	16.512	224.0328	1315
25	27.586	16.268	16.740	231.0346	1315
26	28.217	16.392	16.958	237.9278	1315
27	28.851	16.502	17.166	244.7405	1315
28	29.489	16.600	17.366	251.4950	1315
29	30.131	16.689	17.556	258.2087	1315

续表

年龄/年	断面积/(m^2/hm^2)	平均树高/m	平均胸径/cm	蓄积量/(m^3/hm^2)	株数密度/(株/hm^2)
30	30.778	16.770	17.737	264.8949	1315
31	31.429	16.844	17.909	271.5636	1315
32	32.083	16.911	18.072	278.2215	1315
33	32.741	16.974	18.225	284.8725	1315
34	33.403	17.031	18.369	291.5182	1315
35	34.067	17.085	18.503	298.1576	1315

林分经营措施模拟结果如下。

1. t=0 时

最佳方案：进行造林设计　　置信度：0.64

(1) 林地清理方式　坡度大于 30°，不宜造杉木林；坡度 20～30°，带状清理杂灌，采用堆腐(草本)或集中堆烧(灌木)；坡度小于 20°，全面清理，常规炼山或堆腐；对于原杉木林迹地，可不清理杂灌，培育伐桩，用优良无性系作接穗。

(2) 整地方式　带状清理的造林地，采用带状整地；对于原杉木林迹地，培育好伐桩。

(3) 经营方向　培育大径材。

(4) 苗木选择　适合于各地的优良家系、无性系，一年生一二级苗。

(5) 造林密度　167 株/亩，即 2.0m×2.0m，以后进行 2 次间伐。

(6) 造林方式　植苗造林或嫁接换冠。

(7) 基肥　主要用磷肥，100kg/亩，或以 N∶P∶K=1∶1∶1 的比例施肥。

2. t≥1 时

最佳方案：进行幼林抚育　　置信度：0.65

(1) 幼林抚育　对于全垦整地的幼林，第一年全面松土除草，埋青或堆腐，在 5～6 月进行，或第一年进行林农间种，以耕代抚；第二次在 9 月进行，刀抚即可。从造林第二年开始，每年清理杂灌 1 次，连续 2 年，至林分郁闭成林。

采用嫁接换冠的幼林：培蔸促冠，在桩蔸附近清除杂灌，并松土。

造林后 1～2 年，除萌，尤其是对嫁接换冠的幼林林分，留下粗壮通直的 1～2 根，其余全部除掉。

成活率达不到标准的，应在造林后的第二年及时补植，并采用超级苗。

松土时结合施肥，以氮肥为主或以 N∶P∶K=2∶1∶1 的比例，每蔸 50g。

(2) 幼林保护　做好病虫害的预测预报工作，开展积极有效的防治；防止森林火灾。

3. t≥7 时

最佳方案：进行两次抚育间伐　　置信度：0.51

间伐方法如表 15.2 所示。

表 15.2　森林的间伐方法

$t \geq 7$	第 1 次间伐	第 2 次间伐
间伐方式	下层疏伐或机械疏伐	下层疏伐
间伐年龄	7～8 年	12～13 年
间伐强度	株数 30%	株数 20%
间伐木选择	三砍三留：砍密留稀，砍病留健，砍萌留实	
培育目标及方式	大径材。第 1 次间伐后施肥，并除萌、除杂	

4. $t \geq 25$ 时

最佳方案：进行主伐更新　　置信度：0.51

(1) 主伐方式　采用小面积皆伐，伐区面积不大于 50hm^2。

(2) 更新方式　以人工更新为主，或人工促进天然更新，即经营第一代萌芽林。

(3) 主伐年龄(可根据材种规格、木材用途、市场木材销售情况而具体制定)　经营大径材，主伐年龄在 25 年左右。

15.5　小　　结

本书简单描述了专家模拟系统的特点和一般组成，提出了基于人工神经网络的林分经营专家模拟系统总体结构框架，开发出了基于人工神经网络的林分经营专家模拟系统原型。本系统可直接用于林业生产，对科学地经营林业生产、提高林业经营水平具有重要的实际意义。

主要参考文献

安慧君. 2003. 阔叶红松林空间结构研究[D]. 北京: 北京林业大学博士学位论文: 92-95.

安慧君, 惠刚盈, 郑小贤, 等. 2005. 不同发育阶段阔叶红松林空间结构的初步研究[J]. 内蒙古大学学报(自然科学版), 36(6): 713-718.

宝山, 吴彤. 1999. 果园防护林的抗虫结构及更新改造研究[J]. 北京林业大学学报, (4): 80-84.

蔡飞. 2000. 杭州西湖区青冈种群结构和动态的研究[J]. 林业科学, 36(3): 67-72.

曹光球, 林思祖, 曹子林, 等. 2002. 杉木及其主要混交树种生态对策[J]. 福建林学院学报, 22(2): 180-183.

曹进德, 万世栋. 1997. 具时滞的 Hopfield 型神经网络模型的全局渐进稳定性[J]. 生物数学学报, 12(1): 60-63.

曹小玉, 李际平, 周永奇, 等. 2015. 杉木林林层指数及其与林下灌木物种多样性的关系[J]. 生态学杂志, 33(3): 589-595.

曹永慧, 李生, 陈存及, 等. 2005. 乳源木莲杉木混交林生长及其竞争关系分析[J]. 林业科学, 45(5): 201-206.

陈昌雄. 1995. 闽北杉木生长和收获模型的研究[J]. 福建林学院学报, 15(3): 223-225.

陈昌雄, 陈平留. 1997. 闽北天然异龄林林分结构规律的研究[J]. 福建林业科技, 24(4): 1-4.

陈国良, 朱松纯, 秦小鸥. 1992. 主从通用神经网络模型[J]. 电子学报, 20(10): 26-32.

陈辉, 刘玉宝, 廖正花. 1997. 厚朴人工纯林种内竞争及单木生长模型的研究[J]. 经济林研究, 15(2): 11-13.

陈吉红, 师汉民, 陈日曜. 1992. 基因遗传算法用于人工神经网络的训练[J]. 华中理工大学学报, 20: 215-222.

陈峻崎, 甘敬, 王小平. 2011. 关于推进北京市多功能林业建设的战略思考[J]. 林业经济, (4): 19-22.

陈灵芝, 任继凯, 鲍显诚, 等. 1984. 北京西山(卧佛寺附近)人工油松林群落学特性及生物量的研究[J]. 植物生态学与地植物学丛刊, (3): 173-181.

陈矛矛, 梁梁. 1994. 基于神经网络的社会经济系统分类方法[J]. 系统工程与电子技术, 16(8): 17-20.

陈民生, 赵京岚, 刘杰, 等. 2008. 人工林林下植被研究进展[J]. 山东农业大学学报(自然科学版), 39(2): 321-325.

陈学群. 1995. 不同密度 30 年生马尾松林生长特征与林分结构的研究[J]. 福建林业科技, (S1): 40-43.

陈银萍, 孙学刚, 李毅. 1999. 青海云杉群落种内和种间竞争的初步研究[J]. 甘肃农业大学学报, (3): 383-387.

陈云芳, 李智勇. 2012. 多功能林业系统协同发展模式探讨[J]. 世界林业研究, 25(3): 74-77.

成子纯, 陈礼, 曾思齐, 等. 1991. 马尾松经营体系模拟系统[M]. 北京: 中国林业出版社.

成子纯, 王广兴. 1986. 标准地每木解析法的研究初报[J]. 中南林学院学报, (2): 111-120.

崔恒建, 王雪峰. 1996. 核密度估计及其在直径分布研究中的应用[J]. 北京林业大学学报, (2): 67-72.

戴福. 2009. 帽儿山地区天然次生林空间优化经营研究[D]. 哈尔滨: 东北林业大学硕士学位论文.

党承林, 吴兆录. 1991. 云南松林的生物量研究[J]. 云南植物研究, (1): 59-64.

邓聚龙. 1988. 灰色预测与决策[M]. 武汉: 华中工学院出版社.

邓坤枚, 邵彬, 李飞. 1999. 长白山北坡云冷杉林胸径、树高结构及其生长规律的分析[J]. 资源科学, (1): 79-86.

丁宝永, 郎奎健, 张世英. 1986. 落叶松人工林动态间伐系统的研究[J]. 东北林业大学学报, 14(4): 8-19.
丁玲, 励隽怿. 1992. 非线性对象神经网络建模的广义自组织学习[J]. 电子学报, 20(10): 55-60.
杜纪山. 1999a. 林木生长和收获预估模型的研究动态[J]. 世界林业研究, 12(4): 19-22.
杜纪山. 1999b. 用二类调查样地建立落叶松单木直径生长模型[J]. 林业科学研究, 12(2): 160-164.
杜纪山, 唐守正. 1997. 林分断面积生长模型研究评述[J]. 林业科学研究, 10(6): 599-606.
杜利民, 侯自强. 1992. 多层前馈神经网络快速学习算法的实现[J]. 电子学报, 20(10): 61-67.
段爱国. 2002. 杉木人工林林分直径结构模拟及其动态变化规律的研究[D]. 北京: 中国林业科学研究院博士学位论文.
段建新, 戴绍利. 1993. 模糊神经网络及其在社会经济系统综合评价中的应用[D]. 西安: 中国第四届神经网络大会论文集.
樊宝敏, 李智勇. 2012. 多功能林业发展的三个阶段[J]. 世界林业研究, 25(5): 1-4.
范志平, 关文彬, 曾德慧, 等. 2001. 东北地区农田防护林高效多功能经营的指标体系及标准研究[J]. 应用生态学报, (5): 701-705.
方精云, 陈安平, 赵淑清, 等. 2002. 中国森林生物量的估算: 对Fang等Science一文(Science, 2001, 291: 2320-2322)的若干说明[J]. 植物生态学报, 26(2): 243-249.
方精云, 柯金虎, 唐志尧, 等. 2001. 生物生产力的“4P”概念、估算及其相互关系[J]. 植物生态学报, (4): 414-419.
方精云, 李意德, 朱彪, 等. 2003. 海南岛尖峰岭山地雨林的群落结构、物种多样性以及在世界雨林中的地位[J]. 生物多样性, 12(1): 29-33.
方精云, 刘国华, 徐嵩龄. 1996. 中国森林植被生物量和净生产力[J]. 生态学报, 16(4): 497-508.
冯旭东, 陈方. 1998. 神经网络在病虫害诊断中的应用[J]. 系统工程理论与实践, 18(1): 71-75.
冯仲科, 罗旭, 石丽萍. 2005. 森林生物量研究的若干问题及完善途径[J]. 世界林业研究, 18(3): 25-28.
冯宗炜, 陈楚莹, 张家武, 等. 1982. 湖南会同地区马尾松林生物量的测定[J]. 林业科学, (2): 127-134.
付小勇. 2006. 云南松林分生长模型研究[D]. 昆明: 西南林学院硕士学位论文.
高广磊, 丁国栋. 2011. 林分结构可视化模型的原理及应用与展望[J]. 世界林业研究, 24(6): 42-46.
高广磊, 丁国栋. 2012. 人工混交林的林分可视化研究[J]. 水土保持通报, 32(12): 155-162.
高广磊, 丁国栋, 任丽娜, 等. 2012. 空间竞争指数在华北土石山区天然次生林的应用[J]. 干旱区资源与环境, 26(6): 133-138.
高俊峰, 郭晋平. 2005. 关帝山林区森林交错带群落林木年龄结构及其动态的研究[J]. 山西农业大学学报, 25(2): 168-172.
龚哲军, 黎志成. 1995. 应用人工神经网络技术估计城市道路交通出行量[J]. 系统工程理论与实践, (5): 32-36.
龚哲君, 黎志成, 田俊彦. 1994. 人工神经网络在模拟优化中的应用[J]. 管理工程学报, (4): 203-208.
龚哲军, 黎志成, 张子刚, 等. 1993. 一种双向映射神经网络模型[J]. 华中理工大学学报, 21(3): 53-55.
顾丽. 2012. 金沟岭林场森林多功能效益评价研究[D]. 北京: 北京林业大学博士学位论文.
关玉秀. 1987. 测树学[M]. 北京: 中国林业出版社: 77-78.
关玉秀, 张守攻. 1992. 取样方法及其在林分空间格局研究中的应用[J]. 北京林业大学学报, 13(2): 1-10.
郭创新, 梁年生, 景雷, 等. 1996. 自适应鲁棒 BP 算法及其应用研究[J]. 模式识别与人工智能, 9(1): 78-86.
郭丽虹, 李荷云. 2000. 桤木人工林林分胸径与树高的威布尔分布拟合[J]. 江西林业科技, (S1): 26-27.
国庆喜, 葛剑平, 马承慧, 等. 1998. 长白山红松混交林林隙状况与更新研究[J]. 东北林业大学学报, (1): 4-7.
国庆喜, 杨光, 孙龙. 2005. 林分可视化系统在帽儿山地区的应用[J]. 东北林业大学学报, 33(11):

100-101.
韩兴吉. 1985. 油松树冠枝生长规律的探讨[J]. 北京林学院学报, (3): 50-59.
韩兴吉. 1986. 林分生长和产量的数学模型[J]. 北京林业大学学报, 8(3): 56-63.
郝小琴, 孟宪宇. 1993. 单木生长的视景仿真模型[J]. 北京林业大学学报, 15(4): 21-31.
郝月兰. 2012. 基于林分空间结构优化的采伐木确定方法研究[D]. 北京: 中国林业科学研究院硕士学位论文.
郝云庆, 王金锡, 王启和, 等. 2006. 柳杉人工林林分不同变量大小比数研究[J]. 应用生态学报, 17(3): 751-753.
何东进, 洪伟, 吴承祯. 1997. 人工神经网络用于杉木壮苗定向培育规律的研究[J]. 浙江林学院学报, 14(4): 339-343.
何中声, 刘金福, 洪伟. 2011. 中亚热带格氏栲天然林幼苗竞争强度研究[J]. 热带亚热带植物学报, 19(3): 230-236.
贺姗姗, 彭道黎. 2009a. 三维树木模型及其在林分可视化中的应用[J]. 北京林业大学学报, 31(2): 73-77.
贺姗姗, 彭道黎. 2009b. 林分空间结构可视化方法研究[J]. 西北林学院学报, 24(2): 157-161.
洪伟, 吴承祯, 蓝斌. 1997. 邻体干扰指数通用模型及其应用[J]. 植物生态学报, 21(2): 139-153.
洪伟, 吴承祯, 曾起郁, 等. 1995. 杉木人工林计算机辅助经营系统的研究[J]. 福建林学院学报, 15(1): 32-39.
侯向阳, 韩进轩, 阳含熙. 2000. 长白山红松阔叶林林冠木竞争生长及林冠空隙动态研究[J]. 生态学报, 20(1): 68-72.
侯元兆, 曾祥谓. 2010. 论多功能森林[J]. 世界林业研究, 23(3): 7-12.
胡宏, 史忠植. 1992. 面向神经专家系统的近似逻辑[J]. 电子学报, 20(10): 88-93.
胡铁松. 1998. 前馈网络目的规划算法及其应用研究[J]. 系统工程理论与实践, 18(2): 56-61.
胡艳波, 惠刚盈, 戚继忠, 等. 2003. 吉林蛟河天然红松阔叶林的空间结构分析[J]. 林业科学研究, 16(5): 523-530.
黄东, 谢晨, 赵金成, 等. 2010. 澳大利亚多功能林业经营及其对我国的启示[J]. 林业经济, (2): 117-121.
黄家荣. 1994. 人工林首次间伐时间确定方法的探讨[J]. 北京林业大学学报, 16(4): 75-79.
黄家荣. 2000. Weibull 分布在马尾松人工林中的适用性研究[J]. 贵州林业科技, (1): 7-13.
黄家荣. 2001. 马尾松人工林单木竞争指标及生长模型研究[J]. 林业科技, 26(3): 1-4.
黄家荣, 杨世逸. 1994. 马尾松人工林单木胸径生长模型研究[J]. 贵州农学院学报, 13(1): 12-16.
黄京炜, 王众托. 1994. 一种模糊神经网络在决策支持中的应用[J]. 控制与决策, 9(1): 79-80.
黄烺增, 谢世波. 2000. 用回归正交设计建立柳杉人工林单木生长模型[J]. 福建林业科技, 3(3): 124-130.
黄龙生, 霍艳玲, 金辉, 等. 2013. 冀北山地白桦典型大小比数与直径生长关系研究[J]. 林业资源管理, (3): 71-76.
黄新峰, 亢新刚, 杨华, 等. 2012. 5 个林木竞争指数模型的比较[J]. 西北农林科技大学学报(自然科学版), 30(7): 127-133.
惠刚盈. 1999. 角尺度——一个描述林木个体分布格局的结构参数[J]. 林业科学, 35(1): 32-37.
惠刚盈, 胡艳波. 2001. 混交林树种空间隔离程度表达方式的研究[J]. 林业科学研究, 13(1): 23-27.
惠刚盈, 胡艳波, 赵中华. 2008. 基于相邻木关系的树种分隔程度空间测度方法[J]. 北京林业大学学报, 30(3): 131-133.
惠刚盈, 胡艳波, 赵中华, 等. 2013. 基于交角的林木竞争指数[J]. 林业科学, 39(6): 68-73.
惠刚盈, 克劳斯 · 冯佳多. 2003. 森林空间结构量化分析方法[M]. 北京: 中国科学技术出版社.
惠刚盈, 李丽, 赵中华, 等. 2007. 林木空间分布格局分析方法[J]. 生态学报, (11): 4717-4728.
惠刚盈, 盛炜彤. 1995. 林分直径结构模型的研究[J]. 林业科学研究, 8(2): 127-131.

惠刚盈, von Gadow K, Albert M. 1999. 一个新的林分空间结构参数——大小比数[J]. 林业科学研究, 12(1): 1-6.
江娟. 2010. 北京市延庆县森林资源及其多功能效益评价[D]. 北京: 中国林业科学研究院硕士学位论文.
江挺, 汤孟平. 2008. 天目山常绿阔叶林优势种群竞争的数量关系[J]. 浙江林学院学报, 25(3): 333-350.
江希钿. 1995. 柳杉人工林竞争指标与生长关系的研究[J]. 华东森林经理, 9(1): 31-37.
江希钿. 1996. 单木模型的研制及优化的研究[J]. 中南林业调查规划, 15(1): 1-4.
江希钿, 陈学文. 1994. 以 von Bertalanffy 生长理论为基础的单木生长模型[J]. 中南林业调查规划, 13(4): 5-7.
蒋桂娟. 2012. 金沟岭林场云冷杉林健康评价研究[D]. 北京: 北京林业大学博士学位论文.
蒋妙定, 孙敏华, 周子贵, 等. 1989. 杉木混交林营造试验初报[J]. 浙江林业科技, 9(6): 53-58.
蒋娴, 张怀清, 贺姗姗, 等. 2009. 林分可视化模拟系统的设计[J]. 林业科学研究, 22(4): 597-602.
焦李成. 1990. 神经网络专家系统: 基本理论与实现[J]. 系统工程与电子技术, (7): 7-18.
焦李成. 1992. 神经网络与 AI 发展现状、省思与综合[J]. 系统工程与电子技术, (2): 1-7.
金明仕. 1993. 森林生态学[M]. 文剑平译. 北京: 中国林业出版社: 323-331.
金则新. 1999. 浙江天台山七子花群落种群分布格局研究[J]. 广西植物, 19(1): 37-52.
柯新. 1994. 神经网络的实际应用[J]. 计算机系统应用, (1): 61-64.
孔雷, 亢新刚, 赵浩彦, 等. 2013. 长白山云冷杉针阔混交林最优竞争指标的研究[J]. 西北农林科技大学学报(自然科学版), 32(3): 88-101.
寇文正. 1982. 林木直径分布的研究[J]. 南京林产工业学院学报, (1): 51-65.
蓝斌, 洪伟, 林武星. 1995b. 马尾松幼龄人工林竞争与生长的研究[J]. 福建林学院学报, 15(1): 40-44.
蓝斌, 洪伟, 吴承祯. 1995a. 马尾松幼龄林邻体干扰指数模型研究[J]. 江西农业大学学报, 17(3): 263-268.
雷蕾, 郭新宇, 周淑秋. 2004. 基于粒子系统思想的叶片纹理构造[J]. 计算机工程与应用, (36): 218-219.
雷鸣, 尹申明, 杨叔子. 1994. 神经网络自适应学习研究[J]. 系统工程与电子技术, 16(3): 19-27.
雷相东, 唐守正. 2002. 林分结构多样性指标研究综述[J]. 林业科学, (3): 140-146.
黎志成. 1986. 电子计算机辅助管理[M]. 武汉: 华中理工大学出版社.
黎志成. 1991. 企业管理专家模拟系统[M]. 武汉: 华中理工大学出版社.
黎志成, 冯允成, 侯炳辉. 1990. 管理系统模拟[M]. 北京: 清华大学出版社.
黎志成, 高汉平, 田俊彦, 等. 1994. 面向对象的生产作业计划专家模拟系统的研究[J]. 华中理工大学学报, 22(12): 60-64.
李凤日. 1986. 林木直径分布的研究(综述)[J]. 林业译丛, (4): 12-18.
李根前, 唐德瑞, 何景峰, 等. 1993. 马尾松幼林邻体竞争效应及其在营林中的应用[J]. 陕西林业科技, (3): 33-37.
李国猷. 1992. 北方次生林经营[M]. 北京: 中国林业出版社: 8-102.
李际平, 吕勇. 1998. 会同杉木人工林全林整体生长模型[J]. 林业科学, Sp2: 133-138.
李际平, 姚东和. 1995. 人工神经网络模型及其在林业中的可能应用[J]. 中南林学院学报, 15(S): 37-41.
李际平, 姚东和. 1996a. BP 模型在单木树高与胸径生长模拟中的应用[J]. 中南林学院学报, 16(3): 34-36.
李际平, 姚东和. 1996b. 林业专家模拟系统初探[J]. 林业资源管理, 特刊: 37-39.
李际平, 姚东和. 1998a. BP 网络的一种稳健算法及其在林木生长模拟中的应用[J]. 生物数学学报, (5): 794-797.
李际平, 姚东和. 1998b. 用 Hopfield 网络模型解决林种树种结构优化问题[J]. 中南林学院学报, (1): 80-83.
李建军. 2010. 广东湛江红树林生态系统空间结构优化研究[D]. 长沙: 中南林业科技大学博士学位论文.
李建军, 李际平, 刘素青, 等. 2010. 红树林空间结构均质性指数[J]. 林业科学, 36(6): 7-13.
李建军, 张会儒, 刘帅, 等. 2013. 基于改进 PSO 的洞庭湖水源涵养林空间优化模型[J]. 生态学报,

33(13): 3030-3031.
李剑泉, 陈绍志, 李智勇. 2011. 国外多功能林业发展经验及启示[J]. 浙江林业科技, 31(5): 69-75.
李金良, 郑小贤, 陆元昌. 2012. 六盘山水源林林分目标层次结构研究[J]. 林业资源管理, (3): 74-78.
李梦, 郎广林, 王培华, 等. 1997. 长白落叶松人工林建筑材林分经营模型微机系统[J]. 东北林业大学学报, 25(3): 26-29.
李明辉, 何风华, 刘云. 2005. 天山云杉种群空间格局与动态[J]. 生态学报, 25(5): 1000-1006.
李荣伟. 1994. 动态马尔科夫直径生长模型的研究[J]. 林业科学, (4): 338-345.
李荣伟, 唐志刚. 2000. 杜仲人工林林分直径分布研究[J]. 四川林业科技, 21(2): 1-6.
李书全, 寇纪淞, 李敏强, 等. 1998. 改进遗传神经网络及其对碎石桩复合地基承载力的预测[J]. 系统工程理论与实践, 18(3): 103-108.
李希菲, 唐守正, 王松林. 1988. 大岗山实验局杉木人工林可变密度收获表的编制[J]. 林业科学研究, 1(4): 382-389.
李银国, 曹长修. 1996. 神经元网络鲁棒能量函数的构造原理[J]. 模式识别与人工智能, 9(1): 1-9.
李智琦. 2005. 武汉市城市绿地植物多样性研究[D]. 武汉: 华中农业大学硕士学位论文.
励龙昌. 1988. 兴安落叶松天然林生长过程的研究——关于单木与距离无关模型[D]. 哈尔滨: 东北林业大学博士学位论文.
梁娟, 朱华, 王洪, 等. 2007. 西双版纳补蚌地区望天树林近 20a 来物种多样性变化研究[J]. 应用与环境生物学报, 13(5): 609-614.
廖彩霞, 吴瑶, 衣得萍, 等. 2007. 林分空间结构的研究[J]. 林业科技情报, 39(2): 30-31.
林成来, 洪伟, 吴承祯, 等. 2000. 马尾松人工林生长模型的研究[J]. 福建林学院学报, 20(3): 227-230.
林大仪. 2002. 土壤学[M]. 北京: 中国林业出版社.
林晗, 吴承祯, 陈辉, 等. 2013. 杉木一千年桐人工混交林种内种间竞争关系分析[J]. 福建林学院学报, 33(3): 316-321.
林开敏. 1996. 杉木造林密度生长效应规律的研究[J]. 福建林学院学报, 16(1): 53-56.
林思祖, 洪伟, 俞新妥, 等. 2003. 杉阔混交林混交比例确定的新途径[J]. 林业科学, 30(1): 158-161.
林勇明, 崔鹏, 葛永刚. 2008. 泥石流频发区人工恢复新银合欢林种内竞争——以云南东川蒋家沟流域为例[J]. 北京林业大学学报, 30(3): 13-17.
刘道平, 何友均, 李智勇. 2010. 阿根廷人工林多功能经营实践与启示[J]. 西南林学院学报, 30(6): 6-10.
刘方炎, 李昆, 廖声熙, 等. 2010. 濒危植物翠柏的个体生长动态及种群结构与种内竞争[J]. 林业科学, 46(10): 23-28.
刘国华, 傅伯杰, 方精云. 2000. 中国森林碳动态及其对全球碳平衡的贡献[J]. 生态学报, 20(5): 733-740.
刘洪谔. 1981. 关于森林生物量及其研究[J]. 浙江林学院科技通讯, (2): 67-77.
刘建国. 1996. 应用动态规划模型确定最优采伐方案[J]. 林业资源管理, (2): 15-19.
刘军, 王兆明. 1992. 神经网络优化特征中一些问题的研究[J]. 电子学报, 20(10): 94-99.
刘利强. 2009. 基于 SVS 的单木模拟和林分可视化的研究[D]. 南京: 南京林业大学硕士学位论文.
刘荣, 刘泽民. 1993. 用于求解 TSP 的 Hopfield/Tank 网络模型的特性及参数的理论分析[J]. 电子学报, 21(1): 28-33.
刘少创, 林宗坚. 1994. 神经网络优化计算原理及其在形变检测网优化设计中的应用[J]. 模式识别与人工智能, 7(1): 40-46.
刘世荣, 柴一新, 蔡体久, 等. 1990. 兴安落叶松人工群落生物量与净初级生产力的研究[J]. 东北林业大学学报, (2): 40-46.
刘彤, 李云灵, 周志强, 等. 2007. 天然东北红豆杉(*Taxus cuspidata*)种内和种间竞争[J]. 生态学报, 27(3): 924-929.

刘喜成, 韩承德. 1997. 感知器的布尔映射能力分析[J]. 模式识别与人工智能, 10(4): 301-304.
刘彦宏, 王洪斌, 杜威. 2002. 基于图像的树类物体的三维重建[J]. 计算机学报, 25(9): 930-935.
柳江, 洪伟, 吴承祯, 等. 2001. 天然更新檫木林竞争规律研究[J]. 江西农业大学学报, 23(2):230-233.
卢军. 2008. 帽儿山天然次生林树冠结构和空间优化经营[D]. 哈尔滨: 东北林业大学博士学位论文.
陆元昌, 栾慎强, 张守攻, 等. 2010. 从法正林转向近自然林:德国多功能森林经营在国家、区域和经营单位层面的实践[J]. 世界林业研究, 23(1): 1-11.
陆元昌, 张守攻, 雷相东, 等. 2009. 人工林近自然化改造的理论基础和实施技术[J]. 世界林业研究, 22(1): 20-27.
陆元昌, Schindele W, 刘宪钊, 等. 2011. 功能目标下的近自然森林经营作业法研究[J]. 西南林业大学学报, 31(4): 1-7.
陆元昌, Stunn K, 甘敬, 等. 2003. 近自然森林经营的理论体系及在北京市中幼龄林抚育改造中的实践[J]. 中国造纸学报, 19(增刊): 285-289.
罗发龙, 保铮. 1992. 一种二维神经网络模型及其应用[J]. 电子学报, 20(10): 33-38.
吕勇, 汪新良. 1999. 杉木人工林单木竞争生长模型的研究[J]. 林业资源管理, (3): 60-62.
吕勇, 熊露桥, 藏颖. 2012b. 青稠混交林间伐指数初探[J]. 林业资源管理, (5): 89-93.
吕勇, 叶涛, 吕飞舟, 等. 2013. 物种多样性综合指数探讨[J]. 林业资源管理, 8(4): 84-87.
吕勇, 臧颢, 万献军, 等. 2012a. 基于林层指数的青椆混交林林层结构研究[J]. 林业资源管理, (3): 81-84.
马履一, 王希群. 2006a. 生长空间竞争指数及其在油松、侧柏种内竞争中的应用研究[J]. 生态科学, 25(5): 385-389.
马履一, 王希群. 2006b. 油松、侧柏林种内竞争特点的对比研究[J]. 生态科学, 25(6): 381-383.
马胜利. 1999. 灰色模型在林木直径分布规律研究中的应用[J]. 林业资源管理, (3): 75-78.
马友平, 马友金, 马家龙. 2002. 日本落叶松人工林单木模型的研究[J]. 湖北民族学院学报, 20(2): 15-17.
毛权, 舒宜强, 秦敬, 等. 1993. 基于神经网络的多属性决策方法[J]. 系统工程, 11(1): 31-37.
孟宪宇. 1985. 使用 Weibull 分布对人工油松林直径分布的研究[J]. 北京林学院学报, (1): 30-40.
孟宪宇. 1988. 使用 Weibull 函数对树高分布和直径分布的研究[J]. 北京林学院学报, (1): 40-48.
孟宪宇. 1996. 测树学[M]. 2 版. 北京: 中国林业出版社.
孟宪宇, 邱水文. 1991. 长白落叶松直径分布收获模型的研究[J]. 北京林业大学学报, 13(4): 9-16.
孟宪宇, 岳德鹏. 1995. 利用联立方程测算林分直径分布的初步研究[J]. 林业资源管理, (6): 39-43.
孟宪宇, 张弘. 1996. 闽北杉木人工林单木模型[J]. 北京林业大学学报, 18(2): 1-7.
木梨谦吉, 西泽正久. 1985. 对林分模拟的生长模型的研究[J]. 李炳铁译. 林业资源管理译丛, (1): 83-110.
宁杨翠. 2011. 长白山杨桦次生林健康评价与经营模式[D]. 北京: 北京林业大学博士学位论文.
潘维俦, 李利村, 高正衡, 等. 1978. 杉木人工林生态系统中的生物产量及其生产力的研究[J]. 湖南林业科技, (5): 1-12.
潘维俦, 田大伦. 1981. 森林生态系统第一性生产量的测定技术与方法[J]. 湖南林业科学, (2): 12-21.
秦安臣, 刘建国, 任士福, 等. 1995. 山西省秋千沟林场林种和树种结构的研究[J]. 河北林学院学报, 4: 291-294.
秦建华. 1995a. 不同疏伐方法对杉木人工林结构、生长和竞争的影响[J]. 浙江林学院学报, 12(4): 360-366.
秦建华. 1995b. 不同疏伐方法对杉木生长和产量的影响[J]. 南京林学院学报, 19(2): 29-33.
邱学清, 江希钿, 黄健儿. 1992. 杉木人工林竞争指数及单木生长模型的研究[J]. 福建林学院学报, 12(3): 309-326.

任宏萍, 陆建东. 1995. 一种非线性优化的神经网络[J]. 计算机研究与发展, (6): 50-54.
任宜群. 2005. 基于 GIS 和 ANN 的时空相关单木生长模型研究[D]. 北京: 北京林业大学博士学位论文.
邵国凡. 1985. 红松人工林单木生长模型的研究[J]. 东北林业大学学报, 13(3): 35-38.
邵国凡. 1989. 当代森林动态的计算机模型述评[J]. 生态学杂志, (2): 34-37.
邵国凡, 赵士洞, 舒噶特. 1996. 森林动态模拟—兼论红松林的优化经营[M]. 北京: 中国林业出版社.
邵良杉, 高树林. 1997. 基于人工神经网络的投资预测[J]. 系统工程理论与实践, 17(2): 67-71.
申玲, 唐安淮. 1998. 基于 BP 神经网络的房地产市场比较法价格评估[J]. 系统工程理论与实践, 18(5): 52-55.
沈琛琛, 雷相东, 王福有, 等. 2012. 金苍林场蒙古栎天然中龄林竞争关系研究[J]. 林业科学研究, 25(3): 335-339.
沈国舫. 1998. 现代高效持续林业——中国林业发展道路的抉择[J]. 林业经济, (4): 1-8.
师静, 李任波, 卢萍. 2010. 昆明地区针叶混交林林木竞争指标研究[J]. 内蒙古林业调查设计, 33(1): 26-29.
石山铭, 张维, 刘豹. 1993. 神经网络与非线性预测模型建模及变量的合理选择[J]. 决策与决策支持系统, 3(4): 74-78.
舒娱琴. 2007. 虚拟森林经营管理系统设计与实现[J]. 林业科学, 43(10): 138-144.
宋淳. 2012. 森林多功能经营模式研究——以合肥市蜀山森林公园为例[J]. 绿色科技, (3): 237-239.
宋丁全, 姜志林, 郑作孟, 等. 1999. 光皮桦种群不同空间层次的分布格局研究[J]. 福建林学院学报, 19(1): 3-7.
宋军卫, 樊宝敏, 李智勇. 2011. 中国多功能林业思想的历史演进[J]. 世界林业研究, 24(1): 9-13.
宋铁英. 1998. 一种基于图象的林分三维可视模型[J]. 北京林业大学学报, 20(4): 93-97.
苏志才. 1990. 树种间相互关系分析与混交造林树种选择[J]. 林业科学, 26(3): 368-373.
孙冰, 杨国亭, 李弘, 等. 1994. 白桦种群的年龄结构及其群落演替[J] .东北林业大学学报, 22(3): 43-48.
孙建业, 王辉. 1994. BP 神经网络算法的改进[J]. 系统工程与电子技术, 16(6): 41-46.
孙时轩, 沈国舫. 1990. 造林学[M]. 北京: 中国林业出版社.
孙伟中, 赵士洞. 1997. 长白山北坡椴树阔叶红松林群落主要树种分布格局的研究[J]. 应用生态学报, 8(2): 119-122.
谭杨新. 2013. 基于间伐指数的天然次生林抚育间伐强度研究[D]. 长沙: 中南林业科技大学硕士学位论文.
汤景明, 石冰天, 杜超群. 2007. 不同更新方式对常绿落叶阔叶混交林物种多样性的影响[J]. 湖北林业科技, 5: 1-5.
汤孟平. 2003. 森林空间结构分析与优化经营模型研究[D]. 北京: 北京林业大学博士学位论文.
汤孟平. 2007. 森林空间经营理论与实践[M]. 北京: 中国林业出版社.
汤孟平. 2010. 森林空间结构研究现状与发展趋势[J]. 林业科学, 46(1): 117-122.
汤孟平, 陈永刚, 施拥军, 等. 2007. 基于 Voronoi 图的群落优势树种种内种间竞争[J]. 生态学报, 27(11): 3707-3716.
汤孟平, 娄明华, 陈永刚, 等. 2012. 不同混交度指数的比较分析[J]. 林业科学, 38(8): 36-53.
汤孟平, 唐守正, 雷相东, 等. 2003a. 两种混交度的比较分析[J]. 林业资源管理, 8(3): 25-27.
汤孟平, 唐守正, 雷相东, 等. 2003b. 林分择伐空间结构优化模型研究[J]. 林业科学, 30(5): 25-31.
汤孟平, 周国模, 陈永刚, 等. 2009. 基于 Voronoi 图的天目山常绿阔叶林混交度[J]. 林业科学, 35(6): 1-5.
唐丽艳, 李卫东. 1993. 基于人工神经网络的企业综合经济效益评估[D]. 西安: 中国第四届神经网络大会论文集.
唐守正. 1991. 广西大青山马尾松全林整体生长模型及其应用[J]. 林业科学研究, 4(增): 8-13.

唐守正. 1997. 一种与直径分布型无关的预测林分直径累积分布的方法[J]. 林业科学, 33(3): 193-201.
唐守正, 李希菲, 孟昭和. 1993. 林分生长模型研究的进展[J].林业科学研究, 6(6): 672-679.
唐守正, 李勇. 1998. 林分随机生长模型与 Richard 模型[J]. 生物数学学报, (4): 537-543.
陶福禄, 李树人, 冯宗炜, 等. 1998. 豫西山区日本落叶松种群分布格局的研究[J]. 河南农业大学学报, 32(2): 112-117.
陶云刚, 周洁敏, 韩永华, 等. 1997. 人工神经网络在智能结构中的应用研究[J]. 模式识别与人工智能, 10(3): 239-242.
田禾, 戴汝为. 1990. 基于人工神经元网络的中医专家系统外壳 NNS[J]. 计算机学报, (5): 397-401.
田盛丰. 1993. 人工智能原理应用[M]. 北京: 北京理工大学出版社.
汪德馨, 王宇川, 陆劫平, 等. 1997. 基于模糊推理的自适应 BP 算法[J]. 系统工程学报, 12(1): 55-62.
汪家社. 2008. 杉木生态系统生物量与固碳能力的分析与评价[J]. 福建林业科技, 35(2): 1-4.
王东平, 孙启宏. 1994. 神经网络与专家系统[J]. 系统工程与电子技术, (11): 42-50.
王广成, 李祥仪. 1998. 基于人工神经网络的煤炭资产分类研究[J]. 系统工程理论与实践, 18(6): 74-79.
王红卫, 费奇. 1993. 产生式系统与神经网络的结合[J]. 华中理工大学学报, 21(6): 11-16.
王建成. 1998. 改进的遗传和 BP 杂交算法及神经网络经济预警系统设计[J]. 系统工程理论与实践, 18(4): 136-141.
王剑波. 2011. 天然次生林主要林分类型的结构特征及优化调整的研究[D]. 哈尔滨: 东北林业大学硕士学位论文.
王珏, 戴汝为. 1990. 建造带有人工神经元网络知识系统的一种方法[J]. 计算机学报, (5): 391-396.
王莲芬. 1989. 梯度特征向量排序法的推导与改进[J]. 系统工程理论与实践, 3: 17-21.
王其文. 1993. 人工神经网络与线性回归的比较[J]. 决策与决策支持系统, 3(3): 59-64.
王仕军, 王树林. 1994. 一种模糊神经技术建造专家系统的方法[J]. 计算机研究与发展, 31(5): 17-23.
王淑芬, 张真, 陈亮. 1992. 马尾松毛虫综合管理——防治决策专家系统[J]//林业系统工程专业委员会. 林业系统工程文集. 北京: 中国林业出版社.
王树力, 刘大兴, 仲崇淇. 1997. 长白落叶松工业人工林密度控制技术的研究[J]. 林业科学, (4): 321-329.
王树森. 2005. 华北土石山区基于森林植被演替规律的森林健康的研究[D]. 北京: 北京林业大学博士学位论文: 25-35.
王铁牛. 2005. 长白山云冷杉针阔混交林经营模式研究[D]. 北京:北京林业大学博士学位论文: 117-123.
王先远, 黎志成. 1994. 企业物资需求预测神经网络专家系统[J]. 华中理工大学学报, (4): 183-188.
王小铭, 林拉. 2003. 树木模拟的粒子系统模型及其实现[J]. 华南师范大学学报(自然科学版), (3): 49-53.
王效科, 冯宗炜. 2000. 中国森林生态系统中植被固定大气碳的潜力[J]. 生态学杂志, 19(4): 72-74.
王雪峰, 胥辉. 1999. 对林分结构模拟中窗宽确定方法的研究[J].西南林学院学报, (4): 210-214.
王彦辉, 陆元昌, 李智勇, 等. 2001. 中国多功能林业发展道路探索[M]. 北京: 中国林业出版社.
王尧广, 刘泽民. 1992. 多层结构神经网络的等误差范围逼近与收缩学习方法及其应用[J]. 电子学报, 20(10): 19-25.
王玉辉, 周广胜, 蒋延玲, 等. 2001. 基于森林资源清查资料的落叶松林生物量和净生长量估算模式[J]. 植物生态学报, 25(4): 420-425.
王志和, 张剑清, 江万寿. 2005. 一种基于序列影像匹配的独立树冠可视化方法[J]. 测绘与空间地理信息, 28(1): 39-44.
魏琼, 蒋湘宁. 2003. 基于 DOL 系统的树木三维可视化模型研究[J]. 北京林业大学学报, 25(3): 64-67.
魏晓慧, 孙玉军, 郭孝玉. 2011. 森林多功能经营技术研究综述[J]. 林业资源管理, (6): 88-92.
文新辉. 1994. 时间序列神经网络预测方法[J]. 电子科学学刊, 16(5): 456-462.

文新辉, 陈开周, 焦孝成. 1994. 神经网络在金融业务中的应用及实现[J]. 系统工程与电子技术, 16(4): 48-55.
翁国庆. 1996. 林分动态生长模型的研究[J]. 林业资源管理, (4): 25-28.
乌吉斯古楞. 2010. 长白山过伐林区云冷杉针叶混交林经营模式研究[D]. 北京: 北京林业大学博士学位论文.
吴承祯, 洪伟. 1998. 杉木人工林直径结构模型的研究[J]. 福建林学院学报, (2): 110-113.
吴承祯, 洪伟, 姜志林. 1999. 邻体干扰指数模型研究进展[J]. 江西农业大学学报, 21(5): 117-121.
吴承祯, 洪伟, 廖金兰. 1997. 马尾松中幼龄林种内竞争的研究[J]. 福建林学院学报, 17(3): 289-292.
吴华仁, 李晓慧. 1994. 用神经网络确定动态系统最优决策[J]. 系统工程与电子技术, 16(5): 57-63.
吴谦, 张怀清, 陈永富. 2010. 杉木形态三维可视化模拟技术研究[J]. 林业科学研究, 23(1): 59-64.
武纪成. 2008. 落叶松云冷杉林结构特征及调整研究[D]. 北京: 中国林业科学研究院硕士学位论文.
谢裕红. 2014. 将乐县针阔混交林生态系统碳储量格局[J]. 福建林业科技, 41(3): 48-53.
谢宗强, 陈伟烈. 1999. 银杉种群的空间分布格局[J]. 植物学报, 31(1): 95-101.
邢辉. 2013. 大兴安岭落叶松白桦混交林林分空间结构优化技术研究[D]. 哈尔滨: 东北林业大学硕士学位论文.
徐德应, 刘景芳, 童书振. 1993. 杉木人工林优化密度控制模型——DINTROL[J]. 林业科学, 29(5): 415-423.
徐德应, 盛炜彤. 1988. 杉木人工林经营的计算机模型——CHIFIR[J]. 林业科学研究, 1(4): 390-396.
徐冠华. 1988. 再生资源遥感研究——“三北”防护林地区平泉遥感综合调查的方法与实践[M]. 北京: 科学出版社.
徐海. 2007. 天然红松阔叶林经营可视化研究[D]. 北京: 中国林业科学研究院博士学位论文.
徐健君. 1999. 非参数核密度估计在岷江冷杉天然林直径分布研究中的应用[J]. 甘肃林业科技, (4): 23-25.
徐雷, 迟惠生. 1992. 静态前馈型网络的监督学习方法研究进展[J]. 电子学报, 20(10): 106-112.
薛俊杰, 肖扬, 郭晋平, 等. 2000. 华北落叶松天然林年龄结构初步研究[J]. 林业科技通讯, 4: 23-24.
薛立, 杨鹏. 2004. 森林生物量研究综述[J]. 福建林学院学报, (3): 283-288.
闫德仁, 闫婷. 2010. 内蒙古森林碳储量估算及其变化特征[J]. 林业资源管理, (6): 31-33, 103.
闫妍, 李凤日. 2009. 帽儿山地区山杨次生林林木竞争关系的研究[J]. 森林工程, 25(3): 23-26.
杨国庆, 吕军. 1994. 大规模逻辑神经网络印刷体汉字识别系统[J]. 计算机应用与软件, 11(1): 40-45.
杨锦昌, 江希钿, 许煌灿, 等. 2003. 马尾松人工林直径分布收获模型及其应用研究[J]. 林业科学研究, 16(5): 581-587.
杨莉, 袁弋云, 胡守仁. 1994. NNKBST: 神经网络知识库系统支撑环境[J]. 计算机工程与设计, (1): 3-16.
杨晓帆, 陈延槐. 1994. 人工神经网络固有的缺点和优点[J]. 计算机科学, 21(2): 23-26.
杨晓梅, 程积民, 孟蕾, 等. 2010. 黄土高原子午岭森林碳储量与碳密度研究[J]. 水土保持学报, 24(6): 123-131.
姚东和, 李际平. 1997. 林业专家模拟系统的开发与设计[J]. 系统工程, (97 青年专辑): 139-141.
姚东和, 吕勇. 2001. 基于人工神经网络的杉木竞争生长模型研究[J]. 中南林学院学报, 21(1): 17-20.
叶代全. 2006. 杉木人工林生长收获预估模型的研究[J]. 林业勘察设计, (2): 1-4.
叶东毅. 1997. BP 网络的一个非单调学习算法[J]. 模式识别与人工智能, 10(3): 221-225.
殷鸣放. 2011. 大边沟林场人工林多功能评价的研究[D]. 北京: 北京林业大学博士学位论文.
殷鸣放, 郑小贤, 殷炜达. 2012. 森林多功能评价与表达方法[J]. 东北林业大学学报, 40(6): 23-26.
尹峰, 张贵, 朱玉雯. 2008. 生态公益林质量评价指标体系及综合指数研究[J]. 浙江林业科技, 28(3): 29-33.

于建华. 1994. 人工神经网络在油气识别中的应用[J]. 模式识别与人工智能, 7(1): 47-52.
于秀勇. 2009. 杉木人工林单木生长模型的研究[D]. 福州: 福建农林大学硕士学位论文.
于政中. 1993. 森林经理学[M]. 北京: 中国林业出版社: 59-60.
于政中. 1996. 检查法第一经理期研究[J]. 林业科学, 32(1): 23-33.
余新新, 黎志成. 1993. 人工神经网络在生产预测与控制中的应用[J]. 决策与决策支持系统, 3(3): 3.
逾新妥, 林思祖. 1986. 计算机辅助造林设计系统[J]. 林业科学, 22(4): 331-346.
袁曾任. 1999. 人工神经网络及其应用[M]. 北京: 清华大学出版社.
袁杰, 刘大昕. 2002. 基于L系统的植物图像计算机模拟[J]. 应用科技, 29(11): 44-46.
袁位高, 江波, 戚连忠. 2003. 江河滩地多功能用材林经营技术研究[J]. 浙江林业科技, 23(2): 1-6.
袁小梅, 王久丽. 1992. 单木生长模型和林分模拟系统的研究及应用(Ⅱ)——STGM系统中对确定竞争指标的设计[J]. 北京林业大学学报, (S5): 89-95.
苑国城, 苑洪涛, 王秀枝, 等. 2006. 探讨: 残次林模拟自然林改造[J]. 中国林业, (2): 42-43.
曾斌, 刘瑞敏, 瞿学昌, 等. 2009. 不同林龄杉木人工林物种多样性研究[J]. 安徽农业科学, 38(9): 4877-4879, 4882.
张本光. 2001. 加拿大"森林病虫防治技术"[J]. 中国林业, (13): 36.
张成程, 李凤日, 赵颖慧. 2008. 落叶松人工林空间结构优化的探讨[J]. 植物研究, 28(5): 630-632.
张承福, 赵刚. 1994. 联想记忆神经网络的若干问题[J]. 自动化学报, 20(5): 513-521.
张池, 黄忠良, 李炯, 等. 2006. 黄果厚壳桂种内与种间竞争的数量关系[J]. 应用生态学报, 17(1): 22-26.
张大勇, 赵松龄, 张鹏云, 等. 1989. 青秆林恢复演替过程中的邻体竞争效应及邻体干扰指数的改进模型[J]. 生态学报, 9(1): 53-58.
张德成, 李智勇, 王登举, 等. 2011. 论多功能森林经营的两个体系[J]. 世界林业研究, 24(4): 1-6.
张广学, 陈小琳, 乔格侠. 1998. 中国二叉蚜属研究及三新种记述(同翅目: 蚜科)(英)[J]. 昆虫学报, (4): 401-408.
张荷观. 1988. 林木直径分布的研究Ⅰ: 矩法估计[J]. 八一农学院学报, (3): 33-42.
张宏达. 1955. 广东高要鼎湖山植物群落之研究[J]. 中山大学学报(自然科学版), (3): 159-225.
张鸿宾. 1994. 神经网络分类器的快速构造算法[J]. 计算机应用与软件, 11(5): 15-19.
张会儒, 唐守正. 2011. 东北天然林可持续经营技术研究[M]. 北京: 中国林业出版社.
张建国, 段爱国. 2003. 理论生长方程对杉木人工林林分直径结构的模拟研究[J]. 林业科学, 39(6): 55-61.
张景, 李人后. 1993. 专家系统神经网络结合及规则——神经网络翻译算法[J]. 西安: 第四届中国人工神经网络大会论文集: 626-629.
张铃, 张钹. 1994. 神经网络中BP算法的分析[J]. 模式识别与人工智能, 7(3): 191-195.
张青富, 焦孝成, 保铮. 1992. 一种新的求解线性规划的神经网络[J]. 电子学报, 20(10): 34-39.
张少昂. 1986. 兴安落叶松天然林林分生长模型和可变密度收获表的研究[J]. 东北林业大学学报, 14(3): 17-26.
张守攻. 1989. 单木生长模型的分类及应用[M]. 北京: 中国林业出版社.
张守攻, 唐守正, 惠刚盈. 1993. 单木生长模型竞争指标的优化算法[J]. 林业科学研究, (4): 351-357.
张伟, 郝青云, 任俊义, 等. 2002. 庞泉沟次生混交林主要种群年龄结构和空间格局研究[J]. 山西农业大学学报, 22(1): 50-54.
张文, 高天雷. 2001. 马尾松林分直径结构研究[J]. 四川林勘设计, (2): 26-30.
张先仪. 1994. 杉林幼林不同抚育方法效果的评论[J]. 林业科学研究, 7(4): 394-398.
张兴正. 2001. 福建含笑-杉木混交林的效益及机理分析[J]. 植物资源与环境学报, 10(3): 25-29.
张跃西. 1993. 邻体干扰模型的改进及其在营林中的应用[J]. 植物生态学与地植物学学报, 17(3): 32-37.

张运锋. 1986. 用动态规划方法探讨油松人工林最适密度[J]. 北京林业大学学报, (2): 20-29.
张展华. 2007. 多功能造林的思考与探讨[J]. 亚热带农业研究, 3(2): 129-132.
张志达, 李世东. 1999. 德国生态林业的经营思想、主要措施及其启示[J]. 林业经济, (2): 62-71.
张志耀, 陈立军. 1998. 森林资源经营管理决策支持系统[J]. 系统工程理论与实践, 18(10): 119-125.
章祥荪, 李宏峰, 王晓东. 1992. 对 Hopfield 神经网络的直接数学分析[J]. 电子学报, 20(10): 10-18.
章雪莲, 汤孟平, 方国景, 等. 2008. 一种基于 Arcview 的实现林分可视化的方法[J]. 浙江林学院学报, 25(1): 78-82.
昭日格, 岳永杰, 姚云峰, 等. 2011. 内蒙古自治区森林碳储量及其动态变化[J]. 干旱区资源与环境, 25(9): 80-84.
赵静. 2011. GIS 在金沟岭林场森林多功能评价中的应用[D]. 北京: 北京林业大学硕士学位论文.
赵丽丽. 2011. 小兴安岭地区天然林林分生长模型[D]. 哈尔滨: 东北林业大学硕士学位论文.
赵敏, 周广胜. 2004. 基于森林资源清查资料的生物量估算模式及其发展趋势[J]. 应用生态学报, 15(8): 1468-1472.
赵琦. 2012. 山西太岳山油松人工公益林多功能经营技术研究[D]. 北京: 北京林业大学硕士学位论文.
赵学明. 2010. 基于GIS北京山区森林多功能评价指标体系构建[D]. 北京: 北京林业大学硕士学位论文.
郑德祥, 林新钦, 胡国登. 等. 2008. 木荷人工纯林林分变量大小比数研究[J]. 西南林学院学报, 28(5): 18-20.
郑景明, 张春雨, 周金星, 等. 2007. 云蒙山典型森林群落垂直结构研究[J]. 林业科学研究, 20(6): 768-773.
郑世群. 2013. 福建戴云山国家级自然保护区植物多样性及评价研究[D]. 福州: 福建农林大学博士学位论文.
郑元润. 1998. 大青沟森林植物群落主要木本植物群落分布格局及动态的研究[J]. 植物学通报, 15(6): 52-58.
郑卓嘉, 吴佑寿, 李叔梁. 1990. 计算机产生和显示植物树木的三维逼真图形[J]. 计算机学报, (2): 61-74.
只木良也, 吉良龙夫. 1992. 人与森林[M]. 北京: 中国林业出版社: 33-36.
仲兰芬, 王琰, 程磊. 2005. 三维分形树木 IFS 生成算法[J]. 沈阳理工大学学报, 24(1): 28-31.
周春国, 佘光辉, 吴富桢, 等. 1998. 用变形 Weibull 分布对热带雨林结构规律的研究[J]. 南京林业大学学报, 22(4): 12-16.
周林生, 潘存德. 1989. 新疆天山云杉立木二元材积表编制方法及其分析[J]. 八一农学院学报, (2): 13-24.
周树林, 马克明, 张育新. 2012. 多功能林业发展模式的探索[J]. 世界林业研究, 11(1): 58-62.
周志强, 刘彤, 李云灵. 2007. 立地条件差异对天然东北红豆杉种间竞争的影响[J]. 生态学报, 27(6): 2223-2229.
朱克强, 贺力群. 1998. 企业组织设计专家神经网络系统的研究[J]. 系统工程理论与实践,18(3): 99-102.
朱磊. 2011. 杉木林分结构分布自适应可化模拟方法研究[D]. 长沙: 中南林业科技大学硕士学位论文.
邹春静, 徐文铎. 1998. 沙地云杉种内、种间竞争的研究[J]. 植物生态学报, 22(3): 269-273.
Abbott I. 1983. Comparisons of spatial pattern, structure, and tree composition between virgin and cut-over jarrah forest in Western Australia[J]. Forest Ecology and Management, 9(2): 101-126.
Adams DM, Ek AR. 1973. Optimizing the management of uneven-aged forest stands[J]. Can J for Res, 3: 273-287.
Adams DM, Ek AR. 1974. Optimizing the management of uneven-aged forest stands[J]. Canadian Journal of Forest Research, 4(3): 274-287.
Alan RE. 1979.A model for estimating branch weight and branch leaf weight in biomass studies[J]. Forest

Science, 25(2): 303-306.

Albert M. 2001. Generating Management Alternatives for Multi-Species Stand Using the Decision Support System BWINPRO[M]. London: Springer-Verlag.

Alder D. 1979. A distance-independent tree model for exotic conifer plantation in East Africa[J]. For Sci, 25(1): 59-71.

Arney JD. 1973. An individual tree model for stand simulation in Douglas-fir[C]. Growth. Models for Tree and Stand Simulation. Sweden: Royal College of Forestry Stockholm: 36-38.

Arney JD. 1985. A modeling strategy for the growth projection of managed stands[J]. Canadian Journal of Forest Research, 15(3): 511-518.

Ayres MP, Lombardero MJ. 2000. Assessing the consequences of global change for forest disturbance from herbivores and pathogens[J]. Sci Total Environ, 262: 263-286.

Bailey RL. 1980. Individual tree growth derived from diameter distribution models[J]. For Sci, 26(3): 626-632.

Bailey RL, Burgan TM, Jokela EJ. 1989. Fertilized midrotation-aged slash pine plantations-stand structure and yield prediction models[J]. Southern Journal of Applied Forestry, 13(2): 76-80.

Bailey RL, Dell TR. 1973. Quantifying diameter distribution with the Weibull function[J]. For Sci, (19): 97-104.

Bare BB, Mendoza GA. 1988. A soft optimization approach to forest land management planning[J]. Canadian Journal of Forest Research, 18(5): 545-552.

Baskent EZ, Keles S. 2005. Spatial forest planning:a review[J]. Ecological Modeling, 188(2):135-173.

Belcher DM, Holdaway MR, Brand GJ. 1982. A description of STEMS——The stand and tree evaluation and modeling system[J]. USDA For. Serv. Gen. Tech. Rep: NC-79.

Bella IE. 1971. A new competition model for individual trees[J]. Forest Science, 17(3): 364-372.

Bi H, Birk E, Turner J. 2001. Converting stem volume to biomass with additivity, bias correction, and confidence bands for two Australian tree species[J]. New Zealand Journal of Forestry Science, 31(3): 298-319.

Biging GS, Dobbertin M. 1992. A comparison of diameter-dependent competition measures for height and basal area growth of individual conifer trees[J]. For Sci, 38(3): 659-720.

Biolley H. 1920. L'amenagement des forets par la methode experimentale et specialement la methode du controle[D]. Paris: Neuchatel.

Bliss CI, Reinker KA. 1963. A lognormal approach to diameter distributions in even-aged stands[J]. For Sci, 10(3): 350-360.

Borders BE, Patterson WD. 1990. Projecting stand tables:A comparison of the Weibull diameter distribution method, a percentile-based projection method, and a basal area growth projection method[J]. For Sci, 36: 413-424.

Borders BE, Surter RA, Bailey RL, et al. 1987. Percentile-based distributions characterize forest stand tables[J]. For Sci, (33): 570-576.

Bossel H. 1985. Dynamics of forest dieback: systems analysis and simulation[J]. Ecol Modeling, 34: 259-288.

Bossel H. 1986. Ecological Systems Analysis. An Introduction to Modelling and Simulation[M]. Kassel: University of Kassel.

Botkin DB. 1972. Some ecological consequences of a computer model of forest growth[J]. J Ecol, 60: 849-872.

Bouchon J, de Reffye P, Barthelemy D. 1997. Modelisation et Simulation de L'architecture des Vegetaux[M]. Paris: INRA: 34-36.

Brand DG, Magnussen S. 1988. Asymmetric two-sided competition in even-aged monocultures of red pine[J].

Can J For Res, 18: 901-910.

Brodie JD, Haight RG. 1985. Optimization of silvicultural investment for several types of stand projection systems[J]. Canadian Journal of Forest Research, 15 (1) : 188-191.

Brooks JR, Borders BE. 1992. Predicting diameter distributions for site-prepared loblolly and slash pine plantations[J]. South J Appl For, 16 (3) : 130-133.

Brown S, Lugo AE. 1982. The storage and production of organic matter in tropical forest and their role in the global carbon cycle[J]. Biotropica, 14: 161-187.

Brown S, Lugo AE. 1984. Biomass of tropical forests:a new estimate based on forest volumes[J]. Science, 223: 1290-1293.

Brown S, Lugo AE. 1992. Aboveground biomass estimates for tropical moist forests of Brazilian Amazon[J]. Interciencia, 17: 8-18.

Buckman RE. 1962.Growth and yield of red pine in Minnesota[R]. MN: USDA Forest Service Lake States Forest Experiment Station: 50.

Buongiorno J, Michie BR. 1980.A matrix model of uneven-aged forest management[J]. For Sci, 26: 609-625.

Buongiorno J, Peyron JL, Houllier R, et al. 1995. Growth and management of mixed-species, uneven-aged forests in the French Jura:implications for economic returns and diversity[J]. For Sci, 31 (3) :308-397.

Buttoud G, Yunusova I. 2002. A mixed model for the formulation of a multipurpose mountain forest policy, theory, practice on the example of Kyrgyzstan[J]. Forest Policy and Economics, 4 (2) : 149-160.

Camarero JJ, Gutierrez E. 2002. Plant species distribution across two contrasting tree line ecotones in the Spanish Pyrenees[J]. Plant Ecology, 162: 237-257.

Cassie RM. 1962. Frequency distribution model in ecology plant and other organism[J]. Anim Ecol, 31: 65-95.

Castel T, Caraglio Y, Beaudoin A, et al. 2001. Using SIR-C SAR data and the AMAP model for forest attributes retrieval and 3-D stand simulation[J]. Remote Sensing of Environment, 75 (2) : 279-290.

Chen SM, Tan JM. 1994. Handling multi-criteria fuzzy decision-making problems based on vague set theory[J]. Fuzzy Sets and Systems, 67 (2) : 163-172.

Clark PJ, Evans FC. 1953. Distance to nearest neighbor as a measure of spatial relationships in population[J]. Ecology, (35) : 335-353.

Clutter JL, Bennett FA. 1965. Diameter distributions in old-field slash pine plantations Georgia[J]. Forest Research Council Report, 13: 9-14.

Clutter JL, Jones EP. 1980. Prediction of growth after thinning in old-field slash pine plantations[J]. Usda Forest Service Research Paper Se, 217: 19.

Cornelis C, Deschrijver G, Kerre EE. 2004. Implication in intuitionistic fuzzy and interval-valued fuzzy set theory: construction, classification, application[J]. International Journal of Approximate Reasoning, 35 (1) : 55-68.

Costanza R. 1992. Toward an operational definition of ecosystem health. Ecosystem Health: New Goals for Environmental Management[M]. Washinton: Island Press: 239-256.

Costanza R. 1997. The value of the world's ecosystem services and natural capital[J]. Nature, 387: 253-260.

Dale M. 2000. Spatial Pattern Analysis in Plant Ecology[M]. Cambridge: Cambridge Univ Pr: 38-55.

Dale VH, Doyle TW, Shugart HH. 1985. A comparison of tree growth models[J]. Ecol Modelin, 29: 145-169.

Dale VH, Hemstrom M. 1984. CLIMACS: A computer model of forest stand development for western Oregon and Washington[J]. USDA For Serv Res Pap, 33 (327) : 1-60.

Daniels RF. 1979. Simple competition indices and their correlation with annual loblolly pine growth[J]. Forest Sci, 22: 454-456.

Daniels RF, Burkhart HE, Caslon TR. 1986. A comparison of competition measures for predicting growth of

Loblolly pine trees[J]. Can J For Res, 16(6): 1230-1237.

Daume S, Füldner K, Gadow KV. 1998. Zur modellierung personens-pezifischer durchforstungen in ungleichaltrigen Mischbestaenden[J]. Allgemeine Forst und Jagdzeitung, 169: 21-26.

David FN, Moore PG. 1953. Notes on contagious distribution in plant population[J]. Ann Bot, 18: 37-53.

Dietz H. 2002. Plant invasion patches-reconstructing pattern and process by means of herb-chronology[J]. Biological Invasions, 4: 211-222.

Doležal J, Šrůtek M. 2002. Altitudinal changes in compo-sition and structure of mountain-temperate vegetation:a casestudy from the Western Carpathians[J]. Plant Ecology, 158: 201-221.

Donnelly KP. 1978. Simulations to determine the variance and edge effect of total nearest-neighour distance[J]. *In*: Hodder I. Simulation Methods in Archaeology[M]. London: Cambridge University Press: 91-95.

Duchiron MS. 2000. Strukturierte Mischwaelder [M]. Berlin: Parey Buchverlag.

Duncan RP, Stewart GH. 1991. The temporal and spatial analysis of tree age distributions[J]. Canadian Journal of Forest Research, 21: 1703-1710.

Ebermayer E. 1876. Die Gesammte Lehre Der Waldstreu Mit Rücksicht Auf Die Chemische Statik Des Waldbaues: Unter Zugrundlegung Der in Den Königl. Staatsforsten Bayerns Angestellten Untersuchungen[M]. New York: Springer.

Eckersten H. 1985. Comparison of two energy forest growth models based on photosynthesis and nitrogen productivity[J]. Agri For Meteor, 34: 301-314.

Eckersten H. 1986. Simulated willow growth and transpiration: the effect of high and low resolution weather data[J]. Agri For Meteor, 38: 289-306.

Ek AR, Monserud RA. 1974. FOREST: A computer model for simulating the growth and reproductivity of mixed species forest stands[J]. Res Rep A2635, Univ. Wisconsin: 13.

Fang JY, Chen AP, Peng CH, et al. 2001. Changes in forest biomass carbon storage in China between 1949 and 1998[J]. Science, 292: 2320-2322.

Fang JY, Wang GG, Liug H, et al. 1998. Forest biomass of China:an estimate based on the biomass-volume relationship[J]. Ecol Appl, 8: 1984-1991.

Fang JY, Wang ZM. 2001. Forest biomass estimation at regional and global levels, with special reference to China's forest biomass[J]. Ecol Res, 16: 587-592.

FAO. 2009. State of world's forests[R]. Rome.

FAO. 2010. Global forest resources assessment[R]. Rome: 163.

Fischer R, de Vries W, Seidling W, et al. 1999. Forest condition in Europe[R]. Bonn: Federal Research Centre for Forestry and Forest Products (BFH)

Fisher RA, Corbet AS, Williams CB. 1933. The relation between the number of species and the number of individuals in a random of an animal population[J]. Ecology, 12: 32-58.

Frean M. 1990. The upstart algorithm: a method for constructing and training feedforward neural networks[J]. NC, 2: 198-209.

Füldner K. 1995. Dissertation Universität Göttingen[M]. Göttingen: Cuvillier Verlag: 33-38.

Garacia A, Irastorza P, Garcia C, et al. 1999. Concepts associated with deriving the balanced distribution of an even-aged structure of an even-aged yield tables:application to *Pinus sylvestris* in the central mountains of Spain[C]. Wageningen Instituut voor Bosen Natuuronderzoek DLO.

Gary ED. 2004. Essential FVS:a user's guide to the forest vegetation simulator[R]. Fort Collins: USDA Forest Service: 20-35.

Gold CM. 1992. The meaning of "neighbour"[J]. Lecture Notes in Computing Science, 39: 220-235.

Gustafson EJ, Crow TR. 1993. Modeling the effects of forest harvesting on landscape structure and the spatial distribution of cowbird parasitism[J]. Landscape Ecol, 9(3): 237-238.

Haara A, Maltamo M, Tokola T. 1997. The *k*-nearest-neighbour method for estimating basal-area diameter distribution[J]. Scand J For Res, (12): 200-208.

Hafley WL, Schreuder HT. 1977. Statis-tical distributions for fitting diameter and height data in even-aged stand[J]. Canadian Journal of Forest Research, 7(3): 481-487.

Haight RG, Brodie JD, Adams DM. 1985. Optimizing the sequence of diameter distributions and selection harvests for uneven-aged stand management[J]. Forest Science, 31(2): 451-462.

Harper JL. 1967. A Darwinian approach to plant ecology[J]. J Animal Ecol, 36: 395-518.

Haskell BD, Costanza R, Norton BG. 1992. Ecosystem Health:New Goals for Environmental Management[M]. Washington:Island Press.

Hegyi F. 1973. A simulation model for managing jack-pine stands[J]. *In*: Fries J. Growth Models for Tree and Stand Simulation. Stockholm: Royal College of Forestry: 73-90.

Hepp TE, Brister GH. 1982. Estimating crown biomass in loblolly pine plantations in the Carolina flatwoods[J]. Forest Science, 28(1): 115-127.

Hof J, Bevers M. 2000. Optimizing forest stand management with natural regeneration and single-tree choice variables[J]. Forest Science, 36(2): 168-175.

Huford MA. 1985. A bivariate model for growth and yield prediction[J]. For Sci, 31(1): 237-247.

Hutchison JE. 1981. Fractals and self-similarity[J]. Indiana University Math Journal, 30(5): 713-747.

Hwang JN. 1994. Regression modeling in back-propagation and projection pursuit learning[J]. IEEE Trans on Neural Networks, 5(3): 342-353.

Hyink DM, Moser JW. 1983. A generalized framework for projecting forest yield and stand structure using diameter distributions[J]. For Sci, 29: 85-95.

Ishikawa Y. 1998. Analysis of the diameter distribution using the RICHARDS distribution function(Ⅲ). Relationship between mean diameter or dameter variance and parameter m or k of uniform and even-aged stands[J]. J Plann, (31): 15-18.

Issos JN, Ek AR, Bailey RL. 1975. Solving for Weibull diameter distribution parameters to obtain specified mean diameter[J]. For Sci, 21: 190-292.

Kangas A, Maltamo M. 2000. Calibrating predicted diameter distribution with additional information[J]. For Sci, 46(3): 390-396.

Kennedy MP, Chua LO. 1988. Neural networks for nonliner programming[J]. IEEE Trans, CAS-35(5): 554-562.

Kitamori T. 1981. A design method for nonlinear control systems based up on partial knowledge about control objects[J]. IFAC Proceedings Volumes, 14(2): 455-461.

Kobayash S, Takata K. 1985. Growth functions of polynomial form derived using the different equation and eitfing then to growth data[J]. J Jap Sci, 67: 126-132.

Krutzsch H. 1950. Der naturgem? Be wirtschaftswald, begriffsbestimmung, zweck und ziel[J]. Allg Forstzeitschr, 5(2): 85-87.

Lacher RC, Hruska SI, Kunciky DC. 1992. Back-propagation learning in expert networks[J]. IEEE Transactions on Neural Networks, 3(1): 63-72.

Lai HH, Lin YC, Yeh CH. 2005. Form design of product image using grey relational analysis and neural network models[J]. Computers & Operations Research, 32(10): 2689-2711.

Lamprecht HN. 1977. Waldwirtschaft-standortsgerechter waldbau in theorie und praxis: close to nature silviculture-site-adapted forestry in theory and practice[J]. Forst und Holzwirt, (32): 325-329.

Larsen JB, Nielsen AB. 2007. Nature-based forest management where we are going? Elaborating forest development types in and with practice[J]. Forest Ecology and Management, 238: 107-117.

Lemmon PE, Schumacher FX. 1962. Stocking density around ponderosa pine trees[J]. Forest Science, (4): 397-402.

Lessard VC, McRobert RE, Holdaway MR. 2001. Diameter growth models using Minnesota forest inventory and analysis data[J]. Forest Science, 47(3): 301-310.

Liang SB, Zhang HQ. 2010. Improvement of the plants interaction model and simulation on stand growth processes[C]. Nanning: Proceedings of International Conference on Computational Intelligence and Software Engineering.

Lieth H, Whittaker RH. 1975. Primary Productivity of the Biosphere [M]. New York: Springer-Verlag.

Lim EM, Honjo T. 2003. Three-dimensional visualization forest of landscapes by VRML[J]. Landscape and Urban Planning, 63(3): 175-186.

Lin JY. 1969. Growth space index and stand simulation of young western hemlock in Oregon[D]. Durham: Unpublished Ph. D. Thesis, Duke Univ: 182.

Lindenmayer A. 1968. Mathematical models for cellular interactions in development Ⅰ. Filaments with one-sided inputs[J]. Journal of Theoretical Biology, 18(3): 280-299.

Liu CM, Zhang LJ, Davis CJ. 2002. A finite mixture model for characterizing the diameter distributions of mixed-species forest stands[J]. For Sci, 48(4): 653-661.

Logan JA, Jacques R, Powell JA. 2003. Assessing the impacts of global warming on forest pest dynamics[J]. Front Ecol Environ, 1(3): 130-137.

Lorimer CG. 1983. Test of age-independent competition indices for individual trees in natural hardwood stands [J]. For Ecol Manage, 6: 333-360.

Lynch TB, Moser Jr, John W. 1986. A growth model for mixed species stands[J]. For Sci, 32(3): 697-706.

Maltamo M. 1997. Comparing basal-area diameter distributions estimated by tree species and for the entire growing stock in a mixed stand[J]. Silva Fennica, 31(1): 53-65.

Maltamo M, Kangas A. 1998. Methods based on k-nearest neighbor regression in the prediction of basal area diameter distribution[J]. Can J For Res, (28): 1107-1115.

Maltamo M, Kangas A, Uuttera J, et al. 2000. Comparison of percentile based prediction methods and the Weibull distribution in describing the diameter distribution of heterogeneous scots pine stands[J]. Forest Ecology and Management, 133(3): 263-274.

Mamali HF. 2006. Proceedings of the 2006 naxos international conference on sustainable management and development of mountainous and island areas[J]. Forest Visualization Systems, 1(29): 281-295.

Martin GL, Ek AR. 1983. A comparison of competition measures and growth models for predicting plantation red pine diameter and height growth[J]. For Sci, 30: 731-733.

Matinetz TM, Ritter HJ, Schulten KJ. 1990. Three dimensional neural net for learning visuomotor coordination of a robot arm[J]. IEEE Trans on Neural Networks, 1(1): 131-136.

Max N, Ohsaki K. 1995. Rendering trees from precomputed Z-buffer views[C]. Dublin: Proceedings of the 6th Eurographics Workshop on Rendering.

McGaughey RJ. 1997. Visualizing forest stand dynamics using the stand visualization system[A]. *In*: Seattle WA, Bethesda MD. Proceedings of the 1997AC-SM/ASPRS Annual Convention and Exposition[C]. American Society of Photogrammetry and Remote Sensing, 4: 248-257.

McGaughey RJ. 2004. Seeing the forest and the trees: visualizing stand and landseape conditions[R]. Portland: Forest Service, Pacific Northwest Research Station.

McMutrie R, Wolf L. 1983. A model of competition between trees and grass for radiation, water and nutrients[J]. Ann Bot, 52: 458-499.

Mesrobian E, Skrzypek J. 1992. A general purpose simulation environment for neural models[J]. Simulation, 59(5): 286-299.

Meyer HA. 1952. Structure, growth, and drain in balanced uneven-aged forests[J]. Journal of Forestry, 50(8): 85-92.

Meyer HA, Neyret F, Poulin P. 2001. Interaetive rendering of trees with shading and shadows[C]. Proceedings of the 12th Eurographics Workshop on Rendering Techniques. Eurographics Workshop. London: Springer-Verlag: 183-196.

Mielke PW. 1978. Clarification and appropriate inferences for Mantel and Valand's nonparametric multivariate analysis technique[J]. Biometrics, 30(2): 277-282.

Mitchell KJ. 1975. Dynamics and simulated yield of Douglas-fir[J]. Forest Science, 21(suppl_1): a0001-z0001.

Moller A. 1922. Der Dauerwaldgedanke: Sein Sinn und seine Bedeutung[M]. Berlin: Verlag von Julius Springer: 84.

Moravie MA, Durand M, Houllier F. 1999. Ecological meaning and predictive ability of social status, vigour and competition indices in a tropical forest (India) [J]. Forest Ecology Management, 117: 221-230.

Muhammed N, Koike M, Haque F. 2008. Quantitative assessment of people-oriented forestry in Bangladesh: A case study in the Tangail forest division[J]. Journal of Environmental Management, (88): 83-88.

Müller VA, Gunzinger A, Guggenbuhl W. 1993. Neural net simulation with MUSIC[R]. California: Proceeding of IEEE International Conference on Neural Networks.

Nagaike T, Kamitani T, Nakashizuka T. 2003. Plant species diversity in abandoned coppice forests in a temperate deciduous forest area of central Japan[J]. Plant Ecology, 166: 145-156.

Newham RM, Smith JHG. 1964. Development and testing of stand model for Douglas-fir and Lodgepole pine[J]. Forest Chron, 40: 492-502.

Opie JF. 1968.Predictability of individual tree growth using various definition of competing basal area[J]. Forest Sci, 14(3): 314-323.

Oppenheimer PE. 1986. Real time design and animation of fractal plants and trees[C]. International Conference on Computer Graphics and Interactive Techniques. In Proceedings of the 13th annual conference. New York: ACM Press: 55-64.

Padgett ML, Roppel TA. 1992. Neuralnetworks and simulation: Modeling for applications[J]. Simulation, 58(5): 295-304.

Pawlak Z, Skowron A. 2007a. Rough sets:Some extensions [J]. Information Sciences, 1: 28-40.

Pawlak Z, Skowron A. 2007b. Rudiments of rough sets[J]. Information Sciences, 1: 3-27.

Pawlak Z. 1998. Rough sets[J]. International Journal of Information and Computer Sciences, 49(5): 415-422.

Pielou EC. 1961. Segregation and symmetry in two-species populations as studied by nearest neighbour relations [J]. Ecology, 39: 255-269.

Pienaar LV, Shiver BD. 1986. Basal area prediction and projection equations for pine plantation[J]. For Sci, 32(3): 626-633.

Pitkanen S. 1997. Correlation between stand structure and ground vegetation:an analytical approach[J]. Plant Ecology, 131: 109-126.

Pommerening A. 2006. Evaluating structural indices by reversing forest structural analysis [J]. Forest Ecology and Management, 223(3): 266-277.

Pretzsch H. 1997. Analysis and modeling of spatial stand structure. Methodological considerations based on mixed beech-larch stands in Lower[J]. For Sci, 97(2): 237-253.

Pretzsch H. 1999. Structural diversity as a result of silvicultural operations[R]. Wageningen: Dlo Institute for Forestry and Nature Research: 158-172.

Prusinkiewicz P, Lindenmayer A. 1990. The Algorithmic Beauty of Plants[M]. New York: Springer-Verlag: 124-130.

Reed KL. 1980. An ecological approach to modeling growth of forest trees[J]. For Sci, 26: 33-50.

Reed KL, Hamerley ER, Dinger BE. 1976. An analytical model for field measurements of photosynthesis[J]. J Appl Ecol, 13: 925-942.

Reeves WT. 1983. Particle system-a technique for modeling a class of fuzzy objects[J]. Computer Graphics, 17(3): 359-376.

Reineke LH. 1933. Perfecting a stand-density index for even-aged forests[J]. J Agri Res, 46: 627-638.

Richards FJ. 1959. A flexible growth function for empirical use[J]. Journal of Experimental Botany, 10(2): 290-301.

Ripley BD. 1977. Modelling spatial patterns(with discussion) [J]. J Ry Stat Soc, 39: 172-212.

Rocha AF, Guilherme IR, Theoto M, et al. 1992. A neural net for extracting knowledge from natural language data bases[J]. IEEE Trans on Neural Networks, (5): 819-828.

Rouvinen S. 2002. Coarse woody debris in old *Pinus sylvestris* dominated forests along a geographic and human impact gradient in boreal Fennoscandia[J]. Canadian Journal of Forest Research, 32(12): 2183-2200.

Rumelhart DE, McClelland JL, PDP Research Group. 1986. Parallel Distributed Processing: Explorations in The Microstructure of Cognition[M]. Cambridge: MIT Press.

Running SW.1984. Microclimate control of forest productivity: analysis by computer simulation of annual photosythesis / transpiration balances in different environments[J]. Agri For Meteor, 32: 267-288.

Sarrenmaa H. 1988. Model-based reasoning in ecology and natural resource management. International symposium on advanced technology in natural resource management[D]. Fort Colins, Colorado, USA: 19-23.

Scheller RA, Newell SJ, Solbrig OT. 1982. Spatial pattern of ramets and seedings in three stoloniferous species[J]. Ecol, 70(1): 273-290.

Schmithüsen FJ. 2007. Multifunctional forestry practices as a land use strategy to meet increasing private and public demands in modern societies[J]. Journal of Forest Science, 53(6): 290-298.

Schroeder P, Brown S, Mo J, et al. 1997. Biomass estima-tion for temperate broadleaf forests of the United States using inventory data[J]. For Sci, 43: 424-434.

Schulz H, Harding S. 2003. Vitality analysis of Scots pines using a multivariate approach[J]. Forest Ecology and Management, 186(1-3): 73-84.

Schumacher FX. 1939. A new growth curve and its application to timber-yield studies[J]. J For, (37): 819-820.

Shawe-Talor JS, Cohen DA. 1990. Linear programming algorithm for neural networks[J]. Neural Networks, 3: 575-582.

Shiftley SR, Brand GJ. 1984. Chapman-Richards growth function constrained for maximum tree size [J]. Forest Science, 30(4): 1066-1070.

Shugart HH. 1984. A Theory of Forest Dynamics: An Investigation of the Ecological Implications of Several Computer Models of Forest Succession[M]. London: Springer-Verlag.

Shugart HH, West DC. 1977. Development and application of an Appalachian deciduous forest succession model [J]. J Environ Manage, 5: 161-179.

Shugart HH, West DC. 1980. Forest succession models[J]. BioScience, 30(5): 308-313.

Sinclair TR, Murphy Jr, Knoerr KR. 1976. Development and evaluation of simplified models for simulating canopy photosynthesis and transpiration[J]. J Appl Ecol, 13: 813-829.

Singh IJ, Mizanurahman M, Kushwaha SPS. 2006. Assessment of effect of settlements on growing stock in Thano range of Dehradun forest division using RS&GIS[J]. Photonirvachak-Journal of The Indian Society of Remote Sensing, (34): 209-213.

Sironen S, Kangas A, Maltamo A, et al. 2003. Estimation individual tree growth with nonparametric methods[J]. Canadian Journal of Forest Research, 33(4): 444-449.

Solheim I, Payne TL, Castain R. 1992. The potential in using backpropagationneural networks for facial verification systems[J]. Simulation, 58(5): 306-310.

Spiecker H. 2003. Silvicultural management in maintaining biodiversity and resistance of forests in Europe-temperate zone[J]. Journal of Environmental Management, 67(1): 55-56.

Staebler GR. 1951. Growth and spacing in an even-aged stand of Douglas fir[D]. Ann Arbor: Master's Thesis, University of Michigan.

Suzuki T. 1992. A representation method for todo-fir shapes using computer graphics[J]. Journal of the Japanese Forestry Society, 74(6): 504-508.

Szondy T, Hegyi M, Lengyel V, et al. 1974. Determination of many-particle integrals by the method of distance functions[J]. Theoretica Chimica Acta, 33(3): 249-261.

Tamura H. 2005. Behavioral models for complex decision analysis[J]. European Journal of Operational Research, 166(3): 655-665.

Tank DW, Hopfield JJ. 1986. Simple "neural" optimization networks: An A/D converter, signal decision circuit, and a Linear programming circuit[J]. IEEE Trans on Circ and Sys, CAS-33: 533-541.

Taylor R. 1991. Optimum plantation planting density and rotation age based on financial risk and return[J]. Forest Science, 37(3): 886-902.

Tham A. 1988. Structure of mixed *Picea abies*(L.) Karst. and *Betula pendula* Roth and *Betula pubescens* Ehrh. stands in south and middle Sweden[J]. Scand J For Res, (3): 355-370.

Titterington DM. 1997. Mixture Distributions (update) [M]. New York: John Wiley & Sons, Inc. : 399-407.

Tsuchida Y, Omatu S, Yoshioka M. 2010. Land cover estimation with ALOS satellite image using a neural-net work[J]. Artificial Life and Robotics, 15(1): 37-40.

Usher MB. 1966. A matrix approach to the management of renewable resources, with special reference to selection forests[J]. J Appl Ecol, (3): 355-367.

von Bertalanffy LB. 1957. Quantitative laws in metabolism and growth[J]. The Quarterly Review of Biology, 32(3): 217-231.

von Gadow K, Fueldner K. 1992. Zur Methodik der Bestandesbeschreibung[R]. Dessau: Vortrag Anlaesslich der Jahrestagung der AG Forsteinrich-tung in Klieken.

Wang GG. 1998. Is height of dominant trees at a reference diameter an adequate measure of site quality[J]. Forest Ecology and Management, 112(1-2): 49-54.

Wang GH, Zhou GS, Yang LM, et al. 2002. Distribution, species-diversity and life-form spectra of plant communities along an altitudinal gradient in the northern slopes of Qilianshan Mountains, Gansu, China[J]. Plant Ecology, 165: 169-181.

Weber J, Penn J. 1995. Creation and rendering of realistic trees[C]. International Conference on Computer Graphics and Interactive Techniques. New York: Proceedings of the 22nd annual conference: 119-128.

Wei GW. 2010. GRA method for multiple attribute decision making with incomplete weight information in intuitionistic fuzzy setting[J]. Knowledge-Based Systems, 23: 243-247.

Wiener J. 1982. A neighborhood model of annual plant interference[J]. Ecol, 63: 1231-1237.

Wiesstub D. 1986. Epilogue: On the Rights of Victims. From Crime Policy to Victim Policy [M]. London: Palgrave Macmillan UK.

Wells ML, Getis A. 1999. The spatial charecteristics of stand structure in *Pinus torreyana*[J]. Plant Ecology, 133: 153-170.

Wykoff WR. 1986. Supplement to the user's guide for the stand prognosis model-version 5.0[R]. USDA For. Serv. Gen. Tech. Rep. INT-208.

Yan HP, Kang MZ, de Reffye P, et al. 2004. A dynamic, architectural plant model simulation resource-dependent growth[J]. Annals of Botany, 93: 591-602.

Yoshio I. 1998. Analysis of the diameter distribution using the RICHARDS distribution function(Ⅲ). Relationship between mean diameter or diameter variance and parameter *m* or *k* of uniform and even-aged stands[J]. J Plann, (31): 15-18.

Zahedi F. 1991. An introduction to neural networks and a comparison with artificial intellegence and expert systems[J]. Interfaces, 21: 2.

Zeide B.1989. Accuracy of equations describing diameter growth[J]. Can J For Res, (19): 1283-1286.

Zeigler BP. 1976. Theory of Modeling and Simulation[M]. New York: John Wiley & Sons Inc.

Zhang HQ, Liu M. 2009. Tree Growth Simulation Method Based on Improved IFS Algorithm[C]. Xia Men: Proceedings of International Conference on Computer Intelligence and Software Engineering.

Zhong YX, Chi HS. 1992. A survey of artificial neural networks[J]. Chinese Journal of Electronics, 20(10): 114-119.

Zhou GS, Wang YH, Jiang YL, et al. 2002. Estimating bio-mass and net primary production from forest inventory data: A case study of China's *Larix* forests[J]. For Ecol Manage, 169(2): 149-157.